职业教育智能制造领域高素质技术技能人才培养系列教材

供配电技术

主　编　常国祥

副主编　郭立东　郭景波

参　编　毛建华　高巧丽　于洋洲

　　　　季祥焕　成存昇

机械工业出版社

本书内容包括：电力系统初识，工厂供配电系统的主要电气设备，电力线路，变配电所及其一次系统，继电保护装置及二次系统，电气安全、防雷及接地，工厂照明，节约用电。

本书可作为高等职业院校电气自动化技术、机电一体化技术等相关专业的教材，也可作为工程技术人员自学或参考用书。

为方便教学，本书以二维码形式植入微课，配有免费电子课件、习题答案、模拟试卷及答案等。凡选用本书作为授课教材的教师可登录机械工业出版社教育服务网（www.cmpedu.com），注册后免费下载电子资源。本书咨询电话：010-88379564。

图书在版编目（CIP）数据

供配电技术 / 常国祥主编 . -- 北京 ：机械工业出版社，2024. 9（2025.6 重印）. --（职业教育智能制造领域高素质技术技能人才培养系列教材）. -- ISBN 978-7-111-76926-2

Ⅰ. TM72

中国国家版本馆 CIP 数据核字第 2024QY1926 号

机械工业出版社（北京市百万庄大街 22 号　邮政编码 100037）

策划编辑：冯睿娟　　责任编辑：冯睿娟　杨晓花

责任校对：梁　园　丁梦卓　　封面设计：王　旭

责任印制：李　昂

北京中科印刷有限公司印刷

2025 年 6 月第 1 版第 2 次印刷

184mm × 260mm · 15 印张 · 388 千字

标准书号：ISBN 978-7-111-76926-2

定价：49.00 元

电话服务　　网络服务

客服电话：010-88361066　机　工　官　网：www.cmpbook.com

010-88379833　机　工　官　博：weibo.com/cmp1952

010-68326294　金　　书　　网：www.golden-book.com

　机工教育服务网：www.cmpedu.com

前 言

当前，世界经济增速放缓，各国对于制造业的发展越发重视，纷纷加快推动技术创新，促进制造业转型升级，智能制造战略由此不断升温。智能化、绿色化已成为制造业发展的主流方向，智能制造也将成为世界各国竞争的焦点。智能制造包括生产过程的智能化，即组织研发智能制造装备及智能化生产线，也涵盖智能电网、智能供配电等基础工业的智能化。具有复合能力的新型电气工程师将成为实现新型工业化的核心驱动力。培养掌握工厂供配电技术，能够从事工厂供配电的安装、调试、运行、检修等方面的高端技术技能人才，已成为当前高等职业电气类专业教学的主要任务。

本书按照高等职业教育培养高素质技能型专门人才的目标要求，以“淡化理论、加强应用、联系实际、紧跟时代”为原则，以工作过程为导向，以技能培养、技术应用为主线，紧跟技术前沿与研究热点，循序渐进地组织各知识点，实践与理论交叉，使相关知识与技能训练有机地融为一体。

本书共 8 章。第 1 章介绍了电力系统的基础知识，包括供配电技术的基本概念、电力系统的电压和供电质量、电力系统的中性点运行方式及低压配电系统接地形式、电力负荷及其分类；第 2 章介绍了工厂供电系统的主要电气设备，包括工厂供电系统电气设备的分类与符号、高低压熔断器、高低压开关设备、电流互感器和电压互感器、高低压成套配电装置、电力变压器；第 3 章介绍了电力线路，包括电力线路的接线方式、室外配电线路、室内配电线路、导线的选择、导体和电缆的选择；第 4 章介绍了变配电所及一次系统，包括电气设备的电弧问题及灭弧方法、变电所的配置、变压器的选择、变配电所主接线、变电所的布置和结构；第 5 章介绍了继电保护装置及二次系统，包括继电保护装置的任务和要求、常用的保护继电器、工厂高压线路的继电保护、电力变压器的继电保护、断路器的控制电路和信号系统、绝缘监察装置和测量仪表、工厂供电系统二次回路接线图；第 6 章介绍了防雷、接地及电气安全，包括电气安全、过电压和防雷、电气装置的接地；第 7 章介绍了工厂照明，包括照明技术的有关概念、常用的电光源和灯具、照度标准及照度计算、照明供电系统及其选择；第 8 章介绍了节约用电，包括电能节约的意义、工厂电能节约的一般措施、工厂供用电设备的电能节约、无功功率的人工补偿。

本书由湖州职业技术学院常国祥担任主编，湖州职业技术学院郭立东和黑龙江农业工程职业学院智能工程分院郭景波担任副主编。其中，湖州职业技术学院毛建华编写了第 1

章，郭立东编写了第 2 章和第 5 章，常国祥编写了第 3 章和第 8 章，山东工业技师学院高巧丽编写了第 4 章，天津市机电工艺技师学院于洋洲编写了第 6 章，郭景波编写了第 7 章，浙江朗奥物流科技有限公司季祥焕与国网黑龙江省电力有限公司鸡西供电公司 220kV 鸡联变电站成存昇编写了附录。

本书在编写过程中得到了国网黑龙江省电力有限公司鸡西供电公司 220kV 鸡联变电站工作人员及鸡西市砖厂刘岫嵩的大力支持，在此表示感谢！另外，本书编写时参考了部分兄弟院校的教材和一些厂家的相关资料，在此一并表示衷心的感谢！

由于编者水平有限，书中难免有疏漏和不妥之处，敬请读者批评指正。

编　者

二维码索引

名称	图形	页码	名称	图形	页码
电力系统概述		1	互感器变压器		33
电压		4	成套配电装置		38
电力电能质量		7	电力变压器 1		41
电力系统运行方式		9	电力变压器 2		41
电力负荷		14	电力线路的接线方式		44
工厂供电设备的分类与符号		17	室外配电线路		47
高低压熔断器		18	电力电缆		54
高低压开关设备		21	导线和导体的选择		68

目 录

前言
二维码索引

第 1 章 电力系统初识 …… 1
1.1 供配电技术的基本概念 …… 1
1.2 电力系统的电压和供电质量 …… 4
1.3 电力系统的中性点运行方式及低压配电系统接地形式 …… 9
1.4 电力负荷及其分类 …… 14
习题 …… 15

第 2 章 工厂供电系统的主要电气设备 …… 17
2.1 工厂供电系统电气设备的分类与符号 …… 17
2.2 高低压熔断器 …… 18
2.3 高低压开关设备 …… 21
2.4 电流互感器和电压互感器 …… 33
2.5 高低压成套配电装置 …… 38
2.6 电力变压器 …… 41
习题 …… 42

第 3 章 电力线路 …… 44
3.1 电力线路的接线方式 …… 44
3.2 室外配电线路 …… 47
3.3 室内配电线路 …… 59
3.4 导线的选择 …… 68
3.5 导体和电缆的选择 …… 85
习题 …… 88

第 4 章 变配电所及其一次系统 …… 90
4.1 电气设备的电弧问题及灭弧方法 …… 90
4.2 变电所的配置 …… 93
4.3 变压器的选择 …… 95
4.4 变配电所主接线 …… 103
4.5 变电所的布置和结构 …… 112
习题 …… 118

第 5 章 继电保护装置及二次系统 …… 119
5.1 继电保护装置的任务和要求 …… 119
5.2 常用保护继电器 …… 120
5.3 工厂高压线路的继电保护 …… 126
5.4 电力变压器的继电保护 …… 141
5.5 断路器的控制电路和信号系统 …… 147
5.6 绝缘监察装置和测量仪表 …… 151
5.7 工厂供电系统二次回路接线图 …… 154
习题 …… 158

第 6 章 电气安全、防雷及接地 …… 160

6.1 电气安全 …… 160

6.2 过电压和防雷 …… 165

6.3 电气装置的接地 …… 173

习题 …… 181

第 7 章 工厂照明 …… 182

7.1 照明技术的有关概念 …… 182

7.2 常用电光源和灯具 …… 185

7.3 照度标准及照度计算 …… 192

7.4 照明供电系统及其选择 …… 195

习题 …… 199

第 8 章 节约用电 …… 201

8.1 电能节约的意义 …… 201

8.2 工厂电能节约的一般措施 …… 202

8.3 工厂供用电设备的电能节约 …… 204

8.4 无功功率的人工补偿 …… 207

习题 …… 215

附录 …… 217

参考文献 …… 232

第 1 章

电力系统初识

电能在国民经济中占有重要的地位，人们的生产生活都离不开电能。那么，电能是如何产生的呢？又是如何将电能输送到千家万户的呢？针对这两个问题，本章首先介绍了供配电技术的基本概念，如发电厂、电力系统等；然后介绍了电能质量的定义、电力系统的运行模式等；最后从用电的角度介绍了负荷分级的意义。

1.1 供配电技术的基本概念

电力
系统概述

一、供配电的要求

供配电技术主要是指工厂所需电能的供应和分配，所以又称为工厂供配电，或简称工厂供电。

电能是现代工业生产的主要能源和动力，是现代文明的物质技术基础。没有电能，就没有工业现代化，就没有整个国民经济的现代化。现代社会的信息化和网络化都是建立在电气化的基础之上的。工业生产只有电气化以后，才能大大增加产量，提高产品质量，提高劳动生产率，降低生产成本，减轻工人的劳动强度，改善工人的劳动条件，以利于实现生产过程的自动化。电能是二次能源，可以方便地由其他形式的能源转换而来，可以方便经济地远距离输送和分配，也可以方便各种电气设备使用，并且在使用中还具有便于调度、测量和可实现自动控制的优点。供配电技术就是研究电能的供应和分配问题。

当工矿企业的电力供应突然中断时，将对企业生产造成严重的后果，甚至可能发生重大设备损坏事故或人身伤亡事故。

做好供配电工作，对于保证企业生产的正常进行和实现工业现代化具有十分重要的意义。因此，对电能的供应和使用要求如下：

1）安全。在电能的供应、分配和使用中不应发生人身事故和设备事故。

2）可靠。应满足电能用户对供电可靠性的要求。

3）优质。应满足电能用户对电压和频率等电能质量的要求。

4）经济。供电系统的投资要少、运行费用要低，并尽可能地节约电能和减少有色金属消耗量。

这些要求既相互关联，又经常互相制约。因此，需要统筹兼顾，从全局观点折中考虑满足供配电的四项基本要求。

二、电力系统

电力系统是由发电厂、变电所、电力线路和电能用户组成的一个整体。电能的生产、输送、分配和使用的全过程实际上是在同一瞬间实现的。

为了充分利用动力资源，降低发电成本及减少环境污染，发电厂往往远离城市和电能用户。如火力发电厂大都建在靠近一次能源的地区（如煤矿坑口电厂），水力发电厂一般建在水利资源丰富、远离城市的地方（如水库大坝附近）。同时，受发电机制造电压的限制，发电机生产的电能不能远距离输送，通常使发电机的电压经过升压变电站升到 35 ～ 500kV，再通过超高压远距离输电网送往远离发电厂的枢纽变电站及区域降压变电站，将电压降到 6 ～ 10kV，然后再用 6 ～ 10kV 的高压配电线路将电能送至工厂降压变电所（用户变电站），如图 1-1 所示。

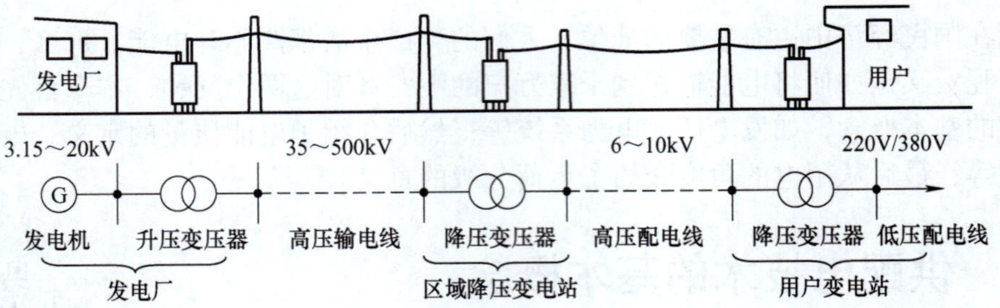

图 1-1　从发电厂到用户的送电过程示意图

由各级电压的电力线路将一些发电厂、变电所（站）和电能用户联系起来的发电、输电、变电、配电和用电的整体，称为电力系统。图 1-2 所示为某大型电力系统简图。

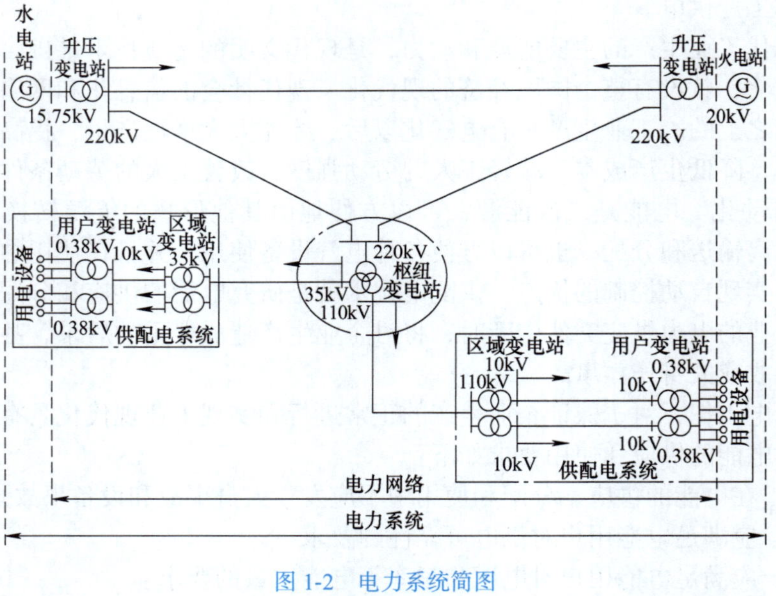

图 1-2　电力系统简图

1. 发电厂

发电厂将一次能源转换为电能。根据一次能源的不同，主要有火力发电厂和水力发电厂，此外还有风力、地热、太阳能和核能等发电厂。

水力发电厂利用水流的位能产生电能。水流驱动水轮机转动，带动发电机发电。水电站的发电容量与水电站所在地点上下游的水位差（落差）及流过水轮机的水量（流量）的乘积成正比。其能量转换过程：水流位能→机械能→电能。最常用提高水位的方法是在河流上建筑一道很高的拦河坝，形成水库，提高上游水位，使堤坝的上下游形成尽可能大的落差，电站就建在堤坝的后面。这类水电站称为堤坝式水电站，如长江三峡水电站就属于这种类型。按提高水位方法分类的另外一种类型是利用沟渠或隧道引水，称为引水式水电站。

火力发电厂将煤、天然气、石油等的化学能转换为电能，我国的火电厂以燃煤为主。火力发电的原理：燃料在锅炉中充分燃烧，将锅炉中的水转换为高温高压蒸汽，蒸汽推动汽轮机转动，带动发电机旋转发出电能。其能量转换过程：燃料的化学能→热能→机械能→电能。

核能发电厂又称为原子能发电厂，如我国的秦山核电站、大亚湾核电站。它是将核裂变能量转换为热能，再按火力发电厂的方式发电，只是它的“锅炉”为核反应堆，以少量的核燃料代替了大量的煤。其能量转换过程：核裂变能→热能→机械能→电能。

目前，我国火力发电厂的装机容量比重最大，约占总装机容量的 70%，水力发电厂的装机容量约占 20%，核能等其他发电厂的装机容量约占 10%。

由于煤、天然气、石油是不可再生能源，且燃烧时会产生大量的 CO_2、SO_2、氮氧化物、粉尘和废渣等，对环境和大气造成污染；而核电因地震、海啸等诱发过一些安全问题，因此，我国正逐步淘汰小火力发电机组，加快水电站的建设，谨慎合理使用核能，大力发展风力、地热、太阳能和潮汐等绿色能源。2023 年，我国总发电量为 94564.4 亿 kW・h。其中，火电为 62657.4 亿 kW・h，水电为 12858.5 亿 kW・h，核电为 4347.2 亿 kW・h，风电为 8858.7 亿 kW・h，太阳能发电为 5841.5 亿 kW・h。

2. 变电所

变电所的功能是接收电能、变换电压和分配电能，它是联系发电厂和用户的中间环节。为了实现电能的远距离输送和将电能分配到用户，需要变电所将发电机电压进行多次变换。变电所由电力变压器、配电装置和二次装置等构成。按变电所性质和任务的不同，可分为升压变电所和降压变电所。除了与发电机相连的变电所为升压变电所外，其余均为降压变电所。按变电所地位和作用的不同，又分为枢纽变电所、地区变电所和用户变电所。仅用于接收电能和分配电能的场所称为配电所。

变电所和配电所的区别在于是否改变电压。更精确的说法是：配电所的任务是接收电能和分配电能，不改变电压；变电所的任务是接收电能、变换电压和分配电能。

3. 电力线路

电力线路将发电厂、变电所和电能用户连接起来，完成输送电能和分配电能的任务。电力线路有各种不同的电压等级，通常将 220kV 及以上的电力线路称为输电线路，110kV 及以下的电力线路称为配电线路。配电线路又分为高压配电线路（110kV）、中压配电线路（6 ~ 35kV）和低压配电线路（220V/380V），前者一般作为城市配电网骨架和特大型企业供电线路，中者为城市主要配电网和大中型企业供电线路，后者一般为城市和企业的低压配电网。除了上述交流输电线路外，还有直流输电线路。直流输电主要用于远距离输电，连接两个不同频率的电网和向大城市供电，具有线路造价低、损耗小、调节控制迅速简便和无稳定性问题等优点，但换流站造价高。目前，我国已经建成多条 ±800kV 特高压直流输电线路。

4. 电能用户

电能用户又称为电力负荷，所有消耗电能的用电设备或用电单位均称为电能用户。电能用户按行业可分为工业用户、农业用户、市政商业用户和居民用户等。与电力系统相关联的还有电力网络（简称电网），电网是指电力系统中除发电厂和电能用户之外的部分。

三、供配电系统

供配电系统是电力系统的电能用户，也是电力系统的重要组成部分。它由高压配电所、配电线路、各车间变电所和用电设备等组成。高压配电所集中接收 6 ～ 10kV 电压的电能，再由高压配电线路将电能分送到各车间变电所，或由高压配电线路直接供给高压用电设备（如高压电动机）。车间变电所内装设有电力变压器，将 6 ～ 10kV 的高压电降为一般低压用电设备所需的电压（如 220V/380V），然后由低压配电线路将电能分送至各用电设备使用。

一般情况下，高压配电所有两条 10kV 的电源进线，分别接在高压配电所的两段母线上。这两段母线间装有一个分段隔离开关（又称联络隔离开关），形成所谓的单母线分段制。在任一条电源进线发生故障或因检修而被切除后，可以利用闭合分段隔离开关来恢复对整个配电所（特别是其重要负荷）的供电。这类接线的配电所一般的运行方式：分段隔离开关闭合，整个配电所由一条电源线供电，其电源通常来自公共电网（电力系统），而另一条电源进线作为备用，通常由临近单位取得备用电源。典型的工厂供配电系统如图 1-3 所示，这是一个很有代表性的中型工厂的供配电系统结构简图。

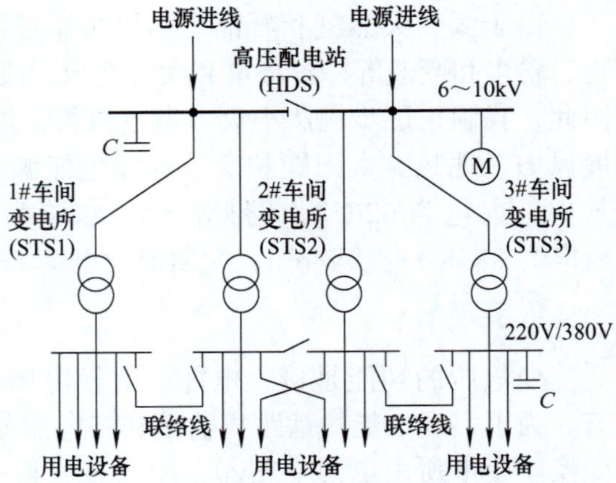

图 1-3　典型的工厂供配电系统

用电设备按用途可分为动力用电设备、工艺用电设备、电热用电设备、试验用电设备和照明用电设备等。对于某一具体用户的供配电系统，可能上述各部分都有，也可能只有其中的几部分，这主要取决于电力负荷的大小和厂区的大小。不同的供配电系统不仅组成不完全相同，而且相同部分的构成也会有较大的差异。通常，大型企业还设有总降压变电所，中小型企业仅设有全厂 6 ～ 10kV 变电所或配电所，某些特别重要的企业（如煤矿）还设有自备发电厂作为备用电源。

1.2 电力系统的电压和供电质量

电压

一、电力系统的额定电压

电力系统中的用电设备是在额定电压下工作的。电力系统的额定电压包括电力系统中各种发电、供配电、用电设备的额定电压。额定电压是能使电气设备长期运行在经济效果最好状态下的电压，它是国家根据国民经济发展的需要、电力工业的水平和发展趋势，经全面技术经济分析后确定的。业内人士通常采用 1000V 为界限来划分高压和低压，按 GB/T 156—2017《标准电压》规定，我国交直流电网和电力设备的额定电压见表 1-1。

表 1-1　我国交直流电网和电力设备的额定电压

交流电压 /kV		直流电压 /kV	备注
系统及相关设备标称电压	设备最高电压	系统标称电压	
0.22/0.38		± 160	相电压 / 线电压
0.38/0.66		（ ± 200）	相电压 / 线电压
1000（1140）		± 320	1140V 仅限某些领域使用
3（3.3）①	3.6①	（ ± 400）	表中数值为线电压
6①	7.2①	± 500	
10	12	（ ± 660）	
20	24	± 800	
35	40.5	± 1000	
66	72.5		
110	126		
220	252		
330	363		
500	550		
750	800		
1000	1100		

① 不得用于公共配电系统

另外，还有更细致的分法，如将电网电压划分为低压、中压、高压、超高压和特高压。规定 1000V 及以下为低压，1 ～ 10kV 或 35kV 为中压，35 ～ 110kV 或 220kV 为高压，220kV 或 330kV 及以上为超高压，800kV 或 1000kV 及以上为特高压。电压高低的划分目前尚无统一标准，因此划分的界限并不十分明确。

1. 电网（线路）的额定电压

电网（线路）的额定电压只能选用国家规定的额定电压。它是确定各类电气设备额定电压的基本依据。

2. 用电设备的额定电压

由于线路运行时（有电流流过时）要产生电压降，所以沿线路的电压分布通常是首端高于末端，如图 1-4 中虚线所示。由于用电设备都是批量生产的，其额定电压不可能按使用处线路的实际电压来制造，而只能按线路首端与末端的平均电压即电网的额定电压 U_N（N 为英文 nominal 的缩写）来制造。因此，用电设备的额定电压规定与同级电网的额定电压相同。

3. 发电机的额定电压

由于用电设备的电压偏差为 ± 5%，而整个线路允许有 10% 的电压损耗，这就要求线路首端电压为额定电压的 105%，末端电压为额定电压的 95%，如图 1-4 所示。所以，发电机的额定电压为线路额定电压的 105%。

4. 电力变压器的额定电压

电力变压器的额定电压说明如图 1-5 所示。

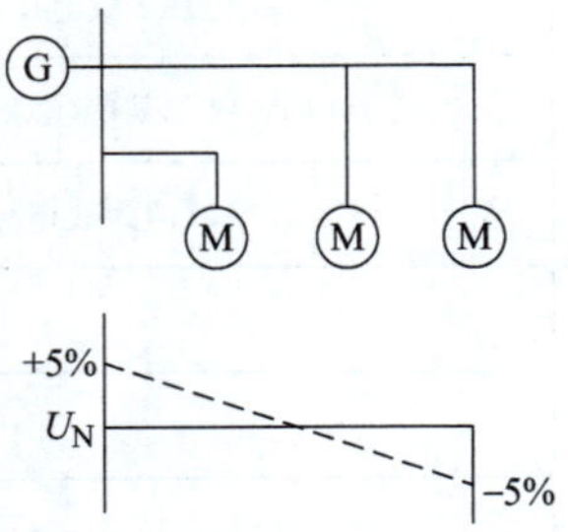

图 1-4　用电设备和发电机的额定电压说明

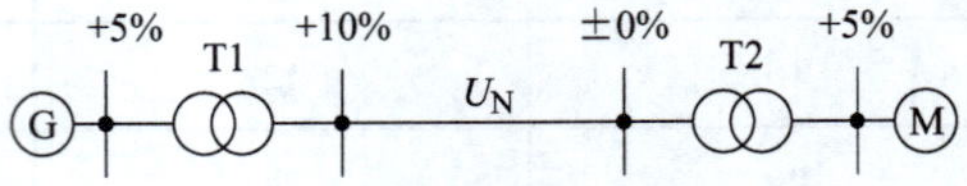

图 1-5　变压器的额定电压说明

（1）电力变压器一次绕组的额定电压

变压器一次绕组接电源，相当于用电设备。分为两类情况：①与发电机直接相连的升压变压器一次绕组的额定电压应与发电机额定电压相同，即为 105%U_N，如图 1-5 中变压器 T1 所示；②连接在线路上的降压变压器相当于用电设备，其一次绕组的额定电压应与线路的额定电压相同，即为 100%U_N，如图 1-5 中变压器 T2 所示。

（2）电力变压器二次绕组的额定电压

变压器的二次绕组向负荷供电，相当于发电机。也分为两类情况：①当线路较短，如为低压电网或直接供电给高低压用电设备时，其二次绕组额定电压须高于所连电网额定电压 5%（考虑补偿变压器满负荷运行时绕组内部 5% 的电压降），即为 105%U_N，如图 1-5 中变压器 T2 所示；②当线路较长，如为高压电网时，其二次绕组额定电压须高于所连电网额定电压 10%（除考虑补偿变压器满负荷运行时绕组内部 5% 的电压降外，另外的 5% 用于补偿线路上的电压损耗，两者合计为 10%），即为 110%U_N，如图 1-5 中变压器 T1 所示。

【例 1-1】已知图 1-6 所示系统中发电机和变压器 T2 的额定电压，试求供电系统中变压器 T1 和线路 WL1、WL2 的额定电压（WL2 线路较长）。

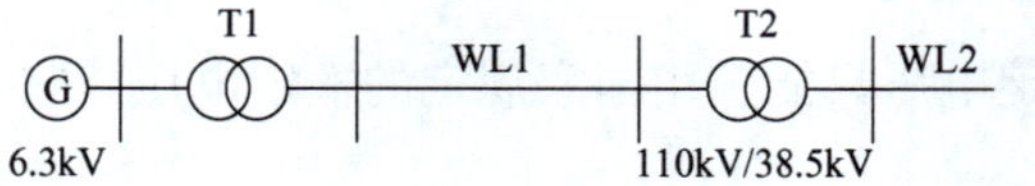

图 1-6　例 1-1 供电系统图

解：高压线路 WL1 的额定电压为

$$U_{N.WL1}=U_{1N.T2}=110\text{kV} \tag{1-1}$$

高压线路 WL2 的额定电压为

$$1.1U_{N.WL2}=U_{2N.T2}=38.5\text{kV} \tag{1-2}$$

则

$$U_{N.WL2}=U_{2N.T2}/1.1=38.5/1.1\text{kV}=35\text{kV} \tag{1-3}$$

变压器 T1 的额定电压为

$$U_{1N.T1}=U_{N.G}=6.3\text{kV} \tag{1-4}$$

$$U_{2N.T1}=1.1U_{N.WL1}=1.1\times110\text{kV}=121\text{kV} \tag{1-5}$$

因此，变压器 T1 的额定电压为 6.3kV/121kV。这是一个升压变压器。

式（1-1）～式（1-5）中，$U_{N.WL1}$ 为线路 WL1 的额定电压，$U_{1N.T2}$ 为变压器 T2 的一次侧额定电压，$U_{N.G}$ 为发电机额定电压，其他符号类似。

5. 工厂配电电压的选择

（1）工厂高压配电电压的选择

工厂高压配电电压的选择主要取决于当地供电电源电压及工厂高压用电设备的电压、容量和数量等因素。

工厂高压配电电压一般应采用 10kV。当 6kV 用电设备的总容量较大、选用 6kV 经济合理时，宜采用 6kV。

（2）工厂低压配电电压的选择

工厂低压配电电压的选择主要取决于低压用电设备的电压。一般采用 220V/380V，其中线电压 380V 接三相动力设备及 380V 单相设备，而相电压 220V 接 220V 的照明灯具及其他 220V 单相设备。

二、衡量供电质量的主要指标

对工厂用户而言，衡量供电质量的主要指标是交流电的电压和频率。具体细分，则可将供电质量指标分为电压质量指标、频率质量指标和供电可靠性指标三项。

电力电能质量

1. 电压质量指标

交流电压质量由电压偏离额定电压的幅度、电压波动与闪变和电压波形来衡量，主要包括电压数值与波形两个方面。电压质量对各类用电设备的工作性能、使用寿命、安全及经济运行都有直接的影响。用电设备在其额定电压下工作，既能保证设备运行正常，又能获得最大的经济效益。

（1）电压偏差

用电设备端子处的电压偏差 ΔU，是以设备端电压 U 与设备额定电压 U_N 差值的百分值来表示，即

$$\Delta U\%=\frac{U-U_N}{U_N}\times100\% \tag{1-6}$$

电压偏差是由于系统运行方式改变及负荷缓慢变化而引起的，其变动相对缓慢。按 GB 50052—2009《供配电系统设计规范》规定，正常运行情况下，用电设备端子处电压偏差允许值（以 U_N 的百分数表示）应符合以下要求：

1）电动机为 ±5%。

2）照明：在一般工作场所为 ±5%；对于远离变电所的小面积一般工作场所，难以满足上述要求时，可为 +5%、−10%；应急照明、道路照明和警卫照明等为 +5%、−10%。

3）其他用电设备当无特殊规定时为 ±5%。

（2）电压调整

为了减小电压偏差，保证用电设备在最佳状态下运行，工厂供电系统必须采取相应的

电压调整措施，具体如下：

1）合理选择变压器的电压分接头或采用有载调压型变压器，使之在负荷变动的情况下有效地调节电压，保证用电设备端电压的稳定。

2）合理地减小供电系统的阻抗，以降低电压损耗，从而缩小电压偏差范围。

3）尽量使系统的三相负荷均衡，以减小电压偏差。

4）合理地改变供电系统的运行方式，以调整电压偏差。

5）采用无功功率补偿装置提高功率因数，降低电压损耗，缩小电压偏差范围。

（3）电压波动和闪变及其抑制

电压波动是由于负荷急剧变动引起的。负荷的急剧变动使系统的电压损耗也相应快速变化，从而使电气设备的端电压出现波动现象。如电焊机、电弧炉和轧钢机等冲击性负荷，都会引起电网电压波动。电压波动会影响电动机的正常起动，使同步电动机转子振动，使电子设备特别是使计算机无法正常工作，使照明灯发生明显的闪烁现象等。其中，电压波动对照明的影响最为明显。人眼对灯闪的主观感觉称为闪变。电压闪变对人眼有刺激作用，甚至使人无法正常工作和学习。

降低或抑制冲击性负荷引起的电压波动和电压闪变，宜采取以下措施：

1）对大容量的冲击性负荷采用专线或专用变压器供电。这是最简便有效的办法。

2）降低供电线路阻抗。

3）选用短路容量较大或电压等级较高的电网供电。

4）采用吸收冲击性无功功率的静止无功补偿（Static Var Compensation，SVC）装置等。

（4）高次谐波及其抑制

电力系统中产生高次谐波的非线性元件很多，如荧光灯、高压汞灯、高压钠灯等气体放电灯及交流电动机、电焊机、变压器和感应电炉等，都会产生高次谐波电流。最为严重的是大型硅整流设备和大型电弧炉，它们产生的高次谐波电流最为突出，是造成电力系统中谐波干扰的主要谐波源。高次谐波的干扰已成为电力系统中影响电能质量的一大“公害”。

抑制高次谐波，宜采取以下措施：

1）大容量的非线性负荷由短路容量较大的电网供电。

2）三相整流变压器采用 Yd 或 Dy 联结，可以消除 3 的整数倍的高次谐波。这是抑制整流变压器产生高次谐波干扰的基本方法。

3）增加整流变压器二次侧的相数。整流变压器二次侧的相数越多，整流脉冲数也随之增多，其被消去的次数较低的谐波分量也越多。

4）选用 Dyn11 联结的三相配电变压器。由于 Dyn11 联结的变压器高压绕组为三角形联结，可使 3 次及 3 的整数倍次的高次谐波在其中形成环流而不致注入高压电网中，从而抑制高次谐波。

2. 频率质量指标

我国采用的工业频率（简称工频）为 50Hz。电网低频率运行时，所有用户的交流电动机转速都将相应降低，这将导致许多工厂的产量和产品质量都将不同程度地受到影响。如频率降至 48Hz 时，电动机转速降低 4%，纺织、机械、造纸等工业的产量相应降低。有些工业产品的质量也受到影响，如纺织品出现断线、毛刺，纸张厚薄不均匀，印刷品深浅不规律等。频率的变化对电力系统运行的稳定性影响很大，因而对频率的要求比对电压的要求要严格。国标规定频率偏差范围一般为 ±0.5Hz。当电力系统容量达 3000MW 及以上时，频率偏差范围规定为 ±0.2Hz。由于频率的调整主要依靠发电厂，因此对于工厂供电系统来说，提高电能质量主要是提高电压质量和供电可靠性的问题。

3. 供电可靠性指标

供电可靠性是指供电系统对用户持续供电的能力，以对用户停电的时间及次数来衡量。供电可靠性一般利用供电可靠率 K_{rel} 进行衡量。供电可靠率是指在统计时间内，对用户有效供电时间总小时数与统计期间小时数的比值，即

$$K_{rel}=\frac{T_w}{T_t}\times 100\% \tag{1-7}$$

$$T_w=T_t-T_s=\sum_{i=1}^{n}t_i \tag{1-8}$$

式中，T_w 为统计期间实际供电时间之和（h）；T_t 为统计期间全部时间（h）；T_s 为统计期间停电时间之和（h）；t_i 为统计期间每次停电时间（h）。

停电分为故障停电和预安排停电两大类。其中故障停电又分为内部故障停电和外部故障停电两种情况，而预安排停电则分为计划停电、临时停电和限电三种情况。

1.3　电力系统的中性点运行方式及低压配电系统接地形式

一、电力系统的中性点运行方式

电力系统运行方式

电力系统的中性点是指星形联结的变压器或发电机的中性点。我国三相交流电力系统中发电机、电力变压器等的中性点有三种运行方式：电源中性点不接地、中性点经阻抗接地和中性点直接接地。前两种称为小电流接地系统，第三种称为大电流接地系统。

我国 3 ～ 66kV 的电力系统大多数采取中性点不接地的运行方式。只有当系统单相接地电流大于一定数值（3 ～ 10kV，大于 30A 时；20kV 及以上，大于 10A 时）时才采取中性点经消弧线圈（一种大感抗的铁心线圈）接地的运行方式。110kV 以上的电力系统和 1kV 以下的低压系统则一般采取中性点直接接地的运行方式。

中性点的运行方式对电力系统的运行影响显著。它主要取决于单相接地时对电气设备的绝缘要求及对供电可靠性的要求，同时还会影响电力系统二次侧继电保护及监测仪表的选择与运行。

1. 中性点不接地的电力系统

图 1-7 所示为电源中性点不接地的电力系统正常运行时的电路图和相量图。三相交流系统的相间及相与地间都存在着分布电容。相间电容与此处讨论的问题无关，只考虑相与地间的分布电容，并将其用集中电容 C 来表示，如图 1-7a 所示。

系统正常运行时，三个相电压 $\dot{U}_A$、$\dot{U}_B$、$\dot{U}_C$ 是对称的，三相对地电容电流 $\dot{I}_{C0.A}$、$\dot{I}_{C0.B}$、$\dot{I}_{C0.C}$。也是平衡的，如图 1-7b 所示。因此三相电容电流相量和为零，没有电流在地中流过。每相对地的电压就是相电压。即正常运行时，线电压和各相对地电压对称。

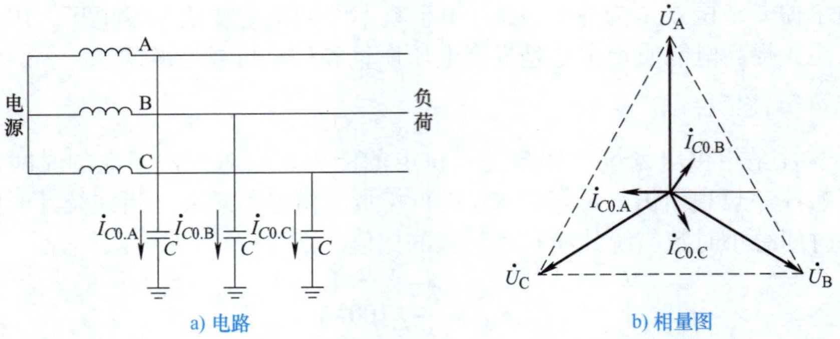

图 1-7 正常运行时的中性点不接地电力系统

当系统发生单相接地故障时，如 C 相接地，如图 1-8a 所示。这时 C 相对地电压为零，而 A 相对地电压 $\dot{U}_A' = \dot{U}_A + (-\dot{U}_C) = \dot{U}_{AC}$，B 相对地电压 $\dot{U}_B' = \dot{U}_B + (-\dot{U}_C) = \dot{U}_{BC}$，如图 1-8b 所示。由此可见，C 相接地时，完好的 A、B 两相对地电压都由原来的相电压升高到了线电压，即升高为原对地电压的 $\sqrt{3}$ 倍。

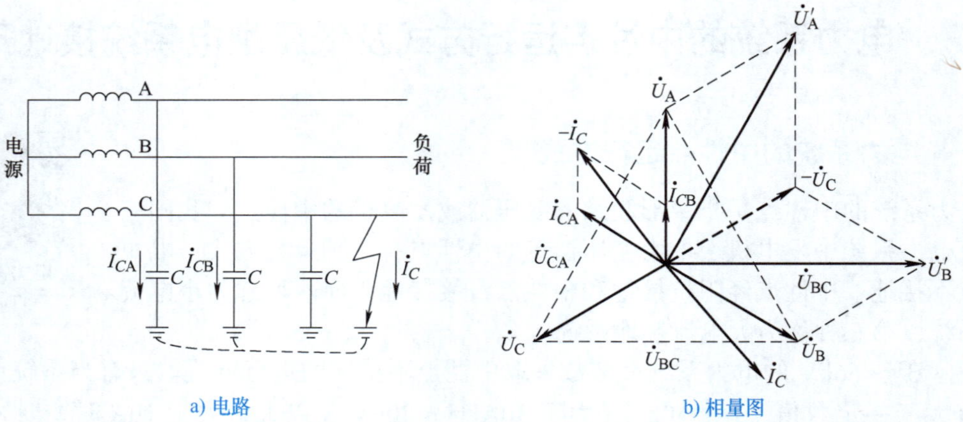

图 1-8 单相接地时的中性点不接地电力系统

由图 1-8b 所示相量图可以看出，系统的三个线电压的相位和量值均未发生变化，因此系统中的所有设备仍可照常运行。但是如果另一相又发生接地故障，则形成两相接地短路，将产生很大的短路电流，从而损坏线路及其设备。因此，我国有关规程规定，中性点不接地的电力系统发生单相接地故障时，可允许暂时继续运行 2h。但必须同时通过系统中装设的单相接地保护或绝缘监察装置发出报警信号或指示，以提醒运行值班人员注意，采取措施查找和消除接地故障。如有备用线路，则可将负荷转移到备用线路上。经过 2h 后，如接地故障尚未消除，则应切除故障线路，以防止故障扩大。

2. 中性点经阻抗接地的电力系统

在上述中性点不接地的电力系统中，如果接地电容电流较大，将在接地点产生断续电弧，使线路发生电压谐振现象。由于电力线路既有电阻、电感，又有电容，因此发生单相弧光接地时，就形成一个 *RLC* 串联谐振电路，从而可使线路上出现危险的过电压（可达线路相电压的 2.5 ～ 3 倍），将导致线路上绝缘薄弱处的绝缘击穿。为了消除单相接地时接地点出现断续电弧，引起谐振过电压，在单相接地电容电流大于规定值（如前所述）时，电力系统中性点必须采取经阻抗接地的运行方式。

图 1-9 所示为中性点经阻抗（图中采用消弧线圈，它实际上是一个可调的铁心电感线圈，电阻很小，感抗很大）接地的电力系统在单相接地时的电路图和相量图。

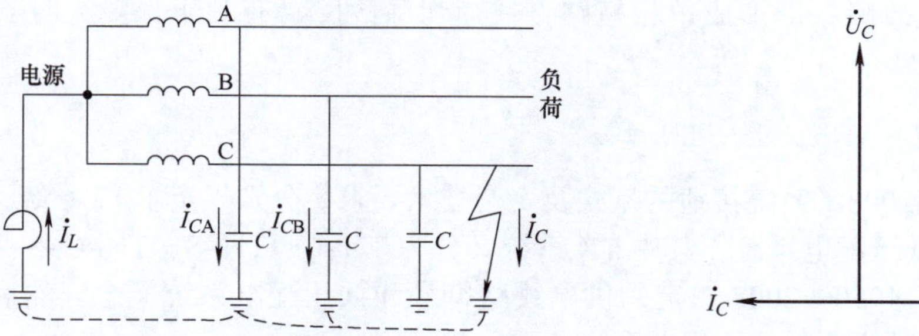

a) 电路　　　　b) 相量图

图 1-9　中性点经阻抗接地电力系统

当系统发生单相接地时，通过接地点的电流为接地电容电流 $\dot{I}_C$ 与流过消弧线圈的电感电流 $\dot{I}_L$ 之和（消弧线圈可看作一个电感 L）。由于 $\dot{I}_C$ 比 $\dot{U}_C$ 超前 90°，而 $\dot{I}_L$ 比 $\dot{U}_C$ 滞后 90°，因此 $\dot{I}_L$ 与 $\dot{I}_C$ 在接地点相互补偿。如果接地点电流补偿到小于最小生弧电流时，接地点就不会产生电弧，从而也不会出现上述的电压谐振现象。

消弧线圈对电容电流的补偿有三种方式：①全补偿 $I_L = I_C$；②欠补偿 $I_L < I_C$；③过补偿 $I_L > I_C$。实际上都采用过补偿，以防止由全补偿引起的电流谐振损坏设备，或欠补偿由于部分线路断开造成全补偿。

中性点经消弧线圈接地系统与中性点不接地系统一样，在发生单相接地故障时，三个线电压不变，因此可允许暂时继续运行 2h；但必须发出指示信号，以便采取措施查找和消除故障，或将故障线路的负荷转移到备用线路上。而且这种系统在一相接地时，另两相对地电压也要升高到线电压，即升高为原对地电压的 $\sqrt{3}$ 倍。

3. 中性点直接接地的电力系统

如图 1-10 所示为中性点直接接地的电力系统在单相接地时的电路。这种系统发生单相接地时将造成单相短路（用符号 $k^{(1)}$ 表示），其单相短路电流 $I_k^{(1)}$ 比线路的正常负荷电流要大许多倍，通常要使线路上的断路器（开关）自动跳闸或者使熔断器熔断，将短路故障部分切除，恢复其他无故障部分系统的正常运行。

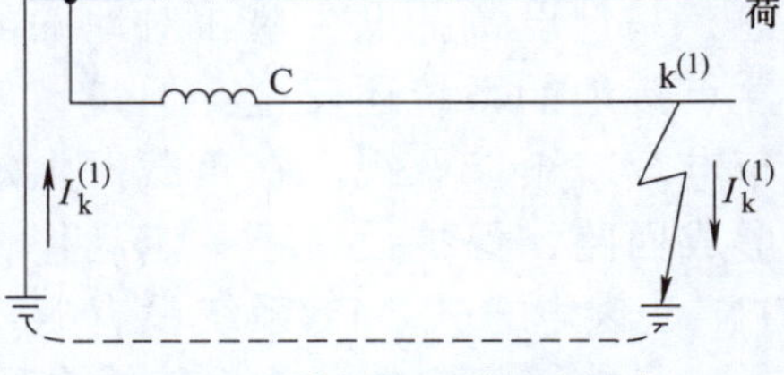

图 1-10　单相接地时的中性点直接接地电力系统

中性点直接接地的系统在发生一相接地时，其他两相对地电压不会升高，因此这种系统中的供用电设备的相绝缘只需按相电压来考虑，而不必按线电压考虑。这对 110kV 以上的超高压系统很有经济技术价值，因为高压电器特别是超高压电器的绝缘问题，是影响其设计和制造的关键问题。绝缘要求的降低，实际上降低了高压电器的造价，同时改善了高压电器的性能，所以我国规定 110kV 以上的电力系统中性点均采取直接接地的运行方式。

至于低压配电系统，TN 系统和 TT 系统均采取中性点直接接地的方式，而且引出有中性线或保护中性线，这除了便于接单相负荷外，还考虑了安全保护的要求，一旦发生单相接地故障，即形成单相短路，快速切除故障，有利于保障人身安全，防止触电。

二、低压配电系统的接地形式

GB 14050—2008《系统接地的型式及安全技术要求》分别规定了 IT 系统、TT 系统、TN 系统三大类低压配电系统，其中 TN 系统又分为 TN-C、TN-S、TN-C-S 系统。下面先简单介绍 GB 14050—2008 规定的供电线路符号和低压配电系统概念，然后重点介绍 IT、TT 及 TN 三种主要的低压配电系统。

1. GB 14050—2008 规定的供电线路符号和低压配电系统概念

1）中性导体（Neural Conductor），代号 N，连接到系统中性点上并能提供传输电能的导体。其功能是：①连接采用额定电压为配电系统相电压的单相用电设备；②传导三相系统中的不平衡电流和单相电流；③减小负荷中性点的电位偏移。

2）保护导体（Protective Conductor），代号 PE，用于在保障情况下防止电击的采用保护措施的导体。保护导体可以用来连接外露可导电部分、外部可导电部分、总接地端子或主接地导体、接地极、电源接地点或人工中性点。

3）保护中性线（PEN Conductor），代号 PEN，同时具有保护接地导体和中性导体功能的导体线的功能。PEN 线在我国通常称为零线，俗称地线。

2. IT 系统

IT 方式的供电系统如图 1-11 所示。IT 中的“I”表示电源侧没有工作接地或经过高阻抗接地；“T”表示电气装置的外露可导电部分直接接地。IT 系统即系统（电源）中性点不接地，用电设备外壳单独接地。

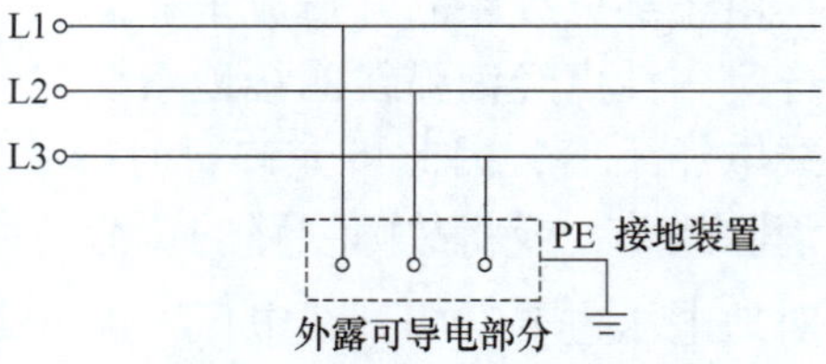

图 1-11 IT 方式的供电系统

IT 系统主要用于对连续供电要求较高及有易燃易爆危险的场所，如电力、炼钢厂、大医院的手术室、地下矿井等处。由于地下矿井内供电条件比较差，电缆易受潮，运用 IT 方式供电系统，即使电源中性点不接地，一旦设备漏电，单相对地漏电流仍小，不会破坏电源电压的平衡，所以比电源中性点接地的系统还安全。但是，如果用于供电距离很长的场合，供电线路对大地的分布电容就不能忽视。在负载发生短路故障或漏电使设备外壳带电时，漏电电流经大地形成回路，保护设备不一定动作，这是危险的。因此，供电距离较长的场合推荐使用 TN-S 供电方式。IT 系统没有 N，因此不适于接额定电压为系统相电压的单相用电设备，只能接额定电压为系统线电压的单相用电设备。

3. TT 系统

TT 方式的供电系统如图 1-12 所示。TT 系统是指将电气装置的外露可导电部分直接接地的保护系统，称为保护接地系统。

在 TT 系统中，负载的所有接地均称为保护接地。这种供电系统的特点如下：

1）中性导体（N）和保护导体（PE）分开，因此，其详细特征为：①接地导体与中性导体没有电的联系；②正常运行时，中性导体可以有电流，而接地导体没有电流；③ TT 系统适用于接地保护比较分散的场所。

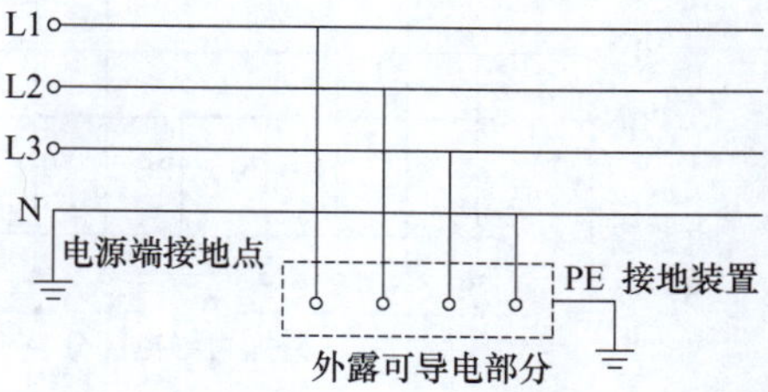

图 1-12　TT 方式的供电系统

2）当电气设备的外露可导电部分带电（相线碰壳或设备绝缘损坏而漏电）时，由于有接地保护，可以大大减少触电的危险性。但是，低压断路器不一定能跳闸，造成漏电设备的外壳对地电压高于安全电压，属于危险电压。

3）当漏电电流比较小时，即使有熔断器也不一定能熔断，还需增设漏电保护，因此 TT 系统推广受限。

4）TT 系统接地装置耗用钢材多，费时费料成本高。

TT 系统适用于对安全及电磁干扰要求较高的场所。

4. TN 系统

TN 方式的供电系统又细分为 TN–C 系统、TN–S 系统和 TN–C–S 系统，如图 1-13 所示。电源中性点直接接地，所有设备的外露可导电部分均接保护导体（PE）或保护接地中性导体（PEN）。TN 中的“T”表示系统电源中性点直接接地，“N”表示所有设备外露导电部分通过与接地的电源中性点的连接而接地。由于 TN 系统是将电气设备的金属外壳与工作零线相接的保护系统，故 TN 系统又称为接零保护系统。

TN 系统一旦设备出现外壳带电，接零保护系统就能将漏电电流上升为短路电流，其数值很大，大约是 TT 系统的 5.3 倍，实际上就是单相对地短路故障，熔断器的熔丝会熔断，低压断路器的脱扣器会立即动作而跳闸，使故障设备断电，比较安全。

TN 系统具体形式有以下几种：

1）TN–C 系统，见图 1-13a。中性导体（N）和保护导体（PE）合二为一。其特点是：① PEN 导体中可有电流流过；② PEN 导体断线，可使接 PEN 导体的外露可导电部分带电而造成人身触电危险；③由于导线合并，TN 系统节省材料、经济性好；④ TN–C 系统不适于对安全和抗电磁干扰要求高的场合。

2）TN–S 系统，见图 1-13b。N 导体和 PE 导体严格分开，彼此独立。其特点是：①系统正常运行时，专用保护导体上无电流流过，只是中性导体 N 上有不平衡电流，PE 导体对地没有电压；②中性导体 N 一般只用作单相照明负载回路；③保护导体 PE 不允许断线，也不允许进入剩余电流断路器；④ TN–S 方式供电系统安全可靠，适用于工业与民用建筑等低压供电系统。

3）TN–C–S 系统，见图 1-13c。如果系统前一部分线路的中性导体 N 与保护导体 PE 合为保护接地中性导体 PEN，而后一部分线路的 N 导体与 PE 导体全部或部分分开，则此系统称为 TN–C–S 系统。其特点是：①中性导体 N 与保护导体 PE 相连通，要求负载不平衡电流不能太大，而且在 PE 导体上应做重复接地；② PE 导体在任何情况下都不能接入漏电保护器，因为线路末端的漏电保护器动作会使前级漏电保护器跳闸，造成大范围停电。

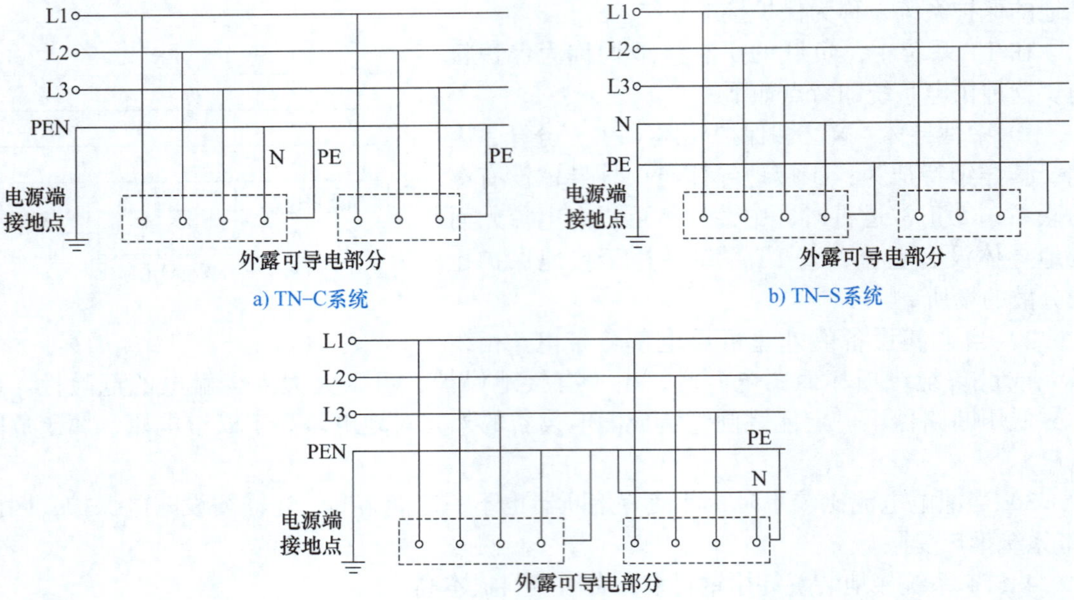

a) TN–C系统　b) TN–S系统　c) TN–C–S系统

图 1-13　TN 方式的供电系统

除了上述 GB 14050—2008 标准的分类方法外，我国的低压配电系统，凡引出中性导体（N）的三相系统，包括 TN 系统和 TT 系统，又都称为三相四线制系统；而没有中性导体（N）的三相系统，如 IT 系统，则称为三相三线制系统。

显而易见，有别于电源中性点不接地的 IT 系统，TN 和 TT 系统都是电源中性点直接接地的系统，且都引出有中性导体（N）。但是，两者的保护线接法不同，TT 系统每个设备外壳的保护线是独立的，而 TN 系统所有电器设备外壳的保护线是公共的。

1.4　电力负荷及其分类

电力负荷

一、按供电可靠性要求的负荷分类

GB 50052—2009《供配电系统设计规范》规定，电力负荷根据其对供电可靠性的要求及中断供电造成的损失或影响分为三级。

1. 一级负荷

一级负荷为中断供电将造成人身伤亡的负荷；中断供电将在经济上造成重大损失的负荷，如重大设备损坏、重大产品报废、用重要原料生产的产品大量报废、国民经济中重点企业的连续性生产过程被打乱而需要长时间恢复等。

在一级负荷中，当中断供电时将发生中毒、爆炸和火灾等情况的负荷，以及特别重要场所的不允许中断供电的负荷，应视为一级负荷中特别重要的负荷。

一级负荷要求由双重电源供电，当一个电源发生故障时，另一个电源应不致同时受到损坏。对一级负荷中特别重要的负荷，除要求有双重电源供电外，还必须增设应急电源，并严禁将其他负荷接入应急供电系统。常用的应急电源有独立于正常电源的发电机组、干电池、蓄电池、供电系统中有效地独立于正常电源的专用馈电线路。

2. 二级负荷

二级负荷为中断供电将在经济上造成较大损失的负荷，如主要设备损坏、大量产品报废、连续性生产过程被打乱需较长时间才能恢复、重点企业大量减产等；中断供电将影响重要用电单位正常工作的负荷，如交通枢纽、通信枢纽等重要负荷；中断供电将造成大型影剧院、大型商场等较多人员集中的重要公共场所秩序混乱的负荷。

二级负荷要求由双回路供电，供电变压器也应有两台（两台变压器不一定在同一变电站），要求做到当发生电力变压器故障时不致中断供电，或中断后能迅速恢复供电。

3. 三级负荷

三级负荷为不重要的一般负荷。对一些非连续性生产的中小型企业，停电仅影响产量或造成少量产品报废的用电设备，以及一般民用建筑的用电负荷等均属三级负荷。

三级负荷对供电电源没有特殊要求，一般由单回路电力线路供电。

二、按工作制的负荷分类

电力负荷按其工作制，即工作时间长短及开停次数，一般分为三类。

1. 连续工作制负荷

连续工作制负荷是指长时间连续工作的用电设备，其特点是负荷比较稳定，连续工作发热使得设备达到热平衡状态，如通风机、水泵、空气压缩机、电动机—发电机组、电炉和照明灯等。这是各类用电设备的主体。

2. 短时工作制负荷

短时工作制负荷是指工作时间短、停歇时间长的用电设备。其运行特点为工作时其温度达不到稳定温度，停歇时其温度降低等于环境温度。此类负荷在用电设备中所占比例很小，如闸门电动机、机床的横梁升降电动机等。

3. 重复短时工作制负荷

重复短时工作制负荷是指时而工作、时而停歇，周期性反复运行的设备。其工作特点为重复性和短时性，具体表现为工作时温度达不到稳定温度，停歇时也降低不到环境温度，如电焊机、电梯和起重机等。

重复短时工作制负荷可用负荷持续率（或称暂载率）ε 来表示，其意义是一个工作周期内工作时间与工作周期的百分比值，即

$$\varepsilon=\frac{t}{T}\times 100\%=\frac{t}{t+t_0}\times 100\% \tag{1-9}$$

式中，t 为工作时间；t_0 为停歇时间；T 为工作周期。

习　题

1. 变压器 T1、线路 WL2 和 WL4 的额定电压如图 1-14 所示，求发电机 G、变压器 T2 和 T3、线路 WL1 和 WL3 的额定电压。

2. 求图 1-15 所示电力系统发电机和变压器的额定电压。

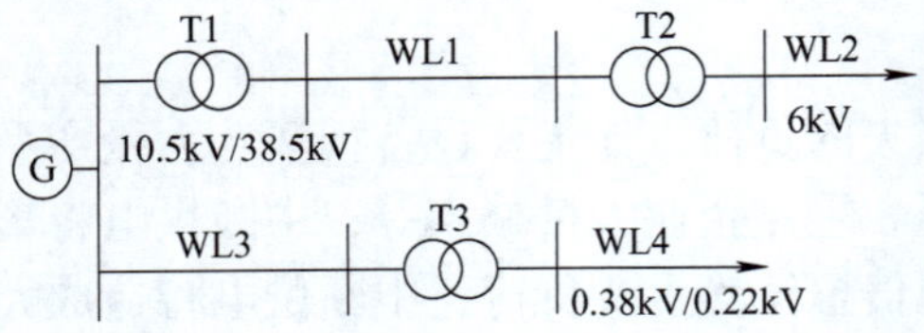

图 1-14　习题 1 电路

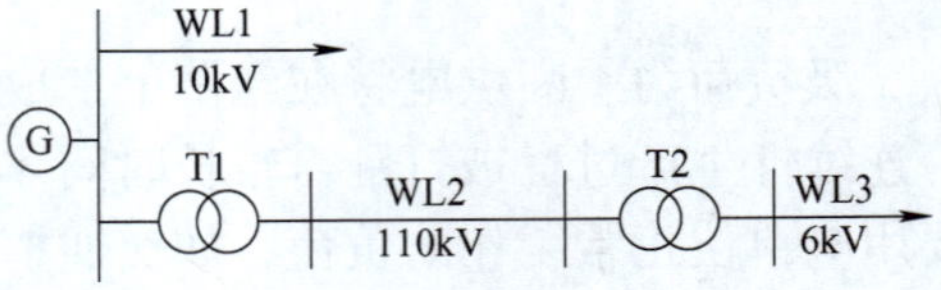

图 1-15　习题 2 电路

3. 供配电系统由哪些部分组成？在什么情况下应设总降压变电所或高压配电所？

4. 发电机、用电设备和变压器的额定电压分别是如何规定的？为什么？

5. 电能的质量指标包括哪几项？

6. 电力系统的中性点运行方式有几种？中性点不接地和中性点直接接地的电力系统发生单相接地时各具有哪些特点？

7. 低压配电系统中的中性线（N 线)、保护线（PE 线）和保护中性线（PEN 线）各有哪些功能？

8. 低压配电系统按保护接地形式分为 TN 系统、TT 系统、IT 系统，试画图表示这三种系统（其中 TN 系统要求用 TN-S 形式表示)。

9. 电力负荷按对供电可靠性的要求可分为哪几类？它们对供电各有什么要求？

10. 电网电压的高低如何划分？什么是低压和高压？什么是中压、高压、超高压和特高压？

第 2 章

工厂供电系统的主要电气设备

本章首先简单介绍工厂供电系统电气设备的分类，接着介绍电器触头间电弧产生和熄灭的基本知识，然后分别介绍工厂供电系统中的一些主要电气设备，着重介绍其功用、结构特点、主要性能及使用注意事项或操作要求。电气设备种类繁多，且不断更新换代因此掌握认识和分析电气设备的一般方法非常重要，以便举一反三、触类旁通。

2.1 工厂供电系统电气设备的分类与符号

工厂供电设备的分类与符号

工厂供电系统中担负输送和分配电能这一主要任务的电路，称为一次电路或一次回路，也称为主电路或主接线；而用来控制、指示、测量和保护一次电路及其设备运行的电路，则称为二次电路或二次回路，也称为二次接线。因此，工厂供电系统中的电气设备可按所属电路性质分为两大类：一次电路中的所有电气设备，即称为一次设备或一次元件；二次电路中的所有电气设备，则称为二次设备或二次元件。

一、一次设备分类

一次设备按其在一次电路中所起的作用可分为变换设备、控制设备、保护设备、补偿设备及成套设备等。

变换设备：用来变换电能、电压或电流的设备，如发电机和电力变压器等。

控制设备：用来控制电路通断的设备，如各种高、低压开关设备。

保护设备：用来防护电路过电流或过电压的设备，如高、低压熔断器、热继电器和避雷器等。

补偿设备：用来补偿电路的无功功率以提高系统功率因数的装置，如高、低压电容器。

成套设备：按照一定的线路方案将有关一、二次设备组合而成的装置，如高压开关柜、低压配电屏、动力和照明配电箱、高低压电容器柜及成套变电所等。

二、常用一次设备电路符号

供配电涉及的图样类型较多，常用的有电气安装图、电气原理图等，表 2-1 列出了常用一次设备的电气图形符号和文字符号。

表 2-1　常用一次设备的电气图形符号和文字符号

序号	设备名称	图形符号	文字符号	序号	设备名称	图形符号	文字符号
1	双绕组变压器		T 或 TM	13	断路器		QF
2	三绕组变压器	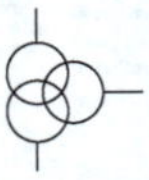	T 或 TM	14	隔离开关		QS
3	电抗器		L	15	负荷开关		QL
4	分裂电抗器		L	16	隔离插头和插座	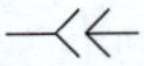	Q 或 QS
5	避雷器		F	17	熔断器		FU
6	火花间隙		F	18	跌落式熔断器		FU
7	电力电容器		C	19	熔断器式负荷开关		Q
8	具有一个二次绕组的电流互感器	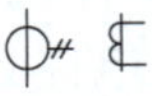	TA	20	熔断器式隔离开关		Q
9	在一个铁心上具有两个二次绕组的电流互感器	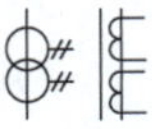	TA	21	接触器	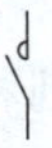	K 或 KM
10	电压互感器		TV	22	电缆终端头		W
11	三绕组电压互感器		TV	23	输电线路		WL 或 L
12	母线		WB	24	接地		

2.2　高低压熔断器

高低压熔断器

一、概述

熔断器是一种应用广泛的保护电器，当通过的电流超过其熔体的额定值并达到一定时间后，熔断器的熔体熔断，从而切断电路。其功能主要是对电路及设备进行短路保护，有的也可以作过负荷保护。熔断器的主要优点是结构简单、体积较小、价格低廉和维护方便。但其保护特性误差较大，可能造成非全相切断电路，而且其熔体一般是一次性的，损坏后难以修复。

二、高压熔断器

在 6 ～ 10kV 电力系统中，户内广泛采用 RN1、RN2 等型管式熔断器，而 XRNT 型管式熔断器为推广应用的更新换代产品，XRNP 型为电压互感器保护用高压限流熔断器；户外则较多采用 RW4、RW10-10F 等型跌落式熔断器。

1. RN1、RN2 型户内高压管式熔断器

RN1 型户内高压管式熔断器与 RN2 型户内高压管式熔断器的结构基本相同，都是瓷质熔管内充有石英砂填料的密闭管式熔断器。RN1 型用作高压电力线路及其设备的保护，其熔体在正常情况下通过的是高压一次电路的负荷电流，因此其结构尺寸较大。RN2 型只用作电压互感器的短路保护，因而其熔体额定电流一般为 0.5A，其结构尺寸较小。图 2-1 所示为 RN1、RN2 型高压管式熔断器的外形，图 2-2 所示为其熔管的剖面示意图。由图 2-2 可见，工作熔体（铜熔丝）上焊有小锡球，锡的熔点（232°C）远比铜的熔点（1083°C）低，因此，在过负荷电流通过时，锡球受热首先熔化，铜锡分子互相渗透而形成熔点较低的铜锡合金，使铜熔丝能在较低的温度下熔断，这就是所谓的冶金效应。它使熔断器能在过负荷电流或较小的短路电流时动作，提高了保护的灵敏度。工作熔体采用几根铜熔丝并联，利用粗弧分细灭弧法来加速电弧的熄灭。熔管内充有石英砂，则是利用了狭沟灭弧法，而且石英砂对电弧也有冷却作用。因此，这种熔断器的灭弧能力很强，能在短路电流未达到冲击值之前（即短路后不到半个周期）完全熄灭电弧，因此这种熔断器具有限流特性。

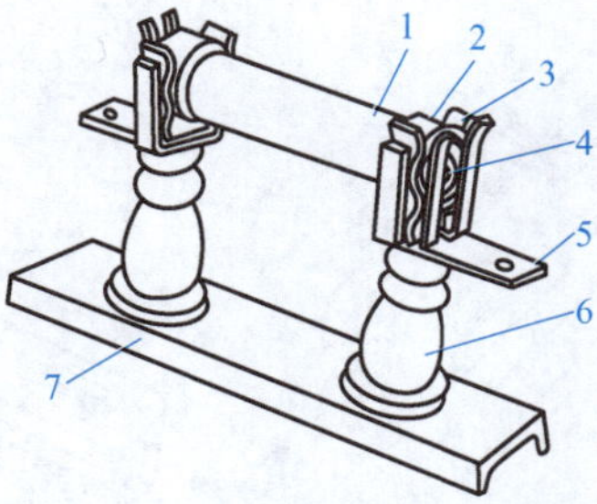

图 2-1　RN1、RN2 型户内高压管式熔断器外形

1—瓷熔管　2—金属管帽　3—弹性触座
4—熔断指示器　5—接线端子
6—瓷绝缘子　7—底座

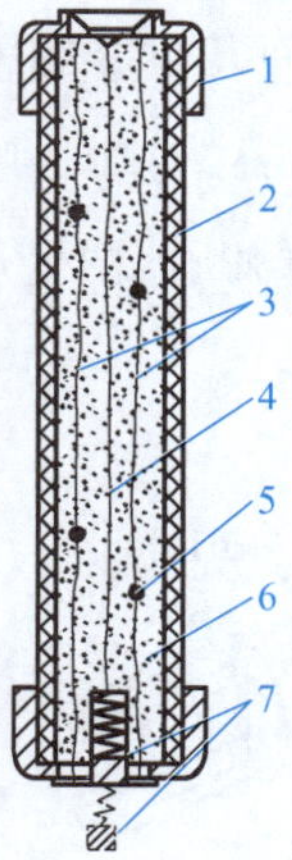

图 2-2　RN1、RN2 型户内高压管式熔断器的熔管剖面示意图

1—金属管帽　2—瓷熔管　3—工作熔体
4—指示熔体　5—锡球　6—石英砂填料
7—熔断指示器（虚线表示指示器在熔体熔断时弹出）

2. RW4 型户外高压跌落式熔断器

图 2-3 所示为 RW4-10 型户外高压跌落式熔断器的基本结构。这种熔断器串接在线路中。正常运行时，其熔管下端动触头借铜熔丝张力而拉紧，利用绝缘钩棒（俗称令克棒）将熔管上端动触头推入上静触头内锁紧，同时下动触头与下静触头也相互压紧，从而使电路接通。当线路中发生短路时，短路电流使铜熔丝迅速熔断，形成电弧。纤维质消弧管由于电弧燃烧而分解出大量气体，使管内压力剧增，并沿管道形成强烈的纵向吹弧。如短路

电流较小，则其电弧燃烧管内壁产生的气体也较少，熔管仅向下方排气；如短路电流较大，则其电弧燃烧管内壁产生的气体较多，气压较大，将熔管上端薄膜冲开，从而向两端排气，有助于防止熔断器在分断较大短路电流时造成熔管爆裂。铜熔丝熔断后，熔管的上动触头因失去张力而下翻，锁紧机构释放熔管，在触头弹力及熔管自重的作用下，熔管回转跌落，造成明显可见的断开间隙。

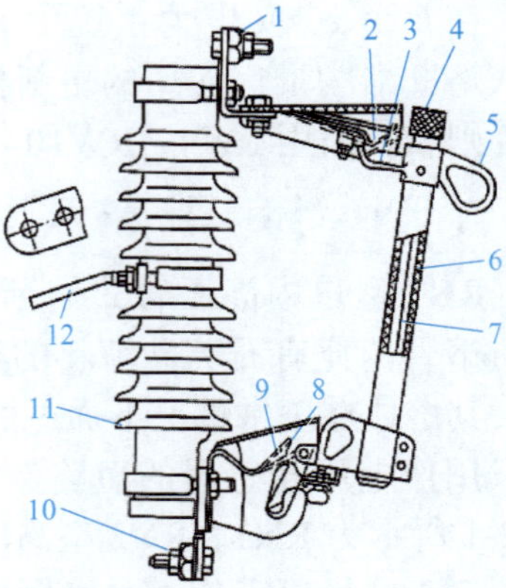

图 2-3 RW4-10 型户外高压跌落式熔断器

1—上接线端子 2—上静触头 3—上动触头 4—管帽（带薄膜） 5—操作环 6—熔管（外层为酚醛纸管或环氧玻璃布管，内衬纤维质消弧管） 7—铜熔丝 8—下动触头 9—下静触头 10—下接线端子 11—绝缘子 12—固定安装板

RW4 型高压跌落式熔断器具有两种功能：一是作为 6 ～ 10kV 线路和变压器的短路保护；二是可当作隔离开关（参见 2.3 节）使用，用来隔离电源以保证安全检修。它没有专门的带负荷灭弧装置，因此不允许带负荷操作。我国目前生产的 RW10-10（F）型跌落式熔断器装有灭弧室和弧触头，因此它可以分、合额定负荷电流。跌落式熔断器的灭弧能力不强，灭弧速度不快，因而属于非限流式熔断器。

三、低压熔断器

低压熔断器的类型很多。目前广泛应用的插入式熔断器有 RC1A 型、螺旋式熔断器有 RL6 型、无填料密封管式熔断器有 RM10 型、有填料封闭管式熔断器有 RT0 型及引进国外技术生产的 NT 型等。下面着重介绍常见的 RT0 型和 RM10 型低压熔断器。

1. RT0 型有填料封闭管式熔断器

RT0 型低压熔断器由瓷熔管、栅状铜熔体和触头底座等部分组成，如图 2-4 所示。

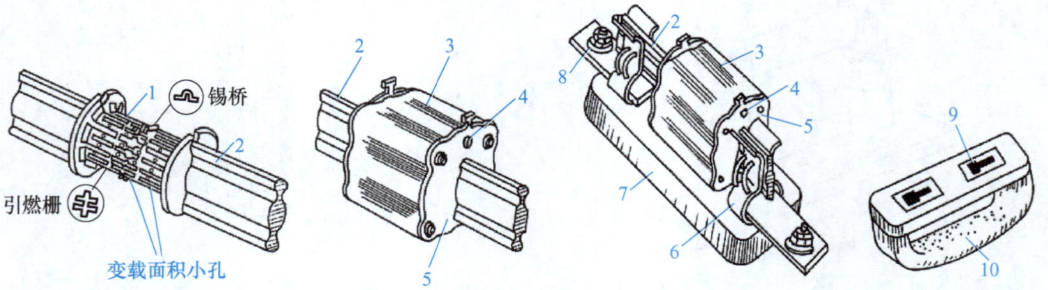

图 2-4 RT0 型低压熔断器

1—栅状铜熔体 2—触刀 3—瓷熔管 4—熔断指示器 5—端面盖板 6—弹性触座 7—触头底座 8—接线端子 9—扣眼 10—绝缘拉手手柄

RT0 型低压熔断器具有引燃栅。由于它的等电位作用，可使熔体在短路电流通过时形成多根并联电弧（粗弧分细灭弧法）。熔体还具有若干变截面积小孔，可使其在短路电流通过时于截面积较小的小孔处熔断，形成多段短弧（长弧切短灭弧法）。加之电弧都是在石英砂中燃烧，电弧中的离子会强烈复合（狭沟灭弧法和冷却灭弧法）。

因此，这种熔断器的灭弧能力很强，具有限流特性。另外，其熔体还有锡桥，即在栅状铜熔体中部弯曲处焊有锡层，可利用冶金效应实现对较小的短路电流和过负荷电流的保护。熔体熔断后，有红色的熔断指示器弹出，便于运行人员检视。

附录表 A-1、图 A-1 为 RT0 型低压熔断器的主要技术数据及保护特性曲线，供参考。

2. RM10 型无填料密闭管式熔断器

RM10 型低压熔断器由纤维熔管、变截面积锌熔片和触头底座等组成，如图 2-5 所示。将熔片冲制成宽窄不一的变截面，是为了改善熔断器的保护性能。短路时，熔片的窄部由于电阻较大而首先熔断，形成几段串联短弧，且由于各段熔片跌落，迅速拉长电弧，使短路电弧较易熄灭。

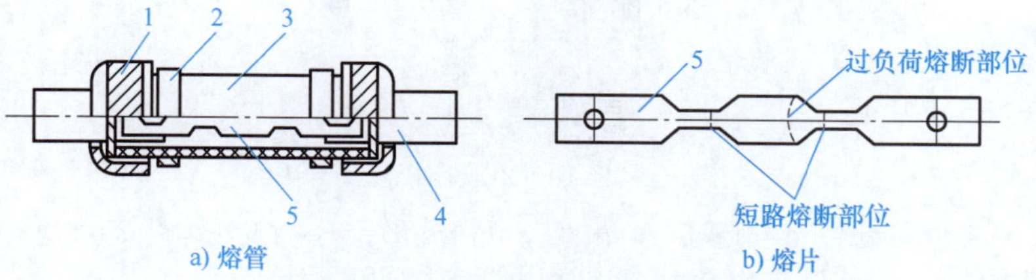

图 2-5　RM10 型低压熔断器

1—钢管帽　2—管夹　3—纤维熔管　4—触刀　5—变截面积锌熔片

过负荷时，由于加热时间较长，窄部散热较好，因此往往在其宽窄之间的斜部熔断。由此可以大致判断使熔断器熔断的故障性质。

当熔片熔断时，纤维熔管的内壁将因电弧燃烧而分解出气体，压迫电弧，加强离子的复合，从而改善灭弧性能。RM10 型熔断器的灭弧断流能力大大低于 RT0 型熔断器，且属于非限流式。但由于它的结构简单及更换熔体方便，所以现仍用于某些老型号的低压配电装置中。

2.3　高低压开关设备

高低压开关设备

一、概述

高低压开关设备用于控制电路的通断，但由于其结构不同，用途也不一样；有的不能带负荷操作，只能用来隔离电源以保证检修安全，如高压隔离开关；有的虽可带负荷操作但不能断开短路电流，如高低压负荷开关和带灭弧罩的低压刀开关；也有的既能带负荷操作又能断开短路电流，如高低压断路器。因此，对于各种开关设备，应结合其结构特点，了解其功能和操作要求，并逐渐熟悉其型号、规格及用途。

二、高压开关设备

1. 高压隔离开关（QS）

高压隔离开关的结构比较简单，图 2-6 所示为 GN8–10/600 型高压隔离开关。它断开后有明显可见的断开间隙，而且断开间隙的绝缘强度及相间绝缘强度都足够可靠，因此可用来隔离高压电源，以进行相关设备的安全检修。它没有专门的灭弧装置，因此不允许带负荷操作。但它可以用来通断一定的小电流，如励磁电流不超过 2A 的空载变压器、电容电流不超过 5A 的空载线路及电压互感器和避雷器电路等。

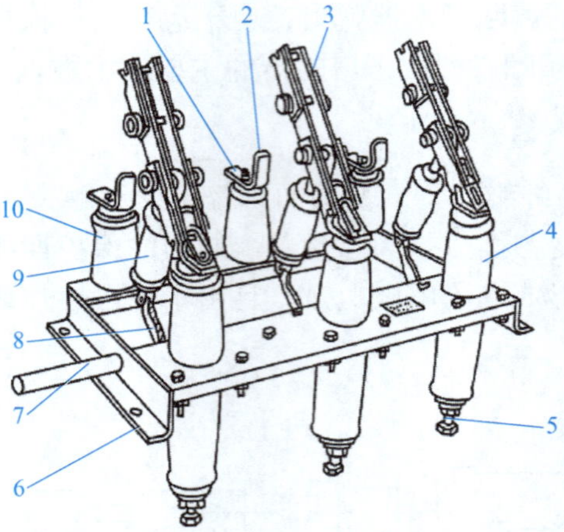

图 2-6　GN8-10/600 型高压隔离开关

1—上接线端子　2—静触头　3—闸刀　4—套管绝缘子　5—下接线端子　6—框架
7—转轴　8—拐臂　9—升降绝缘子　10—支柱绝缘子

户内型高压隔离开关通常采用 CS6 型手动操动机构进行操作。图 2-7 所示为 CS6 型手动操动机构与 GN8 型隔离开关配合的一种安装方式。

2. 高压负荷开关（QL）

高压负荷开关具有简单的灭弧装置，能通断一定的负荷电流和过负荷电流，但不能断开短路电流，因此它必须与高压熔断器串联使用来切除短路故障。

图 2-8 所示为 FN3-10RT 型高压负荷开关。图中上半部为负荷开关本身，外形与隔离开关相似，但其上端的绝缘子实际上是一个压气式灭弧装置，不仅起支持绝缘子作用，其内部还是一个气缸，带有操动机构主轴传动的活塞，其功能类似一个打气筒。

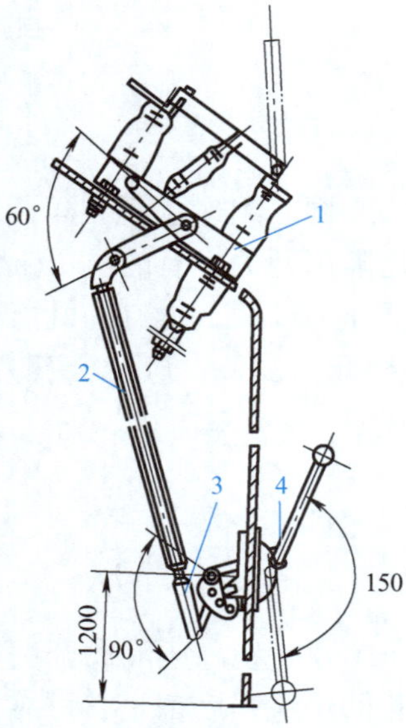

图 2-7　CS6 型手动操动机构与 GN8 型隔离开关配合的一种安装方式

1—GN8 型隔离开关　2—ϕ20mm 焊接钢管
3—调节杆　4—CS6 型手动操动机构

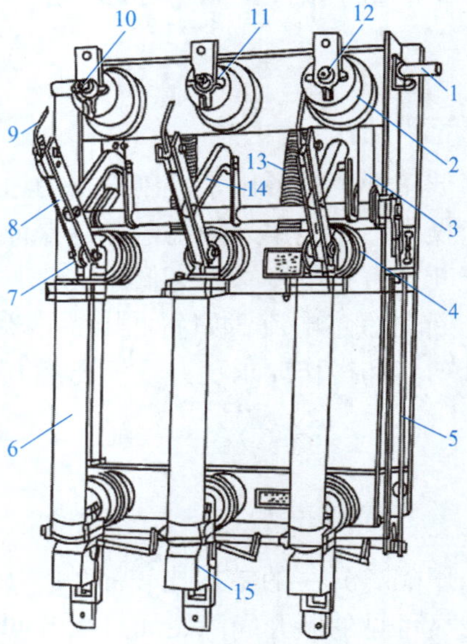

图 2-8　FN3-10RT 型高压负荷开关

1—主轴　2—上绝缘子兼气缸　3—连杆　4—下绝缘子
5—框架　6—RN1 型高压熔断器　7—下触座　8—闸刀
9—弧动触头　10—绝缘喷嘴（内有弧静触头）　11—主静触头
12—上触座　13—断路弹簧　14—绝缘拉杆　15—热脱扣器

当负荷开关分闸时，在闸刀一端的弧动触头与绝缘喷嘴内的弧静触头之间产生电弧。分闸时，主轴转动带动活塞，压缩气缸内的空气从喷嘴向外吹弧，同时由于断路弹簧使电弧迅速拉长及电流回路的电磁吹弧作用，电弧迅速熄灭。

负荷开关不便配置防短路的继电保护装置来自动跳闸，但热脱扣器可以在过负荷时使负荷开关自动跳闸。

3. 高压断路器（QF）

（1）SN10–10 型高压少油断路器

目前少油断路器已很少应用，大多已改为真空断路器，超高压系统大部分采用 SF_6 断路器。少油断路器中的油仅作为灭弧介质使用，不作为主要绝缘介质，而载流部分是依靠空气、陶瓷材料或有机绝缘材料实现绝缘的，因而油量很少。下面以 SN10–10 型高压少油断路器为例，介绍少油断路器的结构和灭弧原理。

SN10–10 型高压少油断路器是我国统一设计的一种少油断路器。按其断流容量分，有Ⅰ、Ⅱ、Ⅲ型。图 2-9 所示为 SN10–10 型高压少油断路器的外形及结构，其内部剖面结构如图 2-10 所示。

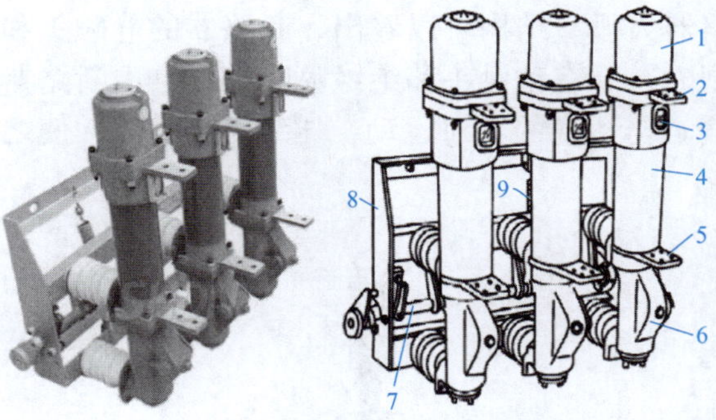

图 2-9　SN10–10 型高压少油断路器的外形及结构

1—铝帽　2—上接线端子　3—油标　4—绝缘筒
5—下接线端子　6—基座　7—主轴
8—框架　9—断路弹簧

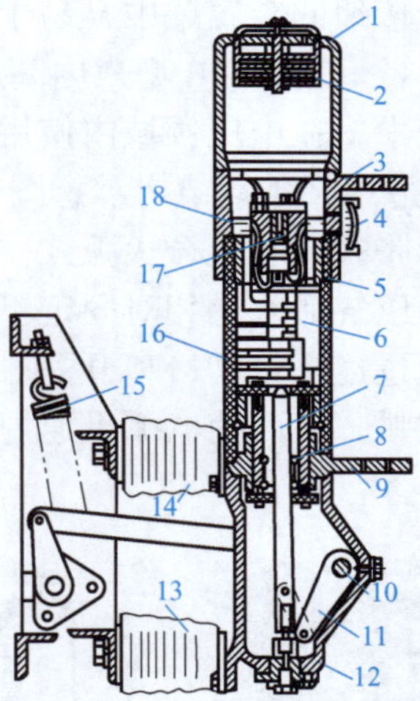

图 2-10　SN10–10 型高压少油断路器内部剖面结构

1—铝帽　2—油气分离器　3—上接线端子
4—油标　5—插座式静触头　6—灭弧室　7—动触头
8—中间滚动触头　9—下接线端子　10—转轴
11—拐臂　12—基座　13—下支持绝缘子
14—上支持绝缘子　15—断路弹簧　16—绝缘筒
17—止回阀　18—绝缘油

SN10–10 型高压少油断路器由框架、传动部分及油箱组成。框架上装有分闸限位器、合闸缓冲、分闸弹簧及 6 只支持绝缘子。传动部分有断路器主轴、绝缘拉杆等。油箱固定在支持绝缘子上，是断路器的核心部分。油箱下部是由高强度铸铁制成的基座。油箱中部是灭弧室，外面套的是高强度绝缘筒。油箱的上部设有油气分离室。

这种断路器的导电回路为：上接线端子 3 →插座式静触头 5 →导电杆（动触头）7 →中间滚动触头 8 →下接线端子 9。

少油断路器的操动机构内部都有跳闸和合闸线圈，通过断路器的传动机构使断路器动作。断路器分闸时，在分闸弹簧的作用下主轴转动，经连杆机构带动导电杆向下运动，使动、静触头分断，产生电弧。电弧在灭弧室中熄灭。同时，电弧使绝缘油分解，形成气泡，油气混合物上升到油气分离室中，经过双层旋转式油气分离器冷却分离，气体从顶部排气孔排出，而油滴则沿内壁流回灭弧室。合闸时动作相反，导电杆向上运动。

断路器的灭弧主要依赖于灭弧室。由于逆流原理，导电杆向下运动时，导电杆端部的弧根部分不断地与下面冷却的新鲜油接触，有效地冷却了电弧，同时在灭弧室内形成附加油流射向电弧，形成机械油吹。另一方面，导电杆向下运动，相继打开一、二、三道横吹沟及下面的纵吹油囊时，油气混合气体强烈地横吹和纵吹电弧，使电弧熄灭。

（2）高压 SF_6 断路器

SF_6 断路器是利用 SF_6 气体作为灭弧和绝缘介质的一种断路器。SF_6 是无色、无味、无毒且不易燃的惰性气体，它在 150℃以下时化学性能相当稳定。SF_6 不含碳元素（C），这对于灭弧和绝缘介质来说是极为优越的特性。SF_6 的灭弧能力比空气高近百倍，其绝缘能力比空气高近 3 倍。SF_6 又不含氧元素（O），因此它不存在触头氧化的问题。SF_6 断路器较之空气断路器，其触头的磨损较少，使用寿命较长。在灭弧过程中，SF_6 气体不排入大气，而是在封闭系统中反复使用。SF_6 断路器多配用弹簧操纵机构。户外 SF_6 断路器的结构形式有瓷柱式和罐式两种。瓷柱式的灭弧室置于高电位的瓷套中，系列性强；罐式的灭弧室置于接地的金属罐中，易于加装电流互感器，还能和隔离开关、接地开关等组成复合式开关设备。LN2–10 型户内高压 SF_6 断路器的外形及结构如图 2-11 所示。它适用于组装在开关柜中，在中压领域内使用广泛。

SF_6 断路器灭弧室结构示意图如图 2-12 所示，其结构形式有压气式、自能灭弧式（旋弧式、热膨胀式）和混合灭弧式。由 SF_6 断路器灭弧室结构可以看出，断路器的静触头和灭弧室中的压气活塞是相对固定不动的。分闸时，装有动触头和绝缘喷嘴的气缸由断路器操作机构通过连杆带动，离开静触头，造成气缸与活塞的相对运动，压缩 SF_6 气体，使之通过喷嘴吹弧，从而使电弧迅速熄灭。

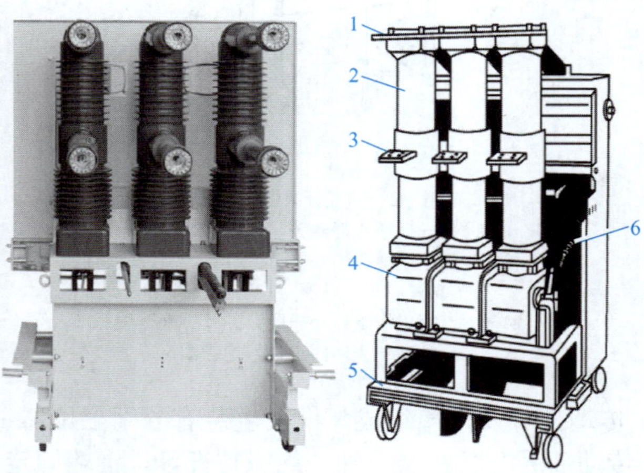

图 2-11 LN2–10 型户内高压 SF_6 断路器的外形及结构

1—接线端子 2—绝缘筒（内有气缸和触头）
3—下接线端子 4—操动机构箱 5—小车 6—断路弹簧

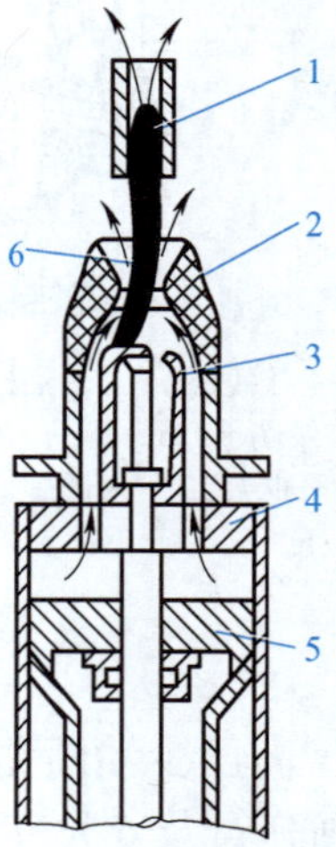

图 2-12 SF_6 断路器灭弧室结构示意图

1—静触头 2—绝缘喷嘴 3—动触头 4—气缸
5—压气活塞（固定） 6—电弧

与油断路器比较，SF_6 断路器具有断流能力大、灭弧速度快、绝缘性能好和检修周期长等优点，适于频繁操作，且无易燃易爆危险。其缺点是要求制造加工的精度高，对密封性能要求严格，因此价格较高。

（3）高压真空断路器

真空断路器是利用真空气压灭弧的一种断路器，其触头装在真空灭弧室内。真空断路器的类型按使用场所可分为户内式和户外式，分别用 ZN 和 ZW 表示。图 2-13 所示为 ZN28–12 型户内式高压真空断路器的外形。按断路器主体与操动机构的相关位置可分为整体式和分体式。其基本结构主要包括真空灭弧室、支持框架和操作机构 3 部分。真空断路器的传动链一般由机构传动连杆、拐臂、主轴、绝缘推杆、三角拐臂和触头弹簧装置等构成。

图 2-14 所示为真空断路器的真空灭弧室结构示意图。

图 2-13　ZN28–12 型户内式高压真空断路器的外形

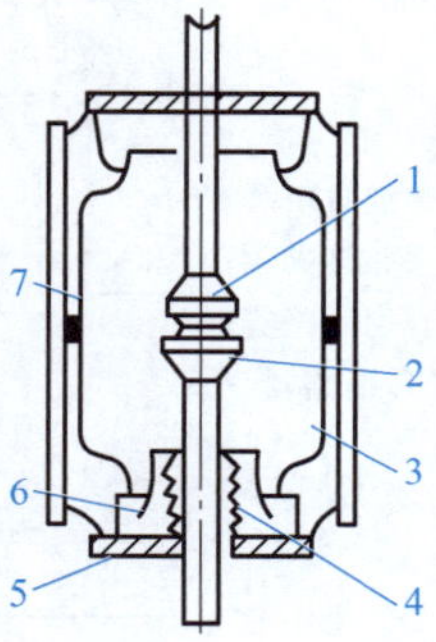

图 2-14　真空断路器的真空灭弧室结构示意图

1—静触头　2—动触头　3—屏蔽罩　4—波纹管
5—与外壳接地的金属法兰盘　6—波纹管屏蔽罩　7—玻壳

真空灭弧室的中部有一对圆盘状的触头。在开断电流时，两触头间要产生电弧，电弧温度很高，使触头表面产生金属蒸气。由于触头周围是真空的，只有很少的气体分子，当电弧电流过零时，电弧暂时熄灭，触头周围的金属离子迅速扩散，凝聚在四周的屏蔽罩上，以致在电流过零后的极短时间内，触头间隙实际上又恢复了原有的高真空状态。因此，当电流过零后很快加上高电压时，触头间隙也不会再次击穿。由此可见，真空断路器的灭弧能力要比少油断路器优越很多。

真空断路器具有体积小、质量小、动作快、寿命长、安全可靠和便于维护检修等优点，适用于需频繁操作的场所。但真空断路器价格较高。

（4）户外高压智能真空断路器

ZW32M–12 型户外高压智能真空断路器是我国自主研发的一种综合保护户外智能开关。它主要由真空断路器本体、控制器及外置的电压互感器三大部分组成。三者通过航空插座及户外密封电缆进行电气连接，具有故障检测、保护控制和通信功能，能可靠判断、检测开关进出线侧的毫安级零序电流及相间短路故障电流，实现自动切除单相接地故障和相间短路故障。

ZW32 系列真空断路器配用弹簧储能操作机构，可手动操作、电动操作和遥控分合闸操作。在断路器侧边加装隔离开关，可形成户外高压真空断路器—户外高压隔离开关组合电器，增加了可见隔离断口，并具有可靠的联锁操作。根据用户要求，可与相应的控制器配合组成交流高压真空自动重合器、自动分段器，自备操作电源，是实现配电网自动化的理想设备。采用高压电压互感器结构外置，一体安装均可。ZW32-12G/1250-20、ZW32-12 系列柱式户外高压真空断路器是三相交流 50Hz、额定电压 12kV 的户外高压开关设备，适用于开断、关合城市或农村配电系统的负荷电流、过载电流和短路电流。断路器为全新的小型化设计，全封闭结构，独特的灭弧室封装技术，密封性能好、防潮、防凝露，适用于高温潮湿地区。

图 2-15　ZW32M-12 型户外高压智能真空断路器实物

ZW32-12G 型断路器—隔离开关组合电器由 ZW32 系列真空断路器、隔离开关两大部分组成。图 2-15 所示为 ZW32M-12 型户外高压智能真空断路器实物。

高压断路器的型号表示及其含义如下：

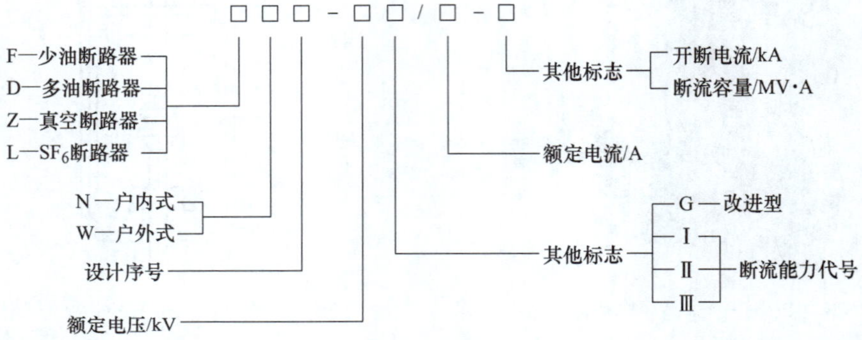

开断电流是标志断路器开断能力的一个重要参数，表示断路器在额定电压下能正常开断的最大短路电流。

三、低压开关设备

1. 低压刀开关、刀熔开关和负荷开关

低压刀开关又称低压隔离开关，常用于不经常操作的电路中。

按形式分，低压刀开关有单投（HD）和双投（HS）两类；按极数分，常用的低压刀开关有单极、双极和三极三类，少数场合还使用四级低压刀开关；按灭弧结构分，低压刀开关有不带灭弧罩和带灭弧罩两种。不带灭弧罩的刀开关不能带负荷操作，只能作为隔离开关用。带灭弧罩的 HD13 型低压刀开关结构示意图如图 2-16 所示，可带负荷操作。

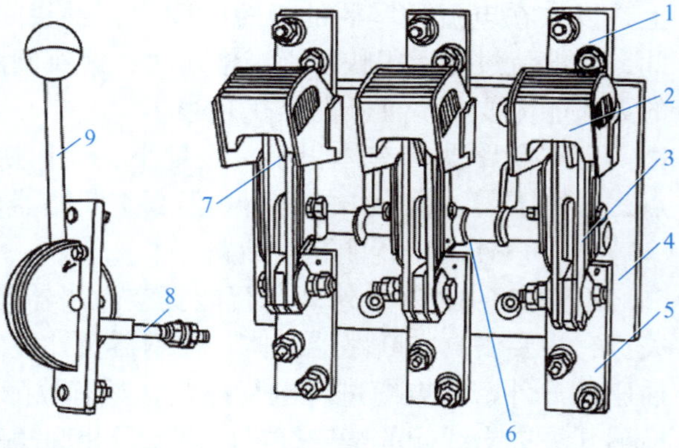

图 2-16　HD13 型低压刀开关结构示意图

1—上接线端子　2—钢栅片灭弧罩　3—闸刀　4—底座
5—下接线端子　6—主轴　7—静触头　8—连杆
9—操作手柄（中央杠杆操作）

将刀开关的闸刀换为 RT0 型熔断器的熔管，就构成熔断器式刀开关（HR 型），简称刀熔开关，如图 2-17 所示。它兼有刀开关和熔断器的双重功能，有利于简化配电装置的结构。将刀开关与熔断器串联装

在金属盒内，就构成低压负荷开关（HH型），亦称铁壳开关，可以带负荷操作。若将刀开关与熔断器串联并装在胶盖内，则构成胶盖开关（HK型）。

2. 低压断路器（QF）

低压断路器既能带负荷通断电路，又能在失电压、短路和过负荷时自动跳闸，其功能类似于高压断路器。图2-18所示为低压断路器的原理结构和接线图。

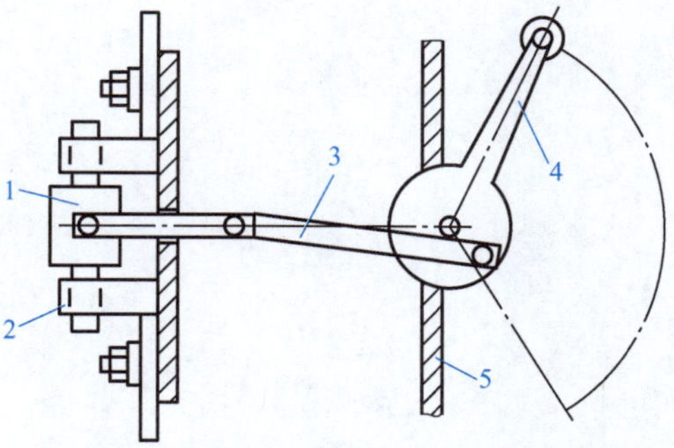

图2-17 HR型刀熔开关结构示意图

1—RT0型熔断器的熔管
2—HD型刀开关的弹性触座
3—连杆 4—操作手柄 5—配电装置面板

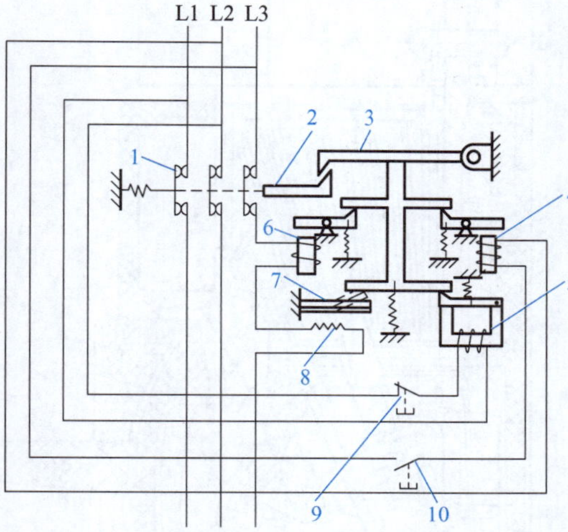

图2-18 低压断路器的原理结构和接线图

1—主触头 2—跳钩 3—锁扣 4—分励脱扣器
5—失电压脱扣器 6—过电流脱扣器
7—热脱扣器（双金属片） 8—热元件
9—脱扣按钮（常闭） 10—脱扣按钮（常开）

当电路中出现短路故障时，过电流脱扣器6动作，断路器跳闸。当发生过负荷时，双金属片7受热弯曲，也使断路器跳闸。当电路电压严重下降或电压消失时，失电压脱扣器5动作，同样会使断路器跳闸。如果按下脱扣按钮9或10，使失电压脱扣器5失电或使分励脱扣器4通电，都可使断路器跳闸。

低压断路器按用途分为配电用、电动机保护用、照明用和剩余电流断路器。

配电用低压断路器按结构形式分为塑料外壳式和万能式两大类。通常800A以下多选用塑料外壳式低压断路器（MCCB），800A及以上则多选用万能式低压断路器（ACB）。

（1）塑料外壳（简称塑壳）式低压断路器

塑壳式低压断路器也称装置式断路器，通常装设在低压配电装置中。塑壳式低压断路器的形式很多，以前常用的是DZ10型，较新的有DZX10、DZ20型等，以及引进技术生产的H、C45N、3VE、KFM2系列和DZ40型智能型低压断路器等。限于篇幅，下面主要介绍DZ20型低压断路器。图2-19所示为DZ20型塑壳式低压断路器剖面图。DZ20型塑壳式低压断路器可根据需要装设以下脱扣器：①热式过电流脱扣器，用双金属片作为过负荷保护；②电磁脱扣器，只作为短路保护；③复式脱扣器，可同时实现过负荷保护和短路保护，即具有两段保护特性。

图2-20所示为DZ20型透明塑壳断路器实物图。DZ20型塑壳式低压断路器的操作手柄有3个位置：①合闸位置，手柄扳向上面，跳钩被锁扣扣住，主触头闭合；②自由脱扣位置，跳钩被释放（脱扣），手柄自动移至中间（水平）位置，主触头断开；③分闸和再扣位置，手柄扳向下面，主触头断开，但跳钩又被锁扣扣住，从而完成了再扣的动作，

为下一次合闸做好准备。如果断路器自动跳闸后，未将手柄扳向再扣位置（即分闸位置），再想直接合闸是合不上的。一般手动操作的高低压断路器都有类似的操作要求。但一些新型的断路器则无此要求。DZ20型断路器采用钢片灭弧栅，加之脱扣机构的脱扣速度快，因此，其灭弧时间短，一般断路时间不超过一个周期（0.02s），而且断流能力也比较大。

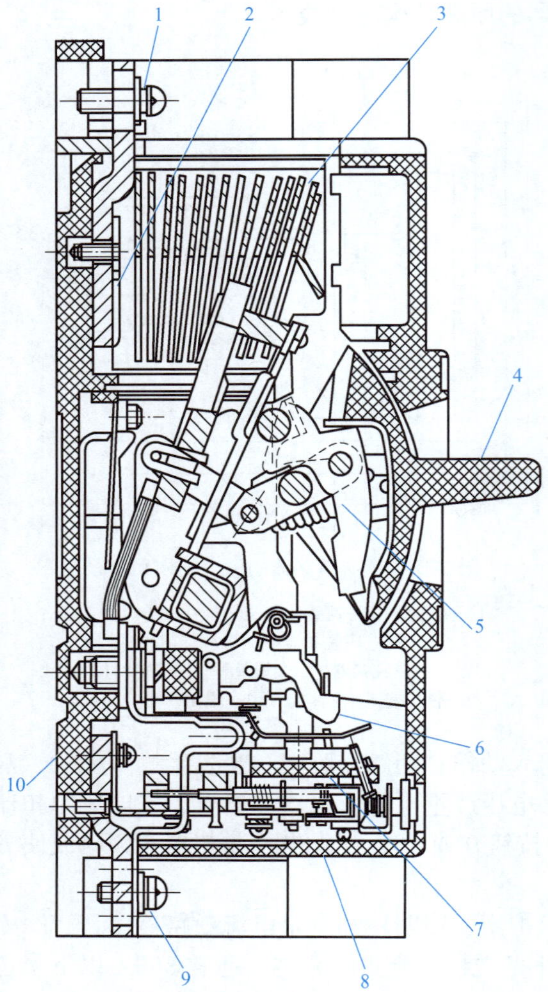

图 2-19　DZ20 型塑壳式低压断路器剖面图

1—引入线接线端子　2—主触头　3—灭弧室　4—操作手柄
5—跳钩　6—锁扣　7—过电流脱扣器
8—塑料外壳　9—引出线接线端子　10—塑料底座

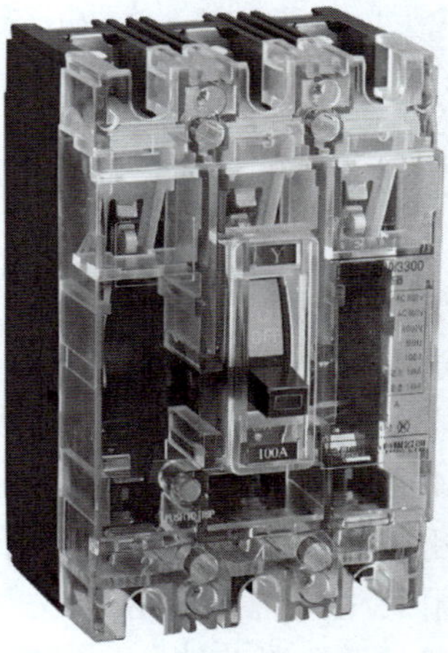

图 2-20　DZ20 型透明塑壳断路器实物图

（2）万能式低压断路器

万能式低压断路器的形式很多，目前最常用的为DW10型和DW15型，其他还有DWX15、DW45、DW16型和引进技术生产的ME、AH、KFW2系列等。一般说来，在要求高短路分断能力和选择性保护时，可选用具有智能型保护功能的DW45型或DW48型，它能可靠地保护设备免受过负荷、欠电压、短路和单相接地等故障的危害，但价格较高；在要求有足够的短路分断能力和选择性时，宜选用DW15型，其价格适中；在要求有足够的短路分断能力，且要求过载长延时及短路瞬时断开的场所，选用DW16型较为经济。如果对短路分断能力要求不高，且只要求短路时瞬时断开，则可采用价格低廉且便于维护的DW10型。DW16型保留了原DW10型结构简单、价格低廉、便于维护的优点，同时改善了技术性能，且安装尺寸与DW10型相同，可以很方便地取代DW10型。

限于篇幅，下面主要介绍DW10型和DW15型万能式低压断路器。

1）DW10型万能式低压断路器。图2-21所示为DW10-200型万能式低压断路器结构示意图。

DW10型断路器的合闸方式较多，除直接手柄操动外，还有杠杆操动、电磁铁操动和电动机操动等方式，而其过电流脱扣器一般都是瞬时动作的，即其保护性能为非选择型。

图2-22所示为DW10型万能式低压断路器交直流电磁合闸操作回路，适用于200～600A的DW10型断路器。当利用电磁合闸线圈Y进行远距离电动合闸时，须按下合闸按钮SB，合闸接触器KMC通电，其主触头闭合，从而使电磁合闸线圈Y通电，断路器合闸。但是电磁合闸线圈Y是按短时大功率设计的，允许通电时间不得超过1s，因此当QF合闸后，应立即使Y断电。为此，特装设时间继电器KT，利用其延时断开常闭触头KT1-2来实现这一要求，当按下SB时，不仅接触器KMC通电，时间继电器KT也同时通电。这个延时断开常闭触头KT1-2在SB按下、KT和KMC通电达1s时自动断开，使KMC断电，从而保证电磁合闸线圈Y的通电时间不致超过1s。

图2-22中断路器的辅助触头QF1-2起联锁作用，用来保证电磁合闸线圈Y在断路器合闸后不致再次通电。合闸接触器的常开触头KMC1-2起自锁作用，用来保证当SB松开后KMC和KT的线圈不致立即失电。

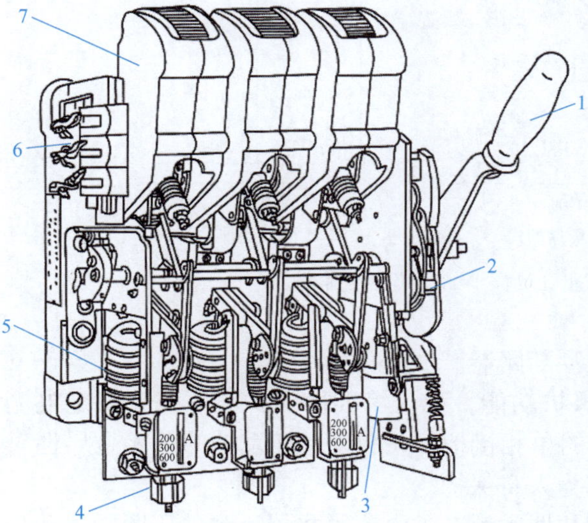

图2-21 DW10-200型万能式低压断路器结构示意图

1—操作手柄 2—自由脱扣机构 3—失电压脱扣器
4—过电流脱扣器脱扣电流调节螺母 5—过电流脱扣器
6—断路器辅助触头 7—灭弧罩（内有主触头）

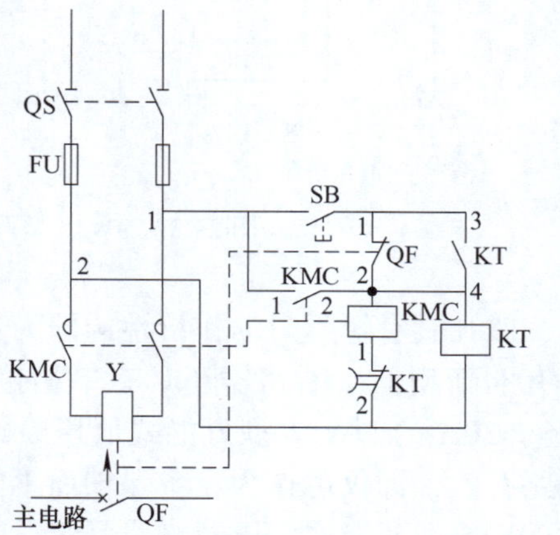

图2-22 DW10型万能式低压断路器交直流电磁合闸操作回路

如果按下SB后，其触头粘住或卡住而不返回，而主电路上又出现永久性短路故障，则QF刚一合闸，其过电流脱扣器（图2-22中未画出，见图2-18和图2-21）瞬时动作，使QF跳闸。QF跳闸后，其辅助触头QF1-2返回闭合，又使KMC通电，QF又合闸。由于主电路存在永久性短路，因此过电流脱扣器又要使QF跳闸。断路器如此重复地合闸—跳闸—合闸—跳闸，称为跳动。断路器跳动很容易使触头烧坏，甚至可能扩大故障。因此，必须采取相应的防跳措施。时间继电器的常开触头 KT3-4 就是用来防跳的。如果 SB 按下不返回，时间继电器 KT 的线圈因其常开触头 KT3-4 瞬时闭合而长期得电，使其延时 1s 断开的常闭触头 KT 在 QF 合闸（未成功）以后长期保持断开，因而合闸接触器 KMC 无法再次通电，从而使断路器在故障跳闸后不会再次合闸，达到了防跳的目的。

DW10 型断路器采用钢片灭弧栅，其灭弧断流能力也较强，但由于操作机构的影响，动作稍慢，一般断路时间在一个周期（0.02s）以上。

2）DW15 型万能式低压断路器。DW15 型万能式低压断路器按操作方式分，有直接手动、电磁铁操动和电动机操作三种方式。DW15-200、400、630 型为直接手动或电磁铁操动，可用于交流 50Hz、电压为 380V、660V 和 1140V 的电路；DW15-1000 ～ 4000 型为电动机操作，可用于交流 50Hz、电压 380V 的电路。

按保护性能分，DW15 型万能式低压断路器有选择型和非选择型两类。所谓选择型，就是断路器的动作特性可以按选择性保护要求进行调节，可分两段保护式和三段保护式，两段保护式具有长延时和短延时或瞬时动作特性，如图 2-23a 所示；三段保护式具有长延时、短延时和瞬时动作特性，如图 2-23b 所示；而非选择型一般只具有瞬时动作特性，如图 2-23c 所示。

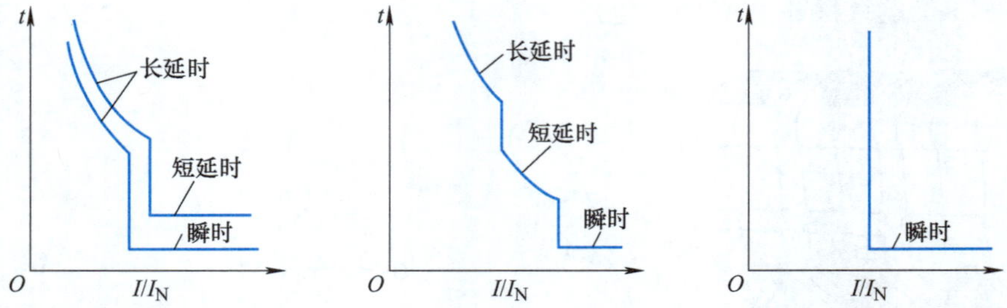

a) 两段保护式　b) 三段保护式　c) 瞬时动作式

图 2-23　DW15 型万能式低压断路器的动作特性曲线

一般凡具有短延时动作特性的即为选择型断路器。

有的新型低压断路器还具有单相接地保护功能，称为第四段保护。注意：额定电流 160 ～ 630A 的 DW16 型万能式低压断路器的单相接地保护仅对 TN 系统的单相金属性对地短路有效，即仅可作为设备保护而不能作为人身保护。

DW15 型万能式低压断路器可装设的脱扣器类型有过电流脱扣器、欠电压脱扣器和分励脱扣器。过电流脱扣器又有电磁式的过负荷和短路瞬时脱扣器、热—电磁式过负荷长延时及短路瞬时脱扣器、电子型过负荷长延时、短路短延时及特大短路瞬时脱扣器。

热式过电流脱扣器由速饱和电流互感器与双金属片式热继电器组成，其原理电路如图 2-24 所示。电子型过电流脱扣器由以下 4 部分组成：电子型脱扣器本体、电源变压器、电流电压变换器组及蜂鸣器。各部分之间的连接关系框图如图 2-25 所示。

电子型过电流脱扣器原理框图如图 2-26 所示。脱扣器本体由集成电路及部分晶体管混合组成。脱扣器的电源是将电源变压器输出的 50V 交流电压经过整流滤波后分成两部分：一部分作为欠电压信号，进入欠电压信号检测取样环节；一部分进入稳压电源，由稳压电源分别提供恒定的 16V 和 9V 直流电源，供整个电路使用。

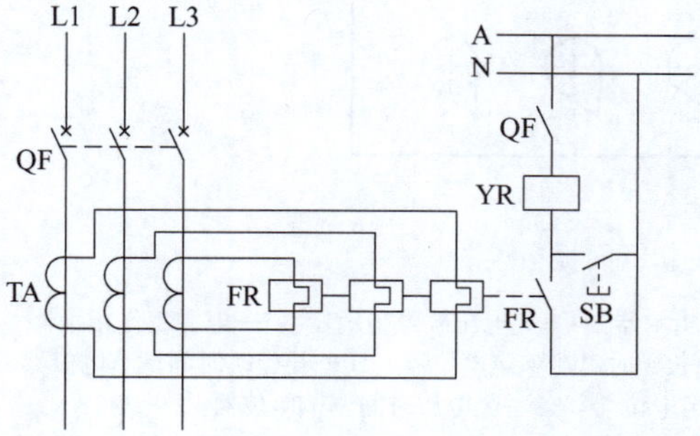

图 2-24　热式过电流脱扣器的原理电路

QF—断路器　TA—速饱和电流互感器　SB—分闸按钮
FR—热继电器　YR—分励脱扣器线圈

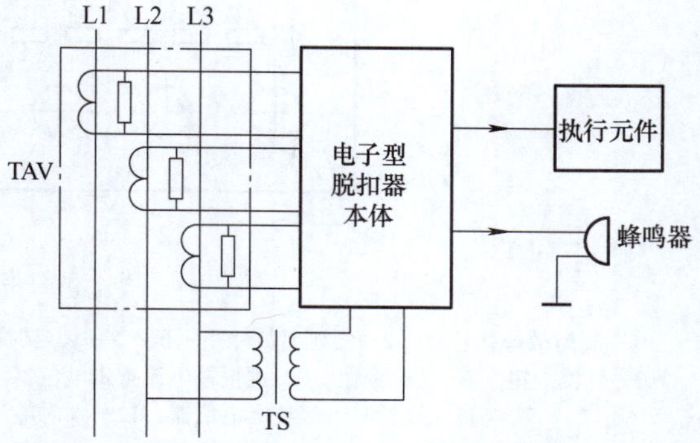

图 2-25　电子型过电流脱扣器连接关系框图

TS—电源变压器　TAV—电流电压变换器组

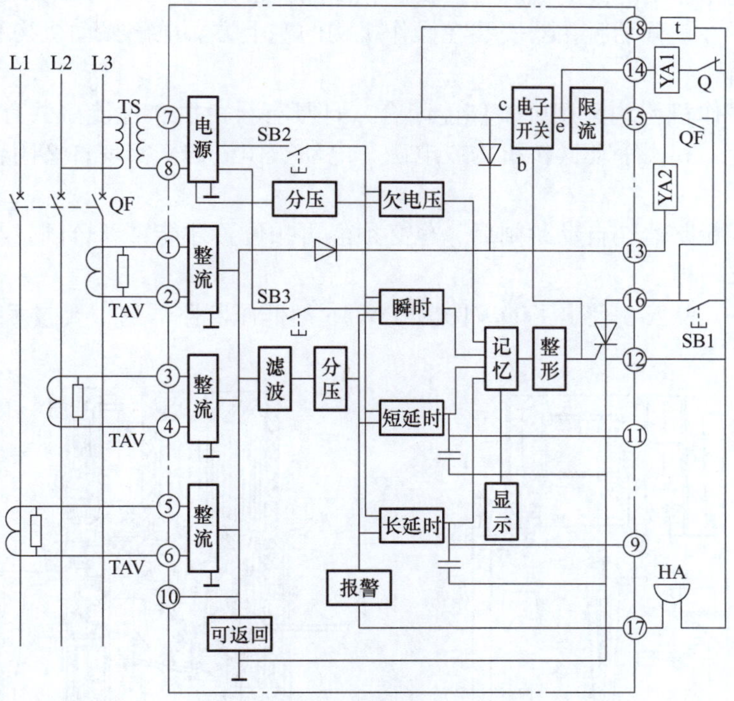

图 2-26　电子型过电流脱扣器原理框图

QF—断路器　TS—电源变压器　TAV—电流电压变换器　t—零电压延时附件
YA1—欠电压脱扣线圈　Q—漏电断路器闭锁触头　YA2—分励脱扣线圈
HA—蜂鸣器　SB1—分励按钮　SB2—复位按钮　SB3—试验按钮

图 2-26 所示脱扣器具有显示、记忆等功能。在闭合断路器前，先要观察电源工作指示器是否发光。如不发光，应先接通电源；其次，要观察故障指示器是否发光。如发光，应排除故障后再按复位按钮，故障指示器熄光后才能闭合断路器。如需检查断路器脱扣功能是否正常，可按下试验按钮，断路器应立即跳闸。如上述功能均可实现，则说明断路器的机械部分及脱扣器中的瞬动、整形、放大、显示各部分电路工作都是正常的。

图 2-27 所示为电子型过电流脱扣器面板布置图。

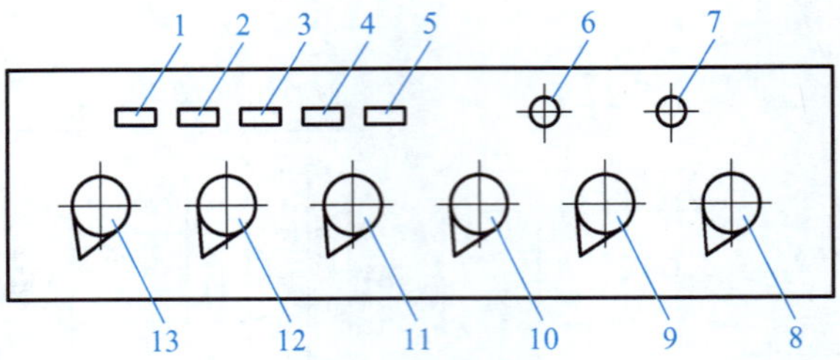

图 2-27 电子型过电流脱扣器面板布置图

1—瞬时故障指示器 2—短延时故障指示器 3—长延时故障指示器 4—欠电压故障指示器 5—电源工作指示器 6—复位按钮 7—试验按钮 8—预报警电流整定电位器 9—长延时电流整定电位器 10—长延时时间调节电位器 11—短延时电流整定电位器 12—瞬时电流整定电位器 13—欠电压时间调节电位器

图 2-28 所示为 DW15-200、400、630 型断路器结构示意图，此断路器采用手柄操作。DW15 型断路器为立体布置，分为触头系统、操作机构和脱扣器三大部分。触头系统安装在绝缘底座上。操作机构安装在断路器框架的正前面或右侧面，而电动操作机构则装于断路器的下部。脱扣器中的过电流脱扣器安装在断路器框架的下部，失电压脱扣器安装在操作机构底板的下方，分励脱扣器安装在操作机构的左上方。电磁操动机构和电动操作机构均另附有控制箱。

断路器的操作机构均采用弹簧储能闭合，且具有自由脱扣性能。共有三个操作位置：①储能再扣位置，利用手动操作机构或电磁、电动操作机构来实现；②闭合位置；③断开位置。

万能式低压断路器在自动跳闸后，也必须经再扣位置才能重新合闸，与塑壳式低压断路器的操作要求一样。

附录表 A-2、表 A-3 列出了 DW10 和 DW15 型低压断路器的主要技术数据，供参考。

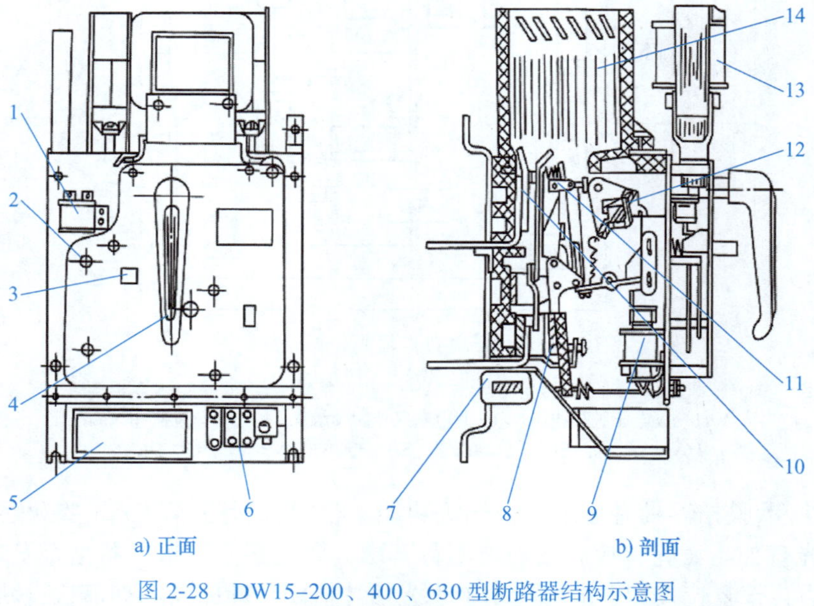

a) 正面 b) 剖面

图 2-28 DW15-200、400、630 型断路器结构示意图

1—分励脱扣器 2—手动分闸按钮 3—分、合指示器 4—操作机构（手柄） 5—阻容延时装置 6—热脱扣器或电子脱扣器 7—速饱和互感器或电流电压变换器 8—快速电磁铁 9—失电压脱扣器 10—静触头 11—动触头 12—主轴 13—合闸电磁铁 14—灭弧罩

2.4 电流互感器和电压互感器

互感器
变压器

一、概述

电流互感器又称为仪用变流器，电压互感器又称为仪用变压器，二者合称互感器。从基本结构和工作原理来说，互感器就是一种特殊的变压器。

互感器的功能有以下三点。

1）安全绝缘。采用互感器作为一次电路与二次电路之间的中间元件，既可避免一次电路的高电压直接引入仪表、继电器等二次设备，又可避免二次电路的故障影响一次电路，提高了两方面工作的安全性和可靠性，特别是保障了人身安全。

2）扩大量程范围。采用互感器以后，就相当于扩大了仪表、继电器的使用范围。如用一台 5A 的电流表，通过不同电流比的电流互感器即可测量很大的电流。同样，用一台 100V 的电压表，通过不同电压比的电压互感器即可测量很高的电压。而且，由于采用了互感器，可使二次电路的仪表、继电器等的电流、电压规格统一，有利于大规模生产。

3）采用互感器可以获得多种形式的接线方案，以便满足各种测量和保护电路的要求。

二、电流互感器

1. 基本结构原理

电流互感器结构原理如图 2-29 所示。其结构特点是：一次绕组匝数很少（有的利用一次导体穿过其铁心，只有 1 匝），导体较粗；而二次绕组匝数很多，导体较细。电流互感器接入电路的方式是：将一次绕组串联接入一次电路；二次绕组则与仪表、继电器等的电流线圈串联，形成一个闭合回路。由于二次仪表、继电器等的电流线圈阻抗很小，所以电流互感器工作时二次回路接近短路状态。二次绕组的额定电流一般为 5A。

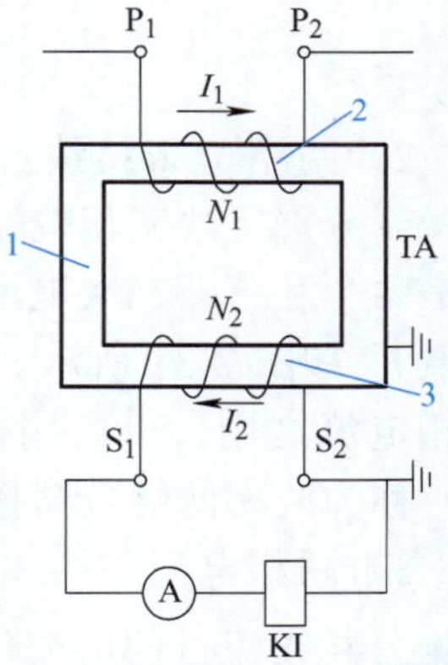

图 2-29 电流互感器结构原理

1—铁心 2—一次绕组 3—二次绕组

电流互感器的一次电流 I_1 与其二次电流 I_2 之间的关系为

$$I_1 \approx \frac{N_2}{N_1} I_2 \approx K_i I_2 \tag{2-1}$$

式中，N_1、N_2 为电流互感器一、二次绕组的匝数；K_i 为电流互感器的电流比，一般定义为 I_{1N}/I_{2N}，如 200/5。

2. 常用接线方案

电流互感器在三相电路中常用的接线方案有以下几种。

1）一相式接线：电流线圈通过的电流反映一次电路对应相的电流，通常用在负荷平衡的三相电路中测量电流，或在继电保护中作为过负荷保护接线，如图 2-30a 所示。

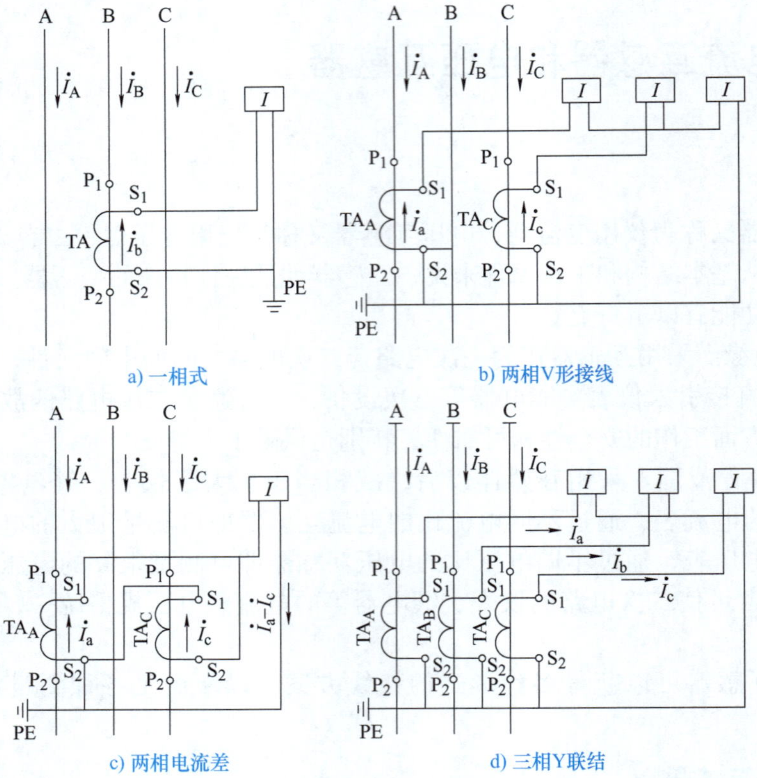

图 2-30 电流互感器的接线方案

2）两相 V 形接线：也称为两相不完全 Y 联结，如图 2-30b 所示。这种接线的三个电流线圈分别反映三相电流，其中最右边的电流线圈是接在互感器二次侧的公共线上，反映的是两个互感器二次电流的相量和，正好是未接互感器那一相的二次电流（其一次电流换算值），如图 2-31 所示。这种接线广泛用于中性点不接地的三相三线制电路中，供测量三个相电流之用，也可用来接三相功率表和电能表。该接线方式还广泛用于继电保护装置中，称为两相两继电器接线。

3）两相电流差接线：也称为两相交叉接线，如图 2-30c 所示。由图 2-32 可知，其二次侧公共线流过的电流值为相电流的 $\sqrt{3}$ 倍。这种接线广泛用于继电保护装置中，称为两相一继电器接线。

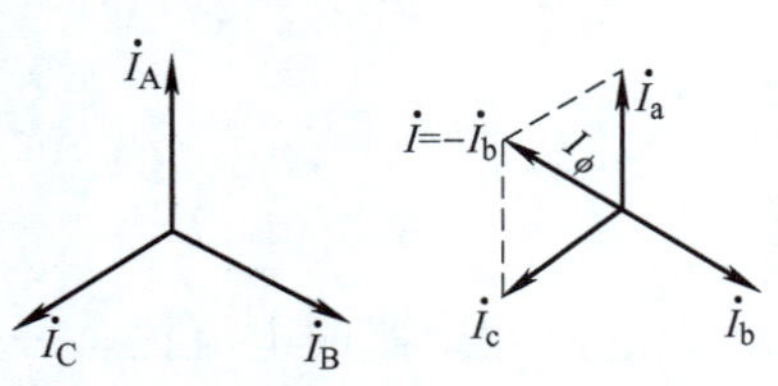

图 2-31 两相 V 形接线的电流互感器一、二次电流相量图

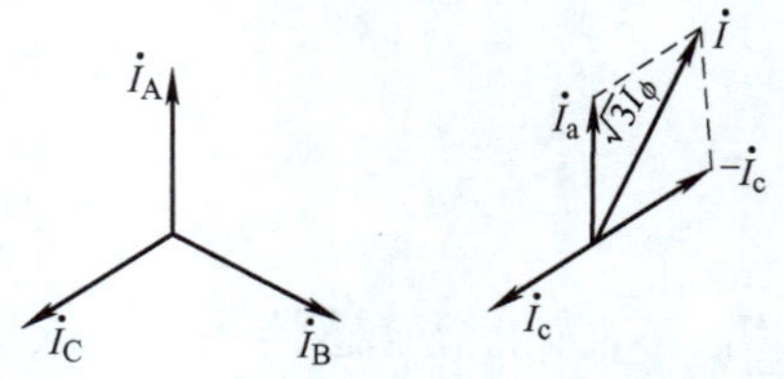

图 2-32 两相电流差接线的电流互感器一、二次电流相量图

4）三相 Y 联结：三个电流线圈正好反映各相电流，因此广泛用于中性点直接接地的三相三线制特别是三相四线制电路中，用于测量或继电保护，如图 2-30d 所示。

由图 2-30 可知，三相中仅一相装电流互感器时，应装在 B 相；只有两相装电流互感器时，则应装在 A 相和 C 相。

3. 电流互感器的类型

电流互感器的类型很多。按一次绕组的匝数分，有单匝式（包括母线式、心柱式、套管式）和多匝式（包括线圈式、线环式、串级式）；按一次电压高低分，有高压和低压两大类；按用途分，有测量用和保护用两大类，其中按准确度等级，测量用电流互感器有 0.1、0.2、0.5、1、3、5 等 6 级，保护用电流互感器的标准准确级有 5P 和 10P 两级。

高压电流互感器一般制成两个铁心和两个二次绕组，其中准确度等级高的二次绕组接测量仪表，准确度等级低的二次绕组接继电器。

图 2-33 所示为户内低压 500V 的 LMZJ1-0.5 型（500 ～ 800/5）母线式电流互感器结构示意图。它本身没有一次绕组，母线从中孔穿过，母线就是其一次绕组（1 匝）。

图 2-34 所示为户内高压 10kV 的 LQJ-10 型线圈式电流互感器结构示意图。其一次绕组绕在两个铁心上。每个铁心都各有一个二次绕组，分别为 0.5 级和 3 级，0.5 级接测量仪表，3 级接继电保护。低压线圈式电流互感器 LQG-0.5 型（G 为改进型）则只有一个铁心，一个二次绕组，其一、二次绕组均绕在同一铁心上。

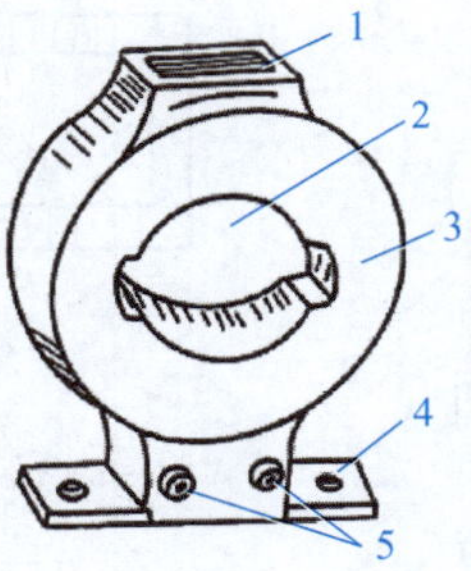

图 2-33　LMZJ1-0.5 型母线式电流互感器结构示意图

1—铭牌　2—一次母线穿孔
3—铁心（外绕二次绕组，环氧树脂浇注）
4—安装板（底座）　5—二次接线端子

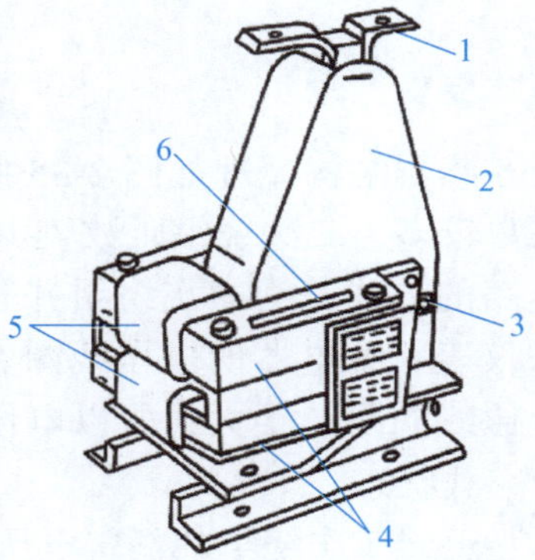

图 2-34　LQJ-10 型线圈式电流互感器结构示意图

1—一次接线端子　2—一次绕组（环氧树脂浇注）
3—二次接线端子　4—铁心（两个）　5—二次绕组（两个）
6—警告牌（上写“二次侧不得开路”等字样）

以上两种电流互感器都是环氧树脂浇注绝缘，相比老式的油浸式和干式电流互感器的尺寸小、性能好，因此现在的高低压成套配电装置中广泛采用。

4. 使用注意事项

1）电流互感器在工作时其二次侧不得开路。电流互感器二次侧接的都是阻抗很小的电流线圈，因此它是在接近短路状态下工作。根据磁动势平衡方程式 $\dot{I}_1N_1-\dot{I}_2N_2=\dot{I}_0N_1$ 可知，正常时，由于 $\dot{I}_1N_1$ 绝大部分被 $\dot{I}_2N_2$ 所抵消，所以总的磁动势 $\dot{I}_0N_1$ 很小，励磁电流（即空载电流）$\dot{I}_0$ 只有一次电流 $\dot{I}_1$ 的百分之几，但是如果二次侧开路，则 $\dot{I}_2=0$，$\dot{I}_0N_1=\dot{I}_1N_1$，即 $\dot{I}_0=\dot{I}_1$。由于 $\dot{I}_1$ 是一次电路负荷电流，只取决于一次负荷，不因互感器二次负荷变化而改变，因此励磁电流 $\dot{I}_0$ 就被迫增大到 $\dot{I}_1$，剧增几十倍，使得励磁磁动势 $\dot{I}_0N_1$ 也突然增大几十倍，这将产生以下后果：①铁心过热，有可能烧毁互感器，并且产生剩磁，大大降低精度；②由于二次绕组匝数远比一次绕组匝数多，因此可在二次侧感应出危险的高电压，危及人身和设备的安全。所以，电流互感器工作时二次侧绝对不允许开路。为此，安装电流互感器时，其二次接线一定要牢靠和接触良好，并且不允许串接熔断器和开关。

2）电流互感器的二次侧有一端必须接地。这是为了防止电流互感器的一、二次绕组绝缘击穿时，一次侧的高电压窜入二次侧，危及人身和设备的安全。

3）电流互感器在连接时，要注意其端子的极性。按照 GB/T 20840.2—2014《互感器 第 2 部分：电流互感器的补充技术要求》的规定，电流互感器的一次绕组端子标以 P_1、P_2，二次绕组端子标以 S_1、S_2。P_1 与 S_1 互为同名端或同极性端，P_2 与 S_2 也互为同名端或同极性端。如果某一瞬间 P_1 为高电位（电流 I_1 由 P_1 流向 P_2），则二次侧由电磁感应产生的电动势使得 S_1 亦为高电位（电流 I_2 则由 S_2 流向 S_1，见图 2-29），这就是同名端或同极性端的含义，也称为互感器的减极性标号法。在安装和使用电流互感器时，一定要注意端子的极性，否则其二次侧所接仪表、继电器中流过的电流就不是预想的电流，甚至可能引起事故。如图 2-30b 中 C 相电流互感器的 S_1、S_2 如果接反，则公共线中的电流就不是相电流，而是相电流的 $\sqrt{3}$ 倍，可能烧坏电流表。

三、电压互感器

1. 基本结构原理

电压互感器结构原理如图 2-35 所示。其结构特点是一次绕组匝数较多，二次绕组匝数较少，相当于降压变压器。它接入电路的方式是：一次绕组并联在一次电路中，二次绕组并联仪表、继电器的电压线圈。由于二次仪表、继电器等的电压线圈阻抗很大，所以电压互感器工作时二次回路接近于空载状态。

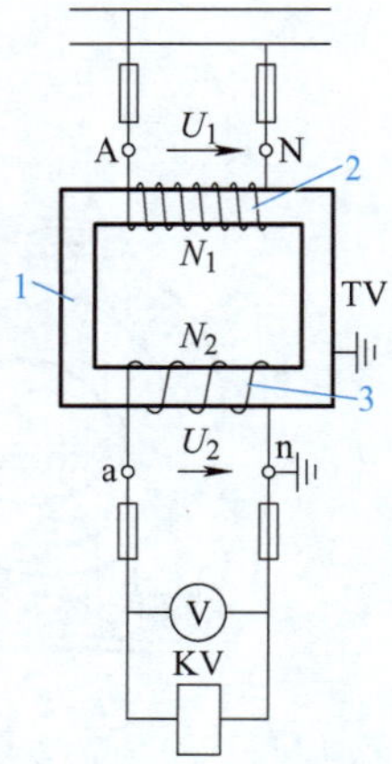

图 2-35 电压互感器结构原理

1—铁心 2—一次绕组 3—二次绕组

电压互感器二次绕组的额定电压一般为 100V，一次电压 U_1 与二次电压 U_2 之间的关系为

$$U_1 \approx \frac{N_1}{N_2}U_2 \approx K_u U_2 \tag{2-2}$$

式中，N_1、N_2 为电压互感器一、二次绕组的匝数；K_u 为电压互感器的电压比，一般定义为 U_{1N}/U_{2N}，如 10000/100。

2. 常用接线方案

电压互感器在三相电路中常用的接线方案有以下三种。

1）一个单相电压互感器的接线：仪表、继电器接于一个线电压，如图 2-36a 所示。

2）两个单相电压互感器接成 V/V 形：仪表、继电器接于三相三线制电路的各个线电压，广泛地应用于 6 ～ 10kV 高压配电装置中，如图 2-36b 所示。

3）三个单相电压互感器 YNyn 联结：供电给要求接线电压的仪表、继电器，并供电给接相电压的绝缘监察电压表，如图 2-36c 所示。由于小电流接地的电力系统在发生单相接地时，另外两完好相的对地电压要升高到线电压（相电压的 $\sqrt{3}$ 倍），所以绝缘监察电压表不能接入按相电压选择的电压表，否则在一次电路发生单相接地时，电压表可能被烧坏。

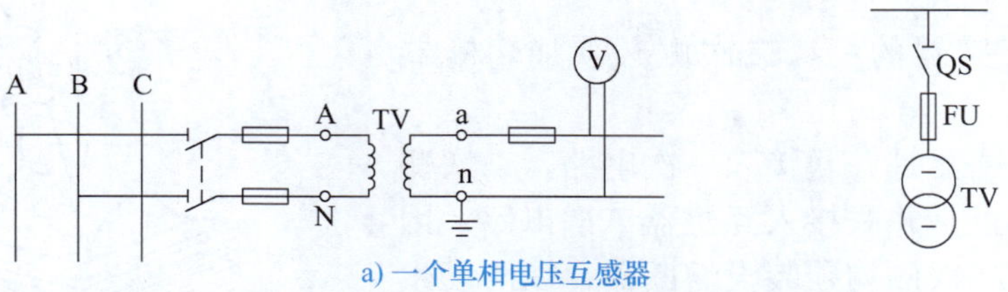

a) 一个单相电压互感器

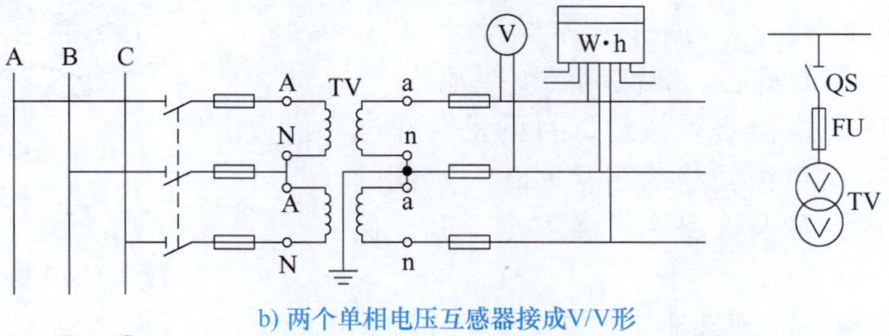

b) 两个单相电压互感器接成V/V形

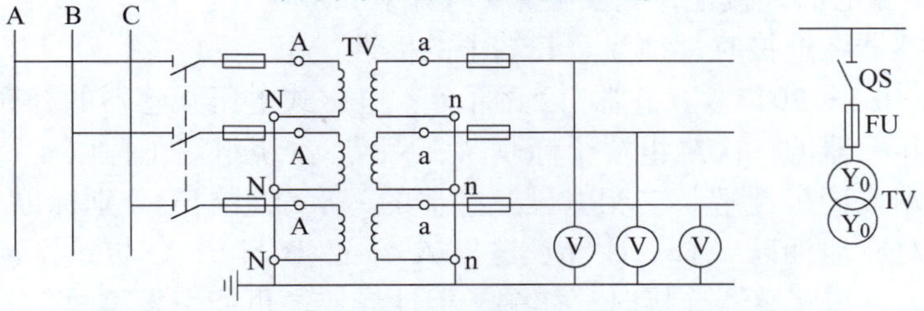

c) 三个单相电压互感器YNyn联结

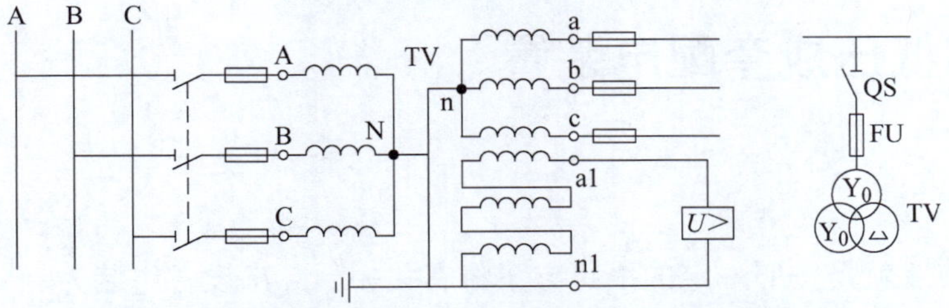

d)三个单相三绕组电压互感器或一个三相五心柱三绕组电压互感器YNynd联结

图 2-36　电压互感器的接线方案

4）三个单相三绕组电压互感器或一个三相五心柱三绕组电压互感器 YNynd（开口三角形）联结：yn 联结的二次绕组供电给需线电压的仪表、继电器及用作绝缘监察的电压表；而开口三角形联结的辅助二次绕组供电给用作绝缘监察的电压继电器（参见第 5 章 5.7 节）。一次电路正常工作时，开口三角形（△）两端的电压接近于零，当某一相接地时，开口三角形两端将出现近 100V 的零序电压，使电压继电器动作，发出信号，如图 2-36d 所示。

3. 电压互感器的类型

电压互感器按绝缘的冷却方式分，有干式和油浸式。现广泛采用环氧树脂浇注绝缘的干式互感器。

图 2-37 所示为单相三绕组、环氧树脂浇注绝缘的户内 JDZJ–10 型电压互感器结构示意图。三台 JDZJ–10 型互感器 YNynd 联结，如图 2-36d 所示，可供小电流接地的电力系统用作电压电能测量及单相接地的绝缘监察。

4. 使用注意事项

(1) 电压互感器的一、二次侧必须加熔断器保护

由于电压互感器是并联接入一次电路，二次侧的仪表、继电器也是并联接入互感器二次电路，因此互感器的一、二次侧均须装设熔断器，以防发生短路烧毁互感器或影响一次电路的正常运行。

(2) 电压互感器的铁心、二次侧必须接地

电压互感器的二次侧必须接地，目的是防止电压互感器的一、二次绕组间绝缘击穿时，一次侧的高电压窜入二次侧，危及人身和设备安全，属于保护接地。

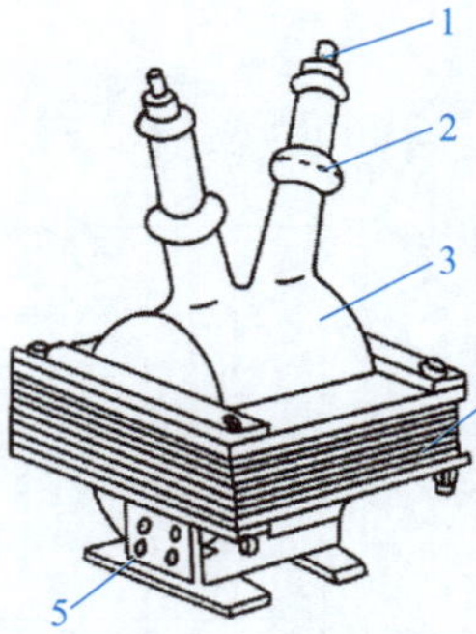

图 2-37　JDZJ-10 型电压互感器结构示意图

1—一次接线端子　2—高压绝缘套管
3—一、二次绕组（环氧树脂浇注）
4—铁心　5—二次接线端子

电压互感器的铁心必须接地，起安全保护作用。

(3) 电压互感器在连接时，须注意其端子的极性

按照 GB 20840.3—2013《互感器 第 3 部分：电磁式电压互感器的补充技术要求》的规定，单相电压互感器的一次绕组端子标以 A、N，二次绕组端子标以 a、n，A 与 a 及 N 与 n 分别为同名端或同极性端。三相电压互感器的一次绕组端子分别标以 A、B、C、N，二次绕组端子则对应地标以 a、b、c、n。这里 A 与 a、B 与 b、C 与 c 及 N 与 n 分别为同名端或同极性端。电压互感器连接时，如端子极性弄错，可能引发事故。

2.5 高低压成套配电装置

成套配电装置

一、概述

成套配电装置就是按照一定的线路方案将有关一、二次设备组装为一体的配电装置，用于供配电系统中作为受电或配电的控制、保护和监察测量。成套配电装置按电压及用途分，有高压开关柜、低压配电屏及动力、照明配电箱和终端组合电器等。

二、高压开关柜

高压开关柜有固定式和手车式两大类型。固定式高压开关柜中的所有元器件都是固定安装的。手车式高压开关柜中的主要元器件（如高压断路器、电压互感器和避雷器等）是安装在可移开的手车上面的，因此手车式又称为移开式。固定式开关柜较为简单经济，而手车式开关柜则可大大缩短检修停电时间和保证检修安全，提高供电可靠性。当断路器这些主要设备发生故障或需要检修时，可随时拉出，再推入同类备用手车，即可恢复供电。但在一般中小型机械类工厂中，仍以采用较为经济的固定式开关柜为主。

图 2-38 所示为装有 SN10-10 型少油断路器的 GG-1A（F）-07S 型高压开关柜结构示意图。这种开关柜是在原 GG-1A 型基础上采取措施达到五防要求的防误型产品。所谓五防，即防止误分、误合高压断路器，防止带负荷拉、合隔离开关，防止带电挂接地线，防止带接地线合隔离开关，防止人员误入带电间隔。

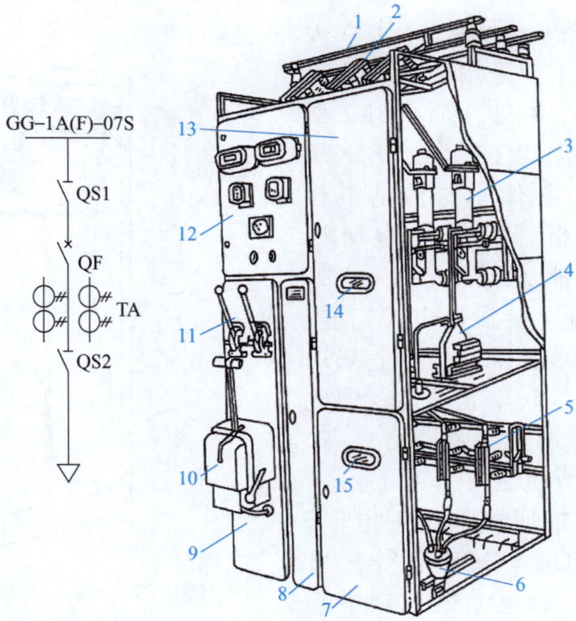

图 2-38 GG-1A（F）-07S 型高压开关柜结构示意图

1—母线 2—母线侧隔离开关（QS1，GN8-10 型） 3—少油断路器（QF，SN10-10 型）
4—电流互感器（TA，LQJ-10 型） 5—线路侧隔离开关（QS2，GN6-10 型） 6—电缆头
7—下检修门 8—端子箱门 9—操作板 10—断路器的手动操作机构（CS2 型）
11—隔离开关操作手柄（CS6 型） 12—仪表继电器屏 13—上检修门 14、15—观察窗孔

近年来，我国设计生产了一批技术性能指标接近或达到 IEC 标准的新型高压开关柜，固定式有 KGN-10 型等交流金属铠装固定式开关柜；手车式（移开式）有 KYN-10 型交流金属铠装移开式开关柜和 JYN2-10 型交流金属封闭型移开式开关柜等。

三、低压配电屏

低压配电屏（柜）有固定式和抽屉式两大类型。固定式中的所有元器件是固定安装的。而抽屉式中的主要元器件按一定线路组成若干功能单元，然后灵活组装成配电屏（柜），功能单元类似抽屉，可按需要抽出或推入，因此又称为抽出式。由于固定式比较简单经济，在一般中小型机械类工厂中广泛采用的仍是固定式低压配电屏，离墙安装，双面维护。

高压开关柜型号含义如下：

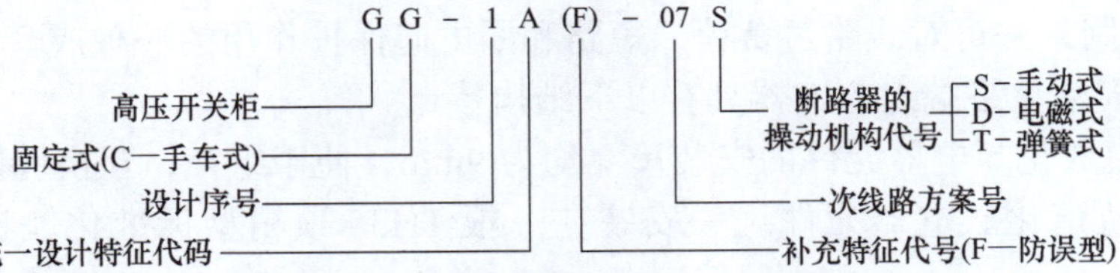

我国目前仍在大量使用的固定式低压配电屏主要为 PGL1、PCL2、PCL3 和 GGD 型等。这类固定式低压配电屏技术较先进，结构合理，安全可靠，取代了过去普遍应用的 BSL 型。这种配电屏的母线安装在屏后骨架上方的绝缘框上，并在母线上方装有母线防护罩；其保护接地系统也较为完善，提高了防触电的能力；另外，线路方案也更为完善合理，大多数线路方案都有几个辅助方案，便于用户选用。

图 2-39 所示为 PGL_2^1 型低压配电屏结构示意图。新的 PGL1 型采用的低压断路器为 DW16 型或 DZ20 型，而 PGL2 型采用的低压断路器为 DW15 型或 DZX20 型，断流能力较强，其他元器件基本相同。PGL3 型采用的低压断路器为 ME、DWX15 型等，分断能力可达 50kA。另外一种 GGL 型低压配电屏设计也较先进，技术性能指标符合 IEC 标准。由于它采用了 ME 型低压断路器等新型元器件，因此它比 PGL 型低压配电屏的断流能力更高，短路稳定性更好，运行也更安全可靠。

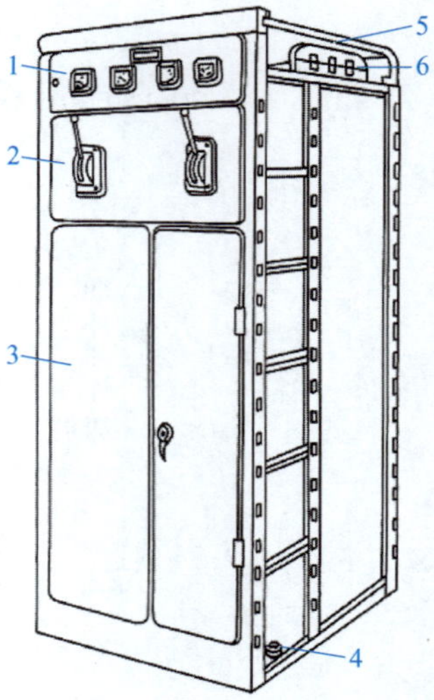

图 2-39 PGL_2^1 型低压配电屏结构示意图

1—仪表板 2—操作板 3—检修门

4—中性母线绝缘子 5—母线绝缘框 6—母线防护罩

我国目前应用的抽屉式低压配电屏，主要有 BFC 型和 GCL、GCS 型等，可用作动力中心（PC）和电动机控制中心（MCC）。它们采用 NT 型高分断能力熔断器和 ME 型断路器等新型元器件，性能较好，但价格较高。

四、动力和照明配电箱

上述低压配电屏装设在变电所的低压配电室内，向各个车间或建筑物配电。而在各个车间或建筑物内通常还要装设动力和照明配电箱，以向各个用电设备配电。动力配电箱可用于向动力设备配电；而照明配电箱主要用于照明配电，但也可配电给一些小容量的实验设备和家用电器。

动力和照明配电箱的类型很多。按安装方式分，有靠墙式、悬挂式和嵌入式等。靠墙式是靠墙安装，悬挂式是挂墙明装，嵌入式是嵌墙暗装。动力配电箱的型号一般标为 XL，照明配电箱的型号一般标为 XM；如为嵌入式，有的在型号后面加一“R”来表示，如 XMR，但也不完全如此。限于篇幅，这里不做详细介绍。

五、终端组合电器

终端组合电器是一种安装终端电器（低压断路器、插座、开关等）的装置，一般用于额定电压为 220V 或 380V、负载电流不大于 100A 的末端电路中，作为对用电电器和设备进行配电、控制，并可对线路过负荷、短路和漏电起保护作用的一种成套装置。目前生产的 PZ30 系列模数化终端组合电器具有以下结构特点。

1）尺寸模数化。电器元件的安装尺寸均为 9mm，便于组合，互换性好。

2）安装轨道化。电器元件统一安装在一根 TH35 顶帽型标准化轨道上，拆装组合方便。

3）功能多样化。可选用不同功能和容量的电器元件进行组合，功能多样，可适应不同性质的用户。常用的终端电器有 C45N 型断路器、AC30 型模数化插座、HG30 型熔断器式隔离器等。模数化终端组合电器功能多样、经济安全，可用于高层建筑、住宅、各种公共建筑和工矿企业等场合。

2.6 电力变压器

电力变压器 1　电力变压器 2

一、电力变压器的结构类型

电力变压器是变电所中最关键的设备，又称为主变压器。电力变压器由铁心和绕组两个基本部分组成，利用互感原理，用来升高或降低电源电压。工厂变电所应用的电力变压器均为降压变压器。电力变压器按相数分，有单相和三相两种，一般采用三相电力变压器。电力变压器按冷却介质分，有干式和油浸式两大类。油浸式变压器按其冷却方式分，又有油浸自冷式、油浸风冷式及强迫油循环风冷或水冷式等，后者只用于大型变压器。一般工厂变电所采用的中小型变压器多为油浸自冷式。但在防火要求高的车间或建筑物内则应采用干式变压器。电力变压器按其绕组导体材质分，有铜绕组和铝绕组两种。一般情况下可优先采用铝绕组变压器，以节约用铜。目前广泛应用的三相油浸式铝绕组电力变压器主要为 SL7 系列低损耗变压器，三相油浸式铜绕组电力变压器主要为 S9 系列低损耗变压器。损耗更低的 S13 型及 S15 型产品逐渐成为市场主流。附录表 A-4 列出了 S9 系列低损耗电力变压器的主要技术数据，供参考。

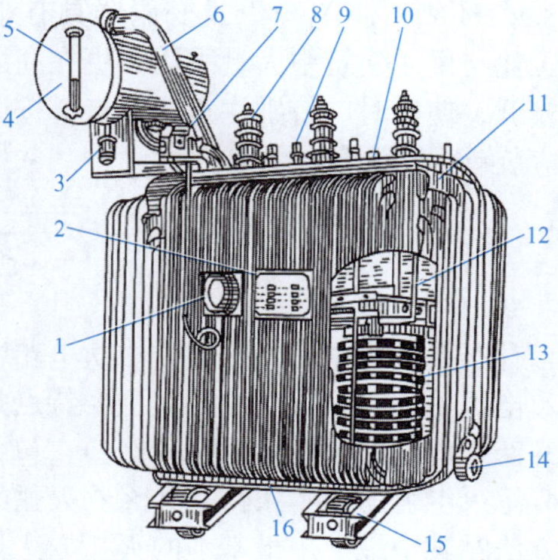

图 2-40　三相油浸式电力变压器结构示意图

1—信号温度计　2—铭牌　3—吸湿器　4—储油柜　5—油位计　6—防爆管　7—气体继电器　8—高压套管　9—低压套管　10—分接开关　11—油箱　12—铁心　13—绕组及绝缘　14—放油阀　15—小车　16—接地端子

图 2-40 所示为三相油浸式电力变压器结构示意图。

二、电力变压器的联结组标号

6 ～ 10kV 电力变压器在其低压（400V）侧为三相四线制系统时，其联结组标号有 Yyn0 和 Dyn11 两种。我国过去采用 Yyn0 联结的变压器较多，但现在国际上一些国家的这类变压器采用 Dyn11 联结。究其原因，是由于变压器采用 Dyn11 联结较之采用 Yyn0 联结有以下优点。

1）对 Dyn11 联结变压器来说，其 $3n$ 次（n 为正整数）谐波励磁电流在其 D 联结的一次绕组内形成环流，不致注入公共的高压电网中去，这比一次绕组 Y 联结的 Yyn0 联结的变压器更有利于抑制高次谐波电流（参见第 1 章 1.2 节）。

2）Dyn11 联结变压器的零序阻抗比 Yyn0 联结变压器小得多，从而更有利于低压单相接地短路故障的切除。

3）Dyn11 联结变压器承受单相不平衡负荷的能力远比 Yyn0 联结变压器高得多。Yyn0 联结变压器的中性线电流一般规定不得超过其低压绕组额定电流的 25%，而 Dyn11 联结变压器的中性线电流可允许达到低压绕组额定电流的 75% 以上。

因此，GB 50052—2009《供配电系统设计规范》规定，在低压电网中，宜选用 Dyn11

接线组别的三相变压器作为配电变压器。在系统接地型式为 TN 及 TT 的低压电网中，当选用 Yyn0 联结组别的三相变压器时，其由单相不平衡负荷引起的中性线电流不得超过低压绕组额定电流的 25%，且其一相的电流在满载时不得超过额定电流值。

由此可见，除三相负荷基本平衡的变压器可采用 Yyn0 联结外，一般（特别是单相不平衡负荷比较突出的场合）宜采用 Dyn11 联结的变压器。

三、干式变压器

S9、S11 系列油浸式电力变压器是全国统一设计的第二代节能产品。它具有体积小、质量小、损耗小、效率高等优点，是目前国内技术经济指标处于领先地位的配电变压器。在一些具有爆炸、火灾危险或特殊需要的场合，不允许使用油浸式电力变压器。SC、SCB 系列环氧树脂绝缘干式变压器具有难燃、防尘、耐潮、抗雷电冲击性能好等优点，已在工业与民用建筑中大量采用，更在高层建筑中广泛使用。但干式变压器耐受过负荷的能力较低，使用时应特别注意这一点。按照规定，当干式变压器容量为 630kV·A 及以上时，应装有温度测量装置。

习 题

1. 什么是一次电路？什么是二次电路？一次电路的设备按其功用分有哪几类？

2. 电弧是一种什么现象？其主要特点是什么？它对电气设备的安全运行有哪些影响？

3. 产生电弧的根本原因是什么？它包含哪些游离方式？

4. 熄灭电弧的根本条件是什么？灭弧的去游离方式有哪些？开关电器中有哪些常用的灭弧方法？其中最常用最基本的灭弧方法是什么？

5. 熔断器的主要功能是什么？什么是熔体的冶金效应？什么是熔断器的限流特性？

6. 常用的 RN1 型和 RN2 型高压熔断器各适用于什么场合？ RN2 型的熔体额定电流一般为多少？

7. 高压跌落式熔断器与一般高压熔断器（如 RN1 型）在功能和性能方面有哪些相同点和不同点？

8. RT0 型和 RM10 型低压熔断器在结构和性能方面各有哪些特点？

9. 高压隔离开关有哪些功能？它为什么可用来隔离电源保证安全检修？它为什么不能带负荷操作？

10. 高压负荷开关有哪些功能？在什么情况下可自动跳闸？在采用负荷开关的高压电路中，应采取什么措施作为短路保护？

11. 高压断路器有哪些功能？少油断路器中的油和多油断路器中的油各起什么作用？

12. 高压断路器的操动机构常用哪些类型？各有哪些功能？

13. 低压断路器有哪些功能？配电用低压断路器按结构形式分为哪两大类？各有什么结构特点？

14. 在图 2-22 所示 DW10 型万能式低压断路器电磁合闸操作回路中，时间继电器的触头 KT1–2 和 KT3–4 各起什么作用？断路器辅助触头 QF1–2 起什么作用？

15. 什么是选择型和非选择型的保护特性？ DW15 型低压断路器可装设哪些过电流保护？

16. 电流互感器和电压互感器具有哪些功能？各有什么结构特点？

17. 电流互感器采用两相 V 形接线（见图 2-30b）和采用两相电流差接线（见图 2-30c），

通过仪表、继电器的电流各与其互感器二次电流有什么关系？

18. 高压电流互感器一般有两个二次绕组，各应用于什么情况？

19. 电流互感器在工作时二次侧为什么不能开路？如开路有什么严重后果？

20. 接成 $Y_0/Y_0/\triangle$（开口三角形）的电压互感器各应用于哪些情况？

21. 试标出图 2-41 所示电流互感器和电压互感器二次端子的极性标号。

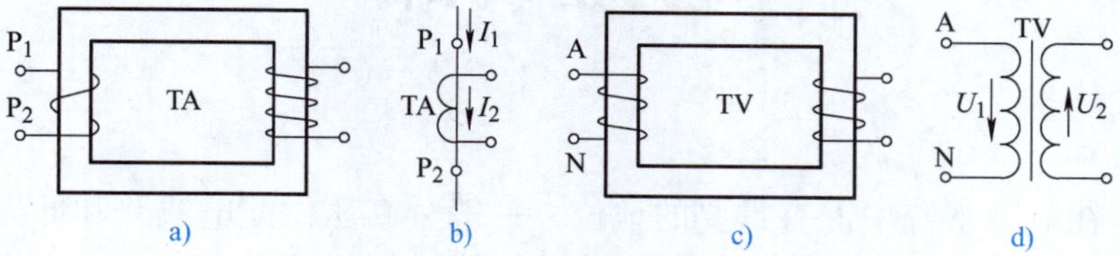

图 2-41　习题 21 图

22. 高压开关柜有哪两大类型？常用的固定式开关柜是什么型号？什么是五防？

23. 低压配电屏有哪两大类型？一般推广应用的低压配电屏是什么型号？有什么结构特点？

24. 我国 6 ～ 10kV/0.4kV 的电力变压器有哪两种常用的联结组标号？哪些场合适宜应用 Dyn11 联结的电力变压器？

25. 图 2-38 所示为 GG–1A（F）–07S 型高压开关柜，试分析说明合闸和分闸时其开关（QS1、QF、QS2）的正确操作次序。

第 3 章

电力线路

电力线路在电力系统中占有重要的地位，一般分高压供配电线路和低压供配电线路。本章重点介绍室内外配电线路的接线方式，以及如何根据负荷情况选择导线、导体及电缆。

3.1 电力线路的接线方式

电力线路的
接线方式

电力线路分高压线路和低压线路。高压线路一般指 1kV 以上的线路，低压线路指 1kV 及以下的线路。

一、高压供配电线路的基本接线方式

高压供配电线路的基本接线方式有放射式、树干式和环形三种。

1. 放射式接线

图 3-1 所示为高压放射式接线。这种供电方式自源头以放射形式分散，每条线路向一个用户直接供电，中间不接任何其他负荷，各用户之间也没有任何电气联系。放射式接线的特点是供电可靠性高，任意一回路发生故障时不影响其他回路供电，且操作灵活方便，投切容易，便于装设自动装置；但高压开关设备较多，每路的高压开关和断路器须装设一个高压开关柜，故屏箱多、线路多、有色金属耗量大。放射式接线适用于容量大、稳定性好、重要的负荷接线。

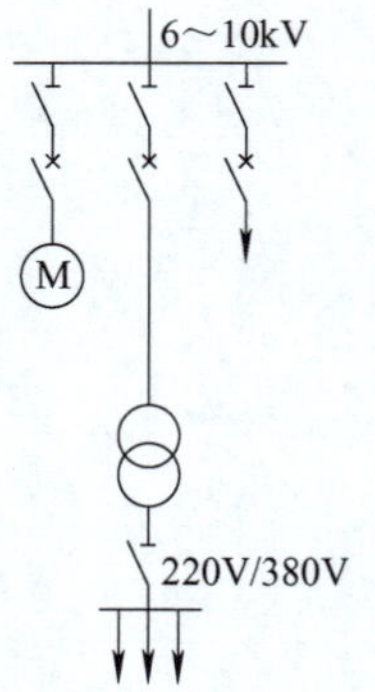

图 3-1　高压放射式接线

2. 树干式接线

图 3-2a 所示为高压树干式接线。这种方式是经公共的干线分散引至各用户。其特点与放射式正相反，电源端出线回路数较放射式少，采用的开关设备较少，节省了有色金属，节约了一次投资；但其供电可靠性较差，配电干线检修或故障时会使所有用户停电，扩大了停电范围。要提高供电可靠性，可采用两端供电或双干线供电接线方式，如图 3-2b、c 所示。

3. 环形接线

图 3-3 所示为高压环形接线。环形是电源引入用户后又从用户引出，各用户的电源线彼此串接，闭合成环网。它实际上是两端供电的树干式接线。这种接线运行灵活，供电可靠性高。由于运行时继电保护整定较复杂，同时也为避免环形线路上发生故障时影响整个电网，因此大多数环形线路采用开环运行方式，即环形线路中有一处开关是断开的。在现代化城市配电网中，这种接线应用较广。

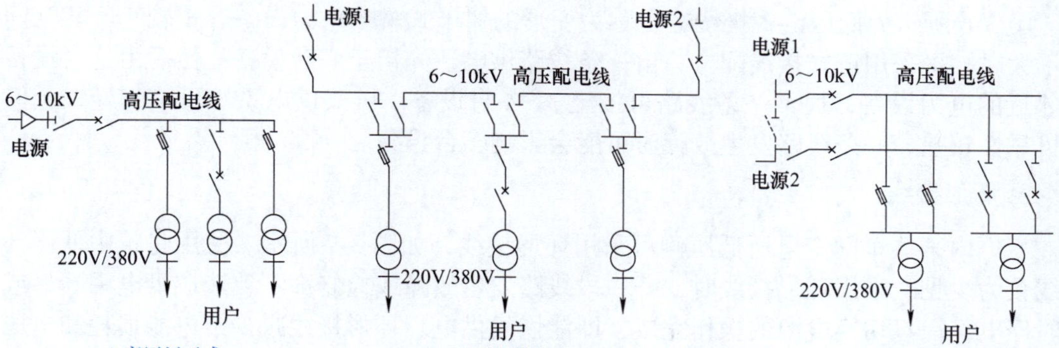

a) 高压树干式　b) 两端供电　c) 双干线供电

图 3-2　高压树干式接线

二、低压供配电线路的基本接线方式

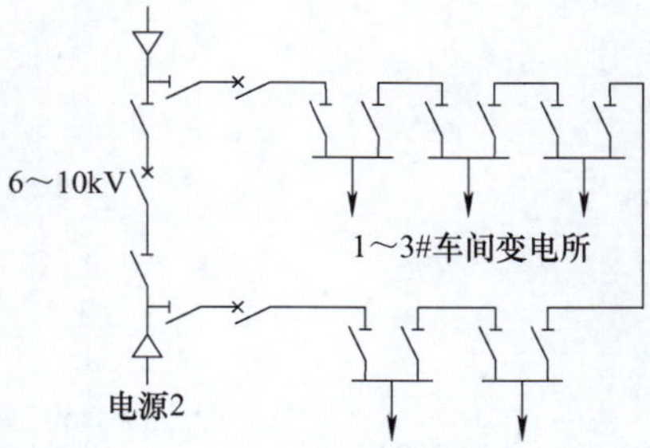

图 3-3　高压环形接线

通常低压供配电线路是指从 6 ～ 10kV 变电所的低压侧或市电的低压进线装置到民用建筑内部低压设备的电力线路，电压一般为 220V/380V。低压供配电线路常采用以下几种接线方式。

1. 放射式

图 3-4 所示为低压放射式接线。采用这种接线方式的配电线路发生故障时，各线路互不影响，供电可靠性较高、配电设备集中、检修比较方便，但采用的开关电器比较多、有色金属消耗较大。一般在以下情况下采用低压放射式接线。

1）容量大、负荷集中或很重要的用电设备。

2）需要集中联锁启动、停车的设备。

3）有腐蚀性介质和爆炸危险等场所不宜将配电及保护启动设备放在现场的情况。

2. 树干式

图 3-5 所示为低压树干式接线，由变压器引出少数干线，直接向各分支回路的配电箱供电。这种接线结构简单，比起放射式接线，采用的开关电器设备及有色金属消耗较少，系统灵活性好，但一旦干线发生故障时影响范围大，因而可靠性较差。一般用于设备容量小、负荷分布比较均匀且对供电可靠性无特殊要求的三级负荷。建筑工地现场往往采用树干式配电。

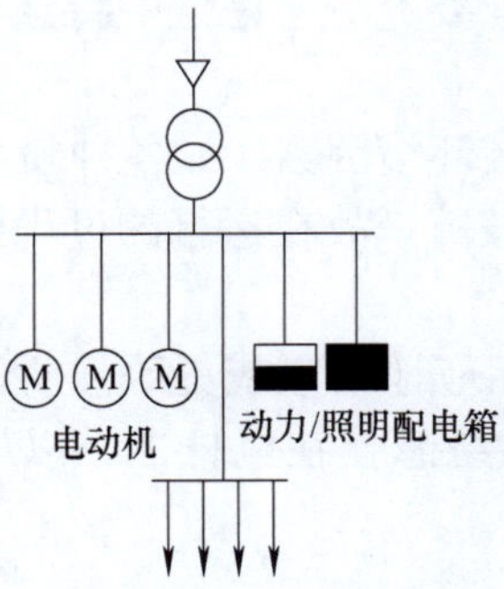

图 3-4　低压放射式接线

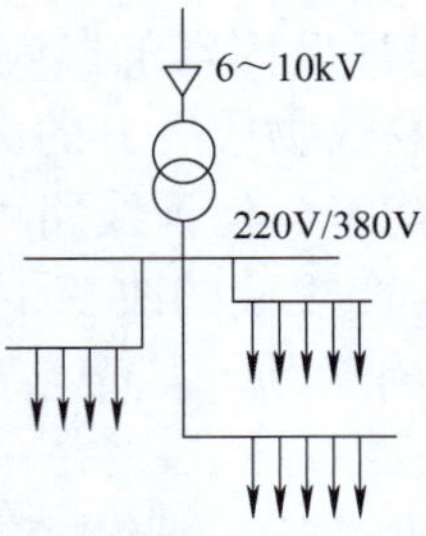

图 3-5　低压树干式接线

图 3-6 所示为低压链式接线，也称为变形的树干式。当电力设备容量较小、相互间距离不大时，可采用链式接线配电，由一条线路供电，先接至一台设备，然后由这台设备接至邻近的电力设备，通常一条线路可接至 3、4 台设备。链式供电系统可节省导线，但供电可靠性较差，一条线路发生故障时可能会影响多台设备。

3. 环形接线

工厂内某些车间变电所低压侧可采用环形接线，如图 3-7 所示。民用建筑中低压环形接线较为少见。采用环形接线时，任一段线路发生故障或检修都不致造成供电中断，或只短时停电，一旦切换电源的操作完成，即能恢复供电。环形接线减少了电能损耗和电压损耗，但是其保护装置及其整定配合较复杂。如果保护的整定配合不当，容易误动作，反而扩大故障停电范围。低压环形接线通常也采用开环运行方式。

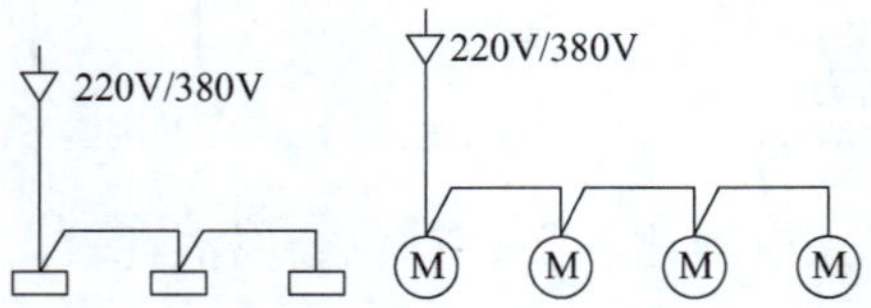

图 3-6　低压链式接线

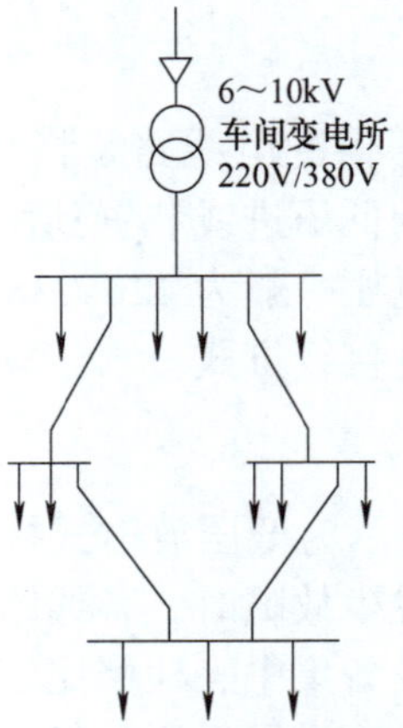

图 3-7　低压环形接线

实际的低压配电线路系统往往是几种接线方式的综合应用，应根据具体情况而定。

三、工厂配电线路的特点

工厂配电线路与电力系统其他线路相比具有以下特点。

1）电压相对较低（如 0.38kV、10kV，个别为 35kV），但安全性要求很高。因为无论是厂区还是居民区，人员密集、车辆往来频繁，对安全提出了更高的要求。所以，在设计、施工过程中，要充分考虑电力线路的安全净距，使之符合规程要求，以确保人身安全。

2）线路不长，但曲折较多。由于厂区地形复杂，线路不可避免地要有很多弯曲。这就影响到供电电压的质量。因此，在设计、施工过程中，要充分考虑这一特点，避免造成电压偏差过大，影响电气设备的正常运行。

3）容易受环境因素的影响而发生故障。由于受厂区环境因素（如各种粉尘、外力撞击、周围易燃易爆物质等）的影响，电力线路极易发生故障。故在运行的过程中要经常检查，及时排除隐患，保证线路可靠运行。

4）随着生产规模的改变，配电线路经常需要进行相应地增减或更改。所以，在施工过程中应当留有余地。如架空电缆线路多余的电缆应盘绕悬挂在电杆上，以应线路改变之需。

5）工厂配电线路的形式多种多样。

3.2 室外配电线路

室外配电线路

室外配电线路属于外线工程部分。常见的有 0.38kV 和 6 ～ 10kV 普通导线的架空线路、0.38kV 和 6 ～ 10kV 架空电力电缆线路、0.38kV 和 6 ～ 10kV 地下电力电缆线路。

一、室外普通导线的架空线路

室外普通导线的架空线路主要有 0.38kV 和 6 ～ 10kV 普通导线的架空线路。

1. 0.38kV 普通导线的架空线路

（1）0.38kV 普通导线架空线路的基本组成

0.38kV 普通导线架空线路一般由导线、电杆、横担、瓷绝缘子、拉线、线路金具等组成。图 3-8 所示为 220V/380V 普通导线架空线路实物。

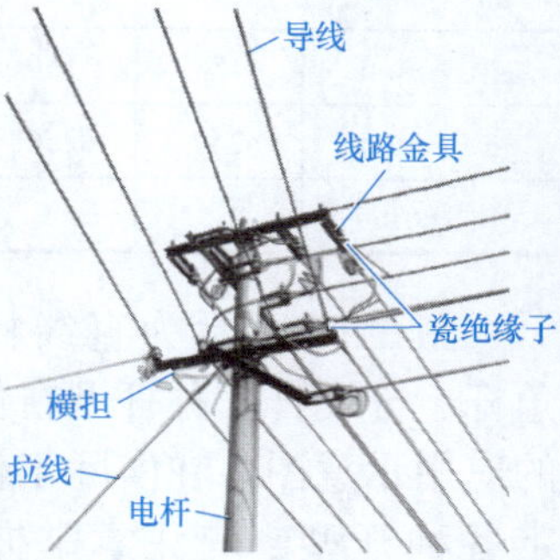

图 3-8　220V/380V 普通导线架空线路实物

1）导线。380V 室外架空线路采用的普通导线通常有铝绞线（LJ）、钢芯铝绞线（LGJ）、铝橡线（BLX）等。铝绞线和钢芯铝绞线无绝缘外皮，故又称为裸导线。图 3-9 所示为铝绞线、钢芯铝绞线、铝橡线结构示意图。

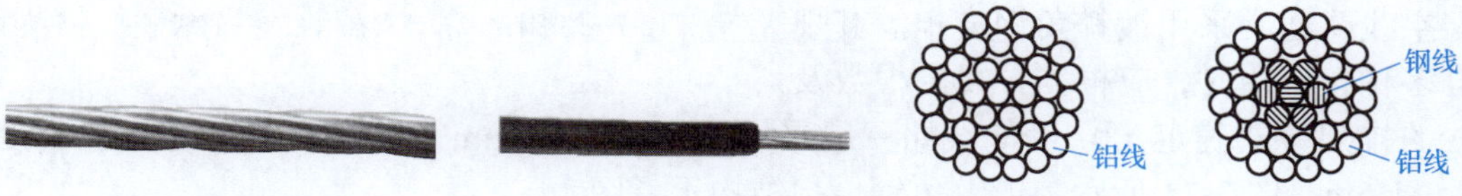

a) 铝绞线和钢芯铝绞线　b) 铝橡线　c) 铝绞线截面　d) 钢芯铝绞线截面

图 3-9　普通导线结构示意图

铝绞线、钢芯铝绞线、铝橡线的型号含义如下：

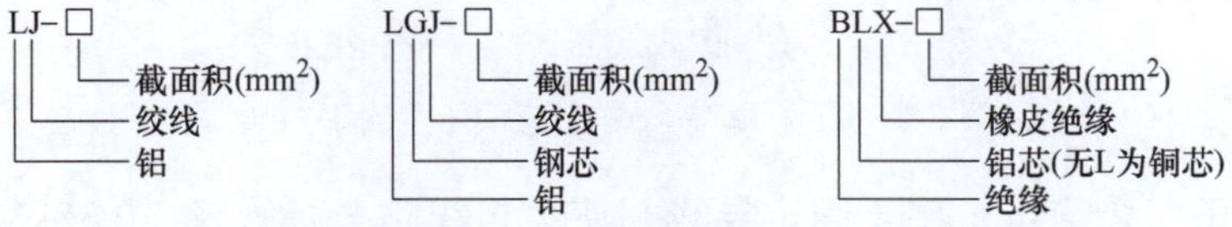

例如：LJ-35 表示截面积为 35mm^2 的铝绞线；LGJ-50 表示截面积为 50mm^2（不含钢芯的截面积）的钢芯铝绞线；BLX-16 表示截面积为 16mm^2 的铝芯橡皮线。铝绞线、钢芯铝绞线常见的规格有 16mm^2、25mm^2、35mm^2、50mm^2、70mm^2、95mm^2、120mm^2、150mm^2、185mm^2、240mm^2 等；铝橡线常见的规格有 2.5mm^2、4mm^2、6mm^2、10mm^2、16mm^2、25mm^2、35mm^2、50mm^2、70mm^2、95mm^2、120mm^2、150mm^2、185mm^2 等。其中，10mm^2 及以上导线为多股线芯，2.5mm^2、4mm^2、6mm^2 导线为单股线芯。

2）电杆。电杆是室外架空线路的重要组成部分。380V 室外架空线路通常采用普通锥形（一头细一头粗）钢筋混凝土电杆（水泥电杆）。电杆按照其在线路上所处的位置和功能不同，可分为直线杆、终端杆、转角杆、分支杆、耐张杆和跨越杆等。380V 室外架空线路一般只有直线杆、终端杆、转角杆、分支杆 4 种杆型。

直线杆用在线路直线过往区间，电杆所受合力垂直向下，无须拉线；终端杆用于线路首尾端，电杆所受外力指向导线方向，为平衡受力，需要在线路反向设置拉线；转角杆设置在线路转弯的地方，为平衡受力，需要在两个方向导线的反方向分别设置一根拉线或在所受合力的反方向设置一根拉线；分支杆设置于线路需要分支的位置，在分支导线的反方向设置一根拉线。常用圆形钢筋混凝土电杆规格见表 3-1。如需电杆各部位直径可查阅有关手册。

表 3-1 常用圆形钢筋混凝土电杆规格

杆长 /m	7	8		9		10		11	12	13
梢径 /mm	150	150	170	150	190	150	190	190	190	190
根径 /mm	240	256	277	270	310	283	323	337	350	363
埋深 /m	1.2	1.4		1.5		1.7		1.8	2.0	2.2

图 3-10 所示为直线杆、终端杆、转角杆、分支杆 4 种杆型在低压架空线路中的应用示意图。在实际工作中，为准确判定各种杆型，应注意掌握判定要领，即判定前必须将该电杆引上、引下线（如入户线）假想拆除，然后再判定该电杆的杆型。

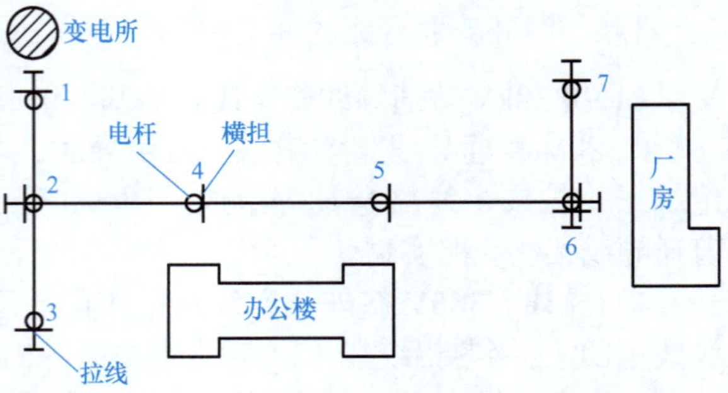

图 3-10 常见各种杆型在低压架空线路中的应用示意图

1、3、7—终端杆 2—分支杆 4、5—直线杆 6—转角杆

3）横担。横担安装于电杆的上部，用于安装绝缘子以固定导线。0.38kV 室外架空线路通常采用镀锌角钢横担。其规格有多种，应用时，应根据导线的根数及导线的排列方式确定。0.38kV 线路一般采用 L50mm × 50mm × 5mm 的镀锌角钢，长度为 1.0 ～ 1.5m。图 3-11 所示为镀锌角钢横担结构示意图。

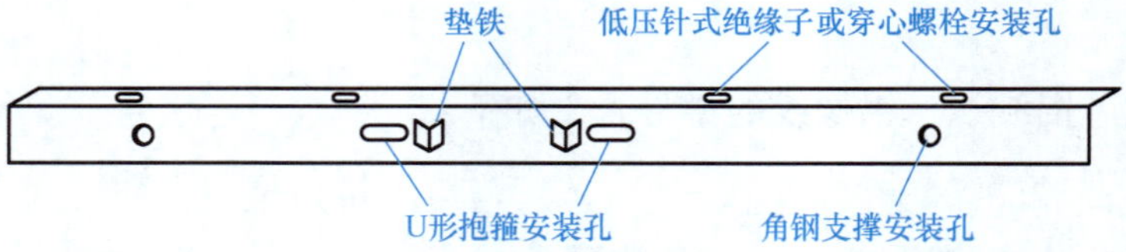

图 3-11 镀锌角钢横担结构示意图

4）瓷绝缘子。瓷绝缘子用于固定导线并使之与线路金具绝缘。0.38kV 室外架空线路采用的绝缘子有低压针式绝缘子、低压蝶式绝缘子、拉线绝缘子。低压针式绝缘子用于导线过往绑扎；低压蝶式绝缘子用于导线终端回头绑扎；拉线绝缘子用在拉线上，使拉线上、下两段绝缘隔离，以防相线碰触拉线时产生接地和危及人身安全。常用的低压针式绝缘子型号为 PD–1–1、PD–1–2、PD–1–3；低压蝶式绝缘子型号为 ED–1、ED–2、ED–3；拉线绝缘子型号为 J–2 和 J–4.5。图 3-12 所示为常用低压绝缘子的外形。

5）拉线。拉线用于平衡电杆所受到的不平衡作用力，防止电杆倾倒。在终端杆、转角杆、分支杆上须装设拉线。拉线通常用钢绞线或圆钢制作。其结构分为三段：上把、腰把（中把）和底把（下把）。上把与腰把之间用拉线绝缘子连接；腰把和底把之间用索具或拉线紧固 U 形环连接并调节松紧。上把与电杆采用圆形抱箍连接固定；底把末端固定有拉线盘（水泥墩）并置入大地。为保证安全，底把应包裹绝缘材料，如竹筒或塑料筒。图 3-13 所示为拉线结构示意图。

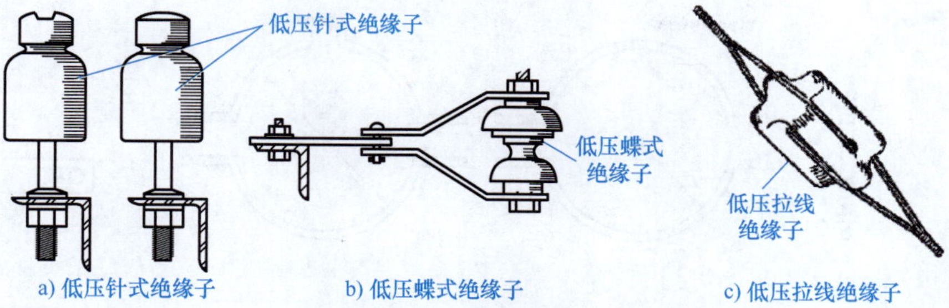

图 3-12　常用低压绝缘子的外形

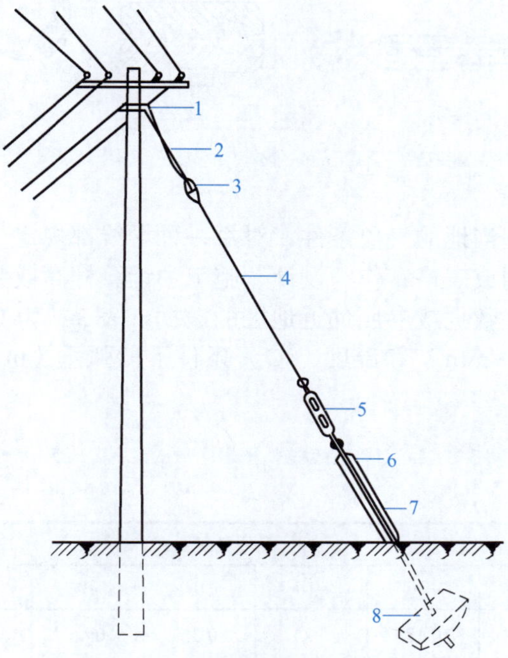

图 3-13　拉线结构示意图

1—拉线抱箍　2—上把　3—拉线绝缘子　4—腰把（中把）　5—索具或拉线紧固 U 形环
6—底把（下把）　7—外包绝缘（竹筒或塑料筒）　8—拉线盘

6）线路金具。线路金具是用来连接导线、安装横担和绝缘子的金属附件。0.38kV 室外架空线路的金具主要包括各型抱箍（如 U 形抱箍、单凸抱箍）、铁拉板、穿心螺栓、索具、线夹等。0.38kV 室外架空线路常用金具如图 3-14 所示。

（2）架空线路名词解释

1）档距。档距为同一架空线路相邻两根电杆之间的水平距离。档距的大小对电力线路的安全性和经济性有很大影响。档距越大，电杆及其附件就越少，也就越经济，但安全系数降低；反之，则不经济但安全系数增加。工厂 0.38kV 架空线路的档距一般为 30 ～ 50m。

2）弧垂。弧垂又称为驰垂，是指架空线路各档距内导线最低点与导线悬挂点之间的垂直距离。导线弧垂的大小与周围环境温度（气温、风雪、覆冰等）、导线截面积、线路档距等因素有关。导线的最大弧垂一般发生在夏天气温最高时，但也有可能发生在冬天导线大量覆冰时。

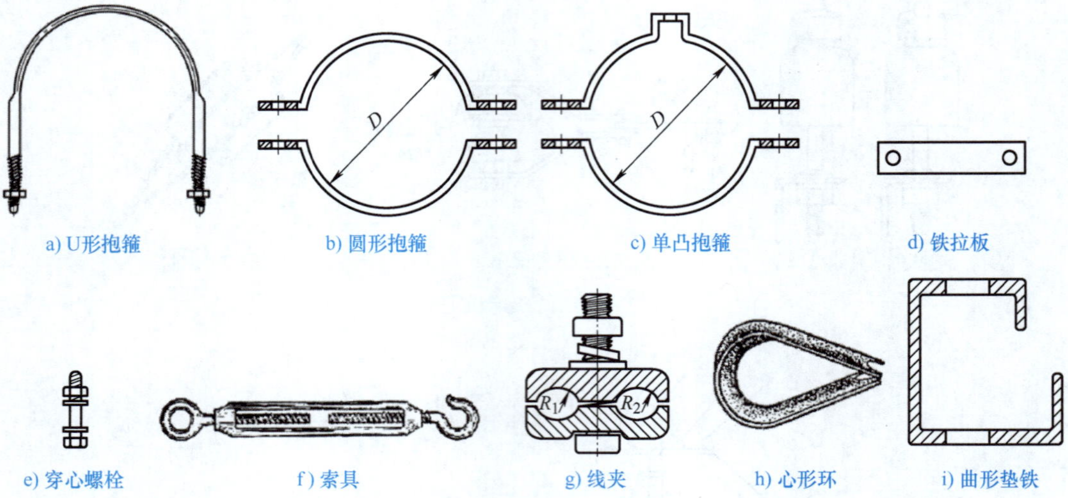

图 3-14 0.38kV 室外架空线路常用金具

各地区电业部门根据当地的气象条件，对每一种导线都规定了不同温度、不同档距下的弧垂，并画出曲线或制成表格，作为设计、施工中计算杆高或紧线的依据。需要时，应向当地电业部门索取有关数据或参照邻近地区的数据。表 3-2 为 LJ–16 铝绞线在最大风速为 25m/s 时，在不同档距（m）和温度（℃）条件下的弧垂（m），其他导线的弧垂可参考有关手册。

表 3-2 LJ–16 铝绞线弧垂表（最大风速为 25m/s）

（单位：mm）

档距 /m	环境温度 /℃								
	–40	–30	–20	–10	0	10	20	30	40
40	0.10	0.12	0.18	0.24	0.35	0.46	0.59	0.69	0.76
50	0.12	0.17	0.23	0.32	0.42	0.58	0.71	0.84	0.93
60	0.18	0.24	0.33	0.44	0.57	0.74	0.90	1.04	1.18
70	0.28	0.37	0.49	0.63	0.80	0.98	1.16	1.25	1.35

3）安全净距。安全净距是指架空线路导线与导线、导线与地面等各种设施及设备与设备之间保持安全时的最小距离。GB 50061—2010 中规定了各种安全净距。表 3-3 为架空导线对地净距。表 3-4 为 10kV 及以下杆塔最小线间距离。表 3-5 为架空线路横担间最小垂直距离。

表 3-3 架空导线对地净距

（单位：m）

线路经过区域	线路电压		
	3kV 以下	3 ～ 10kV	35 ～ 66kV
人口稠密地区	6.0	6.5	7.0
人口稀少地区	5.0	5.5	6.0
交通困难地区	4.0	4.5	5.0

表 3-4　10kV 及以下杆塔最小线间距离

（单位：m）

线路电压	档距 /m								
	40 及以下	50	60	70	80	90	100	110	120
3 ～ 10kV	0.60	0.65	0.70	0.75	0.85	0.90	1.00	1.05	1.15
3kV 以下	0.30	0.40	0.45	0.50					

表 3-5　架空线路横担间最小垂直距离

（单位：m）

组合方式	直线杆	转角或分支杆
3 ～ 10kV 与 3 ～ 10kV	0.8	0.45/0.6
3 ～ 10kV 与 3kV 以下	1.2	1.0
3kV 以下与 3kV 以下	0.6	0.3

4）埋深。埋深是指电杆埋入地下的垂直深度。当线路不太重要时，通常以杆高的 1/6 作为埋深。

架空线路名词含义示意图如图 3-15 所示。

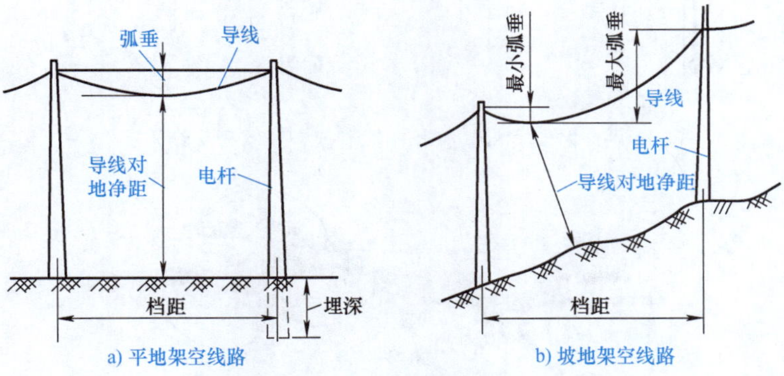

图 3-15　架空线路名词含义示意图

（3）380V 普通导线架空线路各种杆型杆头结构

常见的 220V/380V 三相四线制架空线路直线杆、终端杆、转角杆、分支杆杆头结构（三视图）如图 3-16 所示。

2. 6 ～ 10kV 普通导线的架空线路

（1）6 ～ 10kV 普通导线架空线路的基本结构组成

6 ～ 10kV 普通导线架空线路一般也由导线、电杆、横担、绝缘子、拉线、线路金具等组成。图 3-17 所示为 10kV 普通导线架空线路实物。

1）导线。6 ～ 10kV 普通导线架空线路的主干导线通常采用钢芯铝绞线、铝绞线、铝橡线、交联聚乙烯绝缘导线。铝橡线只在层间导线搭接时用。有关导线的结构、规格、型号参见 380V 相关内容。

2）电杆。6 ～ 10kV 普通导线架空线路的电杆与 380V 的电杆相同。

3）横担。6 ～ 10kV 普通导线架空线路的横担也采用镀锌角钢，只是尺寸规格有所不同。

4）绝缘子。绝缘子采用高压针式绝缘子、高压悬式绝缘子和拉线绝缘子。

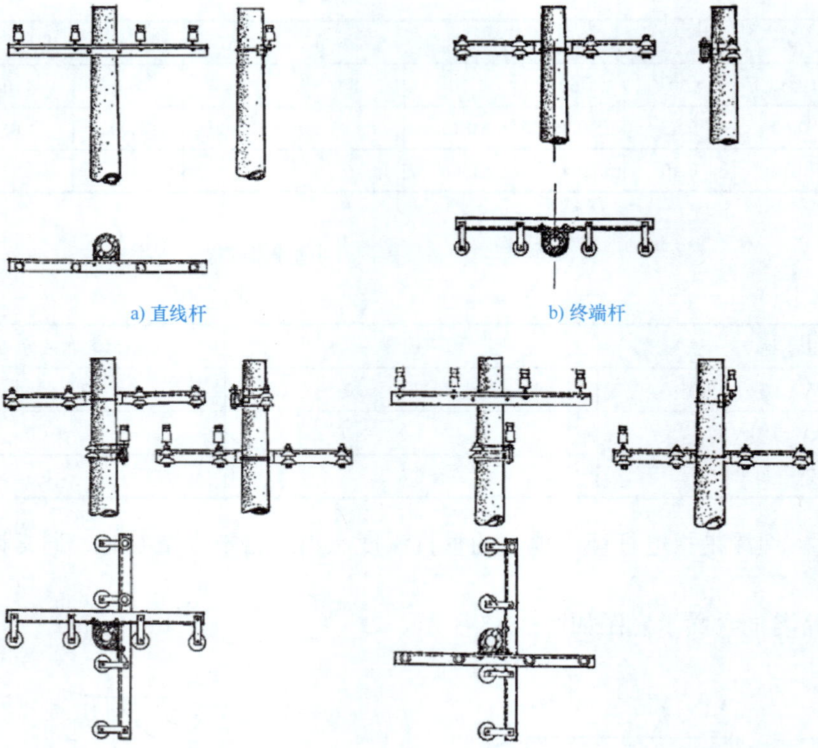

a) 直线杆　b) 终端杆　c) 90° 转角杆　d) 分支杆

图 3-16　常见的 220V/380V 三相四线制架空线路杆头结构（三视图）

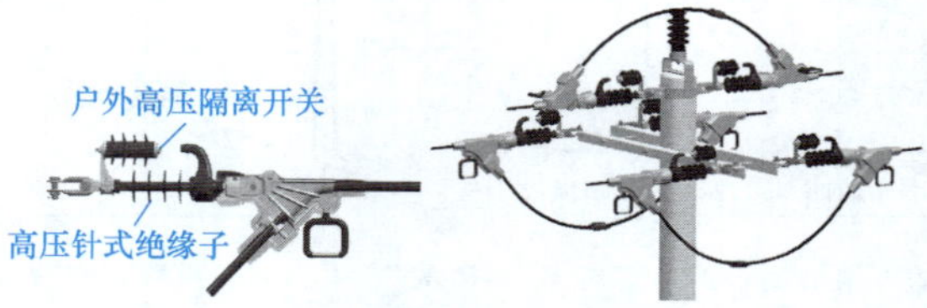

图 3-17　10kV 普通导线架空线路实物

高压针式绝缘子用于导线过往绑扎；高压悬式绝缘子用于固定导线终端。10kV 用绝缘子有多种型号规格。常用的有普通陶瓷高压针式绝缘子（如 P–15T）、高压悬式绝缘子（如 Xp 系列）及 U 系列钢化玻璃绝缘子和新型合成高压针式绝缘子、新型合成拉线绝缘子等。图 3-18 所示为高压绝缘子实物。

a) 高压针式绝缘子　b) 高压玻璃钢悬式绝缘子　c) 高压陶瓷悬式绝缘子　d) 新型合成高压针式绝缘子　e) 新型合成拉线绝缘子

图 3-18　常用高压绝缘子实物

采用新型合成绝缘子架设的 10kV 线路杆头结构如图 3-19 所示。

图 3-19　采用新型合成绝缘子架设的 10kV 线路杆头结构

5）拉线。10kV 线路拉线基本与 0.38kV 拉线相同。

6）线路金具。10kV 线路金具与 0.38kV 线路金具相似。图 3-20 所示为部分 10kV 线路金具。

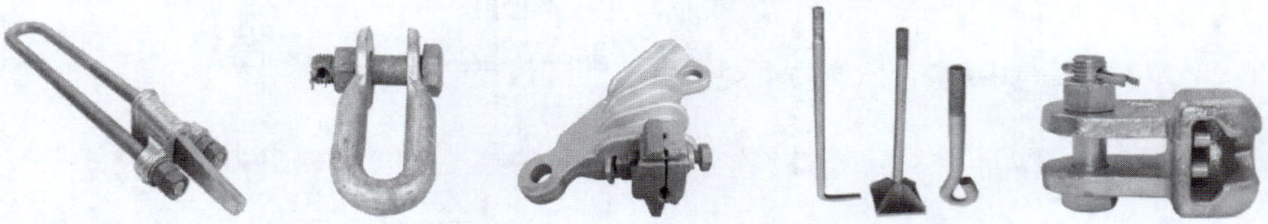

a) 拉线金具　b) U形挂环　c) 线夹　d) 地脚螺栓　e) 双联碗头

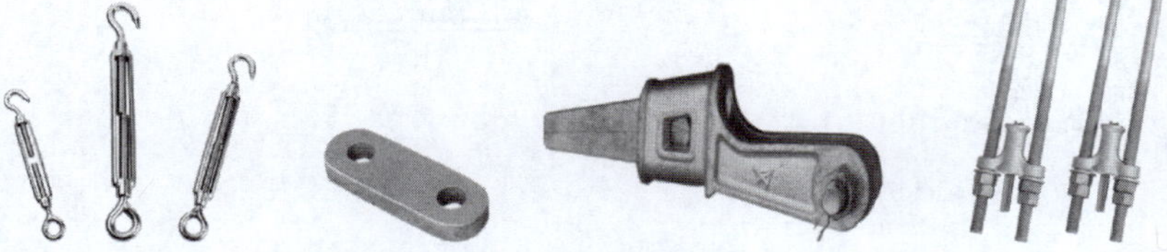

f) 索具　g) 联板　h) 楔形线夹　i) NUT线夹

图 3-20　部分 10kV 线路金具

（2）10kV 普通导线架空线路各种杆型杆头结构

常见的 10kV 架空线路直线杆、终端杆、分支杆、90° 转角杆等杆型杆头结构（三视图）如图 3-21 所示。

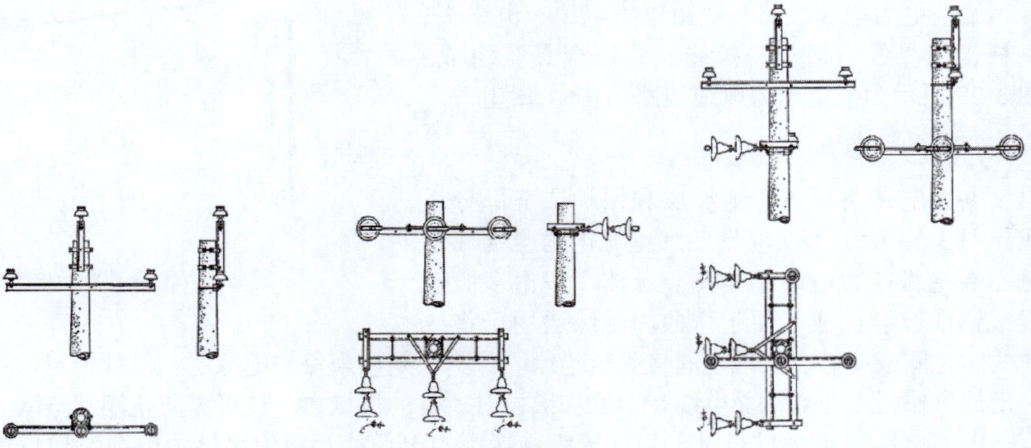

a) 直线杆　b) 终端杆　c) 分支杆

图 3-21　常见的 10kV 架空线路杆头结构（三视图）

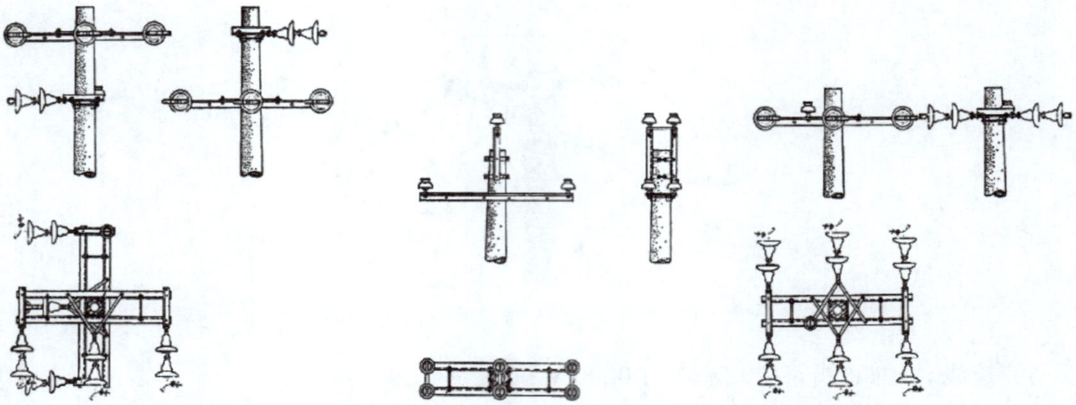

d) 90° 转角杆　　e) 直线转角杆(大于90°)　　f) 耐张杆

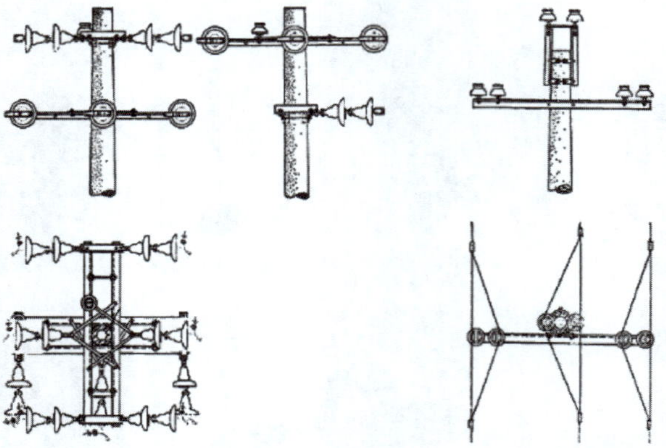

g) 耐张分支杆　　h) 承力直线杆

图 3-21　常见的 10kV 架空线路杆头结构（三视图）（续）

电力电缆

二、室外架空电力电缆线路

工厂室外架空电力电缆线路主要为 0.38kV 和 6 ～ 10kV 架空电力电缆线路。该线路有两种架设方式：一种是专门架设；另一种是附着在原有的架空线路下方。

架空电力电缆线路一般由电力电缆、电缆头、电杆、钢绞线、横担、拉线、线路金具等组成。图 3-22 所示为架空电力电缆线路结构示意图。

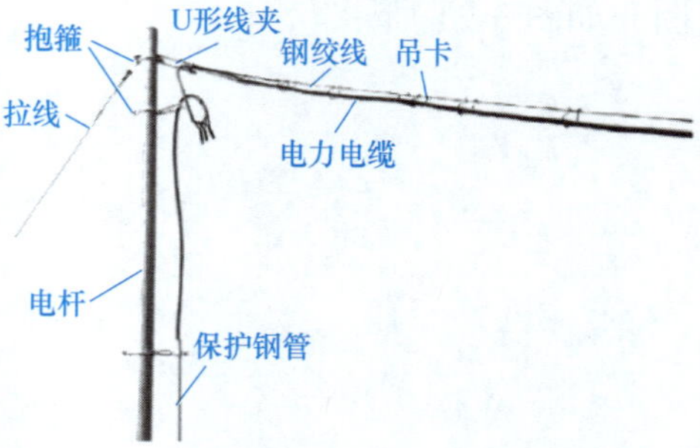

图 3-22　架空电力电缆线路结构示意图

1. 电力电缆

电力电缆由导体、绝缘层和保护层三部分组成。图 3-23 所示为交联聚乙烯绝缘电力电缆和聚氯乙烯绝缘电力电缆结构图。导体一般由多股铜线或铝线绞合而成，便于弯曲。绝缘层用于将导体线芯之间或线芯与大地之间良好地绝缘。保护层则用来保护绝缘层，使其密封，并保持一定的机械强度，以承受电缆在运输和敷设时所受的机械力，还可以防止潮气进入。

电力电缆按绝缘材料可分为油浸纸绝缘电力电缆、塑料绝缘电力电缆、橡皮绝缘电力电缆；按电压等级可分为中、低压电力电缆（35kV 及以下）、高压电力电缆（110kV 以上）、超高压电力电缆（275 ～ 800kV）以及特高压电力电缆（1000kV 及以上）。

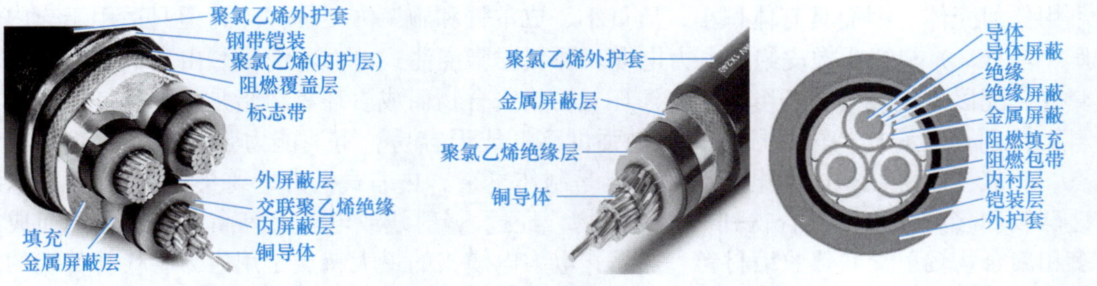

a) 交联聚乙烯绝缘电力电缆　　b) 聚氯乙烯绝缘电力电缆　　c) 电缆截面结构

图 3-23　交联聚乙烯绝缘电力电缆和聚氯乙烯绝缘电力电缆结构图

油浸纸绝缘电力电缆具有耐压强度高、耐热能力好、使用年限长等优点，可敷设在室内、电缆沟、隧道或土壤中，主要缺点是敷设受落差限制。自从开发出不滴流浸纸绝缘后，解决了落差限制问题，使油浸纸绝缘电缆得以继续广泛应用。

塑料绝缘电力电缆结构简单、制造加工方便、质量小、抗酸碱、耐腐蚀、敷设安装方便，且不受敷设落差限制，因此，广泛应用于中低压电缆，在工厂供电系统中已取代黏性浸渍油纸电缆。常用的塑料有聚氯乙烯、聚乙烯、交联聚乙烯。由于聚氯乙烯绝缘电力电缆价格低廉、物理力学性能较好、制作工艺简单，而绝缘性能一般，因此大量用它来制造 1kV 及以下的低压电力电缆，供低压配电系统使用。由于聚乙烯是电绝缘性能最好的塑料，加上经过高分子交联后成为热固性材料，因此交联聚乙烯绝缘电力电缆的电性能、力学性能和耐热性好，目前已成为我国中高压电力电缆的主导品种，可适用于 6 ～ 330kV 的各个电压级中。近年来，1kV 低压电缆的交联化已成为一个技术发展方向，其关键是降低绝缘厚度使之在价格上能与聚氯乙烯电缆竞争。

橡皮绝缘电力电缆是一种柔软的、使用中可以移动的电力电缆，俗称防水线，主要用于企业经常需要变动敷设位置的场合。它采用天然橡胶绝缘，电压等级主要是 1kV，可以生产 6kV 级。

电缆型号的含义如下：

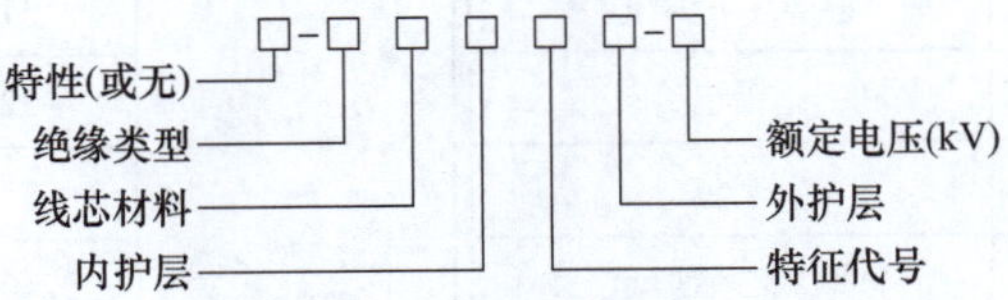

表 3-6 为电力电缆型号中各文字符号的含义，供参考。

例如，ZR-YJV22-10000-3 × 95 表示阻燃型、交联聚乙烯绝缘、铜芯、聚氯乙烯护套、钢带铠装聚氯乙烯套 3 芯电力电缆，额定电压为 10000V，相线截面积为 95mm^2，3 根。VLV22-1000-3 × 70+1 × 35 表示聚氯乙烯绝缘、铝芯、聚氯乙烯护套、钢带铠装聚氯乙烯套 4 芯电力电缆，额定电压为 1000V，相线截面积为 70mm^2，3 根；中性线截面积为 35mm^2，1 根。

2. 电缆头

电力电缆头（电缆接头）分为终端头和中间接头。终端头为电缆两末端的接头；中间接头为电缆线路中间部位的接头。电力电缆头按安装场所分为户内式和户外式；按电缆头制作安装材料分为干包式、环氧树脂浇注式和热缩式三类。干包式电力电缆头指用绝缘带（或绝缘套管）包缠而成的干式电缆头。干包式电力电缆头制作安装不采用填充剂，也不用任何壳体，因而具有体积小、质量小、成本低和施工方便等优点，但只适用于户内低压（≤1kV）全塑或橡皮绝缘电力电缆。环氧树脂浇注式电力电缆头是由环氧树脂外壳和套管，配以出线金具，经组装后浇注环氧树脂复合物而成。环氧树脂是一种优良的绝缘材料，特别是具有初始电性能好、机械强度高、成形容易、阻油能力强和黏接性优良等优点。环氧树脂浇注式电力电缆头的缺点是制作复杂。热缩式电力电缆头材料是由聚烯烃、硅酸胶和多种添加剂混合得到多相聚合物，经过 γ 射线或电子束等高能射线辐照而成的多相聚合物辐射交联热收缩材料。热缩式电力电缆头的最大特点是用应力管代替传统的应力锥，简化了施工工艺，缩小了接头的终端尺寸，安装方便，省时省工，性能优越，节约金属。热缩式电力电缆头集浇注式和干包式为一体，集合了这两种电力电缆附件的优点。热缩工艺适用于 10kV 及以下交联聚乙烯电缆及各种类型的电缆头制作安装，是目前最常用的一种电缆头制作安装工艺。对于低压电缆接头，也可采用冷缩工艺制作。冷缩技术又称为预扩张技术，冷缩工艺制作电缆接头采用的橡胶材料具有弹性记忆特性，即采用机械手段将成形的橡胶件在其弹性范围内预先撑开，然后套入塑料线芯加以固定。安装时，只需将线芯抽去，弹性橡胶体便迅速收缩并紧箍于所需安装部位。成形的热缩式电力电缆终端头及其附件和冷缩式电力电缆终端头及其附件如图 3-24 所示。

表 3-6　电力电缆型号中各文字符号的含义

项目	文字符号	含义	项目	文字符号	含义
特性（或无）	ZR	阻燃	外护层	02	聚氯乙烯套
	NH	耐火		03	聚乙烯套
绝缘类型	YJ	交联聚乙烯绝缘		20	裸钢带铠装
	Z	油浸纸绝缘		21	钢带铠装纤维外被
	V	聚氯乙烯绝缘		22	钢带铠装聚氯乙烯套
	X	橡皮绝缘		23	钢带铠装聚乙烯套
线芯材料	L	铝芯		30	裸细钢丝铠装
	T	铜芯（不标注）		31	细圆钢丝铠装纤维外被
内护层	Q	铅包		32	细圆钢丝铠装聚氯乙烯套
	L	铝包		33	细圆钢丝铠装聚乙烯套
	V	聚氯乙烯护套		40	裸粗钢丝铠装
特征代号	P	滴干式		41	粗圆钢丝铠装纤维外被
	D	不滴流式		42	粗圆钢丝铠装聚氯乙烯套
	F	分相铅包式		43	粗圆钢丝铠装聚乙烯套

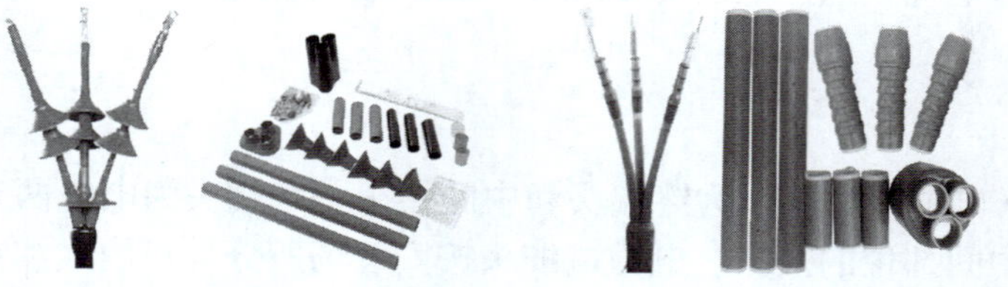

a) 热缩式电力电缆终端头及其附件　　b) 冷缩式电力电缆终端头及其附件

图 3-24　成形的电力电缆终端头及其附件

3. 电杆

架空电力电缆线路所用电杆与普通导线架空线路电杆相同。

4. 钢绞线

架空电力电缆线路用钢绞线为镀锌钢绞线。其规格有 1×7（单根 7 股，下同）、1×19、1×37 等。钢丝直径及钢绞线直径、截面积，钢绞线公称抗拉强度等参数可参阅相关资料。

5. 横担

架空电力电缆线路所用横担一般为 L50mm×50mm×6mm、长度为 688mm 或 400mm 的热镀锌二路角钢小横担。其作用主要是通过固定在小横担上的线夹夹紧过往的钢绞线。

6. 拉线

架空电力电缆线路所用拉线与普通导线架空线路拉线相同。

7. 线路金具

架空电力电缆线路所用金具包括固定钢绞线、电杆等的各种金具，以及电缆接线用金具。架空电力电缆线路所用部分金具如图 3-25 所示。

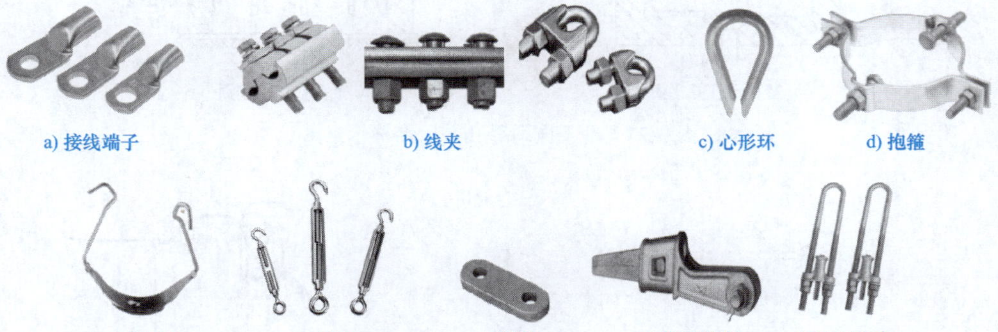
a) 接线端子 b) 线夹 c) 心形环 d) 抱箍
e) 电缆挂钩 f) 索具 g) 联板 h) 楔形线夹 i) NUT线夹

图 3-25 架空电力电缆线路所用部分金具

三、室外地下电力电缆线路

工厂室外地下电力电缆线路主要为 0.38kV 和 6 ～ 10kV 地下直埋式电力电缆线路。

1. 室外地下直埋式电力电缆线路的基本组成

室外地下直埋式电力电缆线路一般由电力电缆、地上电缆头、软土或沙子、水泥保护板、标示桩、地上保护钢管、线路金具等组成。图 3-26 所示为室外地下直埋式电力电缆线路结构示意图。

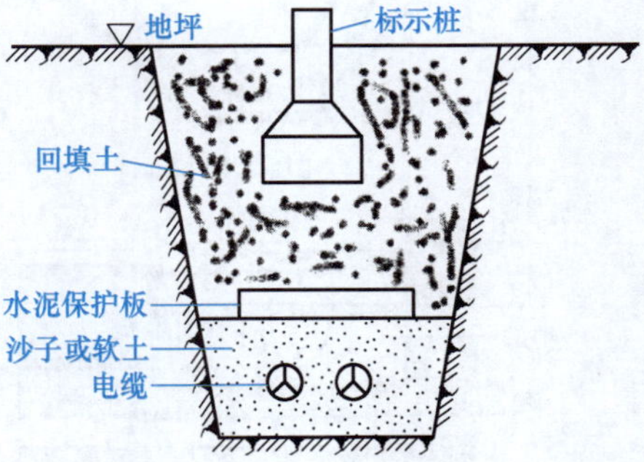

图 3-26 室外地下直埋式电力电缆线路结构示意图

1）电力电缆及电缆头。室外地下直埋式电力电缆线路的电力电缆及电缆头与钢绞线架空电力电缆线路的电力电缆及电缆头相同。

2）水泥保护板。水泥保护板为预制的混凝土板，主要用于保护盖板下沙子中的电缆线路免受来自于上部的外力作用。

3）标示桩。标示桩用来指示电缆线路的走向、参数等，对线路检修或地面施工起到指示和警示作用。

4）保护钢管。为了保护地上电缆免受外力损坏，通常给地上 2m 一段电缆套上钢管，钢管的一部分随同电缆一起埋入地下。

5）线路金具。室外地下直埋式电力电缆线路的金具包括电缆金具（如接线端子）、线路金具（如管卡、抱箍）等。

2. 室外地下直埋式电力电缆线路的结构

室外地下直埋式电力电缆线路按照结构的不同可分为地下普通段、地下电缆井段（电缆在直线或转角处接头时做成人孔井，分支接头时做成手孔井）、地下穿墙段、地上段等几部分。其中，室外地上段部分距离地表 2m 一段电缆应穿钢管。地下电缆手孔井段、穿墙段和室外地上段等几部分结构示意图如图 3-27 ～图 3-29 所示。

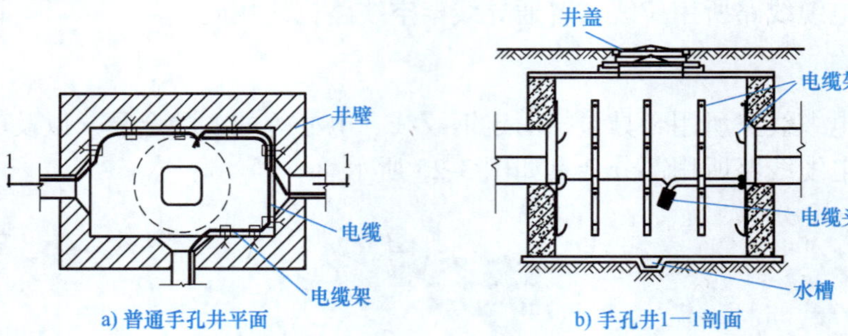

图 3-27　地下电缆手孔井段结构示意图

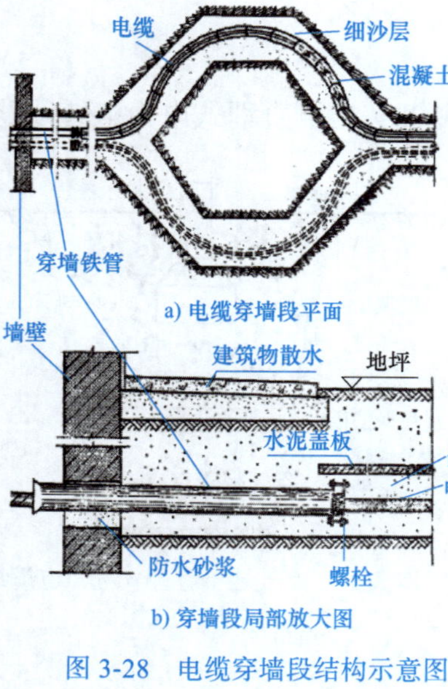

图 3-28　电缆穿墙段结构示意图

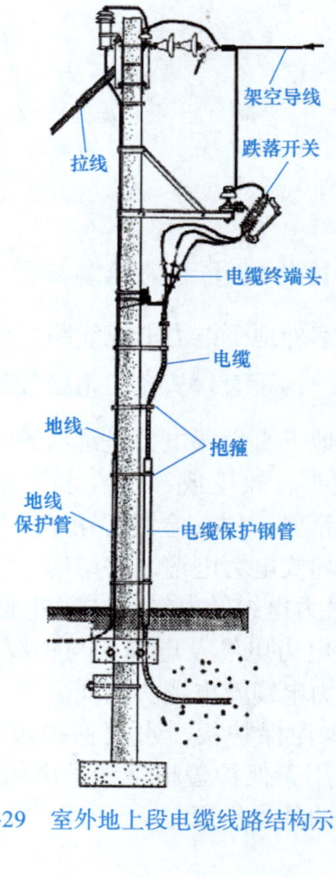

图 3-29　室外地上段电缆线路结构示意图

3.3 室内配电线路

室内配电线路属于内线工程部分。常见的有 0.38kV 普通导线敷设在各种绝缘支持件上的明敷线路，0.38kV 普通导线穿钢管、塑料管及母线槽等的暗敷线路，0.38kV 和 6 ～ 10kV 地下沟道式电力电缆线路，0.38kV 桥架式电力电缆线路等。室内配电线路的区间通常包括从室外接户、入户段和室内设备端口以上所有区段。

一、室内普通导线的明敷线路

室内普通导线的明敷线路主要为 220V/380V 普通导线低压绝缘子（瓷绝缘子、瓷柱、瓷或塑料夹板）、钢索、裸母线、滑触线等的明敷线路。

1. 普通导线低压绝缘子线路

（1）220V/380V 普通导线瓷绝缘子线路

220V/380V 普通导线瓷绝缘子线路是一种传统的室内布线方式，随着室内布线技术和工艺的发展，这种布线方式将越来越少。

1）220V/380V 普通导线瓷绝缘子线路一般由导线、支架、绝缘子、线路金具等组成。图 3-30 所示为 220V/380V 架空接户、入户线路结构示意图。

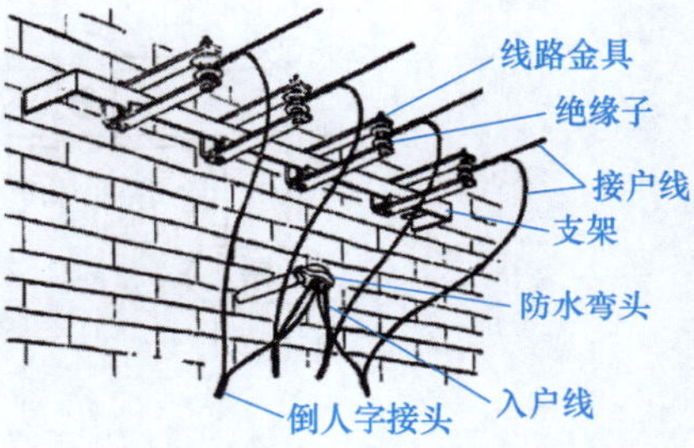

图 3-30 220V/380V 架空接户、入户线路结构示意图

2）室内 220V/380V 瓷绝缘子线路采用的导线通常为 $10mm^2$ 及以上的铝橡线（BLX）或铝塑线（BLV）等。

3）按照安装结构形式的不同，室内 220V/380V 瓷绝缘子线路所用支架有多种形式。

4）室内 220V/380V 普通导线瓷绝缘子线路采用的绝缘子有低压针式绝缘子和低压蝶式绝缘子。绝缘子的结构形式与 0.38kV 室外架空线路采用的绝缘子相同。

5）220V/380V 普通导线瓷绝缘子线路采用的线路金具主要包括各型抱箍、铁拉板、穿心螺栓、曲形垫铁等。220V/380V 普通导线瓷绝缘子线路常用的部分金具如图 3-31 所示。

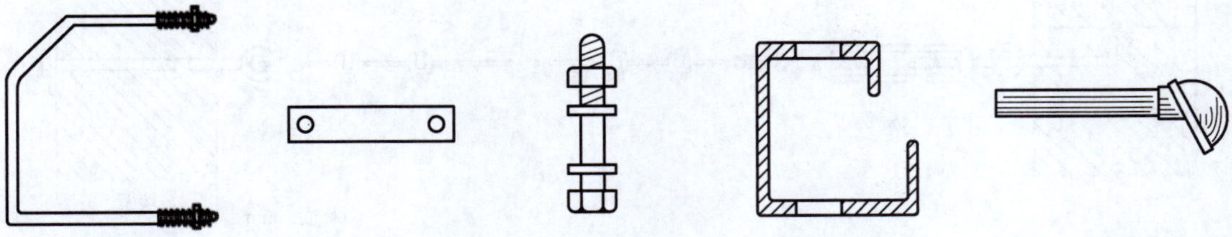
a) 桁架圆钢抱箍　b) 铁拉板　c) 穿心螺栓　d) 曲形垫铁　e) 防水弯头

图 3-31 220V/380V 普通导线瓷绝缘子线路常用部分金具

（2）普通导线瓷柱线路

瓷柱线路是以往车间 $10mm^2$ 以下小截面导线常见的一种明布线方式。由于其有碍观瞻且易受外力作用而损坏，故新建厂房，尤其是现代化厂房一般不采用这种布线形式。图 3-32 所示为普通导线瓷柱线路结构示意图。

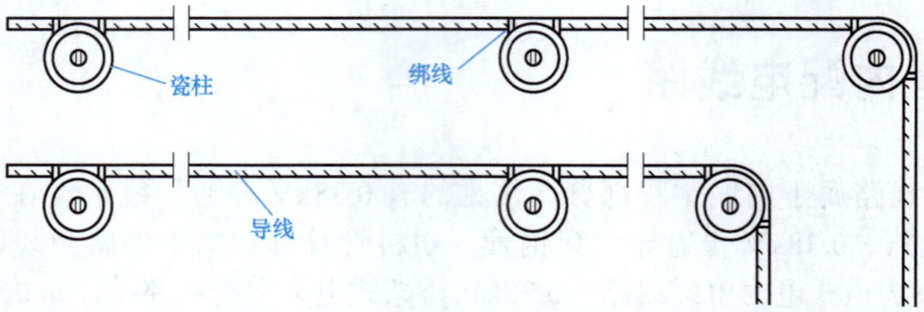

图 3-32 普通导线瓷柱线路结构示意图

（3）普通导线瓷夹板或塑料夹板线路

瓷夹板或塑料夹板又称为瓷卡或塑料卡。瓷夹板或塑料夹板线路亦为以往车间 $10mm^2$ 以下小截面导线常见的一种明布线方式。与瓷柱线路一样，由于其有碍观瞻且易受外力作用而损坏，所以现代化厂房一般不采用这种布线形式。图 3-33 所示为普通导线瓷夹板线路结构示意图。

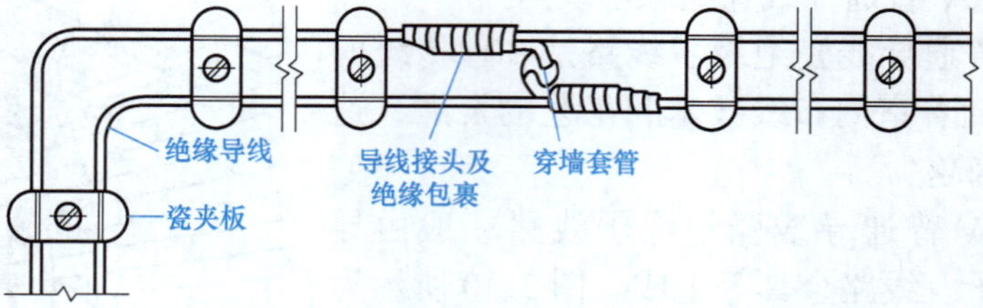

图 3-33 普通导线瓷夹板线路结构示意图

2. 钢索布线

室内外钢索线路用于给室内外钢索下悬吊电器（如灯具等）或为具有一定高度的移动设备（如起重机等）提供电源。室内外钢索线路可以采用绝缘导线、护套绝缘导线、电缆、绝缘导线穿金属管或硬塑料管等多种形式。为悬吊电器供电时，应采用绝缘导线在瓷夹、塑料夹、鼓形绝缘子或针式绝缘子上固定或采用电缆、金属管或硬塑料管直接固定于钢索上；为空中移动设备供电时，应采用铜芯橡皮绝缘软电缆线（防水线）、铁环悬挂伸缩布线。图 3-34 所示为墙上安装的钢索起点、中间及终端结构示意图。

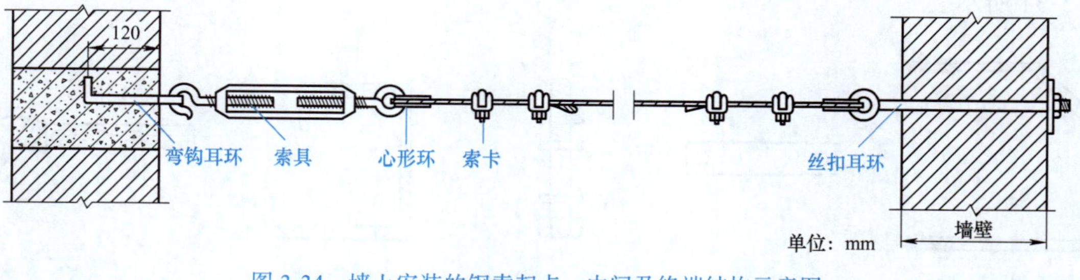

图 3-34 墙上安装的钢索起点、中间及终端结构示意图

图 3-35 所示为钢索吊管安装结构示意图。

3. 裸母线

裸母线作为供配电线路，在早期的工厂车间内有所应用。但由于其安全性较差且占地较多，故现代工厂车间已不再采用。裸母线作为变配电所开关柜（屏）母线，在加装防护外壳后仍在使用。

4. 滑触线

滑触线是为固定轨道上移动的电气设备（如天车）提供电源的供配电线路。图 3-36 所示为某车间一角天车滑触线示意图。

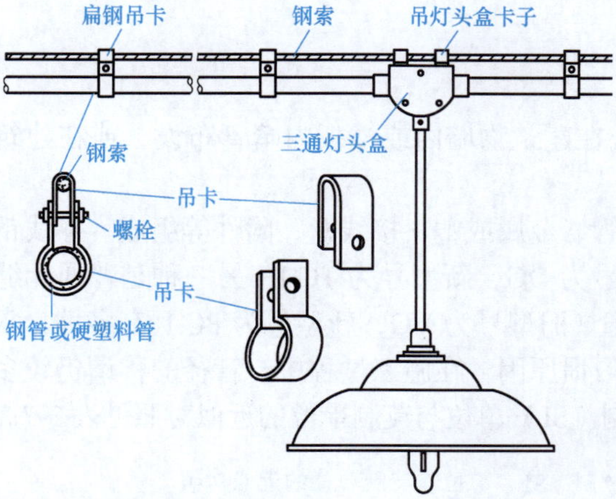

图 3-35　钢索吊管安装结构示意图

图 3-36　某车间一角天车滑触线示意图

早期的滑触线多由角钢制作，由于其阻抗较大，电压损耗较多，现已很少采用。为了降低线路阻抗，减小线路电压损耗，目前滑触线一般采用铝合金体、钢体或滑触导电部分为铜质、内胎支撑为钢质的钢体滑触线。钢体滑触线有钢铜紧密结合型和嵌入型等。钢体滑触线是由燕尾槽铜棒和高刚度工字钢或由 T 形铜棒和槽钢构成，用高强度专用绝缘子作为支柱，在室内外空间组成各种形式的滑触线路向移动设备或各种桥式起重机馈电，具有运行可靠、质量小、现场安装容易、接线简单、机械强度大、载流量大等优点，可用于高温、多尘场所，有上部、侧面或下部滑触等多种布置方式。图 3-37 所示为钢体滑触线和集电器结构示意图。集电器类似于电刷，接触滑触线并跟随电气设备移动将电流引入电气设备。

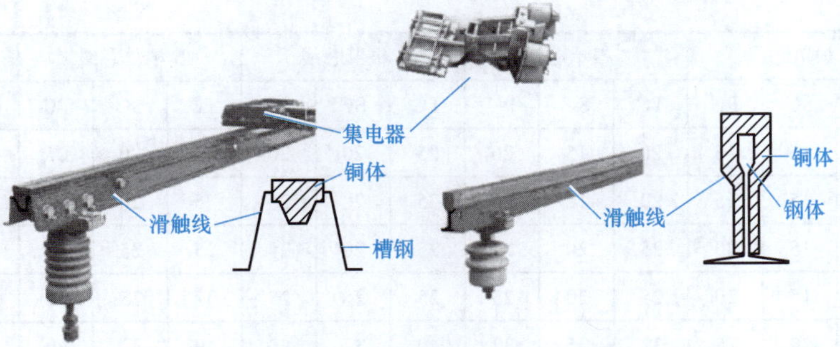

图 3-37　钢体滑触线和集电器结构示意图

节能、轻型钢体滑触线的型号含义如下：

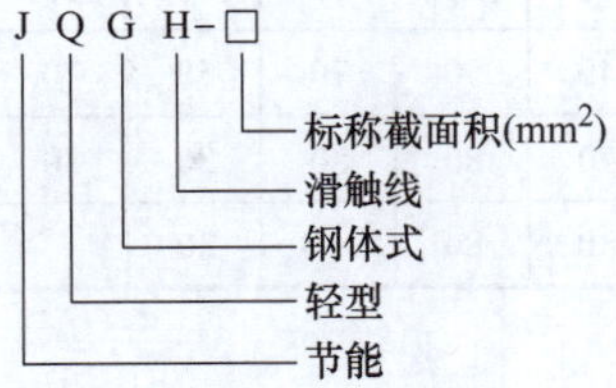

其中，标称截面积是指铜线的截面积。

二、室内导线的暗敷线路

室内导线的暗敷线路主要为220V/380V绝缘导线穿钢管、塑料管、塑料槽板或钢槽板等的暗敷线路。

1. 绝缘导线穿钢管和穿塑料管线路

普通导线穿钢管、塑料管线路适用于导线在建筑物墙内或楼板内暗管布设，或在建筑物内的墙壁、顶棚明管布设为负荷馈电。

穿线钢管或塑料管线路通常由钢管或塑料管、金属或塑料接线盒、附件等组成。穿线钢管一般有两种：一种是专用镀锌导线管（旧型号为DG，新型号为TC）；另一种是普通无缝钢管（旧型号为G，新型号为SC）。穿线塑料管（旧型号为VG，新型号为PC）有多种，常见的有普通硬塑料管和布线用硬塑料管。由于习惯原因，在施工过程中，管径的称谓仍较多地使用英制。穿线钢管或塑料管管径国际单位制（SI）单位与英制单位的近似对照见表3-7。

表3-7 穿线钢管或塑料管管径国际单位制（SI）单位与英制单位的近似对照

SI/mm	15	20	25	32	40	50	65	70	80	90	100
英制/in	$\frac{1}{2}$	$\frac{3}{4}$	1	$1\frac{1}{4}$	$1\frac{1}{2}$	2	$2\frac{1}{2}$	$2\frac{3}{4}$	3	$3\frac{1}{2}$	4
英制读音	4分	6分	1寸	1寸2分	1寸半	2寸	2寸半	2寸6分	3寸	3寸半	4寸

专用导线管和硬塑料管按外径计，普通无缝钢管按内径计。管内容线面积为1～6mm^{2}时，按不大于管内总面积的33%计算；10～50mm^{2}时，按不大于管内总面积的27.5%计算；70～150mm^{2}时，按不大于管内总面积的22%计算。部分规格500V单芯绝缘导线允许穿管根数及相应的最小管径见表3-8。

表3-8 部分规格500V单芯绝缘导线允许穿管根数及相应的最小管径

（单位：mm）

导线规格/mm²	2根单芯线			3根单芯线			4根单芯线			5根单芯线			6根单芯线		
	TC	SC	PC	TC	SC	PC	TC	SC	PC	TC	SC	PC	TC	SC	PC
1.5	15	15	15	20	15	20	25	20	20	25	20	25	25	20	25
2.5	15	15	15	20	15	20	25	20	25	25	20	25	25	25	25
4	20	15	20	25	20	20	25	20	25	25	25	25	32	25	32
6	20	15	20	25	20	25	25	25	25	32	25	32	32	25	32
10	25	20	25	32	25	32	40	32	40	40	32	40	50	40	40
16	32	25	32	40	32	40	40	32	40	50	40	50	50	50	50
25	40	32	32	50	32	40	50	40	50	50	50	50	50	50	50
35	40	32	40	50	40	50	50	50	50	70	50	70	70	70	70
50	50	40	50	50	40	50	70	50	70	80	70	80	80	70	70
70	70	50	70	80	70	80	80	80	80		100			100	80
95	80	70	80	80	80	80		80			100			100	

注：空表示无此规格管材。

接线盒是导线接头或分支场合的节点部件。接线盒用于接灯时称为灯头盒；用于接开关时称为电门盒；只作为导线接头或分支用途时为分线盒。一般情况下，金属管用金属接线盒，塑料管用塑料接线盒。管线暗配和明配所采用的接线盒有所不同。暗配接线盒一般采用敲落孔的形式决定接线盒的具体用途，需要与哪个方向的线路相连，就敲落哪个方向的孔；明配接线盒则采用专用功能的接线盒，如开关盒、拐角盒、二通、三通、四通等。管线暗配和明配所采用的接线盒结构如图 3-38 所示。穿线钢管或塑料管线路附件用于固定管线与接线盒、管线与管线的点连接或固定管线与四周设备。它包括各种螺母螺栓、接地圆钢线、角钢支架、管箍、管卡、管卡槽、夹板等。部分穿管线路用附件如图 3-39 所示。

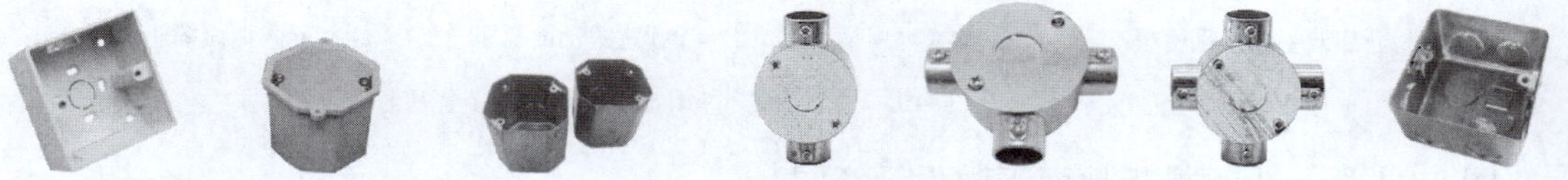

a) 塑料接线盒　b) 塑料灯头盒　c) 铁制八角灯头盒　d) 铁制二通　e) 铁制三通　f) 铁制四通　g) 铁制开关盒

图 3-38　管线暗配和明配所采用的接线盒结构

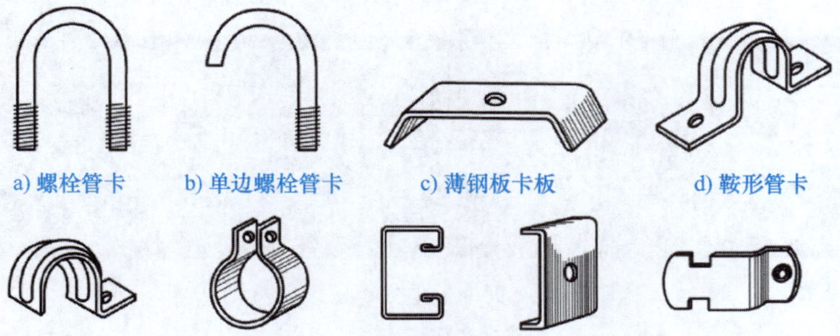

a) 螺栓管卡　b) 单边螺栓管卡　c) 薄钢板卡板　d) 鞍形管卡

e) 单边管卡　f) 环形管卡　g) 管卡槽　h) 夹板　i) 双板管卡

图 3-39　部分穿管线路用附件

2. 槽板线路

槽板布线采用的槽板按材料分有塑料槽板和钢槽板两种；按结构形式分有开启式和封闭式；按敷设地点分有室内墙壁或地面明敷和室内地面下暗敷两种敷设方式；按槽数分有单槽板和联槽板。

明敷塑料槽板由塑料底板和塑料盖板两部分组成。使用时，用塑料胀管自攻螺钉将塑料底板拧于墙壁之上，或用钢钉将塑料底板钉于墙壁之上，将导线置于线槽内扣上塑料盖板即可。拐角和分支处可采用直线槽与专用 90° 水平弯槽、90° 垂直弯槽及水平 T 形槽对接，也可采用直线槽板，按照工艺要求剪出相应角度（45°）后拼接，原则是不使导线外露。塑料槽板敷设的导线通常为 $6mm^2$ 及以下的小截面导线，一般供给小容量单相负荷。钢制槽板有两种：一种是封闭式冷轧热镀锌异形钢管；另一种是 U 形开启式钢槽板。暗敷钢槽板线路包括直线段钢槽板、地面分线盒、地面插座盒、地面引线盒、附件等。附件包括直线槽连接器、弯角连接器、线槽终端盖、线槽支架等。暗敷钢槽板通常敷设于地表以下，地表只露出分线盒、插座盒、引线盒等。明敷钢槽板线路敷设于地面或墙壁表面。钢槽板线路既可供给单相负荷，也可供给小容量三相负荷，还可作为弱电线路的布线方式。槽板布线采用的部分塑料槽板和钢槽板及分线盒、插座盒、引线盒、附件等如图 3-40 所示。

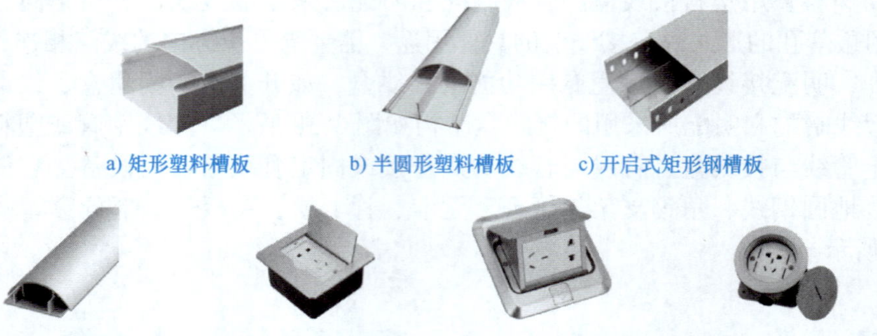

a) 矩形塑料槽板　b) 半圆形塑料槽板　c) 开启式矩形钢槽板

d) 开启式半圆形钢槽板　e) 翻盖式地面插座　f) 弹跳式地面插座　g) 旋起式地面插座

图 3-40　槽板布线各组成部分

图 3-41 所示为钢槽板地面下敷设示意图。

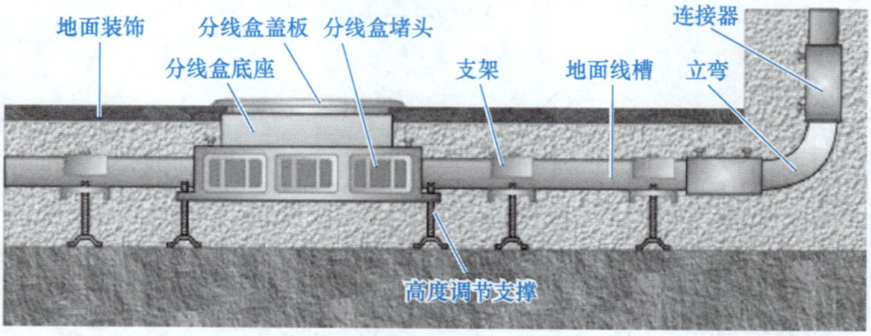

图 3-41　钢槽板地面下敷设示意图

3. 低压封闭式母线

现代化大型生产车间、高层建筑越来越多地采用封闭式母线作为供配电线路。封闭式母线又称为插接式母线或母线槽，它将若干根矩形截面母线中的每根母线用绝缘材料包裹并隔开后嵌于封闭的金属壳体内，制成每隔一段距离设有插接分线盒的插接型封闭式母线，也可制成中间不带分线盒的馈电型封闭式母线。低压封闭式母线的特点是安全、灵活、美观，载流量大，便于分支，但耗用钢材较多、投资较大。封闭式母线通常作为干线使用或向大容量设备提供电源。其敷设方式有垂直敷设在电气竖井中、用吊杆水平敷设在天棚下、在电缆沟或电缆隧道内敷设。图 3-42 所示为封闭式母线结构及外形。

封闭式母线水平敷设时，距离地面不应低于 2.2m；垂直敷设时，为防止机械损伤，在距离地面 1.8m 以下部分应加以防护，但敷设在电气专用房间内时除外。封闭式母线水平敷设的支持点间距不宜大于 2m；垂直敷设时，应在通过楼板处采用专用附件支撑。对于垂直敷设的封闭式母线，当进线盒及末端悬空时，应采用支架固定。封闭式母线终端无引出线、引入线时，端头应封闭。封闭式母线的插接分支点应设在安全且安装维护方便的地方。

母线槽的规格与其他导线表示方法不同，它不是按照截面积来表示的，而是按照额定工作电流表示的。如 400A 母线槽对应的母线有截面积 $240mm^2$、$180mm^2$ 等。

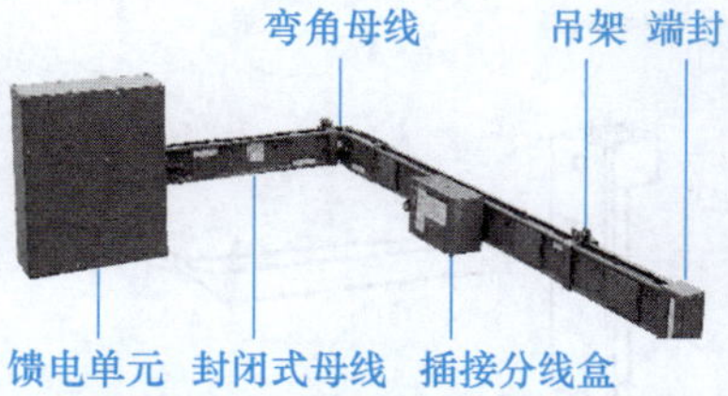

a) 封闭式母线在车间内布置(一角)示意图

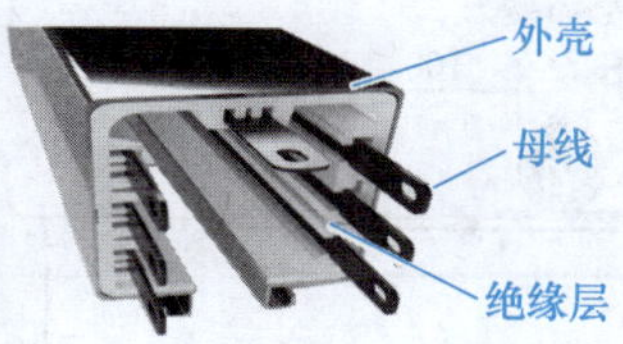

b) 封闭式母线断面结构

c) 封闭式母线插接盒

d) 封闭式母线弯角

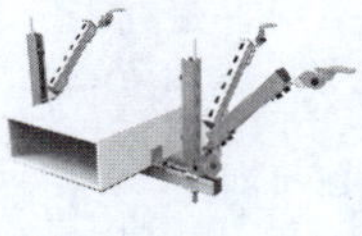
e) 封闭式母线水平吊装

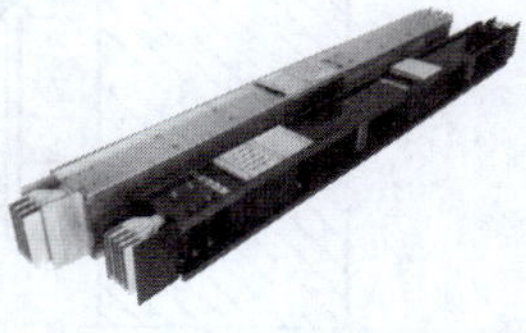
f) 带插孔母线结构

图 3-42 封闭式母线结构及外形

三、室内地下沟道式电力电缆线路

室内地下沟道式电力电缆线路（地下沟道式电力电缆线路也适用于室外道路两侧）主要为 0.38kV 和 6 ～ 10kV 地下沟道式电力电缆线路。室内地下沟道式电力电缆线路一般由电力电缆、沟道、盖板、支架等组成。图 3-43 所示为室内地下沟道式电力电缆线路结构示意图。室内地下沟道式电力电缆线路的部分电缆支架结构示意图如图 3-44 所示。

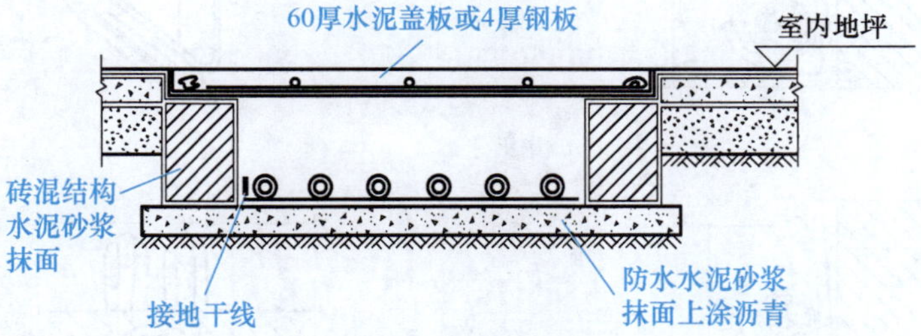

a) 6条及以下电缆沟结构

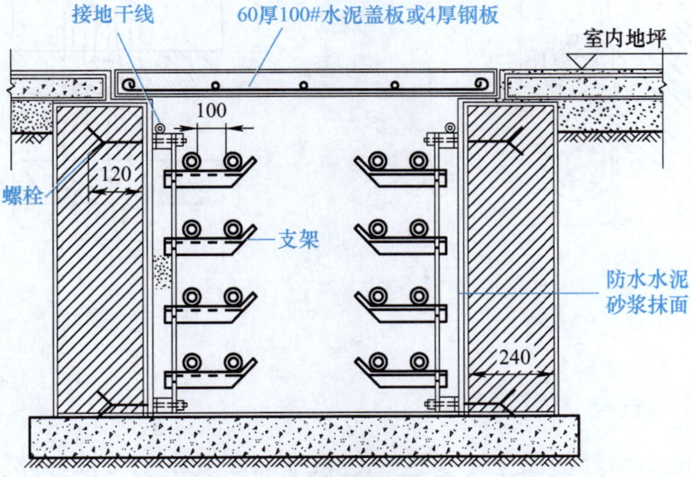

b) 6条以上电缆沟结构

图 3-43 室内地下沟道式电力电缆线路结构示意图（单位：mm）

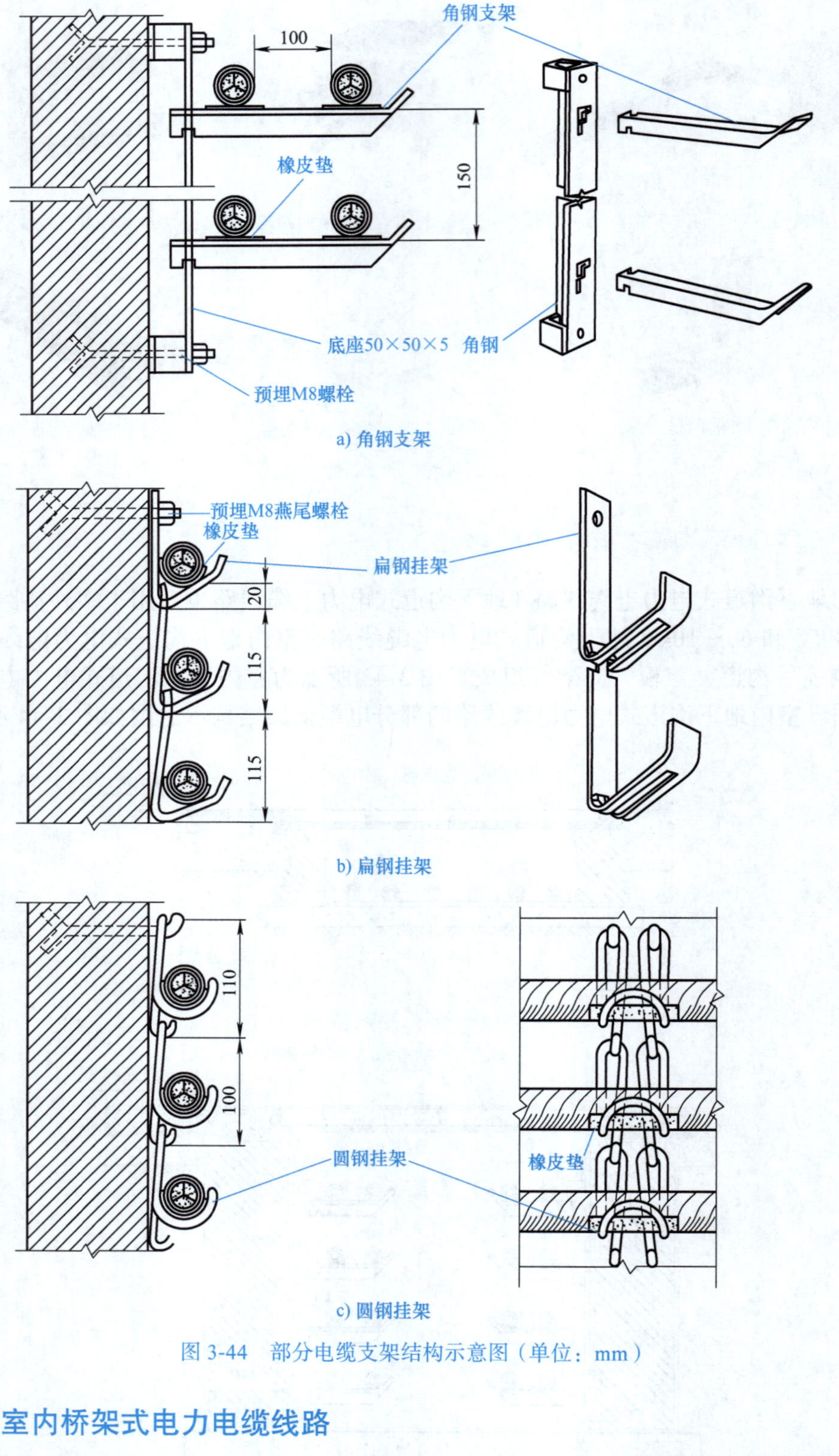

图 3-44 部分电缆支架结构示意图（单位：mm）

四、室内桥架式电力电缆线路

室内桥架式电力电缆线路主要为 220V/380V 桥架式电力电缆线路，属于架空电缆线路的一种。220V/380V 桥架式电力电缆线路一般由电力电缆、桥架、线路金具等组成。图 3-45 所示为 220V/380V 桥架式电力电缆线路结构示意图。室内桥架式电力电缆线路所用的电缆桥架按照结构分，有托盘式、槽式、梯级式、组合式、网状等；按照桥架材料分，有普通钢、玻璃钢、铝合金、耐火型等。电缆桥架型号含义如下：

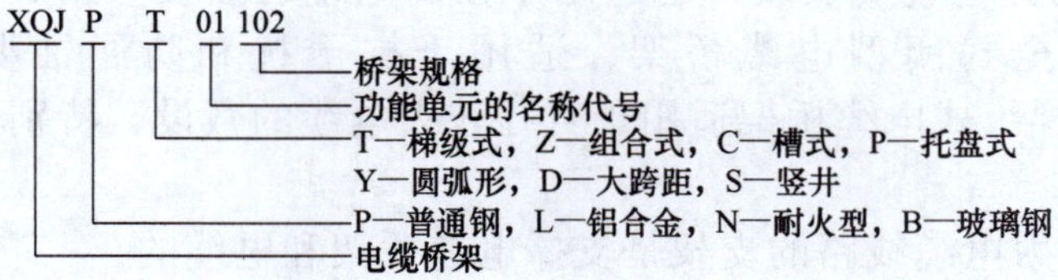

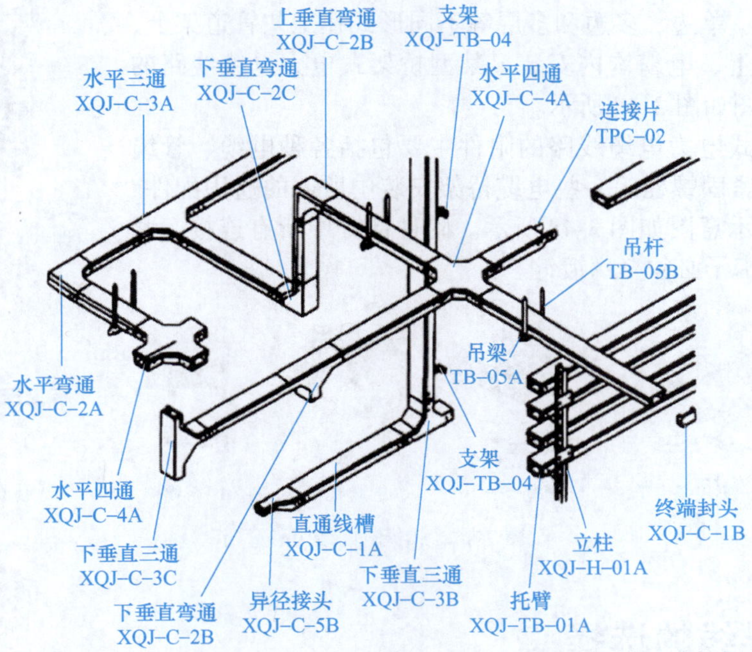

图 3-45 220V/380V 桥架式电力电缆线路结构示意图

室内桥架式电力电缆线路所用的部分电缆桥架结构示意图如图 3-46 所示。

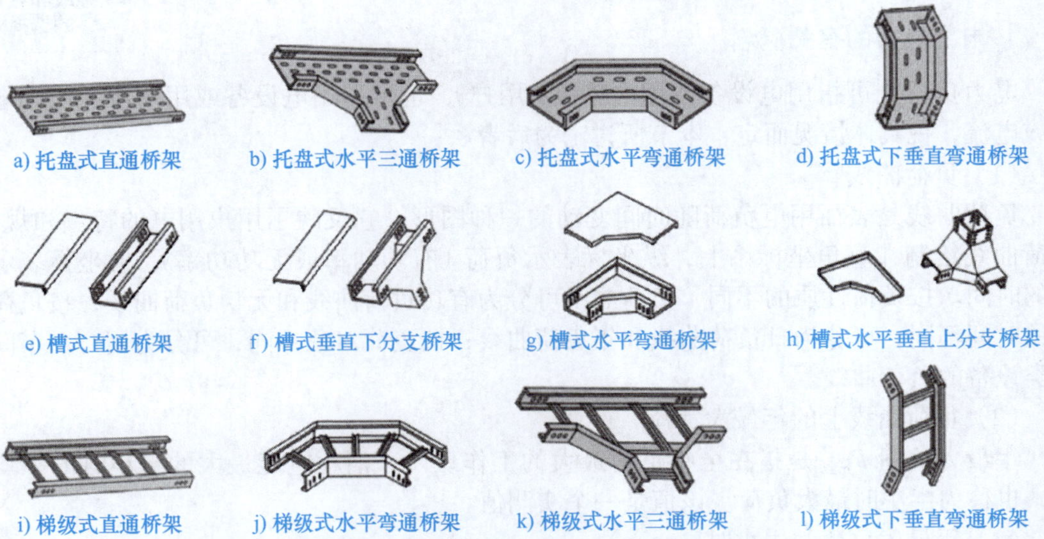

图 3-46 室内桥架式电力电缆线路所用的部分电缆桥架结构示意图

图 3-46a ～ d 所示托盘式电缆桥架是石油、化工、电力、轻工、电信等领域应用最广泛的一种电缆桥架。它具有质量小、载荷大、造型美观、结构简单、安装方便等优点，既适用于动力电缆的安装，也适用于控制电缆的敷设。图 3-46e ～ h 所示槽式电缆桥架是一种全封闭型电缆桥架，适用于抗干扰和防腐蚀要求较高的场所。图 3-46i ～ l 所示梯级式电缆桥架适用于直径较大电缆的敷设，特别适用于高低压电缆的敷设。

室内桥架式电力电缆线路的支架是支撑电缆桥架和电缆的主要部件，它由立柱、立柱底座、托臂等组成，以悬吊式、直立式、侧壁式、单边、多边和多层等不同形式在工艺管道架上、楼板下、墙壁上、电缆沟内安装。某型桥架式电力电缆线路的支架结构示意图如图 3-47 所示。

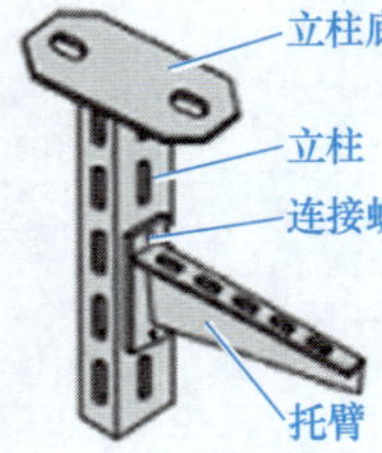

图 3-47　某型桥架式电力电缆线路的支架结构示意图

室内桥架式电力电缆线路的附件主要包括各种电缆、管缆卡子和连接、紧固螺栓等一些电缆桥架安装中所需的通用配件。部分附件结构示意图如图 3-48 所示。附件部分中所有连接、紧固螺栓、电缆卡子必须全部镀锌。

图 3-48　部分附件结构示意图

3.4　导线的选择

导线和导体的选择

一、负荷计算

1. 电力负荷的有关概念

电力负荷既可指用电设备或用电单位（用户），也可指用电设备或用户所耗用的电功率或电流，视具体情况而定，本节所讨论为后者。

（1）负荷曲线

负荷曲线是表征用电负荷随时间变动的一种图形，它反映了用户用电的特点和规律。负荷曲线绘制在直角坐标系上，纵坐标表示负荷（有功功率或无功功率），横坐标表示对应的时间。按负荷性质的不同，负荷曲线可分为有功负荷曲线和无功负荷曲线；按负荷变动的时间不同，可分为日负荷曲线和年负荷曲线；按负荷对象不同，可分为用户、车间和某类设备的负荷曲线。

（2）负荷曲线上的年最大负荷

年最大负荷 P_{max} 是指在全年负荷最大的工作班内，消耗电能最大的半小时的平均功率，也称为半小时最大负荷。该值是一个实测值。

（3）年最大负荷利用小时

年最大负荷利用小时 T_{max} 是指负荷以年最大负荷 P_{max} 持续运行一段时间后，消耗的电能恰好等于该电力负荷全年实际消耗的电能 W，这段时间就是年最大负荷利用小时 $T_{\max}$。

（4）平均负荷

平均负荷 P_{av} 是指电力负荷在一定时间内消耗功率的平均值，即

$$P_{av} = \frac{W_t}{t} \tag{3-1}$$

式中，W_t 为 t 时间内消耗的电能（kW·h）；t 为实际用电时间（h）。

（5）用电设备工作制

用电设备按其工作制的不同可分为长期连续工作制、短时工作制和反复短时工作制三类。长期连续工作制的设备长期连续工作，其特点是负荷比较稳定，连续工作发热足以使之达到热平衡状态，温度达到稳定温升，如通风机、泵类、空气压缩机、电动机—发电机组、电阻炉、照明灯、机床主轴电动机、机械化运输设备等。短时工作制的设备运行时间短且停歇时间长，在运行时间内，用电设备来不及发热到稳定温升就开始冷却，而其发热足以在停歇时间内冷却到周围介质的温度，如机床上的辅助电动机、控制闸门的电动机等。反复短时工作制的设备周期性地时而工作、时而停歇，工作周期一般不超过 10min。通常用暂载率（又称负荷持续率）来描述此类设备的工作特征。暂载率是指一个周期内工作时间与工作周期的百分比值，用 ε 表示，即

$$\varepsilon = \frac{t}{T} \times 100\% = \frac{t}{t+t_0} \times 100\% \tag{3-2}$$

式中，T 为工作周期；t 为工作周期内的工作时间；t_0 为工作周期内的停歇时间。常见的反复短时工作制的设备有电焊机和起重机电动机等。

（6）设备容量

每台用电设备的铭牌上都标有额定容量，但各用电设备的工作条件不同，并且同一设备所规定的额定容量在不同的暂载率下工作时其输出功率是不同的。因此，作为用电设备组的额定容量就不能简单地直接相加，而必须换算成同一工作制下的额定容量，然后才能相加；对同一工作制有不同暂载率的设备，其设备容量也要按规定的暂载率进行统一换算。经过换算至统一规定工作制下的额定容量称为设备容量，用 P_e 表示。长期工作制和短时工作制用电设备的设备容量 P_e 等于用电设备铭牌上的额定容量。反复短时工作制用电设备的设备容量 P_e 是将设备在不同暂载率下的铭牌额定容量换算到一个规定的暂载率下的容量。电焊机的容量换算要求统一换算到 ε=100%，则换算后的设备容量为

$$P_e = P_N\sqrt{\frac{\varepsilon_N}{\varepsilon_{100}}} = S_N\cos\varphi\sqrt{\varepsilon_N} \tag{3-3}$$

式中，P_N 为电焊机额定有功功率；S_N 为额定视在功率；ε_N 为额定暂载率；ε_{100} 表示值为 100% 的暂载率（计算中取 1）；$\cos\varphi$ 为额定功率因数。

起重机电动机的容量换算要求统一换算到 ε=25%，则换算后的设备容量为

$$P_e = P_N\sqrt{\frac{\varepsilon_N}{\varepsilon_{25}}} = 2P_N\sqrt{\varepsilon_N} \tag{3-4}$$

式中，P_N 为起重机电动机额定有功功率；ε_N 为额定暂载率；ε_{25} 表示值为 25% 的暂载率（计算中取 0.25）。

(7) 计算负荷

通过负荷的统计计算求出的用来按发热条件选择供配电系统各元件的设备最大负荷值，称为计算负荷，用 P_{30} 表示。计算负荷是一个估算值。负荷计算的目的在于正确地估测设备最大负荷值，力求使计算负荷 P_{30} 贴近年最大负荷 P_{max}，以便为设计供配电系统提供可靠的依据，并作为合理选择供配电系统所有组成元件的重要依据。

2. 按需要系数法确定计算负荷

计算负荷的确定方法很多，如需要系数法、二项式系数法、年产量法、年产值法、比功率法等。工程上使用最多的为需要系数法。

车间内的多台用电设备，按照性质和归属的不同，通常分组置于不同的线路或开关设备下，在选择这些线路或开关设备时，必须以组或分支线路或干线来确定计算负荷。

(1) 单组设备计算负荷的确定

在同一条分支线路上的设备称为单组设备。单组设备计算负荷的计算公式为

$$P_{30}=K_{d}P_{e} \tag{3-5}$$

式中，K_d 为用电设备组的需要系数，与用电设备组的工作性质、设备台数、设备效率及线路损耗等因素有关。附录表 A-6 列出了工厂各种用电设备组的需要系数及功率因数，供参考。

实际上，附录表 A-6 中的 K_d 是按车间范围内设备台数较多的情况来确定的，所以需要系数值一般都比较低，如冷加工机床组的需要系数值平均只有 0.2 左右，因此需要系数法较适合用于确定车间的计算负荷。如果采用需要系数法来计算分支干线上用电设备组的计算负荷，则附录表 A-6 中的需要系数值往往偏小，应适当取大。当只有 1、2 台设备时，取 K_d=1，即 P_{30}=P_e。由于需要系数值的类别和工作状态有很大关系，因此采用需要系数法计算时，首先要正确判别用电设备的类别和工作状态，否则将造成错误。如机修车间的金属切削机床电动机应属小批生产的冷加工机床电动机，因为金属切削就是冷加工，而机修车间不可能是大批生产。又如压塑机、拉丝机和锻锤机等应属热加工机床。至于起重机、行车、电动葫芦等，则属于吊车类。

在求出有功计算负荷后，其余的计算负荷计算公式如下。

无功计算负荷：

$$Q_{30}=P_{30}\tan\varphi \tag{3-6}$$

视在计算负荷：

$$S_{30}=\frac{P_{30}}{\cos\varphi} \tag{3-7}$$

计算电流：

$$I_{30}=\frac{S_{30}}{\sqrt{3}U_{N}} \tag{3-8}$$

在式 (3-6) ～式 (3-8) 中，有功功率的单位为千瓦（kW），无功功率的单位为千乏（kvar），视在功率的单位为千伏安（kV·A），电流的单位为安（A），电压的单位为千伏（kV），cosφ 为用电设备组的平均功率因数，tanφ 为用电设备组的平均阻抗角的正切值。

【例 3-1】已知某机修车间的金属切削机床组配有 380V 的三相电动机 22kW1 台、11kW2 台、7.5kW4 台、1.5kW8 台、0.75kW10 台。试求其计算负荷。

解：此机床组电动机的总容量为

$$P_e=(22\times1+11\times2+7.5\times4+1.5\times8+0.75\times10)\text{ kW}=93.5\text{kW}$$

查附录表 A-6 中“小批生产的金属冷加工机床”项，得 K_d=0.16 ～ 0.2（取 0.2），$\cos\varphi$=0.5，$\tan\varphi$=1.73。因此可得

有功计算负荷　$P_{30}=K_dP_e=0.2\times93.5\text{kW}=18.7\text{kW}$

无功计算负荷　$Q_{30}=P_{30}\tan\varphi=18.7\text{kW}\times1.73=32.35\text{kvar}$

视在计算负荷　$S_{30}=\dfrac{P_{30}}{\cos\varphi}=\dfrac{18.7}{0.5}\text{kW}=37.4\text{kV}\cdot\text{A}$

计算电流　$I_{30}=\dfrac{S_{30}}{\sqrt{3}U_N}=\dfrac{37.4\text{kV}\cdot\text{A}}{\sqrt{3}\times0.38\text{kV}}=56.9\text{A}$

需要系数法基本公式 $P_{30}=K_dP_e$ 中的设备容量 P_e 不含备用设备的容量。此外，设备容量 P_e 的计算要根据用电设备组的工作制进行相应的换算。

1）对于连续工作制和短时工作制的用电设备组，设备容量是所有设备的铭牌额定容量之和。

2）对于反复短时工作制的用电设备组，设备容量为各设备在不同负荷持续率（暂载率）ε 下的铭牌容量换算到统一的负荷持续率下的容量之和。

反复短时工作制的用电设备常用的有电焊机和起重机的电动机（电动葫芦、起重机、天车、行车等），其容量换算要求如下。

① 电焊机组的容量换算。要求统一换算到 ε=100%，可求得换算后的设备容量为

$$P_e=P_N\sqrt{\frac{\varepsilon_N}{\varepsilon_{100}}}=S_N\cos\varphi\sqrt{\frac{\varepsilon_N}{\varepsilon_{100}}}=S_N\cos\varphi\sqrt{\varepsilon_N}$$

式中，P_N、S_N 为电焊机的铭牌容量（P_N 为有功容量，S_N 为视在容量）；ε_N 为与 P_N、S_N 对应的负荷持续率（计算中用小数）；ε_{100} 为 ε=100% 的负荷持续率（计算中取 1）；$\cos\varphi$ 为铭牌规定的功率因数。

② 起重机的电动机组容量换算。要求统一换算到 ε=25%，可求得换算后的设备容量为

$$P_e=P_N\sqrt{\frac{\varepsilon_N}{\varepsilon_{25}}}=2P_N\sqrt{\varepsilon_N} \tag{3-9}$$

式中，P_N 为起重机的电动机铭牌容量；ε_N 为与 P_N 对应的负荷持续率（铭牌数据）；ε_{25} 为 ε=25% 的负荷持续率（计算中取 0.25）。

【例 3-2】某装配车间 380V 线路供电给 4 台起重机的电动机，其中两台 11kW（ε=60%），两台 3kW（ε=15%）。试求起重机的电动机总容量。

解：按规定，起重机的电动机容量要统一换算到 ε=25%，由式（3-9）可得，4 台起重机的电动机的总容量为

$$P_e=(2\times2\times11\sqrt{0.6}+2\times2\times3\sqrt{0.15})\text{ kW}=38.7\text{kW}$$

（2）多组用电设备的计算负荷

计算多组用电设备的干线上或车间变电所低压母线上的计算负荷时，应考虑各组用电设备的最大负荷不同时出现的因素。因此，在确定多组用电设备的计算负荷时，应结合具

体情况对其有功负荷和无功负荷分别计入一个同时系数（又称参差系数或综合系数）$K_{\sum p}$ 和 $K_{\sum q}$。

对车间干线可取 $K_{\sum p}$=0.85 ～ 0.95，$K_{\sum q}$=0.90 ～ 0.97。

对低压母线，由用电设备组计算负荷直接相加来计算时，可取 $K_{\sum p}$=0.85 ～ 0.90，$K_{\sum q}$=0.85 ～ 0.95；由车间干线计算负荷直接相加来计算时，可取 $K_{\sum p}$=0.90 ～ 0.95，$K_{\sum q}$=0.93 ～ 0.97。

总的有功计算负荷为

$$P_{30}=K_{\sum p}\sum P_{30i} \tag{3-10}$$

总的无功计算负荷为

$$Q_{30}=K_{\sum q}\sum Q_{30i} \tag{3-11}$$

式中，P_{30} 和 Q_{30} 分别为各组设备的有功和无功计算负荷之和。

总的视在计算负荷为

$$S_{30}=\sqrt{P_{30}^2+Q_{30}^2} \tag{3-12}$$

总的计算电流为

$$I_{30}=\frac{S_{30}}{\sqrt{3}U_{\mathrm{N}}} \tag{3-13}$$

【例 3-3】某机修车间 380V 线路上接有金属切削机床电动机 20 台共 50kW（其中较大容量电动机有 7.5kW1 台、4kW3 台、2.2kW7 台），通风机两台共 3kW，电阻炉 1 台 2kW。试求此线路上的计算负荷。

解：先求各组的计算负荷。

1）金属切削机床组。查附录表 A-6，取 K_d=0.2，$\cos\varphi$=0.5，$\tan\varphi$=1.73，则有

$$P_{30.1}=K_dP_e=0.2\times50\text{kW}=10\text{kW}$$

$$Q_{30.1}=P_{30.1}\tan\varphi=10\text{kW}\times1.73=17.3\text{kvar}$$

2）通风机组。查附录表 A-6，取 K_d=0.8，$\cos\varphi$=0.8，$\tan\varphi$=0.75，则有

$$P_{30.2}=K_dP_e=0.8\times3\text{kW}=2.4\text{kW}$$

$$Q_{30.2}=P_{30.2}\tan\varphi=2.4\text{kW}\times0.75=1.8\text{kvar}$$

3）电阻炉。查附录表 A-6，取 K_d=0.7，$\cos\varphi$=1，$\tan\varphi$=0，则有

$$P_{30.3}=K_dP_e=0.7\times2\text{kW}=1.4\text{kW}$$

$$Q_{30.3}=P_{30.3}\tan\varphi=0$$

因此总的计算负荷为（取 $K_{\sum p}$=0.95，$K_{\sum q}$=0.97）

$$P_{30}=K_{\sum p}\sum P_{30i}=0.95\times（10+2.4+1.4）\text{kW}=13.1\text{kW}$$

$$Q_{30}=K_{\sum q}\sum Q_{30i}=0.97\times（17.3+1.8+0）\text{kvar}=18.5\text{kvar}$$

$$S_{30}=\sqrt{P_{30}^2+Q_{30}^2}=\sqrt{13.1^2+18.5^2}\ \text{kV}\cdot\text{A}=22.7\text{kV}\cdot\text{A}$$

$$I_{30}=\frac{S_{30}}{\sqrt{3}U_{\mathrm{N}}}=\frac{22.7}{\sqrt{3}\times0.38}\text{A}=34.5\text{A}$$

从上面的基本公式和应用举例可以看出，用需要系数法求计算负荷，其特点是简单方便，计算结果较符合实际，而且长期使用已经积累了各种设备的需要系数，因此目前普遍采用这种方法。但是，把某一用电设备组的需要系数设定为与该组设备中设备台数及容量是否相差悬殊等都无关的固定数值，显然有些绝对化。实际上，只有当设备台数较多，总容量足够大，没有特大型用电设备时，附录表 A-6 中的需要系数值才较符合实际。所以，需要系数法普遍应用于求用户、全厂和大型车间变电所的计算负荷，而在确定设备台数较少而容量差别很大的分支干线的计算负荷时，则一般采用二项式法。

二、短路计算

1. 短路的类型

供电系统中短路分为三相短路、两相短路、单相短路和两相接地短路等，如图 3-49 所示。

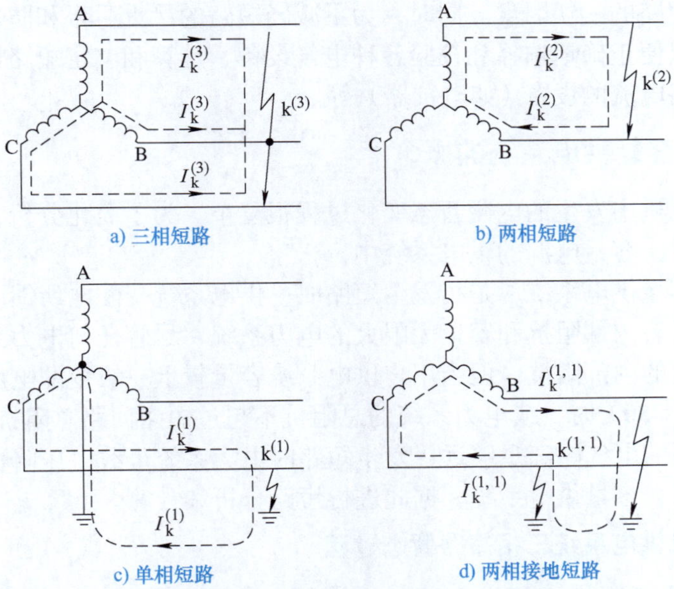

图 3-49　短路类型及其符号（虚线表示短路电流路径）

三相短路用 $k^{(3)}$ 表示，如图 3-49a 所示；两相短路用 $k^{(2)}$ 表示，如图 3-49b 所示；单相短路用 $k^{(1)}$ 表示，如图 3-49c 所示；两相接地短路用 $k^{(1,1)}$ 表示，如图 3-49d 所示。

2. 短路的原因

短路是系统中最常见的故障。所谓短路，实质是指不同电位的导电体之间，以及导电体对地之间的低阻性短接。造成短路的主要原因是电气设备载流部分的绝缘损坏。造成绝缘损坏的原因主要有设备长期满载运行、绝缘自然老化、绝缘受到机械损伤、雷击过电压击穿等。另外，供电设备管理人员不遵守操作规程发生的误操作，如带负荷拉、合隔离开关，检修后忘记拆除地线合闸等，或者鸟兽跨越在裸露导体上也是引起短路的原因。

3. 短路的危害

短路后，部分负荷阻抗被短接，供电系统的总阻抗减小，因此短路回路中的短路电流比正常负荷电流大很多。在大容量电力系统中，短路电流可达几万安甚至几十万安。如此大的短路电流将对供电系统造成极大的危害。

1）短路时要产生很大的电动力和很高的温度，从而使故障元件和短路回路中的其他元件受到机械损害和绝缘破坏，严重时会引发火灾事故。

2）短路使得线路电压急剧降低，严重影响电气设备的正常运行。如异步电动机的转矩与定子绕组外加电压的二次方成正比，当电压降低时，其转矩降低使转速减慢，造成带负荷运行电动机过热而烧坏。

3）短路时，保护装置动作将故障电路切除，从而造成停电。短路点越靠近电源，停电范围越大，造成的损失也越大。

4）严重的短路可能影响电力系统运行的稳定性，使并联运行的同步发电机失去同步，造成系统解列，甚至崩溃。

5）不对称短路产生的不平衡磁场将对附近的通信线路和弱电设备产生严重的电磁干扰，影响其正常运行。

综合来看，短路产生的后果极为严重，在供配电系统的设计和运行中应采取必要的措施消除可能引起短路的一切因素。同时，为了减轻短路的严重后果和防止故障扩大，需要计算短路电流，以便正确地选择和校验各种电气设备、计算和整定短路保护的继电保护装置和选择限制短路电流的设备（如电抗器）等。

三、无限大容量供电系统的概念

短路时，发电机中发生的电磁暂态变化过程很复杂。为了简化分析，通常假设三相短路发生在一个无限大容量电源的供电系统中。

所谓无限大容量供电系统，是指发生短路时，供电系统变配电所馈电母线上的端电压能保持恒定，即没有内部阻抗和容量无限大的电力系统。尽管任何电力系统都有一个确定的容量，并有一定的内部阻抗，但当用户供电系统容量较上一级变配电所的电力系统容量小很多（大约为 1：50）时，或电力系统的总阻抗不超过短路回路总阻抗的 5% ～ 10% 时，或短路点距离电源的电气距离足够远，发生短路时电力系统母线电压降低很小时，就可将电力系统看作无限大容量供电系统，据此进行短路分析和计算。

1. 无限大容量供电系统三相短路暂态过程

图 3-50 所示为无限大容量供电系统的三相短路图。其中，图 3-50a 为三相电路图，R_{WL}、X_{WL} 为线路（WL）的电阻和电抗，R_L、X_L 为负荷（L）的电阻和电抗。由于三相短路对称，因此三相短路电路可用图 3-50b 所示的等效单相电路进行分析研究。

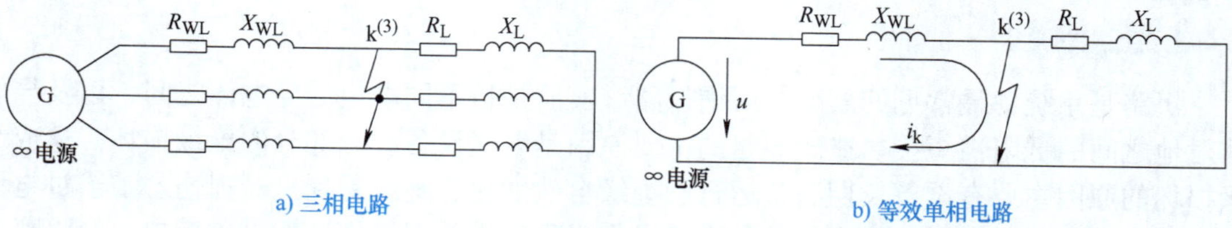

图 3-50 无限大容量供电系统的三相短路图

图 3-51 所示为无限大容量系统发生三相短路时的电压、电流波形。

由图 3-51 可以看出，短路电流在到达稳定值之前，要经过一个短路暂态（瞬变）过程。这一暂态过程是因为短路电路中含有电感，电路电流不会发生突变，存在非周期分量而形成的。在此期间，短路电流由两部分构成，即短路电流周期分量 i_p 和短路电流非周

期分量 i_{np}。其中，短路电流周期分量 i_p 是短路电流非周期分量 i_{np} 衰减完毕短路处于稳定状态时的电流，所以 i_p 又称为短路稳态电流。

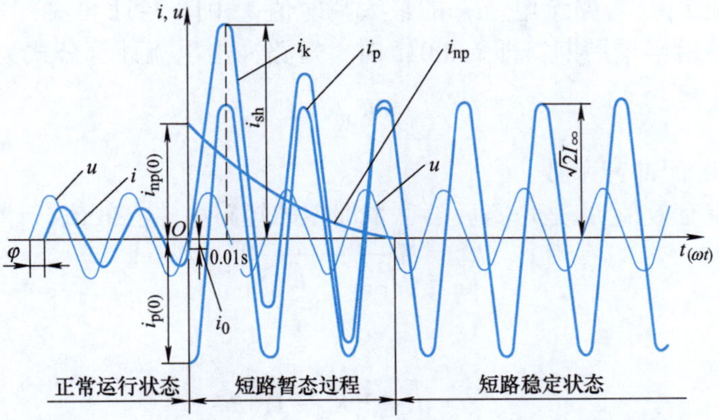

图 3-51 无限大容量系统发生三相短路时的电压、电流波形

2. 三相短路的有关物理量

（1）短路电流周期分量

假设在电压 u=0 时发生三相短路，如图 3-51 所示。短路电流周期分量波形为正弦波，数值为

$$i_p=I_{km}\sin(\omega t-\phi_k) \tag{3-14}$$

式中，I_{km} 为短路电流周期分量幅值；$\phi_k=\arctan(X_\Sigma/R_\Sigma)$ 为短路电路的阻抗角。

由于短路电路的 $X_\Sigma \gg R_\Sigma$，因此 $\phi_k\approx 90°$。故短路瞬间（t=0 时）的短路电流周期分量为

$$i_{p(0)}=-I_{km}=-\sqrt{2}I'' \tag{3-15}$$

式中，I'' 为短路次暂态电流有效值，即短路后第一个周期的短路电流周期分量 i_p 的有效值。

（2）短路电流非周期分量

短路电流非周期分量的初始绝对值为

$$i_{np(0)}=|i_0-I_{km}|\approx I_{km}=\sqrt{2}I'' \tag{3-16}$$

由于短路电路还存在电阻，因此短路电流非周期分量波形按指数函数衰减。电路中的电阻越大，电感越小，则衰减越快。其表达式为

$$i_{np}=i_{np(0)}e^{-\frac{t}{\tau}}=\sqrt{2}I''e^{-\frac{t}{\tau}} \tag{3-17}$$

式中，τ 为衰减时间常数，$\tau=L_\Sigma/R_\Sigma=X_\Sigma/314R_\Sigma$，它是使 i_{np} 由最大值按指数函数衰减到最大值的 1/e（0.3679）时所需的时间。

（3）短路全电流

短路电流周期分量 i_p 和短路电流非周期分量 i_{np} 之和即为短路全电流 i_k。由于短路电流含有非周期分量，则短路电流不再是正弦波。其有效值为

$$I_{k(t)}=\sqrt{I_{p(t)}^2+i_{np(t)}^2} \tag{3-18}$$

式中，$I_{p(t)}$ 为短路电流周期分量 i_p 的有效值。

（4）短路冲击电流

短路冲击电流 i_{sh} 是短路全电流 i_k 的最大瞬时值，由图 3-51 可见，短路全电流的最大瞬时值出现在短路后半个周期，即 t=0.01s 时。短路冲击电流计算公式为

$$i_{sh} \approx K_{sh}\sqrt{2}\,I'' \tag{3-19}$$

式中，K_{sh} 为短路电流冲击系数。

短路冲击电流有效值 I_{sh} 是短路后第一个周期的短路电流有效值，计算公式为

$$I_{sh} = \sqrt{I_{p(0.01)}^2 + i_{np(0.01)}^2} \tag{3-20}$$

或

$$I_{sh} = \sqrt{1+2(K_{sh}-1)^2}\; I'' \tag{3-21}$$

为计算方便，在高压电路发生三相短路时，一般取 K_{sh}=1.8，因此有

$$i_{sh}=2.55I'' \tag{3-22}$$

$$I_{sh}=1.51I'' \tag{3-23}$$

在 1000kV·A 及以下的电力变压器二次侧及低压电路中发生三相短路时，一般可取 K_{sh}=1.3，因此有

$$i_{sh}=1.84I'' \tag{3-24}$$

$$I_{sh}=1.09I'' \tag{3-25}$$

（5）短路稳态电流

短路稳态电流是短路电流非周期分量衰减完毕以后的短路全电流，其有效值用 I_∞ 表示。在无限大容量系统中，由于系统馈电母线电压维持不变，所以其短路电流周期分量有效值（习惯上用 I_k 表示）在短路的全过程中维持不变，即 $I''=I_\infty=I_k$。

（6）三相短路容量

三相短路容量是选择断路器时校验其断路能力的依据。所谓三相短路容量可由下式定义，即

$$S_k^{(3)} = \sqrt{3}U_{av}I_k^{(3)} \tag{3-26}$$

式中，$S_k^{(3)}$ 为三相短路容量（MV·A）；U_{av} 为短路点的线路平均额定电压；$I_k^{(3)}$ 为三相短路电流。综上所述，无限大容量系统发生三相短路时，短路电流计算很简单，求出短路电流周期分量有效值即可计算有关短路的所有物理量。

四、供电系统短路电流的计算

电力系统出现三相短路时，由于短路回路阻抗相等，故三相电流和电压仍是对称的，属于对称短路。而出现其他类型短路时，每相电路中的电流、电压及相位都不相等，这些短路属于不对称短路。一般情况下，特别是远离电源（发电机）的工厂供配电系统中，三相短路发生的概率最小（大约为 5%），但三相短路的短路电流最大，造成的危害也最为严重。

为了使电力系统中的电气设备在最严重的短路状态下也能可靠地工作（要短时工作，

以完成规定的短路保护任务），在用于选择和校验电气设备的短路计算中，以三相短路计算为主。实际上，三相短路的分析计算又是其他不对称短路（其中单相短路发生的概率最高，大约占短路故障的70%，其危害相对较轻）分析计算的基础。

（1）概述

短路电流的计算方法主要有欧姆法和标幺制法。采用欧姆法计算时，各种电气设备的电阻和电抗及其他电气参数用有名值（即有单位的值）表示，故欧姆法又称为有名值法。而如果各种电气设备的电阻和电抗及其他电气参数用相对值表示，则称为标幺制法。欧姆法是最基本的短路计算方法，适用于两个及两个以下电压等级的供电系统，而标幺制法适用于多个电压等级的供电系统。

短路电流的计算过程主要包括画计算电路图、元件编号、画等效电路、计算阻抗和总阻抗、计算短路电流和短路容量等步骤。

进行短路电流计算，首先要画计算电路图，并将短路计算所需考虑的各元件的额定参数都标示出来，将各元件依次编号，然后确定短路计算点。短路计算点的选择应使需要进行短路校验的电气元件有最大可能的短路电流流过。

接着按所选择的短路计算点画等效电路，并计算电路中各主要元件的阻抗。在等效电路中，只需将被计算的短路电流所流经的一些主要元件标示出来，并标明各元件的序号和阻抗值，一般是分子标序号，分母标阻抗值（阻抗用复数形式 $R+jX$ 表示），然后将等效电路化简。对于工厂供电系统，由于将电力系统看作无限大容量的电源，而且短路电路比较简单，因此一般只需采用阻抗串并联的方法即可将电路化简，求出其等效的总阻抗，最后计算短路电流和短路容量。

短路计算中的物理量单位一般为：电流单位为千安（kA），电压单位为千伏（kV），短路容量和断流容量单位为兆伏安（MV·A），设备容量单位为千瓦（kW）或千伏安（kV·A），阻抗单位为欧姆（Ω）等。

（2）采用欧姆法进行短路计算

欧姆法因其短路计算中的阻抗都采用有名单位“欧姆”而得名。

在无限大容量系统中发生三相短路时，其三相短路电流周期分量有效值计算公式为

$$I_k^{(3)}=\frac{U_c}{\sqrt{3}|Z_\Sigma|}=\frac{U_c}{\sqrt{3}\sqrt{R_\Sigma^2+X_\Sigma^2}} \tag{3-27}$$

式中，$|Z_\Sigma|$ 和 R_Σ、X_Σ 分别为短路电路的总阻抗 [模] 和总电阻、总电抗值；U_c 为短路点的短路计算电压，也称平均额定电压，即式（3-26）中的 U_{av}，由于线路首端短路时最为严重，因此按线路首端电压考虑，即选择短路计算电压比线路额定电压 U_N 高5%，按我国电压标准，U_c 有0.4kV、0.69kV、3.15kV、6.3kV、10.5kV、37kV等。

在高压电路的短路计算中，通常总电抗远比总电阻大，所以一般只计电抗，不计电阻。在计算低压侧短路时，只有当 $R_\Sigma>X_\Sigma/3$ 时才须计入电阻。

如果不计电阻，则三相短路电流周期分量有效值为

$$I_k^{(3)}=\frac{U_c}{\sqrt{3}|X_\Sigma|} \tag{3-28}$$

则三相短路容量又可表示为

$$S_k^{(3)}=\sqrt{3}U_{av}I_k^{(3)}=\sqrt{3}U_cI_k^{(3)} \tag{3-29}$$

下面论述供电系统中各主要元件，包括电力系统（电源）、电力变压器和电力线路的阻抗计算。至于供电系统中的母线、线圈型电流互感器一次绕组、低压断路器过电流脱扣线圈等阻抗及开关触头的接触电阻，相对来说很小，在一般短路计算中可略去不计。在略去上述阻抗后，计算所得的短路电流略比实际值偏大，但用略有偏大的短路电流来校验电气设备，可以使其运行的安全性更有保证。

1）电力系统的阻抗。电力系统的电阻相对于电抗来说很小，一般不予考虑。电力系统的电抗可由电力系统变电所馈电线出口断路器的断流容量 S_{oc} 来估算，S_{oc} 即可被认为是电力系统的极限短路容量 S_k。因此，电力系统的电抗为

$$X_s=U_c^2/S_{oc} \tag{3-30}$$

式中，U_c 为电力系统馈电线的短路计算电压，为了便于短路电路总阻抗的计算，免去阻抗换算，U_c 可直接采用短路点的短路计算电压；S_{oc} 为系统出口断路器的断流容量，可查有关手册或产品样本（参见附录表 A-5），如果只有断路器的开断电流 I_{oc}，则其断流容量为

$$S_{oc}=\sqrt{3}I_{oc}U_N \tag{3-31}$$

式中，U_N 为断路器的额定电压。

2）电力变压器的阻抗。

① 变压器的电阻 R_T。R_T 可由变压器的负载损耗 ΔP_k 近似计算，即

$$\Delta P_k \approx 3I_N^2R_T \approx 3(S_N/\sqrt{3}U_c)^2R_T=(S_N/U_c)^2R_T \tag{3-32}$$

$$R_T \approx \Delta P_k\left(\frac{U_c}{S_N}\right)^2 \tag{3-33}$$

式中，U_c 为短路点的短路计算电压；S_N 为变压器的额定容量；ΔP_k 为变压器的负载损耗（也称短路损耗），可查有关手册或产品样本（参见附录表 A-4）。

② 变压器的电抗 X_T。X_T 可由变压器的阻抗电压百分值 $U_k\%$ 近似计算，即

$$U_k\% \approx (\sqrt{3}I_NX_T/U_c)\times 100 \approx (S_NX_T/U_c^2)\times 100 \tag{3-34}$$

$$X_T \approx \frac{U_k\%U_c^2}{100S_N}$$

式中，$U_k\%$ 为变压器的阻抗电压（也称短路电压）百分值，可查有关手册或产品样本（参见附表 A-4）。

3）电力线路的阻抗。

① 线路的电阻 R_{WL}。R_{WL} 可由导线电缆的单位长度电阻 R_0 值求得，即

$$R_{WL}=R_0l \tag{3-35}$$

式中，R_0 为导线电缆的单位长度电阻，可查有关手册或产品样本；l 为线路长度。

② 线路的电抗 X_{WL}。X_{WL} 可由导线电缆的单位长度电抗 X_0 值求得，即

$$X_{WL}=X_0l \tag{3-36}$$

式中，X_0 为导线电缆的单位长度电抗，可查有关手册或产品样本；l 为线路长度。

如果线路的结构数据不详时，X_0 可按表 3-9 取其电抗平均值。

表 3-9　电力线路每相的单位长度电抗平均值

（单位：Ω・km⁻¹）

线路结构	线路电压		
	35kV 及以上	6 ～ 10kV	220V/380V
架空线路	0.40	0.35	0.32
电缆线路	0.12	0.08	0.066

求出短路电路中各元件的阻抗后，再简化短路电路，求出其总阻抗，然后按式（3-27）或式（3-28）计算短路电流周期分量有效值 $I_k^{(3)}$。

必须注意：在计算短路电路的阻抗时，假如电路内含有电力变压器，则电路内各元件的阻抗都应统一换算到短路点的短路计算电压，阻抗等效换算的条件是元件的功率损耗不变。由 $\Delta P=U^2/R$ 和 $\Delta Q=U^2/X$ 可知，元件的阻抗值与电压二次方成正比，因此阻抗等效换算的公式为

$$R'=R\left(U_c'/U_c\right)^2 \tag{3-37}$$

$$X'=X\left(U_c'/U_c\right)^2 \tag{3-38}$$

式中，R、X 和 U_c 为换算前元件的电阻、电抗和元件所在处的短路计算电压；R'、X' 和 U_c' 为换算后元件的电阻、电抗和短路点的短路计算电压。

实际上，只有电力线路的阻抗有时须按上述公式换算，如计算低压侧短路电流时，高压侧的线路阻抗就需要换算到低压侧。而电力系统和电力变压器的阻抗，由于其计算公式中均含有 U_c^2（其中 U_c 直接代以短路点的短路计算电压），因此无须阻抗换算。

【例 3-4】工厂供电系统如图 3-52 所示。已知电力系统出口断路器为 SN10-10 Ⅰ型。试求该工厂变电所高压 10kV 母线上 k-1 点短路和低压 380V 母线上 k-2 点短路时的三相短路电流和短路容量。

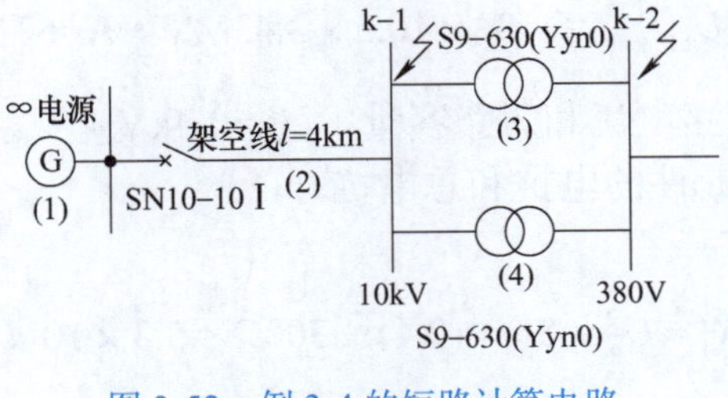

图 3-52　例 3-4 的短路计算电路

解：

1）求 k-1 点的三相短路电流和短路容量（U_{c1}=10.5kV）。

① 计算短路电路中各元件的电抗和总电抗。

电力系统的电抗：由附录表 A-5 可查得 SN10-10 Ⅰ型断路器的额定断流容量为 S_{oc}=300MV・A，因此有

$$X_1=U_{c1}^2/S_{oc}=10.5^2/300\Omega=0.37\Omega$$

架空线路的电抗：由表 3-9 查得 X_0=0.35Ω·km^{-1}，因此有

$$X_2=X_0l=0.35\times4\Omega=1.4\Omega$$

绘制 k-1 点短路的等效电路，如图 3-53a 所示，图中标明了各元件的序号（分子）和电抗值（分母），并计算其总电抗为

$$X_{\Sigma(k-1)}=X_1+X_2=(0.37+1.4)\Omega=1.77\Omega$$

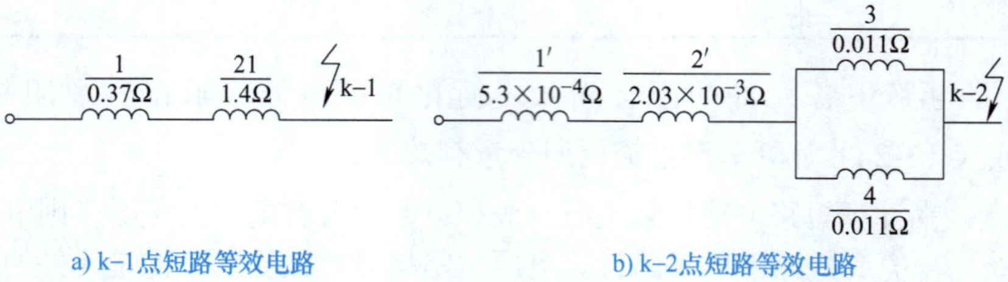

图 3-53 例 3-4 的短路等效电路（欧姆法）

② 计算三相短路电流和短路容量。

三相短路电流周期分量有效值为

$$I_{k-1}^{(3)}=\frac{U_{c1}}{\sqrt{3}X_{\Sigma(k-1)}}=\frac{10.5}{\sqrt{3}\times1.77}\text{kA}=3.43\text{kA}$$

三相短路次暂态电流和稳态电流为

$$I''^{(3)}=I_{\infty}^{(3)}=I_{k-1}^{(3)}=3.43\text{kA}$$

三相短路冲击电流及其有效值为

$$i_{sh}^{(3)}=2.55I''^{(3)}=2.55\times3.43\text{kA}=8.75\text{kA}$$

$$I_{sh}^{(3)}=1.51I''^{(3)}=1.51\times3.43\text{kA}=5.18\text{kA}$$

三相短路容量为

$$S_{k-1}^{(3)}=\sqrt{3}U_{c1}I_{k-1}^{(3)}=\sqrt{3}\times10.5\times3.43\text{MV}\cdot\text{A}=62.3\text{MV}\cdot\text{A}$$

2）求 k-2 点的三相短路电流和短路容量（U_{c2}=0.4kV）。

① 计算短路电路中各元件的电抗和总电抗。

电力系统的电抗为

$$X_1'=U_{c2}^2/S_{oc}=(0.4)^2/300\Omega=5.3\times10^{-4}\Omega$$

架空线路的电抗为

$$X_2'=X_2(U_{c2}/U_{c1})^2=1.4\times(0.4/10.5)^2\Omega=2.03\times10^{-3}\Omega$$

电力变压器的电抗：由附录表 A-4 查得 $U_k\%$=4.5，因此有

$$X_3=X_4\approx\frac{U_k\%U_{c2}^2}{100S_N}=\frac{4.5\times(0.4)^2}{100\times630}\text{k}\Omega=0.011\Omega$$

绘制 k-2 点短路的等效电路如图 3-53b 所示，并计算其总电抗为

$$X_{\Sigma(k-2)} = X_1' + X_2' + X_3 // X_4 = X_1' + X_2' + \frac{X_3 X_4}{X_3 + X_4}$$

$$= \left(5.3\times10^{-4} + 2.03\times10^{-3} + \frac{0.011}{2}\right)\Omega = 8.06\times10^{-3}\Omega$$

② 计算三相短路电流和短路容量。

三相短路电流周期分量有效值为

$$I_{k-2}^{(3)} = \frac{U_{c2}}{\sqrt{3}X_{\Sigma(k-2)}} = \frac{0.4}{\sqrt{3}\times8.06\times10^{-3}}\text{kA} = 28.7\text{kA}$$

三相短路次暂态电流和稳态电流为

$$I''^{(3)} = I_{\infty}^{(3)} = I_{k-2}^{(3)} = 28.7\text{kA}$$

三相短路冲击电流及其有效值为

$$i_{sh}^{(3)} = 1.84I''^{(3)} = 1.84\times28.7\text{kA} = 52.8\text{kA}$$

$$I_{sh}^{(3)} = 1.09I''^{(3)} = 1.09\times28.7\text{kA} = 31.3\text{kA}$$

三相短路容量为

$$S_{k-2}^{(3)} = \sqrt{3}U_{c2}I_{k-2}^{(3)} = \sqrt{3}\times0.4\times28.7\text{MV·A} = 19.9\text{MV·A}$$

（3）采用标幺制法进行短路计算

标幺制法就是在分析计算过程中，将电压、电流、阻抗等物理量采用标幺值来表示的方法。

1）标幺值。任一物理量的标幺值 A_d^*，是它的实际值 A 与所选定的基准值 A_d 的比值，即

$$A_d^* = A / A_d \tag{3-39}$$

标幺值是一个相对值，没有单位。值得注意的是，在说明一个物理量的标幺值时，必须说明其基准值，否则标幺值是没有意义的。原则上讲，电压、电流、阻抗、功率这 4 个物理量的基准值可以任意选取，但由于这些物理量彼此之间存在一定的约束关系，所以可独立选取的基准值实际只有两个，另外两个物理量的基准值通过推导得出。基准值一般选定基准容量 S_d 和基准电压 U_d。

① 基准容量。工程设计中通常取 S_d=100MV·A。

② 基准电压。通常取元件所在处的短路计算电压为基准电压，即 $U_d=U_c=1.05U_N$。

选定基准容量 S_d 和基准电压 U_d 后，基准电流 I_d、基准电抗 X_d 的计算公式为

$$I_d = S_d / \sqrt{3}U_d \tag{3-40}$$

$$X_d = U_d / \sqrt{3}I_d = U_d^2 / S_d \tag{3-41}$$

2）电抗标幺值的计算。电力系统的电抗标幺值根据系统提供的短路容量 S_k 进行计算。如果电力系统短路容量 S_k 未知，则可由电力系统变电所高压馈电线路出口断路器的断路容量 S_{oc} 代替，断路容量 S_{oc} 可由附录表 A-5 查得。因此有

$$X_s^* = X_s / X_d = (U_c^2 / S_{oc}) / (U_c^2 / S_d) = S_d / S_{oc} \tag{3-42}$$

电力变压器的电抗标幺值为

$$X_T^* = \frac{X_T}{X_d} = \frac{U_k\% U_N^2 / S_N}{100 U_d^2 / S_d} = \frac{U_k\% S_d}{100 S_N} \tag{3-43}$$

电力线路的电抗标幺值为

$$X_{WL}^* = \frac{X_{WL}}{X_d} = X_0 l \frac{S_d}{U_d^2} = X_0 l \frac{S_d}{U_c^2} \tag{3-44}$$

求出短路电路中各主要元件的电抗标幺值以后，即可利用其等效电路进行电路化简，计算其总电抗标幺值 X_Σ^*。由于各元件电抗均采用标幺值（即相对值），与短路计算点的电压无关，因此电抗标幺值无须进行电压换算，这是标幺制法优于欧姆法的地方。

无限大容量系统三相短路电流周期分量有效值的标幺值为

$$I_k^{(3)*} = \frac{I_k^{(3)}}{I_d} = \frac{U_c / \sqrt{3} X_\Sigma}{S_d / \sqrt{3} U_c} = \frac{U_c^2}{S_d X_\Sigma} = \frac{1}{X_\Sigma^*} \tag{3-45}$$

则无限大容量系统三相短路电流周期分量有效值为

$$I_k^{(3)} = I_k^{(3)*} I_d = \frac{I_d}{X_\Sigma^*} \tag{3-46}$$

求出 $I_k^{(3)}$ 以后，即可利用欧姆法的公式求出 $I_k''^{(3)}$、$I_\infty^{(3)}$、$i_{sh}^{(3)}$、$I_{sh}^{(3)}$ 等。

三相短路容量的计算公式为

$$S_k^{(3)} = \sqrt{3} I_k^{(3)} U_c = \frac{\sqrt{3} I_d U_c}{X_\Sigma^*} = \frac{S_d}{X_\Sigma^*} \tag{3-47}$$

【例 3-5】试用标幺制法计算例 3-4 工厂供电系统中 k–1 点和 k–2 点的三相短路电流和短路容量。

解：

1）确定基准值。

取 S_d=100MV·A，U_{c1}=10.5kV，U_{c2}=0.4kV，因此有

$$I_{d1}=S_d/\sqrt{3}\ U_{c1}=100/(\sqrt{3}\times 10.5)\ \text{kA}=5.50\text{kA}$$

$$I_{d2}=S_d/\sqrt{3}\ U_{c2}=100/(\sqrt{3}\times 0.4)\ \text{kA}=144\text{kA}$$

2）计算短路电路中各主要元件的电抗标幺值。

电力系统的电抗标幺值：由附录表 A-5 查得 S_{oc}=300MV·A，因此有

$$X_1^* = S_d / S_{oc} = 100/300=0.33$$

电力线路的电抗标幺值：由表 3-9 查得 X_0=0.35Ω·km^{-1}，因此有

$$X_2^* = X_0 l \frac{S_d}{U_{c1}^2} = 0.35 \times 4 \times \frac{100}{(10.5)^2} = 1.27$$

电力变压器的电抗标幺值为

$$X_3^* = X_4^* = \frac{U_k\%S_d}{100S_N} = \frac{4.5\times100\times10^3}{100\times630} = 7.1$$

画出短路等效电路，如图 3-54 所示，在图上标出各元件的序号和电抗标幺值，并标明短路计算点。

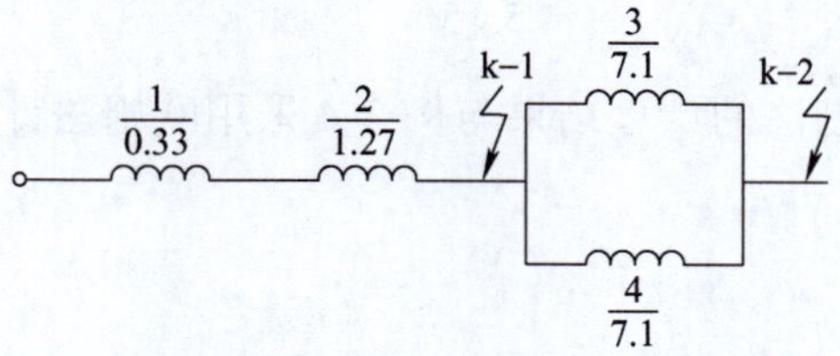

图 3-54　例 3-5 的短路等效电路图（标幺制法）

3）计算 k-1 点的短路电路总电抗标幺值及三相短路电流和短路容量。

总电抗标幺值为

$$X_{\Sigma(k-1)}^* = X_1^* + X_2^* = 0.33 + 1.27 = 1.6$$

三相短路电流周期分量有效值为

$$I_{k-1}^{(3)} = \frac{I_{d1}}{X_{\Sigma(k-1)}^*} = \frac{5.50}{1.6}\text{kA} = 3.44\text{kA}$$

其他三相短路电流为

$$I''^{(3)} = I_\infty^{(3)} = I_{k-1}^{(3)} = 3.44\text{kA}$$

$$i_{sh}^{(3)} = 2.55I''^{(3)} = 2.55\times3.44\text{kA} = 8.77\text{kA}$$

$$I_{sh}^{(3)} = 1.51I''^{(3)} = 1.51\times3.44\text{kA} = 5.19\text{kA}$$

三相短路容量为

$$S_{k-1}^{(3)} = \frac{S_d}{X_{\Sigma(k-1)}^*} = \frac{100}{1.6}\text{MV}\cdot\text{A} = 62.5\text{MV}\cdot\text{A}$$

4）计算 k-2 点的短路电路总电抗标幺值及三相短路电流和短路容量。

总电抗标幺值为

$$X_{\Sigma(k-2)}^* = X_1^* + X_2^* + X_3^* // X_4^* = 0.33 + 1.27 + \frac{7.1}{2} = 5.15$$

三相短路电流周期分量有效值为

$$I_{k-2}^{(3)} = \frac{I_{d2}}{X_{\Sigma(k-2)}^*} = \frac{144}{5.15}\text{kA} = 28.0\text{kA}$$

其他三相短路电流为

$$I''^{(3)} = I_\infty^{(3)} = I_{k-2}^{(3)} = 28.0\text{kA}$$

$$i_{sh}^{(3)} = 1.84 I''^{(3)} = 1.84 \times 28.0\text{kA} = 51.5\text{kA}$$

$$I_{sh}^{(3)} = 1.09 I''^{(3)} = 1.09 \times 28.0\text{kA} = 30.5\text{kA}$$

三相短路容量为

$$S_{k-2}^{(3)} = \frac{S_d}{X_{\Sigma(k-2)}^*} = \frac{100}{5.15}\text{MV}\cdot\text{A} = 19.4\text{MV}\cdot\text{A}$$

由此可见，采用标幺制法的计算结果与例 3-4 采用欧姆法计算的结果基本相同。

五、母线动稳定度校验

动稳定度的校验条件为

$$\sigma_{al} \geqslant \sigma_c \tag{3-48}$$

式中，σ_{al} 为母线材料的最大允许应力（Pa），硬铜母线为 140MPa，硬铝母线为 70MPa；σ_c 为母线通过 $i_{sh}^{(3)}$ 时所受到的最大计算应力。其计算公式为

$$\sigma_c = M/W \tag{3-49}$$

式中，M 为母线通过 $i_{sh}^{(3)}$ 时所受到的弯曲力矩，当母线的档数为 1 ～ 2 时，$M=F^{(3)}L/8$，当档数大于 2 时，$M=F^{(3)}L/10$，其中，L 为母线的档距；W 为母线的截面系数，当母线水平放置时，$W=b^2h/6$，其中，b 为母线截面的水平宽度，h 为母线截面的垂直高度。$F^{(3)}$ 为三相短路冲击电流 i_{sh} 在中间相上产生的最大电动力，其计算公式为

$$F^{(3)} = \sqrt{3}(i_{sh}^{(3)})^2 \frac{l}{a} \times 10^{-7} \tag{3-50}$$

式中，a 为两导体的轴线间距离（m）；l 为导体两相邻支持点间的距离，即档距（m）。图 3-55 所示为母线水平放置示意图。

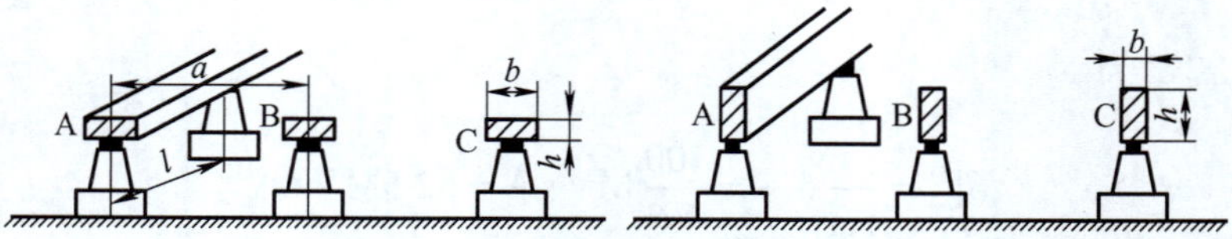

图 3-55 母线水平放置示意图

六、母线及电缆热稳定度校验

热稳定度的校验条件为

$$A \geqslant A_{min} = \frac{I_\infty^{(3)}}{C}\sqrt{t_{op} + t_{oc} + 0.05} \tag{3-51}$$

式中，A 为导体的截面积；A_{min} 为导体的最小热稳定截面积；C 为导体的短路热稳定系数，可在附录表 A-7 中查得；$I_\infty^{(3)}$ 为三相稳态短路电流（A）；t_{op} 为保护装置实际最长的动作时间（s）；t_{oc} 为断路器的断路时间（s），对于一般高压油断路器，可取 t_{oc} =0.2s，对于高速断路器（如真空断路器），可取 t_{oc} =0.1 ～ 0.15s。

3.5 导体和电缆的选择

一、导体选择条件

1. 额定电压条件

导体的额定电压应与其安装地点的电路电压相适应。如 BLX–500 型导线只能用于 500V 以下的电路中；VLV–1000 型电力电缆只能用于 1000V 以下的电路中。

2. 发热条件

导体在通过正常最大负荷电流（I_{30}）时产生的发热温度不应超过其正常运行时的最高允许温度，也就是导体的允许载流量 I_{al} 不小于相线通过的计算电流 I_{30}，其表达式为

$$I_{al} \geqslant I_{30} \tag{3-52}$$

其中，I_{al} 可查阅有关手册、产品样本或附录表 A-11 ～表 A-13，计算电流 I_{30} 由负荷计算获得。

3. 电压损耗条件

导体在通过正常最大负荷电流（I_{30}）时产生的电压损耗 $\Delta U\%$ 不应超过其正常运行时允许的电压损耗 $\Delta U_{al}\%$，其表达式为

$$\Delta U_{al}\% \geqslant \Delta U\% \tag{3-53}$$

式中，$\Delta U_{al}\%$ 为线路首尾端之间允许的电压损失。对于低压线路，从电源变压器至负荷端一般取 10%。导体在通过正常最大负荷电流（I_{30}）时产生的电压损耗 $\Delta U\%$ 计算公式为

$$\Delta U\% = \frac{\sum(P_{30}R + Q_{30}X)}{10U_N^2}\% \tag{3-54}$$

式中，P_{30}、Q_{30} 分别为线路上各负荷点的有功计算负荷（kW）和无功计算负荷（kvar）；R、X 分别为线路上各负荷点至线路首端的每相电阻和电抗（Ω），其中，$R=R_0l$，$X=X_0l$，R_0、X_0 分别为线路每千米电阻和电抗值（$\Omega \cdot km^{-1}$），其值可查阅有关手册、产品样本或附录表 A-8 ～表 A-10，l 为线路长度（km）；U_N 为线路额定电压（kV）。对于导线之间距离很近的车间低压线路，可视作无感线路，其电压损耗计算公式为

$$\Delta U\% = \frac{\sum(P_{30}L)}{CA}\% \tag{3-55}$$

式中，P_{30} 为各负荷的计算功率（kW）；L 为各负荷点至线路首端的长度（m）；A 为导线截面积；C 为电压损失计算常数（$kW \cdot mm \cdot m^{-2}$），见表 3-10。

表 3-10　电压损失计算常数 C

线路额定电压 /V	线路类别	电压损失计算常数 C/kW · mm · m^{-2}	
		铝线	铜线
220/380	三相四线	46.2	76.5
	两相三线	20.5	34.0

（续）

线路额定电压 /V	线路类别	电压损失计算常数 C/kW · mm · m^{-2}	
		铝线	铜线
220	单相及直流	7.74	12.8
110		1.94	3.21

4. 机械强度条件

导体的截面积 A 不得小于其机械强度允许的截面积 $A_{\min}$，其表达式为

$$A \geqslant A_{\min} \tag{3-56}$$

导体的机械强度允许的截面积 $A_{\min}$ 可查阅有关手册或附录表 A-14 和表 A-15。

5. 经济电流密度条件

线路年费用支出最小的电流密度称为经济电流密度。按照经济电流密度选择的导体截面积为经济截面积，其表达式为

$$A_{ec}=I_{30}/j_{ec} \tag{3-57}$$

式中，A_{ec} 为导体的经济截面积（mm^2）；I_{30} 为计算电流，由负荷计算获得；j_{ec} 为经济电流密度（A · mm^{-2}），可查阅有关手册。

6. 动稳定度条件

见 3.4 节母线动稳定度校验相关内容。

7. 热稳定度条件

见 3.4 节母线及电缆热稳定度校验相关内容。

二、导体选择举例

【例 3-6】由车间变电所为金工车间专门架设一条 220V/380V 的室外架空线路。金工车间的 380V 低压动力干线上有三条分支线路，其中 1 条分支线路接有冷加工机床 20 台，电动机容量共 200kW，另一条分支线路接有 3 台桥式起重机，其中 23.2kW 1 台，29.5kW 2 台，ε=25%，第 3 条分支线路接有电阻炉 1 台，功率为 4kW。

本配置动力和照明分两层架设。动力线采用 LGJ 线，照明线采用 LJ 线。从车间变电所到金工车间室外架空线路全长 100m。金工车间室内干线采用 BLV 线穿钢管沿墙壁明敷链式接线，如图 3-56 所示，1# ～ 3# 配电箱未确定对应负荷。室外最高平均气温为 35°C，室内最高平均气温为 30°C。试选择 220V/380V 室外架空线路和金工车间室内干线。

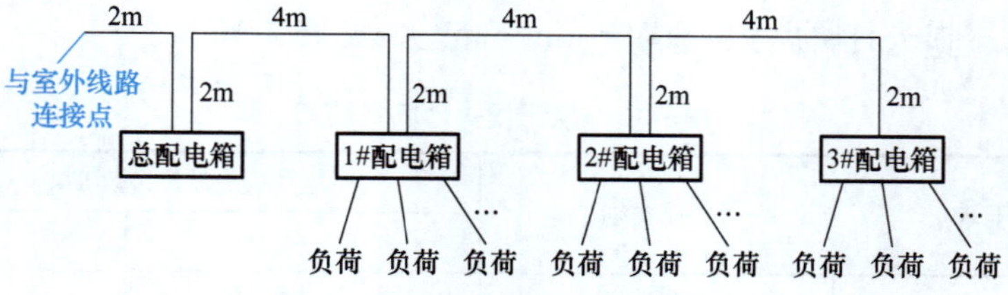

图 3-56 金工车间室内线路结构示意图

电力线路每相单位长度电抗平均值见表 3-11。

表 3-11　电力线路每相单位长度电抗平均值

线路结构	单位长度电抗平均值 /$\Omega \cdot km^{-1}$		
	0.38kV	6 ～ 10kV	35kV 及以上
架空线路	0.32	0.35	0.40
电缆线路	0.066	0.08	0.12

解：

1）室外 220V/380V 架空动力线路导线截面积的选择。

① 按发热条件选择导线截面积。通过计算可得 I_{30} 为 185.17A。查附录表 A-11，35°C 时，$50mm^2$ 的 LGJ 持续允许载流量 I_{al} 为 193A，满足发热条件 $I_{al} \geqslant I_{30}$，故室外 220V/380V 架空动力线路采用 LGJ–50 型铝绞线。

② 计算该段导线的电压损耗。查附录表 A-9 可知，$50mm^2$ 的 LGJ 型铝绞线 $R_0=0.68\Omega \cdot km^{-1}$；由表 3-11 可知，$X_0=0.32\Omega \cdot km^{-1}$，假设车间负荷：$P_{30}=62.25kW$，$Q_{30}=104.6kvar$。根据式（3-53），故

$$\Delta U_1\%=[(62.25\times0.68\times0.1+104.6\times0.32\times0.1)/(10\times0.38^2)]\%=5.25\%$$

③ 校验机械强度条件。查附录表 A-14 可知，厂区 220V/380V 架空线路 $A_{min}=16mm^2$，而 $A=50mm^2$，满足机械强度条件 $A \geqslant A_{min}$。

2）车间室内干线导线截面积的选择。

① 按发热条件选择截面。通过计算可得 I_{30} 为 185.17A。查附录表 A-12，30℃时，$150mm^2$ 的 BLV 线穿 70mm 焊接钢管时的持续允许载流量 I_{al} 为 210A，满足发热条件 $I_{al} \geqslant I_{30}$，故车间室内干线采用 BLV–500–（3×150）SC70 型导线。

② 计算车间动力干线的电压损耗。由式（3-54）和表 3-10，电压损失计算常数（按三相四线）$C=46.2kW \cdot mm \cdot m^{-2}$；$A=150mm^2$；$\sum(P_{30}L)$ 按最大值计算，即按从左到右分支线路安排小、中、大负荷。由式（3-5）和附录表 A-6 可知，计算负荷 $P_{30}=K_dP_e$。

金属冷加工机床线路上的计算负荷 $K_d=0.18 \sim 0.25$，K_d 取 0.25，$P_{30(1)}=0.25\times200kW=50kW$；桥式起重机分支线路上的计算负荷 $K_d=0.1 \sim 0.15$，K_d 取 0.15，$P_{30(2)}=0.15\times(23.2+29.5\times2)kW=12.33kW$；电阻炉分支线路上的计算负荷 $K_d=0.75 \sim 0.8$，K_d 取 0.8，$P_{30(2)}=0.8\times4kW=3.2kW$。故有

$$\Delta U_2\%=[(3.2\times12+12.33\times20+50\times28)/(46.2\times150)]\%=0.24\%$$

所以，从车间变电所至车间内最后一个配电箱之间的电压损耗为

$$\Delta U_1\%+\Delta U_2\%=5.25\%+0.24\%=5.49\%$$

考虑到配电箱至设备之间的可能距离也不过数米，电压损耗不会超过干线电压损耗，因此，全线电压损耗不会超过 10%，各线段满足电压损耗要求。

③ 校验机械强度条件。查附录表 A-15 可知，BLV 线穿钢管 $A_{min}=2.5mm^2$，而 $A=150mm^2$，满足机械强度条件 $A \geqslant A_{min}$。

注意： *以上车间干线也可分段选取，这样可节约有色金属，但较烦琐。*

【例 3-7】有一 6kV 配电所通过一条长 4km 的电缆线路供电给一个装有 1 台 S9–1600 型变压器的变电所。配电所出口断路器的断流容量为 300MV·A，如图 3-57 所示。

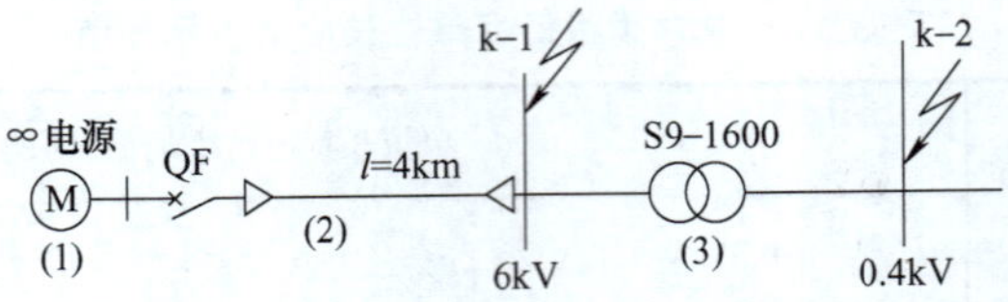

图 3-57　例 3-7 k-1 点短路计算电路

已知保护装置实际最长的动作时间为 0.5s；采用高速真空断路器，断路时间为 0.1s。按电缆首端 k 点三相短路电流校验电缆的热稳定度。线路计算负荷 P_{30} 为 1360kW；Q_{30} 为 823kvar；I_{30} 为 226A。

解：

1）计算电缆首端 k 点三相短路电流可知，$X_{\Sigma k}$=0.13Ω，U_{c1}=6.3kV，故

$$I_k^{(3)}=\frac{U_{c1}}{\sqrt{3}\times X_{\Sigma k}}=\frac{6.3}{\sqrt{3}\times 0.13}\text{kA}\approx 28\text{kA}$$

2）电缆选择。

① 选择电缆型号。根据题意，可选三芯 YJV22 型铜芯或 YJLV22 型铝芯（6kV/10kV）交联聚乙烯绝缘电力电缆，采用直埋方式。由于该电缆长 4km，为了节省资金，可优先选用 YJLV22 型铝芯电缆。

② 按照发热条件选择。由已知条件可知，I_{30} 为 226A。查附录表 A-13，15℃地中直埋铝芯（6kV/10kV）交联聚乙烯绝缘电力电缆，3×95mm^2 的允许持续载流量 I_{al}=266A，满足发热条件 $I_{al}\geq I_{30}$，采用 YJLV22-10000-3×95 型电力电缆。

③ 校验电压损耗条件。查附录表 A-10 可知，95mm^2 的电缆 R_0=0.37Ω·km^{-1}，由表 3-11 可知，X_0=0.08Ω·km^{-1}。由已知条件可知，P_{30} 为 1360kW，Q_{30} 为 823kvar。根据式（3-53），故

$$\Delta U\%=[(1360\times 0.37\times 4+823\times 0.08\times 4)/(10\times 6^2)]\%=6.3\%$$

电压损耗满足要求。

④ 校验热稳定度条件。查附录表 A-7 可知，铝芯交联聚乙烯绝缘电力电缆的短路热稳定系数 C 为 84A·s$^{1/2}$·mm^{-2}。由已知条件可知，短路假想时间 t_{ima}=（0.5+0.1+0.05）s=0.65s。故满足热稳定度条件的电缆最小截面积为

$$A_{min}=\frac{I_k^{(3)}}{C}\sqrt{t_{ima}}=\frac{28000}{84}\sqrt{0.65}\text{mm}^2\approx 267\text{mm}^2$$

由于 A=95mm^2<A_{min}=267mm^2 不满足热稳定度条件，查电缆产品目录，改选 YJLV22-10000-3×300 型电力电缆。

考虑到大截面电缆投资大、施工不便，在严格按照施工标准敷设电缆的前提下，可采用电缆末端短路电流来选择和校验电缆。这样，可选 YJLV22-10000-3×95 型电力电缆，具体过程略。

习　题

1. 工厂配电线路的类型有哪些？
2. 工厂配电线路的接线方式有哪些？
3. 工厂配电线路的特点有哪些？

4. 简述室外普通导线架空线路的结构和组成。

5. 简述室外架空电力电缆线路的结构和组成。

6. 简述地下电力电缆线路的结构和组成。

7. 简述室内普通导线明敷线路的结构和组成。

8. 简述室内普通导线暗敷线路的结构和组成。

9. 简述室内地下沟道式电力电缆线路的结构和组成。

10. 简述室内桥架式电力电缆线路的结构和组成。

11. 某机修车间拥有冷加工机床 52 台，共 200kW；行车 1 台，5.1kW（ ε =15%）；通风机 6 台，5kW；点焊机 3 台，共 10.5kW（ ε =65%）。车间采用 220V/380V 三相四线制配电线路。试用需要系数法确定该车间各组和总的计算负荷。

12. 某区域变电所通过一条长为 4km 的 10kV 架空线路给某厂变电所供电，该厂变电所装有两台并列运行的 S9–1000 型变压器，区域变电所出口断路器的断流容量为 500MV・A。试用欧姆法求该厂变电所高压侧和低压侧的短路电流和短路容量。

第4章

变配电所及其一次系统

通过本章的学习，了解电弧的危害，掌握灭弧的方法；了解变配电所的设置和选址的基本要求；掌握主变电所变压器的选择，掌握高压隔离开关、高压负荷开关、高压熔断器和高压断路器的选择条件，掌握低压设备的选择与校验条件；了解成套配电装置的分类、特点与使用；了解一次主接线的概念及接线图的绘制方法。

4.1 电气设备的电弧问题及灭弧方法

一、概述

电弧是一种极强烈的电游离现象，其特点是光亮很强和温度很高。电弧对电气设备的安全运行是一个极大的威胁。首先，电弧延长了电路开断的时间，如果电弧是由短路电流产生的，那么，其存在就意味着短路电流还存在，使短路电流危害的时间延长。其次，电弧的高温可能烧损开关触头，烧毁电气设备及导线、电缆，甚至引起火灾和爆炸事故。此外，强烈的弧光可能损伤人的视力。因此，电气设备在结构设计上要力求避免产生电弧，或在产生电弧后能迅速地将其熄灭。为此，在介绍电气设备之前，先要了解电弧的产生和熄灭原理，以及熄灭电弧的一些基本方法。

二、电弧的产生

1. 产生电弧的根本原因

电气设备的触头在分断电流时之所以会产生电弧，根本的原因（内因）在于触头本身及周围介质中含有大量可游离的电子。这样，当触头间存在着足够大的电场强度（外因）时，就可能使电子强烈游离而形成电弧。

2. 发生电弧的游离方式

1）强电场发射开关触头分断之初，触头间的电场强度很大。在强电场的作用下，触头表面的电子可能被硬拉出去而进入触头间隙，成为自由电子。

2）热电发射开关触头分断电流时，阴极表面由于大电流逐渐收缩集中而形成炽热的光斑，温度很高，因而使触头表面的电子吸收足够的热能而发射到触头间隙中去，形成自由电子。

3）碰撞游离。当触头间存在足够大的电场强度时，自由电子高速向阳极移动，在移动过程中碰撞到中性质点，就可能使中性质点中的电子吸收动能而游离出来，从而使中性质点分裂为带电的正离子和自由电子。这些游离出来的带电质点在电场力的作用下继续参加碰撞游离，结果使触头间隙中的离子数越来越多，形成所谓电子崩现象。当离子浓度足够大时，介质击穿而发生电弧。

4）热游离。电弧表面温度高达 300 ～ 400℃，弧心温度可高达 1000℃。在这样的高温下，触头间的中性质点由于吸收热能而可能游离为正离子和自由电子，从而进一步加强电弧中的游离。

在上述几种游离方式的综合作用下，电弧得以发生、发展和维持。

三、电弧的熄灭

1. 熄灭电弧的条件

要使电弧熄灭，必须使触头间电弧中的去游离率大于游离率，即其中离子消失的速率大于离子产生的速率（游离率）。

2. 熄灭电弧的去游离方式

1）正、负带电质点的复合。复合就是带电质点重新结合为中性质点。电弧中的电场强度越弱，电弧温度越低，电弧截面积越小，则带电质点的复合越强。此外，复合还与电弧接触的介质性质有关。如电弧接触固体介质表面，则由于较活泼的电子先使表面呈负电位，从而吸引正离子而形成强烈的复合。

2）正、负带电质点的扩散。带电质点从电弧内部逸出而进入周围介质的现象称为扩散。扩散的原因，一是由于温度差，二是由于离子浓度差，也可以是由于外力的作用。扩散也与电弧的周长与截面积之比有关，当电弧被拉长时，离子的扩散也会加强。

上述带电质点的复合和扩散，都使电弧中的离子数减少，即去游离增强。

3. 电气设备中常用的灭弧方法

（1）速拉灭弧法

迅速拉长电弧，可使弧隙的电场强度骤降，致使带电质点的复合迅速增强，从而加速电弧的熄灭。这是开关电器中普遍采用的一种基本灭弧方法。

（2）冷却灭弧法

降低电弧的温度，可使电弧中的热游离减弱，致使带电质点的复合增强，有助于电弧迅速熄灭。这种灭弧方法在开关电器中的应用也很普遍。

（3）吹弧灭弧法

利用外力（如气流、油流或电磁力）来吹动电弧，使电弧加速冷却，同时拉长电弧，降低电弧中的电场强度，使带电质点的复合和扩散增强，从而加速电弧的熄灭。按吹弧的方向来分，有横吹和纵吹灭弧法，如图 4-1 所示。按外力的性质来分，有气吹、油吹、电动力吹和磁力吹等灭弧方式。低压刀开关迅速拉开时，不仅迅速拉长了电弧，而且其本身回路电流产生的电动力作用于电弧，也吹动电弧使之拉长，如图 4-2 所示。有的开关还采用专门的磁吹线圈来吹动电弧，如图 4-3 所示。也有的开关利用钢片来吸动电弧，如图 4-4 所示。

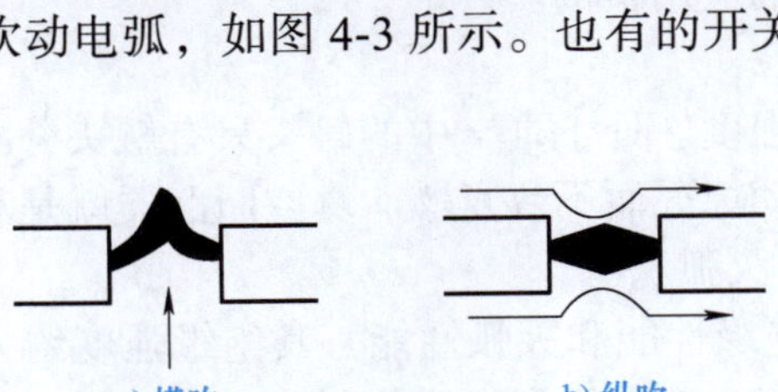

图 4-1　吹弧方式

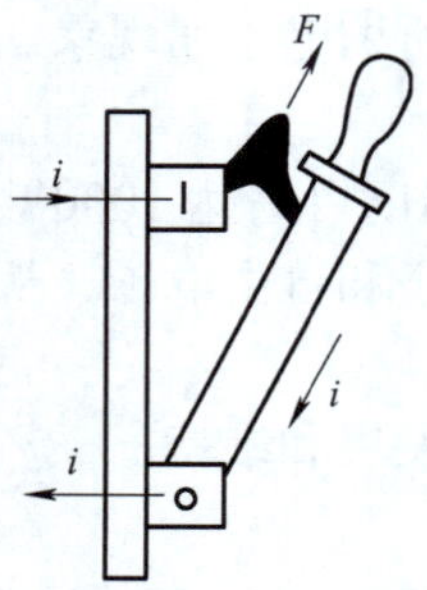

图 4-2 电动力吹弧

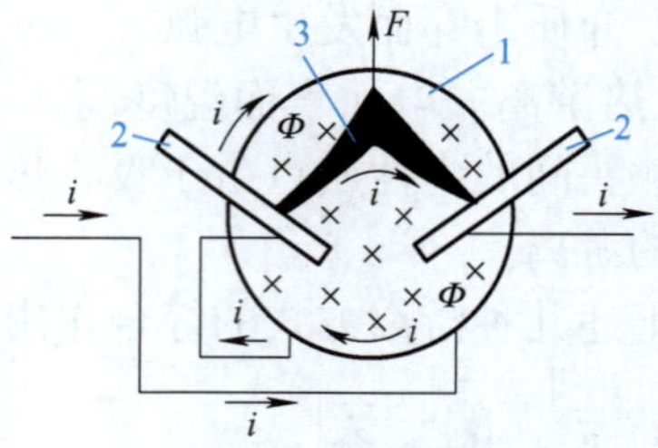

图 4-3 磁力吹弧

1—磁吹线圈 2—灭弧触头 3—电弧

（4）长弧切短灭弧法

电弧的电压降主要降落在阴极和阳极上（阴极电压降又比阳极电压降大得多），如果利用金属片（如钢栅片）将长弧切为若干短弧，则电弧上的电压降将近似地增大若干倍。当外施电压小于电弧上的电压降时，电弧就不能维持而迅速熄灭。图 4-5 所示为钢灭弧栅将长弧切成若干短弧的情形，这种钢灭弧栅同时还具有上述电动力吹弧和铁磁吹弧的作用，而且钢片对电弧还有冷却降温作用。

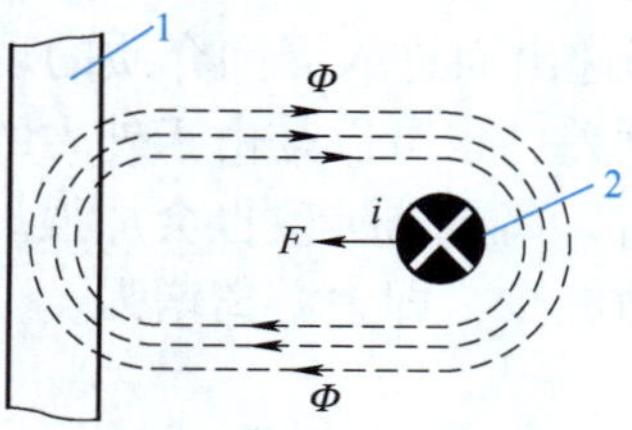

图 4-4 铁磁吸弧

1—钢片 2—电弧

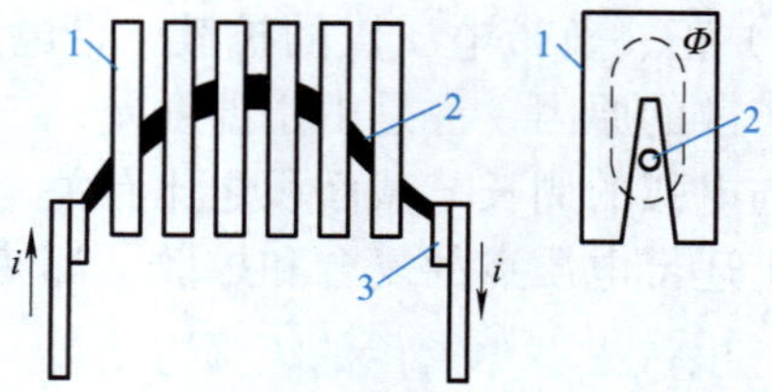

图 4-5 钢灭弧栅灭弧

1—钢栅片 2—电弧 3—触头

（5）粗弧分细灭弧法

将粗大的电弧分为若干平行的细小电弧，使电弧与周围介质的接触面增大，从而改善电弧的散热条件，降低电弧的温度，使电弧中带电质点的复合和扩散均得到增强，使电弧迅速熄灭。

（6）狭沟灭弧法

使电弧在固体介质所形成的狭沟中燃烧。由于电弧的冷却条件改善，从而使电弧的去游离增强；同时介质表面带电质点的复合比较强烈，也使电弧加速熄灭。有些熔断器在熔管中充填石英砂，就是利用狭沟灭弧原理。如图 4-6 所示绝缘灭弧栅，也是狭沟灭弧法的应用实例。

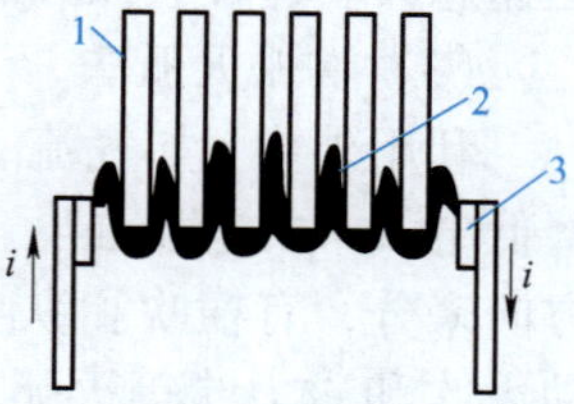

图 4-6 绝缘灭弧栅灭弧

1—绝缘栅片 2—电弧 3—触头

（7）真空灭弧法

真空具有较高的绝缘强度。处于真空中的触头只有触头分断瞬间产生真空电弧，这种电弧在电流过零时就能自动熄灭而不致复燃。真空断路器就是利用这种原理制成的。

（8）六氟化硫（SF_6）灭弧法

SF_6 气体具有优良的绝缘性能和灭弧性能。其绝缘强度约为空气的 3 倍，其介质强度恢复速度约为空气的 100 倍。SF_6 断路器就是利用 SF_6 气体作为绝缘介质和灭弧介质，获得了较高的断开容量。

在现代电气设备特别是开关电器中，往往根据具体情况综合运用上述某几种灭弧方法来达到迅速灭弧的目的。

四、对电气触头的基本要求

电气触头是开关电器中极其重要的部件，生产和设计各种高、低压开关电器时，对电气触头主要有以下基本要求。

1）结构可靠、具有足够的机械强度。电气触头必须能经受规定的通断次数而不致发生机械故障或损坏。

2）具有良好的导电性能和最小的接触电阻，通过规定的电流时，能满足正常负荷的发热要求。正常负荷电流（包括过负荷电流）长期通过触头时，触头的发热温度不应超过允许值。触头必须接触紧密，尽量减小基础电阻。

3）通过短路电流时，具有足够的动稳定度和热稳定度。在可能发生的最大短路冲击电流通过时，触头不致因电动力而损坏；并在可能的短路时间内通过短路电流时，多产生的热量不致使触头过度烧损或熔焊。

4）具有足够的断流能力。在断开所规定的最大负荷电流或短路电流时，触头不应被电弧过度烧损，更不应发生熔焊现象。为了保证触头在闭合时尽量减小接触电阻，而在断开时又使触头能经受电弧高温的作用，有些开关的触头分为工作触头和灭弧触头两部分。工作触头采用导电性好的铜（或镀银）触头，灭弧触头则采用耐高温的铜钨等合金触头。通路时，电流主要通过工作触头；通断电流时，电弧基本上在灭弧触头间产生，不致使工作触头烧损。

4.2　变电所的配置

一、变电所的类型

变电所是电力系统中接收和分配电能、变换电压、调整电压的环节，是工厂供电系统的枢纽，具有特殊的重要地位。对于大型工厂或用电负荷较大的中型工厂，变电所分为总降压变电所和车间变电所。

1. 总降压变电所

用户是否要设置总降压变电所，是由地区供电电源的电压等级和企业负荷大小及分布情况来决定的。对于大中型企业，由于负荷较大，往往采用 35 ～ 110kV 电源进线，一般降压至 10kV 或 6kV，再向各车间变电所和高压用电设备配电，这种降压变电所称为总降压变电所。一般中小型工厂不设总降压变电所。企业规模不太大、负荷比较集中时，应尽量设置一个总降压变电所，这样既节省投资，又便于运行维护。

2. 车间变电所

根据变电所主变压器的安装位置来区分，车间变电所主要有以下几种类型。

（1）车间附设变电所

车间附设变电所是利用车间的一面或两面墙壁而建，而其变压器室的大门朝外开。车间附设变电所又分内附式和外附式。内附式占用车间面积，不影响车间外观，如图 4-7 中的 1 所示。外附式不占或少占用车间面积，便于布置，安全性较高，如图 4-7 中的 2 所示。

这种类型的变电所适用于一般车间。

（2）车间内变电所

车间内变电所在车间内部一独立房间内，处于负荷的中心，如图 4-7 中的 3 所示。其优点是可以减少线路上的电能损耗和有色金属消耗量。但由于设在车间内，其安全性要差一些，故适用于负荷较大、较稳定且集中的大型车间厂房，在大型冶金企业中比较多见。

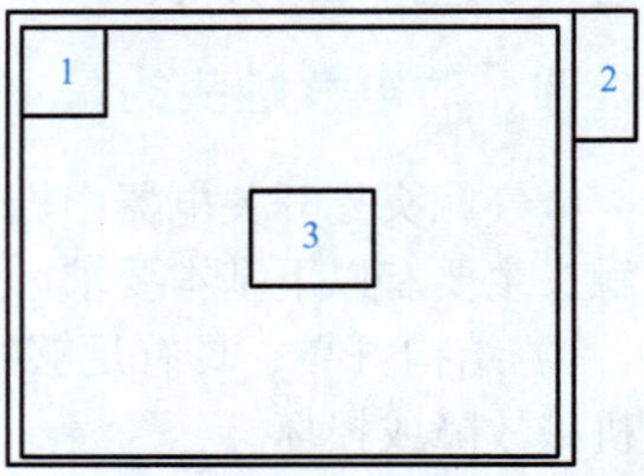

图 4-7 车间变电所的类型

1—内附式 2—外附式 3—车间内变电所

（3）独立变电所

独立变电所是指整个变电所设在与车间建筑物有一定距离的单独区域内，通常是户内式变电所，向周围几个车间供电，或向全厂供电。设置独立变电所主要是因为相邻几个车间负荷大，将变电所建到某一车间不适宜；或是需要远离有腐蚀性气体、易燃易爆气体的环境，如制药车间、化工车间等。

（4）露天变电所

露天变电所的变压器安装在车间外面抬高的地面上，简单经济，通风散热好，只要周围环境条件正常，无腐蚀性、爆炸性气体和粉尘的场所可以采用露天变电所。

（5）箱式变电所

箱式变电所是一种将中压开关设备、变压器、低压配电设备按照一定接线方案组合成一体的成套配电设备。它与常规的土建变电站相比，具有占地面积小、安装方便、可以自由移动、减少线路损耗、投资少等优点，因此在国外得到了广泛应用，而目前在国内，随着城乡电网改造，箱式变电所也得到了更多用户的认可。

此外，还有杆上变电所，其变压器安装在室外电杆上，适用于 315kV·A 及以下变压器；地下变电所，整个变电所设在地下，通风散热条件差、湿度较大、建筑费用较高，但相当安全，在一些高层建筑、地下工矿、矿井中采用；高层建筑物变电所，整个变电所设在楼上，主变压器通常采用无油的干式变压器，或采用成套变电所。

二、变电所的位置选择

变电所的位置选择应根据负荷的中心、负荷的大小、负荷的分布及内外环境，并结合技术、经济分析比较后确定。

1. 变电所位置选择的一般原则

1）尽量靠近负荷中心，以降低配电系统的电能损耗、电压损耗和有色金属消耗量。

2）进出线方便，特别是采用架空进出线时要考虑这一点。

3）尽量接近电源侧，对总变电所、配电所特别要考虑这一点。

4）交通运输方便，以便于变压器和控制柜等设备的运输。

5）不应设在剧烈振动和高温场所、有腐蚀性气体和污秽地段，以及地势低洼经常积水等区域。

6）不应妨碍企业或车间的发展，并适当考虑今后扩建的可能。

7）变电所屋外配电装置与其他建筑物之间的防火距离符合 GB 50058—2014《爆炸危险环境电力装置设计规范》的规定。

8）变电所建筑物、变压器及屋外配电装置与附近的冷却塔或喷水池之间的距离应符合规定。

9）高压配电所应尽量与车间变电所或有大量高压用电设备的厂房合建。

2. 确定负荷中心的方法

（1）负荷指示图

负荷指示图是电力负荷按一定比例（如用 $1mm^2$ 代表 10kW）用负荷圆的形式标示在建筑平面图上，如图 4-8 所示。

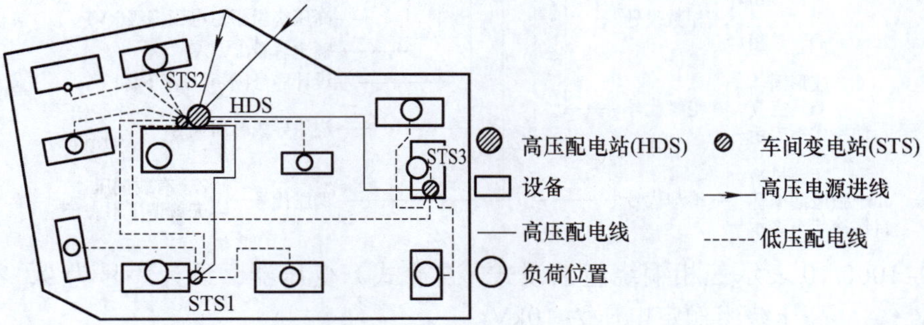

图 4-8　工厂负荷指示图

各车间的负荷圆圆心应与车间的负荷中心位置大致相符，车间内的负荷如果分布均匀，则负荷中心就代表车间的中心。如负荷分布不均匀，则该中心应偏向负荷集中的一侧。

（2）负荷功率矩法

负荷功率矩法也称为静态负荷中心计算法，是通过负荷力矩的计算来确定负荷中心。如图 4-9 所示，设有负荷 P_1（x_1，y_1）、P_2（x_2，y_2）、P_3（x_3，y_3），则总负荷为

$$P=\sum P_i=P_1+P_2+P_3$$

$$x=\frac{\sum(P_ix_i)}{\sum P_i}$$

$$y=\frac{\sum(P_iy_i)}{\sum P_i}$$

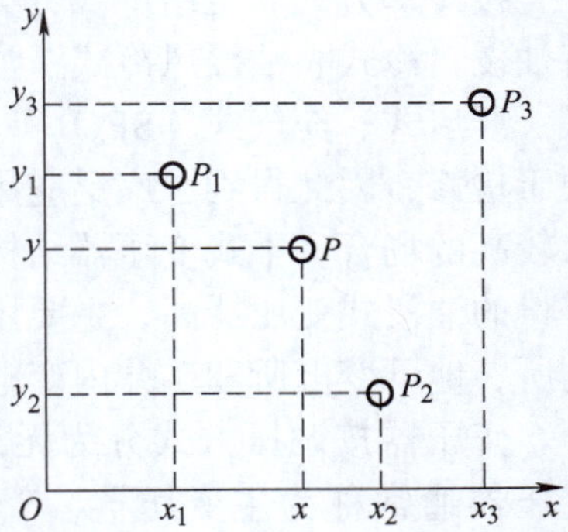

图 4-9　按负荷功率矩法确定负荷中心

需要指出的是，由于负荷中心原则并不是确定变电所位置的唯一因素，且负荷中心也会随机变动，大多数工厂变电所的位置都是靠近负荷中心偏向电源侧。

4.3　变压器的选择

一、变压器型号的选择

变压器是一种把电压和电流转变成另一种（或几种）同频率的不同电压和电流的电气设备。其主要功能是升高或降低电压，以利于电能的合理输送、分配和使用。变压器有着不同的形式和容量，是变电所中关键的一次设备。

1. 变压器的型号与分类

根据 GB/T 1094.11—2022《电力变压器 第 11 部分：干式变压器》，变压器型号由两部分组成：前一部分描述变压器的类别、结构、特征和用途，由汉语拼音字母组成；后一部分描述变压器的容量和绕组的电压等级，用具体数字表示。变压器的型号表示及含义如下：

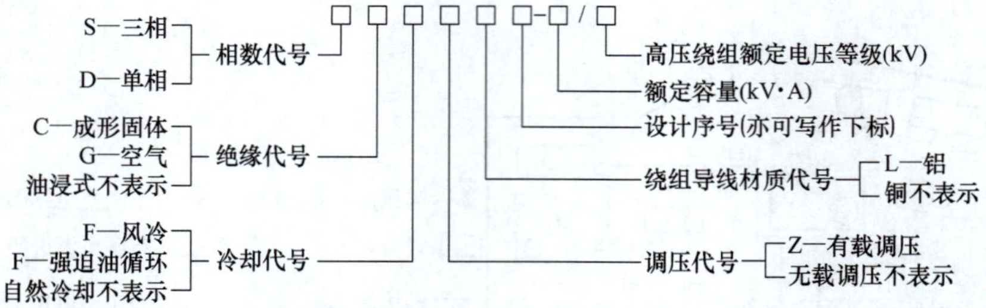

如 S9-1000/10 表示三相铜绕组油浸式（自冷式）变压器，设计序号为 9，额定容量为 1000kV·A，高压绕组额定电压为 10kV。

变压器的分类方法很多，按功能分为升压变压器和降压变压器。发电厂一般采用升压变压器，而直接供电给各类用户的终端变电所则采用降压变压器。

变压器按相数分为单相和三相变压器。厂变电所中一般都用三相变压器，而单相变压器一般供小容量的单相设备专用。

按容量系列分类，电力变压器有 R8 系列和 R10 系列。目前，我国大多采用 IEC 推荐的 R10 系列来确定变压器的容量。其中，容量在 500kV·A 以下的为小型变压器，630 ～ 6300kV·A 的为中型变压器，8000kV·A 以上的为大型变压器。变压器容量的等级较密，便于合理选用。

按冷却方式和绕组绝缘分类，有油浸式和干式两大类变压器。其中，油浸式变压器又有油浸自冷式、油浸风冷式、油浸水冷式和强迫油循环冷却式等。而干式变压器又有浇注式、开启式、充气式（SF_6）等。油浸式变压器具有较好的绝缘和散热性能，且价格较低，便于检修，因此得到了广泛应用。但由于油具有可燃性，因此不适用于易燃易爆和安全要求较高的场合。干式变压器结构简单、体积小、重量轻，且防火、防尘、防潮，价格较同容量的油浸式变压器高，主要用于对安全防火要求较高的场所，尤其是大型建筑物内的变电所、地下变电所和矿井内变电所等。

变压器按调压方式分为无载调压变压器和有载调压变压器。安装在总降压变电所的变压器通常称为主变压器，6 ～ 10kV/0.4kV、二次侧为低压的降压变压器常称为配电变压器。无载调压变压器一般用于对电压水平要求不高的场所，特别是 10kV 及以下的配电变压器；10kV 以上的电力系统和对电压水平要求较高的场所主要采用有载调压变压器。

按绕组形式分类，变压器有双绕组变压器、三绕组变压器和自耦式变压器三种。双绕组变压器用于变换一个电压的场所；三绕组变压器用于变换两个电压的场所，它有一个一次绕组和两个二次绕组；自耦式变压器大多在实验室中作为调压用。

变压器还可按用途分为普通和特种变压器，按安装地点分为户内式和户外式等。

选择变压器时，应选择低损耗节能型变压器。在多尘或有腐蚀性气体严重影响变压器安全的场所，应选择密闭型变压器或防腐型变压器；供电系统中没有特殊要求和民用建筑独立变电所常采用三相油浸自冷式电力变压器；对于高层建筑、地下建筑、发电厂、化工等对消防要求较高的场所，宜采用干式电力变压器；如果供电系统电网电压波动较大，为改善电能质量，可采用有载调压电力变压器。

2. 变压器的结构

电力变压器是利用电磁感应原理设计并进行工作的，因此其基本结构有电路和磁路两部分，如图 4-10 所示。变压器的电路部分就是它的绕组。对于降压变压器来说，与系统电路和电源连接的称为一次绕组，与负载连接的称为二次绕组。变压器的铁心构成了它的磁路，铁心由铁轭和铁心柱组成，绕组套在铁心柱上。为了减少变压器的涡流和磁滞损耗，一般采用表面有绝缘漆膜的硅钢片交错叠成铁心。

图 4-11 所示为三相油浸式电力变压器的外形。该变压器除了电磁部分，还有油箱、冷却装置、绝缘套管、调压和保护装置等部件。

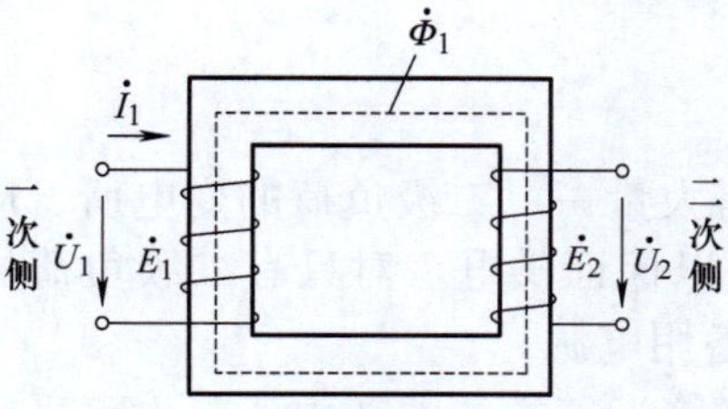

图 4-10　双绕组变压器示意图

图 4-11　三相油浸式电力变压器的外形

（1）铁心

按铁心的结构形式，变压器分为心式变压器（结构简单、工艺简单、应用广泛）和壳式变压器（用在小容量变压器和电炉变压器）。铁心一般由冷轧（也用热轧）硅钢片叠压而成。

（2）绕组

变压器的绕组是用铜（铝）线绕成的多层线圈，压放在铁心柱上。绕组的匝间、层间、绕组之间、绕组与铁心之间均相互绝缘。

（3）油、油箱、冷却及安全装置

变压器身装在油箱内，油箱内充满变压器油。变压器油是一种矿物油，具有很好的绝缘性能。

3. 变压器的联结组标号

变压器的联结组标号是指变压器一、二次绕组因采取不同连接方式而形成变压器一、二次侧对应线电压之间的不同相位关系。6 ～ 10kV 变电所电力变压器在其低压（0.4kV）侧为三相四线制，常采用 Yyn0 和 Dyn11 两种联结组标号，分别如图 4-12 和图 4-13 所示。

变压器采用 Dyn11 较之采用 Yyn0 联结有以下优点。

1）有利于抑制高次谐波电流。因为谐波励磁电流在变压器三角形联结的一次绕组内形成环流，不会注入公共高压电网。

2）Dyn11 联结的变压器零序阻抗小，有利于低压单相接地短路故障的切除。

3）因其中性线电流可达相电流的 70%，Dyn11 联结变压器承受单相不平衡负荷的能力远比 Yyn0 联结变压器高得多。

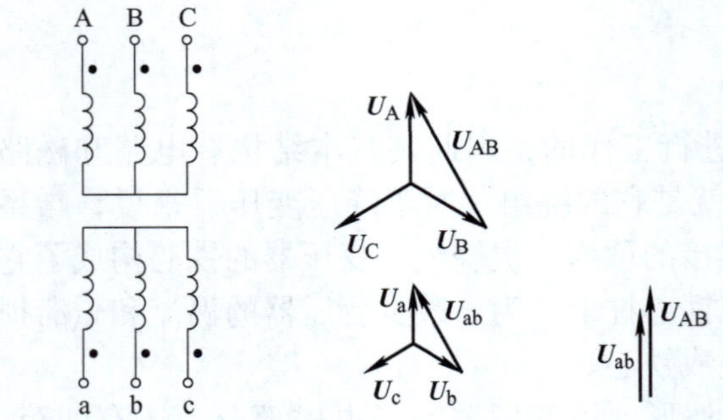

a) 一、二次绕组接线　b) 一、二次电压矢量　c) 时钟示意

图 4-12　Yyn0 联结配电变压器

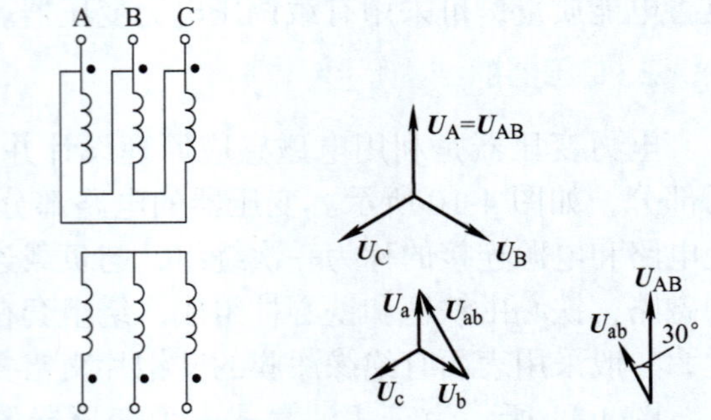

a) 一、二次绕组接线　b) 一、二次电压矢量　c) 时钟示意

图 4-13　Dyn11 联结配电变压器

二、变压器台数和容量的确定

1. 变电所变压器台数的确定原则

变电所变压器台数的确定应遵循以下原则。

1）应满足用电负荷对供电可靠性的要求。对有大量一、二级负荷的变电所，应采用两台变压器，以保证供电。一台检修时，另一台可以保证供电。对只有二级负荷的变电所，可以采用一台变压器，但在低压侧应敷设其他备用电源。

2）季节负荷或昼夜负荷波动较大时，宜采用经济运行方式的变电所，也可采用两台变压器。

3）一般车间变电所宜采用一台变压器。集中负荷较大的，即使是三级负荷，也可采用两台变压器。

4）在确定变压器台数时，应适当考虑负荷的发展，留有一定的余地。

2. 变压器容量的确定

变压器容量的确定应遵循以下原则。

1）只有一台变压器的变电所主变压器的容量 S_N 应满足全部用电设备计算负荷 S_e 的需要；考虑负荷发展留有一定的容量裕度，并考虑变压器的经济运行，即

$$S_N \geqslant (1.15 \sim 1.4) S_e \tag{4-1}$$

2）对于装有两台变压器的变电所，每台变压器的容量应同时满足以下两个条件。

任意一台变压器单独运行时，宜满足全部计算负荷 70% 的需要，即

$$S_N \geqslant (0.6 \sim 0.7) S_e \tag{4-2}$$

任意一台变压器单独运行时，应满足全部一、二级负荷的的需要，即

$$S_N \geqslant S_{\mathrm{I}e} + S_{\mathrm{II}e} \tag{4-3}$$

3）对装设在二层楼以上的干式变压器，其容量不宜大于 630kV・A。对居住小区的变电站，单台油浸式变压器容量不宜大于 630kV・A。

4）适当考虑负荷的发展，留有一定的余地，但同时又要顾及变压器的正常过负荷能力。

【例 4-1】某车间变电所（10kV/0.4kV）总计算负荷为 1350kV・A，其中，一、二级负荷为 680kV・A。试选择变压器的台数和容量。

解：根据车间变电所变压器台数及容量选择要求，该车间变电所有一、二级负荷，故宜选择两台变压器。

任一台变压器单独运行时，要满足 60% ~ 70% 的负荷，即

$$S_N=(0.6\sim0.7)\times1350\text{kV}\cdot\text{A}=810\sim945\text{kV}\cdot\text{A}$$

且任一台变压器应满足 $S_N\geqslant680\text{kV}\cdot\text{A}$。

因此，可选两台容量均为 1000kV·A 的变压器，经查表确定具体型号为 S9-1000/10。

必须指出，变压器台数和容量的最后确定，应结合变电所主接线方式做出技术经济比较，择优而定。

三、变压器的实际容量和过负荷能力

1. 电力变压器的额定容量和实际容量

电力变压器的额定容量（铭牌容量）是指它在规定的环境温度条件下，室外安装时，在规定的使用年限（20 年）内所能连续输出的最大视在功率（kV·A）。

变压器使用年限长短，主要取决于变压器绕组绝缘的老化程度。试验表明，在规定的环境温度条件下，如果变压器绕组最热点的温度一直维持 95℃，则变压器可连续运行 20 年。如果其绕组温度升高到 120℃，则变压器只能运行 2.2 年。这充分说明绕组温度对变压器使用寿命有着极大的影响。而绕组温度同时受到变压器负荷大小、周围环境温度的影响。

一般规定，如果变压器所安装地点的年平均气温高于 20℃，则每升高 1℃，变压器的容量应减少 1%。因此，选择变压器时，其实际容量应计入温度校正。

对于室内变压器，由于散热条件较差，变压器进风口和出风口间大概有 15℃温差，因此处在室中间的变压器环境温度比户外温度大约高 8℃，因此其容量要减小 8%。

2. 变压器的过负荷能力

变压器为满足某种运行需要而在某段时间内允许超过其额定容量运行的能力称为过负荷能力。变压器的过负荷通常可分为事故过负荷和正常过负荷两种。

（1）变压器的事故过负荷能力

事故过负荷又称为短时急救过负荷。当电力系统发生故障时，为保证不间断供电，允许变压器过负荷运行，但它是以牺牲变压器的寿命为代价的。油浸式变压器在事故情况下允许短时间较大幅度地过负荷运行，而不论故障前负荷的大小，其运行时间均不得超过规定值。

油浸式变压器事故过负荷运行的允许时间见表 4-1，而干式变压器事故过负荷运行的允许时间见表 4-2。

表 4-1　油浸式变压器事故过负荷运行的允许时间

过负荷值（%）	30	45	60	75	100	200
允许时间 /min	120	80	45	20	10	1.5

表 4-2　干式变压器事故过负荷运行的允许时间

过负荷值（%）	10	20	30	50
允许时间 /min	75	60	45	16

（2）变压器的正常过负荷能力

变压器在运行中的负荷总是变化的。就一昼夜来说，很大一部分时间的负荷都低于最大负荷，而变压器的容量又是按最大负荷来选择的，因此变压器运行时实际上没有充分发挥其负荷能力。从维持变压器规定的使用年限（20 年）来考虑，变压器在必要时完全可以过负荷运行。

变压器的正常过负荷能力是以不牺牲变压器正常寿命为前提制定的，规定过负荷期间，各部分温度不得超过规定的最高限额。如绕组最热点温度不得超过 140℃。自然油循环变压器负荷不得超过其额定负荷的 1.3 倍，强迫油循环变压器负荷不得超过其额定负荷的 1.2 倍。

四、电力变压器的并联运行条件

1. 变压器并联运行的目的

为了提高供电的可靠性及变压器运行的经济性，供配电技术中常常采用变压器的并联运行方式。

工厂变电所、站采用两台变压器并联运行时，若其中一台变压器发生故障或检修，只要将该变压器从电网中切除，另一台变压器仍能正常供电，从而提高了供电的可靠性。而电力负荷大小的变动是经常性的，根据负荷的变动，及时调整投入运行的变压器台数，以减少变压器本身的能量损耗，无疑能够提高供电效率，达到经济运行的目的。

2. 变压器并联运行的条件

为了保证并联运行的变压器在空载时并联回路没有环流、负载运行时各变压器负荷分配与容量成正比，并联运行的变压器必须满足以下三个条件：

1）并联各变压器的联结组标号相同。

2）并联各变压器的电压比相同。

3）并联各变压器的阻抗电压相等。

除此之外，对于并联运行变压器的容量比一般不宜超过 3：1。并联运行的变压器容量相差过大不但运行不便，更会使变压器间的环流明显增加，导致容量小的变压器过负荷。当并联运行变压器的联结组标号不同时，就会在并联运行回路中产生环流，而且此环流通常是额定电流的几倍，这么大的电流将使变压器很快烧坏。因此，联结组标号不同的变压器绝不能并联运行。

若将电压比不同的变压器并联运行，将造成二次电压不平衡，会因电压差而出现环流。电压比相差越大，环流越大，从而引起电能损耗，导致绕组过热或烧毁。因此，并联运行变压器的电压比不允许超过 ±0.5%。

如果并联运行的变压器阻抗电压不同，由于负荷电流与阻抗电压成反比，会造成负荷分配不合理，如果阻抗电压相差过大，可能导致阻抗电压小的变压器出现过负荷。因此，短路电流差值不允许超过 ±10%。

五、变电所一次设备的选择

电气设备选择的一般原则是按正常工作条件选择额定电流、额定电压及型号等；在故障条件下，按短路情况校验开关的分断能力、短路热稳定度和动稳定度。

1. 高压一次设备的选择

（1）正常条件下的要求

在正常工作条件下，应满足电压、电流、频率、工作环境等方面的要求；对一些开断电流的设备应满足开断电流能力的要求。电气设备的最高允许工作电压（一般可高于铭牌标注额定电压的 10% ～ 15%）应大于或等于实际工作电压。电气设备的额定电流要大于或等于通过电气设备的实际最大工作电流（应考虑可能出现的过负荷情况）。设备的最大开断电流应不小于它可能开断的最大电流。工作环境是指电气装置所处的位置（室内还是室外）、环境温度、海拔及有无防尘、防腐、防火、防爆等要求。

（2）短路故障条件下的要求

电气设备按短路故障条件进行选择，就要校验其短路时的动稳定度和热稳定度，以保证系统发生短路时不会造成损害。

开关设备分断能力校验，对要求能开断短路电流的开关设备，如断路器、熔断器等，其断流容量应不小于安装处的最大三相短路容量。

（3）高压断路器、高压隔离开关、高压负荷开关的选择与校验

高压断路器、高压隔离开关、高压负荷开关的选择条件基本相同。所选设备应满足以下要求。

1）额定电压大于或等于所在电网的额定电压，允许最高工作电压不应低于所在线路的最高运行电压。

2）额定电流应大于该回路在合理运行工作方式下的最大持续工作电流。

3）额定频率等于电网工频 50Hz。

4）动稳定电流应大于安装地点的最大三相短路冲击电流。

5）允许的 t 秒热稳定电流发热量应大于或等于最大三相短路电流在短路时间内的发热量。

（4）熔断器的选择与校验

1）额定电压的选择。对于一般的高压熔断器，其额定电压必须大于或等于电网的额定电压。

2）熔断器额定电流的选择。熔断器额定电流应大于或等于所装熔体的额定电流。

3）熔断器熔体额定电流的选择。要求熔体的额定电流大于或等于通过熔体的最大工作电流。在电动机起动时，熔断器的熔体在尖峰电流的作用下不应熔断。保护电力变压器的熔体额定电流可按变压器一次侧额定电流的 1.5 ～ 2 倍选择。保护电力线路的熔体额定电流可按线路最大工作电流的 1.1 ～ 1.3 倍选择。保护并联电容器的熔体额定电流按电容器回路额定电流的 1.5 ～ 2 倍选择。保护电压互感器的熔体额定电流一般为 0.5A 或 1A，并应能承受电压互感器的励磁冲击电流。

4）满足分断能力的要求。限流式熔断器采用最大短路冲击电流的有效值校验，选择限流式熔断器时，则采用三相短路电流有效值校验。

5）熔断器的类型应符合安装条件及工作环境的要求。

对于高压开关柜的选择，应根据使用要求、环境条件、对供电的可靠性要求及满足变配电所一次电路图的要求，并经几个方案的技术经济比较，力求技术先进、安全可靠、操作维护方便，优选出开关柜的结构形式及其一次线路方案编号，同时确定其中所有一、二次设备的型号规格。向开关厂具体订购高压开关柜时，应向厂家提供一、二次电路图样及有关技术要求。

常用高压设备选择校验项目见表 4-3。

表 4-3 常用高压设备选择校验项目

设备名称	选择项目			校验项目		
	额定电压	额定电流	装置类型（户内 / 户外）	短路电流		分断能力
				热稳定	动稳定	
高压断路器	√	√	√	√	√	√
高压负荷开关	√	√	√	√	√	√
高压隔离开关	√	√	√	√	√	
高压熔断器	√	√	√			√
电流互感器	√	√	√	√	√	
电压互感器	√		√			
母线		√	√	√	√	
电缆	√	√		√		
支柱绝缘子	√		√		√	
穿墙套管	√	√	√	√	√	

【例 4-2】试选择如图 4-14 所示变压器 10.5kV 侧高压断路器 QF 和高压隔离开关 QS。已知图中 k 点短路时 $I''=I_\infty=4.8\text{kA}$，继电保护动作时间 $t_p=1\text{s}$。拟采用快速开断的高压断路器，其固有分闸时间 $t_{tr}=0.1\text{s}$，采用弹簧操作机构。

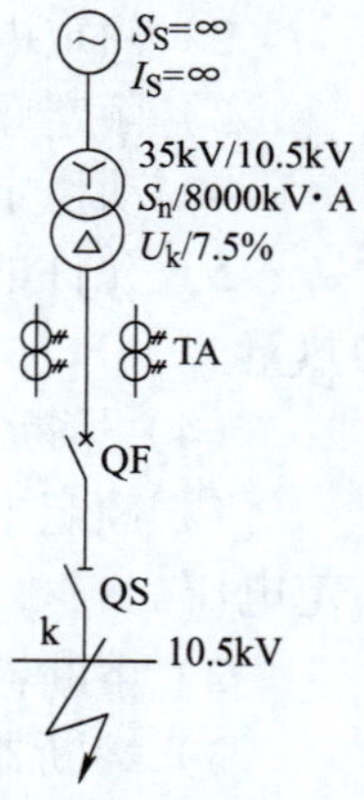

图 4-14 高压一次设备的选择

解：变压器计算电流按变压器的额定电流计算，有

$$I_{30}=\frac{S_N}{\sqrt{3}U_N}=\frac{8000}{1.732\times 10.5}\text{A}=439.9\text{A}$$

短路冲击电流的冲击值为 $i_{sh}=2.55I''=2.55\times 4.8\text{kA}=12.24\text{kA}$

短路电流假想时间为 $t_{ima}=t_p+t_{tr}=(1.0+0.1)\text{ s}=1.1\text{s}$

根据上述计算结果并结合具体的情况，初步选择 ZN12–10 型 630A 真空断路器和 GN6–10 型 630A 隔离开关。两者的参数均可在有关手册或产品样本中查出，在热稳定性校验中，ZN12–10 型断路器的额定短时（3s）耐受电流为 25kA，GN6–10 型隔离开关的热稳定电流（5s）为 20kA。校验结果见表 4-4。所选断路器和隔离开关合格。

表 4-4 断路器和隔离开关的选择校验

选择项目	装置地点技术数据	ZN12–10 型断路器	结论	GN6–10 型隔离开关	结论
额定工作电压	10kV	U_N=10kV	合格	U_N=10kV	合格
额定工作电流	43.99A	I_N=630A	合格	I_N=630A	合格
额定频率	50Hz	50Hz	合格	50Hz	合格
短路开断电流	4.8kA	I_{oc}=25kA	合格		
短路电流冲击电流	12.24kA	i_{max}=63kA	合格	i_{max}=52kA	合格
热稳定性校验	$I_\infty^2 t_{ima}=4.8^2\times 1.1\text{kA}^2\cdot\text{s}=25.34\text{kA}^2\cdot\text{s}$	$I_t^2 t=25^2\times 3\text{kA}^2\cdot\text{s}=1875\text{kA}^2\cdot\text{s}$	合格	$I_t^2 t=20^2\times 5\text{kA}^2\cdot\text{s}=2000\text{kA}^2\cdot\text{s}$	合格

2. 低压一次设备的选择

低压一次设备的选择与高压一次设备的选择一样，必须满足正常工作条件下和短路故障条件下的要求，同时应实现设备运行安全可靠、维护方便、经济合理的工作目的。低压一次设备选择的一般要求如下。

（1）正常条件下的要求

在正常工作条件下，电器的额定工作电压应与所在回路的额定电压相适应，额定工作电流不应小于回路的计算电流。对变压器回路，取变压器额定电流；对电容器回路，取电容器额定电流的 1.35 倍，额定频率应与所在回路的频率相适应。

（2）短路故障条件下的要求

在短路故障条件下，可能通过短路电流的设备（如隔离开关、开关、熔断器式开关、接触器等），应满足在短路条件下的短时和峰值耐受电流的要求。断开短路电流的设备应满足短路条件下接通和分断能力的要求。选择一次设备应校验的项目见表 4-5。其他如低压电流互感器、电压互感器等的校验项目与表 4-3 相同。

表 4-5　选择低压一次设备应校验的项目

设备名称	选择项目		校验项目		
	额定电压	额定电流	短路电流		分断能力
			热稳定	动稳定	
低压断路器	√	√	√	√	√
低压负荷开关	√	√	√	√	√
低压刀开关	√	√	√	√	√
低压熔断器	√	√			√

4.4　变配电所主接线

一、变配电所主接线概述

电气主接线是由高压电器通过连接线，按其功能要求组成接收和分配电能的电路，用以传输强电流、高电压的网络，又称一次接线或电气主系统，用电气主接线图表征。主接线图所连接的是发电厂及变电所的主设备，如发电机、变压器、输配电线路。在变电所主接线图中将导线或电缆、电力变压器、母线、各种开关、避雷器、电容器等电气设备有序地连接起来，只表示相对电气连接关系而不表示实际位置。通常以单线来表示三相系统。

变配电所主接线的基本要求如下。

1）安全性。必须符合有关技术规范的要求，能充分保证人身和设备安全，如变配电所的高压母线和架空线路的末端必须装设避雷器。

2）可靠性。能够满足负荷对供电可靠性的要求，如对一级负荷，应考虑两个电源供电；对二级负荷，应采用双回路供电。

3）灵活性。能适应系统所需要的各种运行方式，并能灵活地进行不同运行方式的转换，操作维护简便，而且能适应负荷发展的需求。

4）经济性。在满足以上要求的前提下，尽量使主接线简单、投资少、运行费用低，节约电能和有色金属的消耗量。

二、变电所常用主接线

1. 有汇流母线的电气主接线

（1）母线的概念和作用

母线又称汇流排，用硬导线制成，用以汇集、分配电能，在一次主接线图中用文字符号 W 表示。设置母线可方便地把多路电源进线和出线通过电气开关连接在一起，提高供电的可靠性和灵活性。有汇流母线的主接线是我国目前广泛采用的接线形式，按母线设置组数的不同，又可分为单母线接线和双母线接线两大类。

（2）接线方式

1）单母线接线。

① 单母线不分段接线。图 4-15 所示为单母线不分段接线。当只有一路电源进线时，常采用这种接线方式，每路进线和出线装设一只隔离开关和断路器。靠近线路的隔离开关称为线路隔离开关，靠近母线的隔离开关称为母线隔离开关。

优点：接线简单清晰，使用设备少，经济性比较好。由于接线简单，操作人员发生误操作的可能性小。

缺点：可靠性和灵活性差。当电源线路、母线或母线隔离开关发生故障或进行检修时，必须断开它所连接的电源，造成全供电系统停电，与之相连接的所有电力装置在整个检修期间均需停止工作。此外，在出线断路器检修期间必须停止该回路的工作。

适用范围：适用于 6 ～ 22kV 系统中只有一台发电机或一台主变压器，而且出现回路数不多的中、小型发电厂或变电所。

单母线不分段接线是最简单的一种变电所主接线。

② 单母线分段接线。为弥补单母线不分段接线的不足，可采取单母线分段接线，如图 4-16 所示。

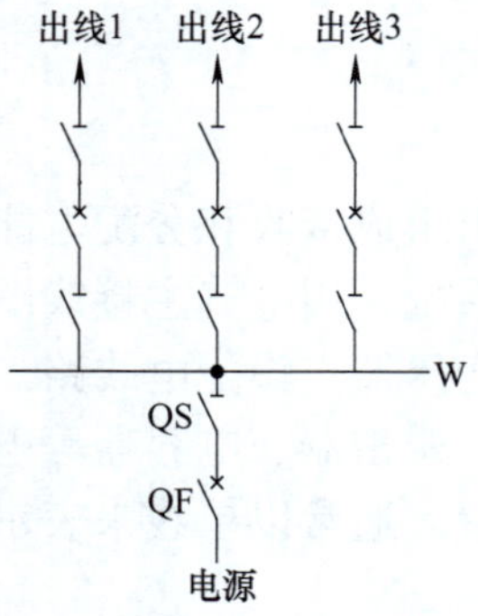

图 4-15　单母线不分段接线

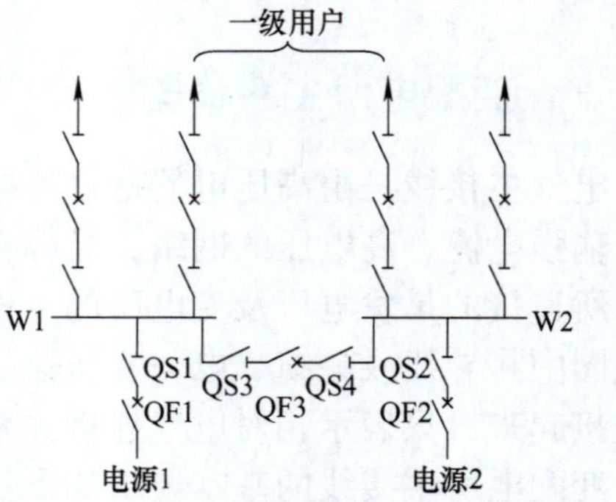

图 4-16　单母线分段接线

单母线可采用隔离开关或断路器分段，隔离开关分段因倒闸操作不便，现已不再采用，通常采用断路器分段的单母线接线。用断路器进行分段，可以提高供电可靠性和灵活性。对重要用户可以从不同段引出两回线路，由两个电源供电。当一段母线发生故障，分段断路器自动将故障段隔离，保证正常段母线继续供电保证重要用户不停电。两段母线同时故障的概率很小，可以不予考虑。

在可靠性要求不高时，也可以用分段隔离开关。当一段母线故障时，将造成两段母线同时停电，在判别故障后，拉开分段隔离开关，无故障段就可以恢复供电。

电源数量和容量决定分段的数目，段数分得越多，故障时停电范围越小，但是使用断路器的数量也越多，且配电装置和运行也越复杂，通常以 2 ～ 3 段为宜。这种接线广泛用于中、小容量发电厂的 6 ～ 10kV 变电所中。

优点：供电可靠性较高，操作灵活，除母线故障或检修外，可对用户连续供电。

缺点：母线故障或检修时，仍有 50% 左右的用户停电。

适用范围：在具有两路电源进线时，采用单母线分段接线，可对一、二级负荷供电，特别是装设了备用电源自动投入装置以后，更加提高了用断路器分段单母线接线的供电可靠性。

③ 单母线加设旁路母线。为了实现检修出线断路器时不中断该回路供电，可采用增设旁路母线和旁路断路器的方法。旁路母线经旁路隔离开关与出线连接。当检修电源回路断路器期间不允许断开电源时，旁路母线可与电源回路连接，有了旁路母线，检修与它相连的任一回路的断路器时，该回路便可以不停电，从而提高了供电的可靠性。一般来说，为了节约建设投资，可以不采用专用旁路断路器。

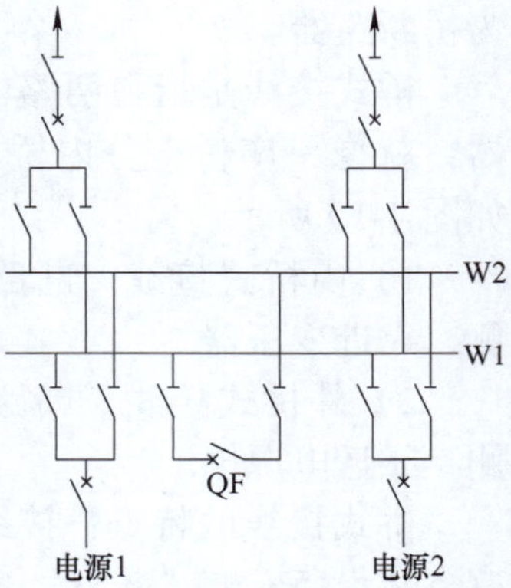

图 4-17　双母线接线

2）双母线接线。对于特别重要的负荷，当采用单母线分段接线的可靠性不能满足要求时，可考虑采用双母线接线，即具有两组母线，每组出线都经一台断路器和两组隔离开关分别与两组母线相连，母线之间通过母线联络断路器连接，如图 4-17 所示。W1 为工作母线，W2 为备用母线，QF 为母线联络断路器。

优点：供电可靠，调度灵活，扩建方便。

缺点：使用设备较多，配电复杂，投入较大，容易发生误操作。

适用范围：重要的一、二级负荷。

2. 无汇流母线的电气主接线

前面分析的各种有母线的主接线形式中所采用的断路器数目一般都大于连接回路的数目，造成整个配电装置占地面积大，建设成本高。对于一些对经济性要求较高的场合，在满足主接线可靠性要求的前提下，可考虑采用无汇流母线的电气主接线。常见的有单元式接线和桥式接线。

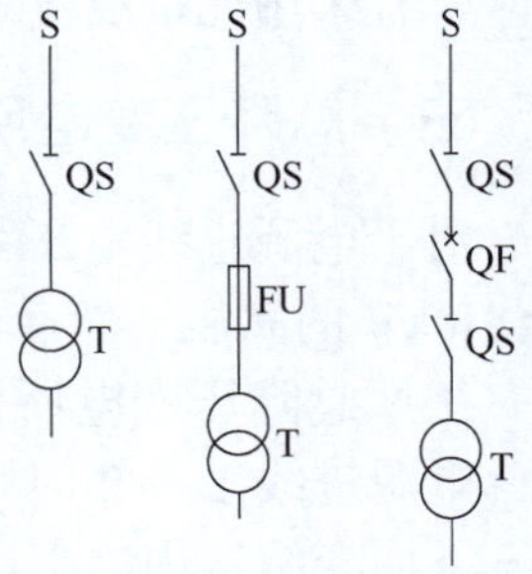

图 4-18　线路—变压器组单元接线

（1）线路—变压器组单元接线

在配电所中，当只有一路电源进线和一台变压器时，采用此种接线，如图 4-18 所示。根据变压器高压侧情况不同，可装设三种不同的开关电器组合。

1）当电源侧继电保护装置能保护变压器且灵敏度满足要求时，变压器高压侧只需装设隔离开关。

2）当变压器高压侧短路容量不超过高压断路器的断流容量，而又允许采用高压熔断器保护变压器时，变压器高压侧可装设跌落式熔断器或熔断器式负荷开关。

3）一般情况下，在变压器高压侧装设隔离开关和断路器。

优点：接线简单，设备少，配电装置简单，建设投资小。

缺点：供电可靠性不高。适用于小容量三级负荷、小型工厂或非生产型用户。

（2）发电机—变压器组单元接线

发电机与变压器直接连接成一个单元，一般在 6 ～ 220kV 电压等级电气主接线中广泛采用。它具有接线简单、开关设备少、操作简单的优点，且因不设发电机电压级母线，使得低压侧发生短路时短路电流相对于有母线时有所减小。

为了减少变压器台数和高压侧断路器台数，在系统允许时可将两台发电机与一台变压器相连。

（3）桥式接线

当具有两台变压器和两条线路时，可以采用桥式接线。桥式接线是单母线分段接线中进出线回路数相同，且取消进线或出线断路器时的特殊情况，将此时的母线分段断路器称为桥断路器。

桥式接线是指在两路电源进线之间跨接一个断路器，就像一座桥，分内桥式接线和外桥式接线两种，如图 4-19 所示。

1）内桥式接线。断路器跨接在进线断路器的内侧，靠近变压器。

2）外桥式接线。断路器跨接在进线断路器的外侧，靠近电源侧。

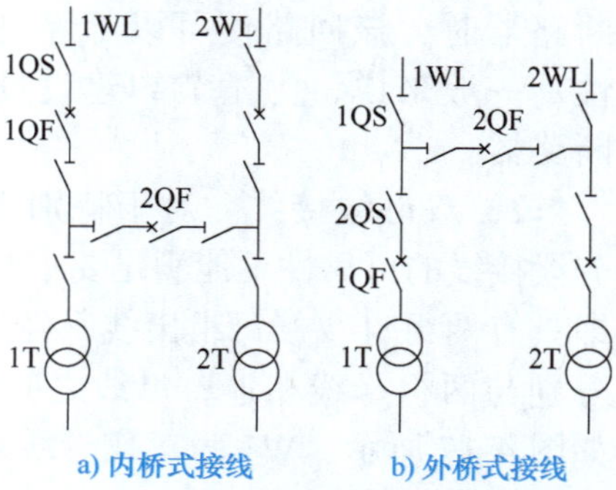

图 4-19　桥式接线

桥式接线的特点：接线简单，高压侧无母线，没有多余设备；减少投资，安全可靠，无论哪条回路故障或检修，均可以通过倒闸操作迅速切除；操作灵活，能适应多种运行方式。如将 2QF 和二次侧分段断路器（图中未画）闭合，可使两台变压器并列运行。将 2QF 和二次侧分段断路器都断开，能适应单电源双回路，又能适应双电源的两端供电。

对 35kV 及以上总降压变电所，有两路电源供电及两台变压器时，一般采用桥式接线。内桥式接线适用于电源线路较长而发生故障和停电检修的机会较多，并且变压器无须经常切换的总降压变电所。外桥式接线适用于电源线路较短而变电所的变压器经常进行切换操作以适应昼夜负荷变化大，须经济运行的总降压变电所。当一次电源线路采用环形接线时，宜采用此接线方式。

三、总降压变电所主接线

对于电源进线电压为 35kV 及以上的大中型工厂，通常是先经工厂总降压变电所降为 6 ～ l0kV 的高压，然后经车间变电所降为一般低压用电设备所需要的电压。

工厂总降压变电所供电系统如图 4-20 所示。工厂总降压变电所一般设变压器 1 ～ 2 台，电源进线 1 ～ 2 回，电压为 35 ～ 110kV/6 ～ 10kV。

下面介绍常用的工厂总降压变电所几种常见的主接线方式。

（1）单台变压器的总降压变电所主电路图

此种接线图一次侧无母线，二次侧采用单母线。总降压变电所线路—变压器组（无母线）主接线如图 4-21 所示。其特点是可靠性不高，只适用于三级负荷。

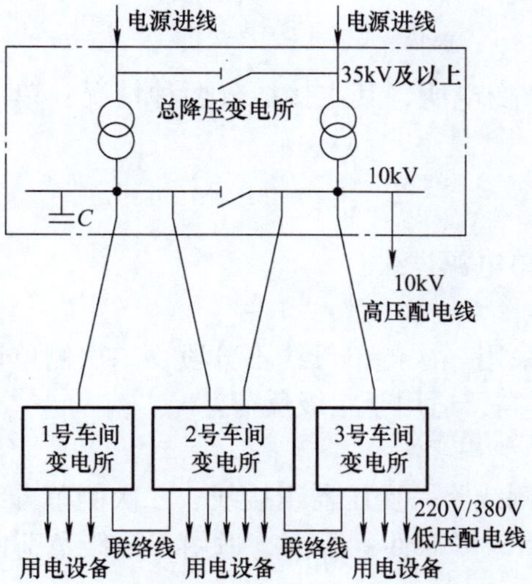

图 4-20　工厂总降压变电所供电系统

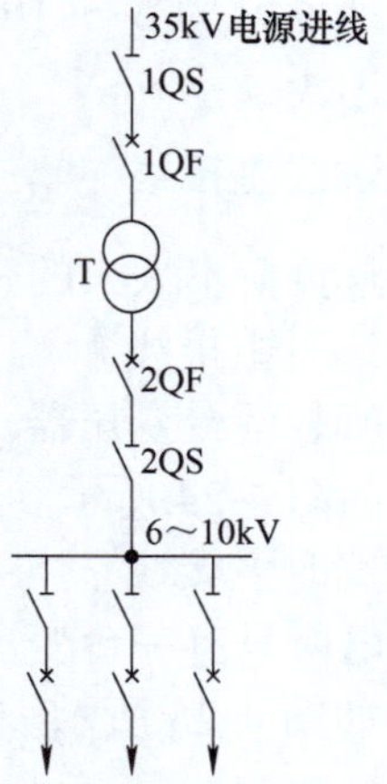

图 4-21　总降压变电所线路—变压器组（无母线）主接线

（2）两台主变压器的总降压变电所主电路图

1）一次侧采用内桥式接线、二次侧采用单母线分段的总降压变电所主接线如图 4-22 所示。

图 4-22 主接线一次侧的高压断路器 3QF 跨接在两路电源进线之间，犹如一架桥梁，而且处在线路断路器 1QF 和 2QF 的内侧，靠近变压器，因而称为内桥式接线。其特点是主接线灵活性较好，供电可靠性较高，适用于一、二级负荷。

采用内桥式接线时，当某路（1WL）电源停电检修或发生故障时，断开 1QF，投入 3QF（其两侧 QS 先合），即可由 2WL 恢复对变压器的供电。内桥式接线常用于电源线路较长而发生故障和停电检修机会较多，但是变压器无须经常切换的总降压变电所。

2）一次侧采用外桥式接线、二次侧采用单母线分段的总降压变电所主接线如图 4-23 所示。这种主接线一次侧的高压断路器 3QF 也跨接在两路电源进线之间，但是处在线路断路器 1QF 和 2QF 的外侧，靠近电源，因而为外桥式接线。其特点是主接线灵活性较好，供电可靠性较高，适用于一、二级负荷。

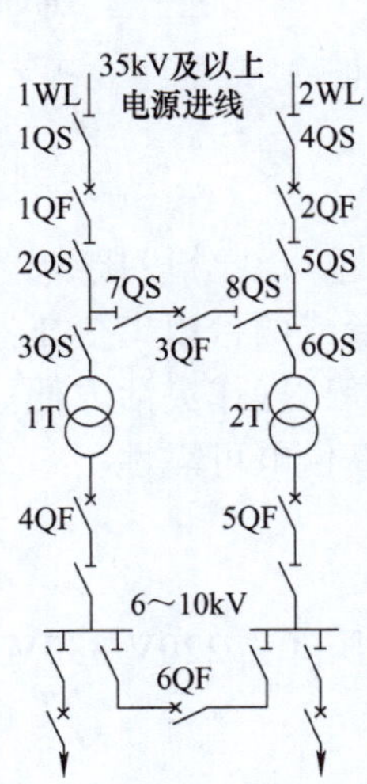

图 4-22　总降压变电所内桥式主接线

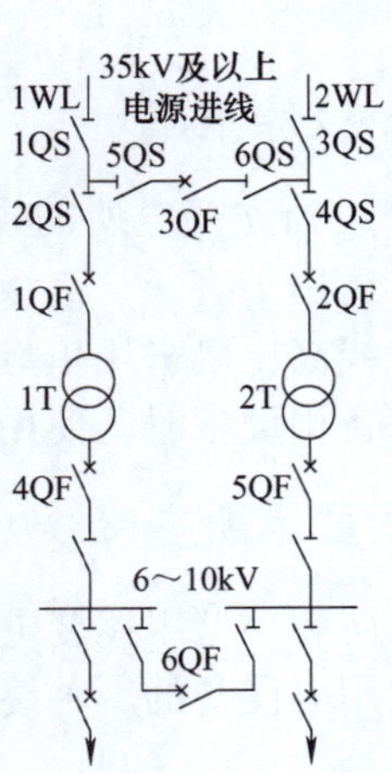

图 4-23　总降压变电所外桥式主接线

四、独立变电所主接线

独立变电所通常为 6 ~ 10kV/0.38kV/0.22kV 变电所，其主接线分两种情况：单电源进线、双电源进线。

1. 单电源进线主接线

三级负荷且负荷不太大的企业变电所常采用单电源进线。

（1）有母线时主接线

独立变电所装两台变压器（配电变压器）时采用一次侧单母线不分段、二次侧单母线分段主接线，如图 4-24 所示。这种接线可靠性不高，适用于三级负荷。

（2）无母线时主接线

当独立变电所只有一台变压器时，采用一次侧线路—变压器组接线、二次侧单母线不分段主接线，如图 4-25 所示。这种接线比较简单，可靠性也不高，适用于三级负荷的小型变电所。

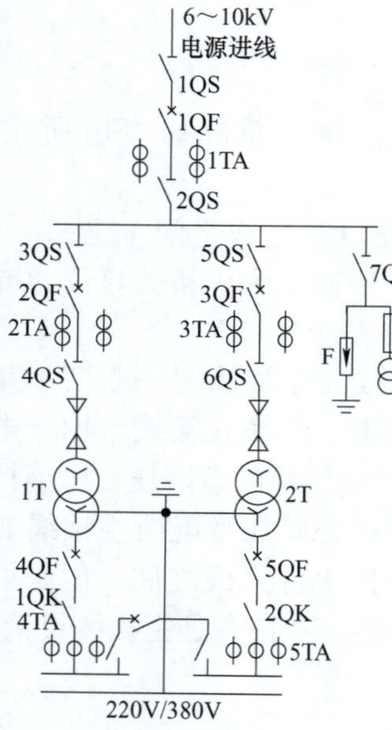

图 4-24 单电源进线独立变电所有母线主接线

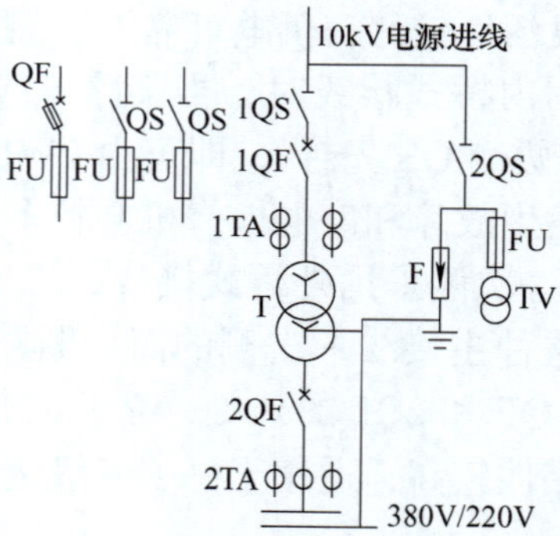

图 4-25 单电源进线独立变电所无母线主接线

2. 双电源进线主接线

双电源进线独立变电所的主接线一般采用一、二次侧单母线分段接线，如图 4-26 所示。这种接线适用于有一、二级负荷的企业，变电所有两台或两台以上变压器。

双电源进线高压侧采用单母线分段后，供电可靠性较高，操作灵活方便。当电源进线采用一工作一备用设备时，使用电源自动投入装置，可提高供电可靠性。

五、车间变电所主接线

车间变电所和小型工厂变电所是将 6 ~ 10kV 的配电电压降为 220V/380V 的低压用电，再直接供电给用电设备的一种终端变电所。

1. 设计思路

车间变电所主接线方案的设计思路：当工厂内有总降压变电所（35kV）或高压配电所

（6～10kV）时，车间变电所高压侧的主接线通常很简单，因为高压侧的开关电器、保护装置和测量仪表一般都装在高压配电线路的首端，即安装在总降压变电所或高压配电所的高压配电室内，而车间变电所的进线处大多可不装设高压开关，或只简单地装设高压隔离开关、熔断器（室外则装设跌落式熔断器）、避雷器等。

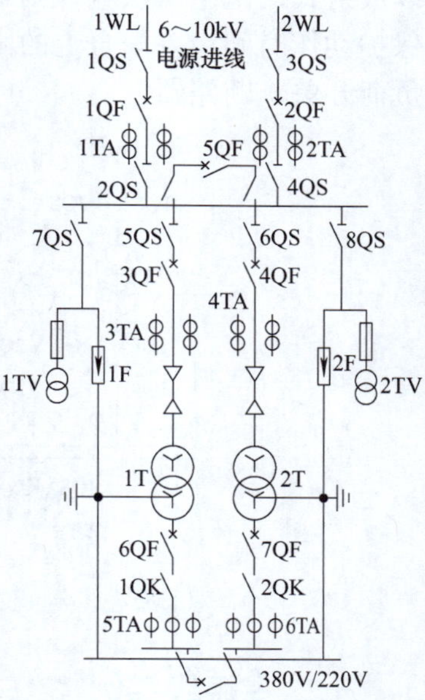

图 4-26　双电源进线独立变电所单母线分段主接线

2. 典型方案介绍

1）车间变电所的进线处不装设高压开关。

2）总降压变电所继电保护装置能保护变压器且灵敏度满足要求时，车间变电所的进线处简单地装设高压隔离开关、熔断器（室外则装设跌落式熔断器）、避雷器等。

3）一次侧为线路—变压器组接线、二次侧为单母线不分段接线。采用电缆进线时高压侧不装设避雷器，但避雷器装设在电缆首端（图中未画出），而且避雷器的接地端要连同电缆的金属外皮一起接地，如图 4-27 所示。

采用架空进线时，无论是户内式还是户外式变电所，都必须装设避雷器以防止雷电波沿架空线侵入变电所，且避雷器的接地线应与变压器的低压绕组中性点及外壳相连后接地，如图 4-28 所示。

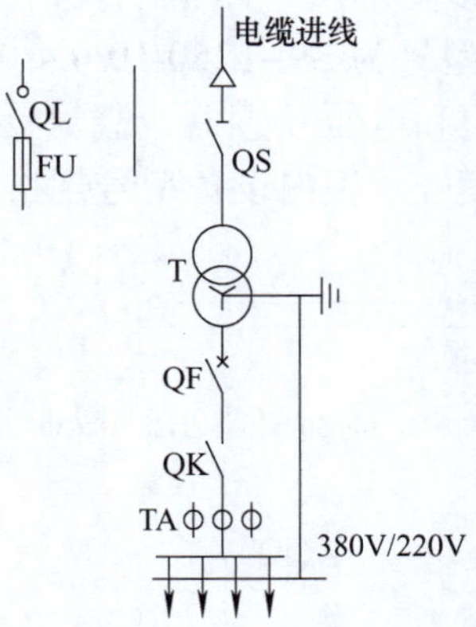

图 4-27　电缆进线的车间变电所主接线

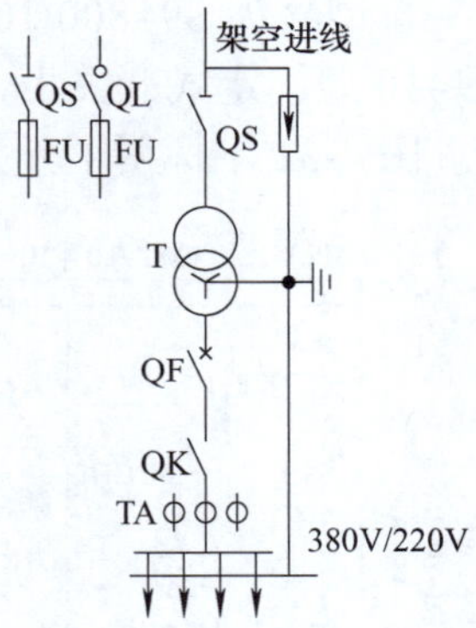

图 4-28　架空进线的车间变电所主接线

4）车间变电所为双回路进线有两台变压器时，采用一次侧双线路—变压器组接线、二次侧单母线分段接线，如图 4-29 所示。

六、配电所主接线

配电所的任务是从电力系统接收高压电能，并向各车间变电所及高压设备进行配电。在大中型企业中设置配电所，其位置应当尽量靠近负荷中心，常和车间变电所设在一起。每个配电所的馈电线路一般不少于 4～5 回路。以典型的 10kV 高压配电所主接线为例来分析其主接线的组成和特点，如图 4-30 所示。

当进线电源为两路时，则采用单母线分段制，分段开关一般装在分段柜或联络柜中。在每段母线上都要设置电压互感器和避雷器，它们装在一个高压柜中。两路 10kV 的电源进线，一路为架空进线作为工作电源，另一路为电缆进线作为备用电源，来自邻近单位的高压联络线。按照负荷大小，每段母线分配的负荷大小一般大致均衡。如果总降压变电所以放射式的配电所供电，则配电所进线开关可以考虑利用负荷开关或隔离开关以降低继电保护动作时间级差配合上的困难。配电所的引出线可根据用户类型采用熔断器、熔断器加负荷开关、断路器。

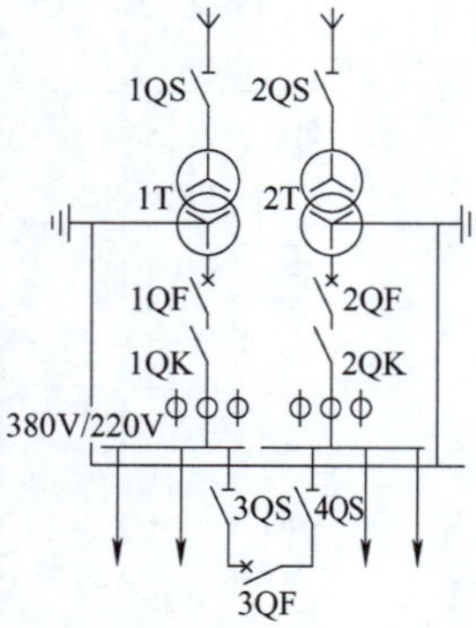

图 4-29　双回路进线车间变电所主接线

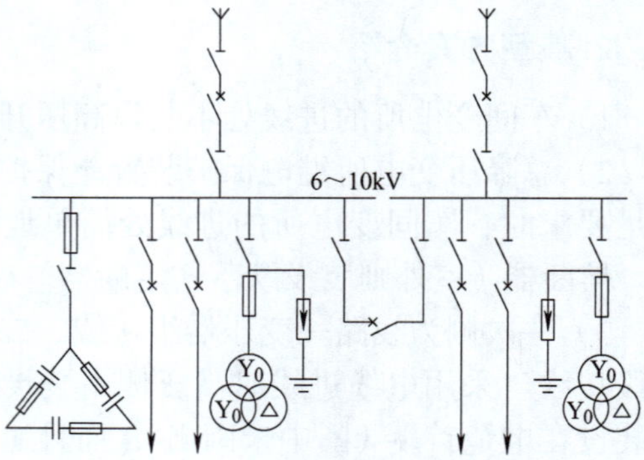

图 4-30　双回路进线配电所主接线

七、主接线实例

1. 独立变电所主接线

图 4-31 所示为某企业独立变电所主接线设计图。该变电所一路电缆线路进线，装两台变压器，一台型号为 S9-800/10/0.4/0.23kV，另一台型号为 S9-1250/10/0.4/0.23kV，选用 5 台 KGN-10 型固定式开关柜，其中进线柜、计量柜和电压互感器、避雷器柜各 1 台，馈线柜 2 台。图 4-31 中标明了开关柜的编号、回路方案号及柜内设备型号规格。

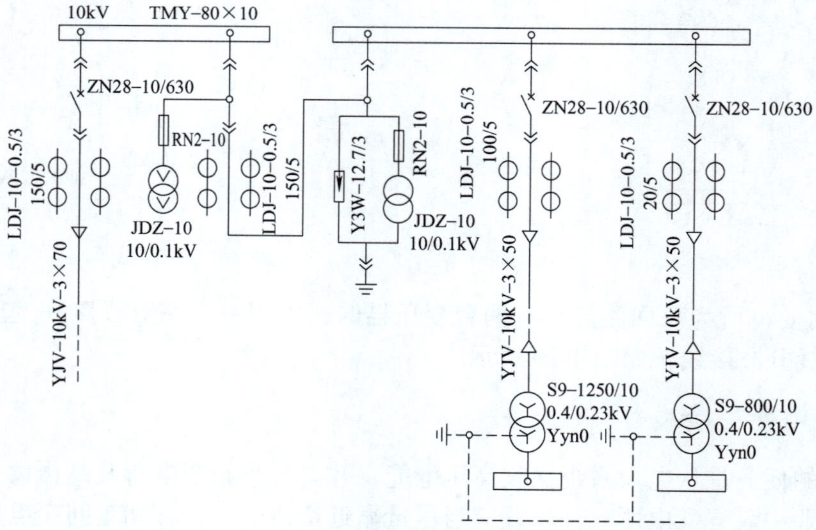

图 4-31　某企业独立变电所主接线设计图

2. 总降变电所主接线

图 4-32 所示为某企业 35kV/10kV 总降变电所主接线，该变电所两路电源架空进线，两台主变压器一、二次侧均采用单母线分段主接线，35kV 和 10kV 主接线选用移开式开关柜构成。

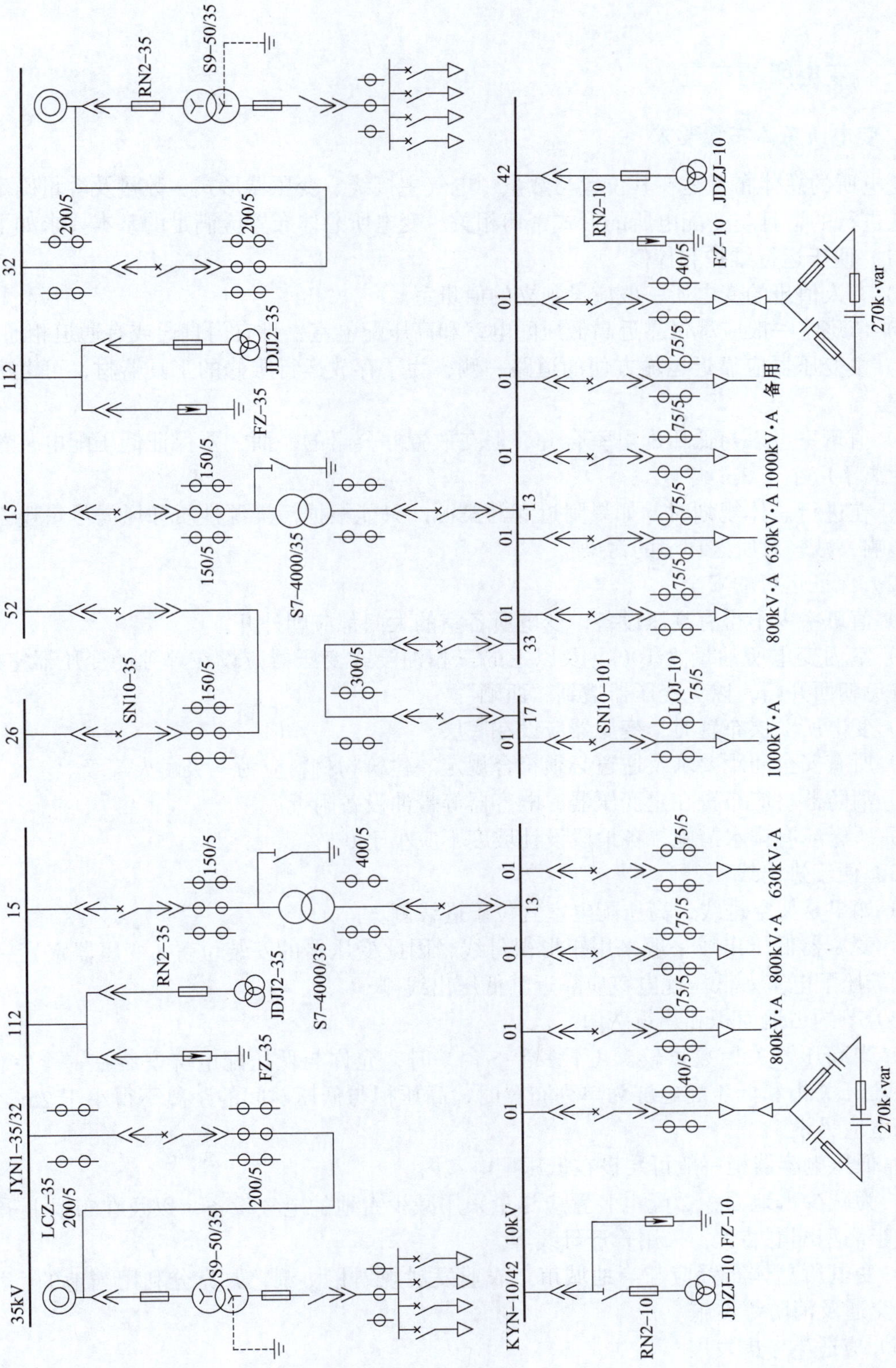

图 4-32 某企业 35kV/10kV 总降变电所主接线设计图

4.5 变电所的布置和结构

一、变电所的布置

1. 变电所总体布置要求

变电所的总体布置是在其位置与数量、电气主接线、变压器形式、数量及容量确定的基础上进行的，且与变配电所的形式密切相关。变电所总体布置应满足的基本要求如下。

（1）便于运行维护和检修

1）有人值班的变电所一般应设独立的值班室。

2）值班室一般应尽量靠近高低压配电室和高压配电室，且有门直通或有通道相通。

3）主变压器应靠近运输方便的道路一侧，为了存放运行维修的工具器材，可考虑设保管室。

4）值班室可以与低压配电室合并，但在放置办公桌的一面，要保证低压配电装置到墙的距离不应小于 3m。

5）在进行总体规划时，如果附近有污染源，只能根据污染源性质和风向尽量避开其不利影响，减轻对所区环境的污染。

（2）保证运行的安全

1）值班室内不得有高压设备，变电所各室的大门都应朝外开。

2）室内变电所油量为 100kg 及以上的三相油浸式变压器应设在单独的变压器室内，且应避免朝西开门，以免变压器遭到“西晒”。

3）变电所双层布置时，变压器应设在底层。

4）所有安全间距要求及通道必须符合规定。建筑物材料应为一级耐火等级。

5）消防器材应布置在主变压器、电容器等带油设备附近。

6）所区应有排水措施，各地段设计坡度不应小于 0.5%。

（3）便于进出线

1）如果是架空进线，高压配电室宜位于进线侧。

2）变压器低压出线一般采用矩形裸母线，因此变压器的安装位置（变压器室）一般宜靠近低压配电室。低压配电室应靠近其低压出线侧。

（4）节约占地面积和建筑费用

1）当高压开关柜数量较少（不多于 5 台）时，允许与低压配电屏安装在一个室内。但当高压开关柜和低压配电屏为单列布置时，高压柜与低压屏间的距离不得小于 2m，这时值班室应另设。

2）低压电容器柜一般可装设在低压配电室内。

3）为减少占地面积，配电装置应尽量采用减少占地的电气设备，以及在布置上采用高型或半高型配电装置，采用管形母线等。

4）变电所总体布置应与当地城市工农业发展规划相协调，并充分利用当地的生活、卫生、交通及消防等设施。

（5）应适当考虑发展

1）所区内建筑物、构筑物的布置应紧凑合理，充分利用地形，并应考虑便于扩建。

2）高低压配电室应留有备用装置和备用空间。

2. 变电所总体布置的方案

变电所总体布置的方案应因地制宜，合理设计。一般通过几个方案的比较，从安全性、可靠性和经济性来综合考虑确定布置方案。

变电所的布置形式有室内式、室外式和混合式三种。室内式变电所变压器、配电装置安置于室内，工作条件好，运行管理方便；室外式变电所则将变压器、配电装置全部安装于室外；混合式变电所部分装于室内、部分装于室外。变电所一般采用室内式。室内式又分为单层布置和双层布置，视投资和土地情况而定。35kV 户内变电所宜采用双层布置，6 ～ 10kV 变配电所宜采用单层布置。图 4-33 所示为工厂高压配电所与附设车间变电所合建的几种平面布置方案。

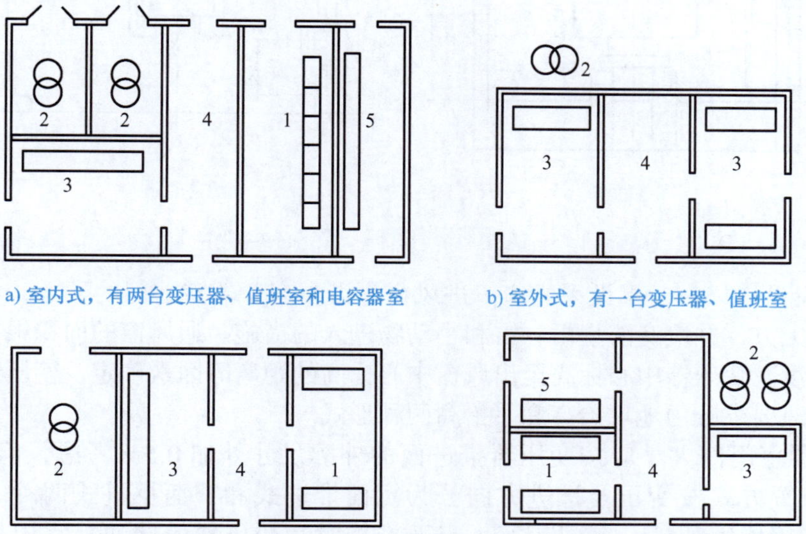

a) 室内式，有两台变压器、值班室和电容器室　b) 室外式，有一台变压器、值班室

c) 室内式，有一台变压器、值班室　d) 室外式，有两台变压器、值班室和电容器室

图 4-33　变电所布置方案

1—高压配电室　2—变压器室　3—低压配电室　4—值班室　5—高压电容器室

对于没有高压配电所或没有总降压变电所的工厂，其车间（或工厂）变电所与图 4-33 布置方案基本相同，只是高压开关柜的数量较少，因此高压配电室也相应地小一些。

二、变电所的结构

1. 变压器室和室外变压器装置的结构

（1）变压器室的结构

变压器室的结构形式主要由变压器的形式、容量、放置方式、主接线方案及进出线的方式和方向等因素决定，综合考虑运行维护的安全及通风、防火等问题，以及考虑到发展，变压器室宜具有更换更大一级容量变压器的可能性。变压器室布置图如图 4-34 所示。

1）设计变压器室的结构布置时，应参考国家制定的电气装置标准。

2）变压器的防火。为保证变压器安全运行及防止变压器失火时故障蔓延，每台油量为 100kg 及以上的三相油浸式变压器应装设在单独的房间内。变压器室的建筑应属一级耐火等级，其门窗材料都应该是不燃的。

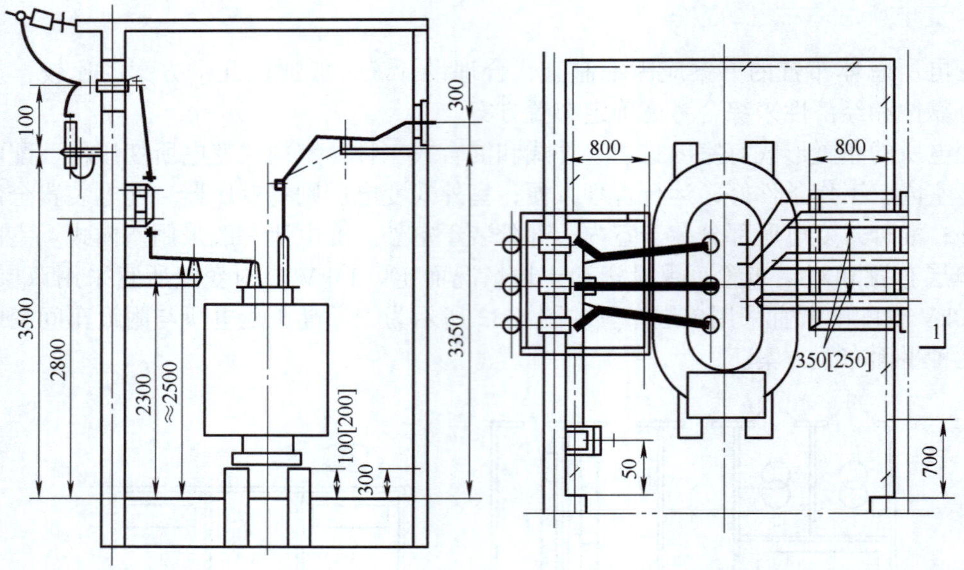

a) 剖面图　　b) 平面图

图 4-34　变压器室布置图（单位：mm）

3）室内只设通风窗，不设采光窗。进风窗应设在变压器室前门的下方，出风窗应设在变压器室的上方，并应有防止雨、雪和小动物进入的措施。通风窗的面积根据变压器的容量、进风温度及变压器中心标高至出风窗中心标高的距离等因素确定。变压器室的地坪按变压器的通风要求分为地坪抬高和不抬高两种形式。

4）变压器室门的大小应按变压器推进面的外廓尺寸外加 0.5m 考虑，门要向外开。变压器室的布置方式按变压器推进方向分为宽面推进式和窄面推进式两种。宽面推进时，变压器低压侧宜朝外，室门较宽；窄面推进时，变压器的储油柜宜向外，室门窄一些。

5）为了运行维护的安全和方便，变压器外廓与变压器室墙壁和门的距离应不小于表 4-6 中的数值。

表 4-6　变压器外廓与变压器室四壁的最小距离

变压器容量 /kV · A	100 ～ 1000	1250 及以上
至后壁和侧壁的净距 /m	0.8	0.8
至大门的净距 /m	0.8	1.0

（2）室外变压器装置的结构

设计室外（露天）变电所时，应参考国家电气装置标准 GB 50053—2013《20kV 及以下变电所设计规范》的有关规定。为了运行维护的安全，露天或半露天变电所的变压器四周应设高度不低于 1.8m 高的固定围栏或围墙。变压器外廓与围栏或围墙的净距不应小于 0.8m；油重小于 1000kg 的相邻油浸变压器外廓之间的净距不应小于 1.5m。为了防止变压器受水冲刷，并防止杂草影响到变压器放油、取油样的方便，变压器底部距地面不得小于 0.3m。

当变压器容量在 315kV · A 及以下、环境条件正常且符合供电可靠性要求时，可考虑采用杆上变电站。

2. 高低压配电室、电容器室和值班室的结构

（1）高低压配电室的结构

1）高低压配电室的结构形式主要取决于高低压开关柜（屏）的形式、尺寸、数量、布置方式（单列或双列）、安装方式（靠墙或离墙）等因素。为适应今后的发展，要留有适当数量的备用开关柜（屏）的位置，同时注意节约土地和建筑费用。

2）高低压配电室都应考虑自然通风和自然采光。采光窗应为不能开启式，且应有防止雨、雪和小动物进入的措施。当高低压配电室的长度大于 8m 时，应设两个出口，并应尽量设在室的两端。配电室的门一般应向外开，但是高压配电室通往值班室的门应为双向开启门。

3）高压配电室的耐火等级不应低于二级；低压配电室的耐火等级不应低于三级。

4）充分考虑运行维护的安全和方便，高低压配电室要留有足够的操作维护通道。高压配电室布置图如图 4-35 所示。

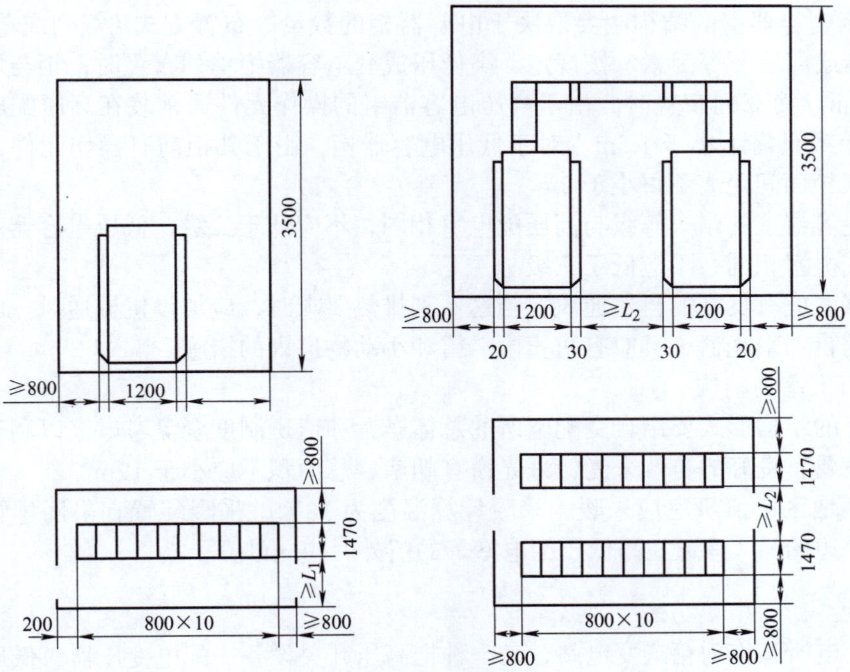

图 4-35　高压配电室布置图（GFC10 型高压开关柜）（单位：mm）

固定式开关柜单列布置时，操作维护通道不得小于 1.5m；双列布置时，操作维护通道为 2 ～ 3m。如果是手车式开关柜，则按规定，单列布置时，操作维护通道应不小于单车长度加 1.2m；双列布置时，操作维护通道应不小于双车长度加 0.9m。

低压配电室布置图如图 4-36 所示。在低压配电室中，按有关规定，固定式配电屏为双列布置时，屏前通道不得小于 2m，屏后通道不得小于 1m。单列布置时，屏前通道不得小于 1.5m，屏后通道不得小于 1m；对于单列布置的双面抽屉式配电屏，屏前通道不得小于 2m，屏后通道不得小于 1m。

5）高压配电室的高度与开关柜的形式及进出线的方式（电缆进出线或为架空进出线）有关。采用架空进出线时，高度为 4.2m 以上；采用电缆线进出线时，高度为 3.5m。开关柜下方宜设电缆沟，柜前或柜后也宜设电缆沟。

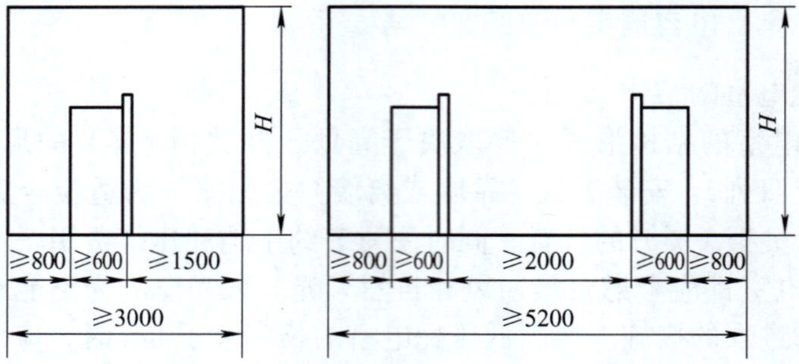

图 4-36　低压配电室布置图（单位：mm）

6）低压配电室的高度应与变压器室综合考虑，以方便变压器低压出线。与抬高地坪变压器室相邻时，其高度为 4 ～ 4.5m；与不抬高地坪变压器室相邻时，其高度为 3.5 ～ 4m。配电室为电缆进线时，其高度为 3m。低压开关柜下方宜设电缆沟。

（2）高低压电容器室的结构

高低压电容器室的结构主要取决于电容器柜的数量、布置方式（双列或单列），安装方式（靠墙或离墙）等因素。按规定，高低压成套电容器柜单列布置时，柜与墙面距离不得小于 1.5m。而双列布置时，由于高压电容器组的操作元件通常装在高压配电室，因此其柜面间距离只需不小于 1.5m。对于低压电容器柜，由于其柜前有操作元件，因此双列布置时，其柜面间距离不得小于 2m。

高压电容器室的耐火等级与高压配电室相同，不应低于二级；低压电容器室的耐火等级与低压配电室相同，不应低于三级。

电容器室应有良好的自然通风，当达不到排热要求时，应加设机械通风。电容器室设不能开启的自然采光窗，且应有防止雨、雪和小动物进入的措施。

（3）值班室的结构

值班室的结构形式要结合变配电所的总体布置和值班制度全盘考虑，以利于运行与维护。值班室要有良好的自然采光，采光窗宜朝南，总面积不应小于 12m。

在采暖地区，值班室应采暖，采暖计算温度为 18℃，采暖装置宜采用排管焊接。值班室通往外边的门（除通往高低压配电室等的门外）应向外开。

3. 成套变电所

成套变电所又称为箱式变电站，是一种把高压开关设备、配电变压器、低压配电装置按一定接线方案预先制成的户内、户外紧凑式配电设备。其成套性强，体积小，占地少，技术先进，安全可靠，自动化程度高，组合方式灵活，安装方便。户内式用于高层建筑和民用建筑的供电；户外式多用于工矿企业、公共建筑和住宅小区的供电。

成套变电所的电气设备分为以下三部分。

1）高压柜。可装固定柜或手车柜。

2）变压器箱可装 30 ～ 1600kV · A 干式电力变压器一台或用两台变压器组合的供电成套变电所。

3）低压屏根据实际需要可采用固定式或抽屉式低压配电屏。

三、变电所布置和结构实例

图 4-37 所示为 35kV 变电所平面布置（双层）及剖面结构图。该变电所采用室内双层布置（局部一层），35kV 配电装置和控制室位于二层，其余均在一层。

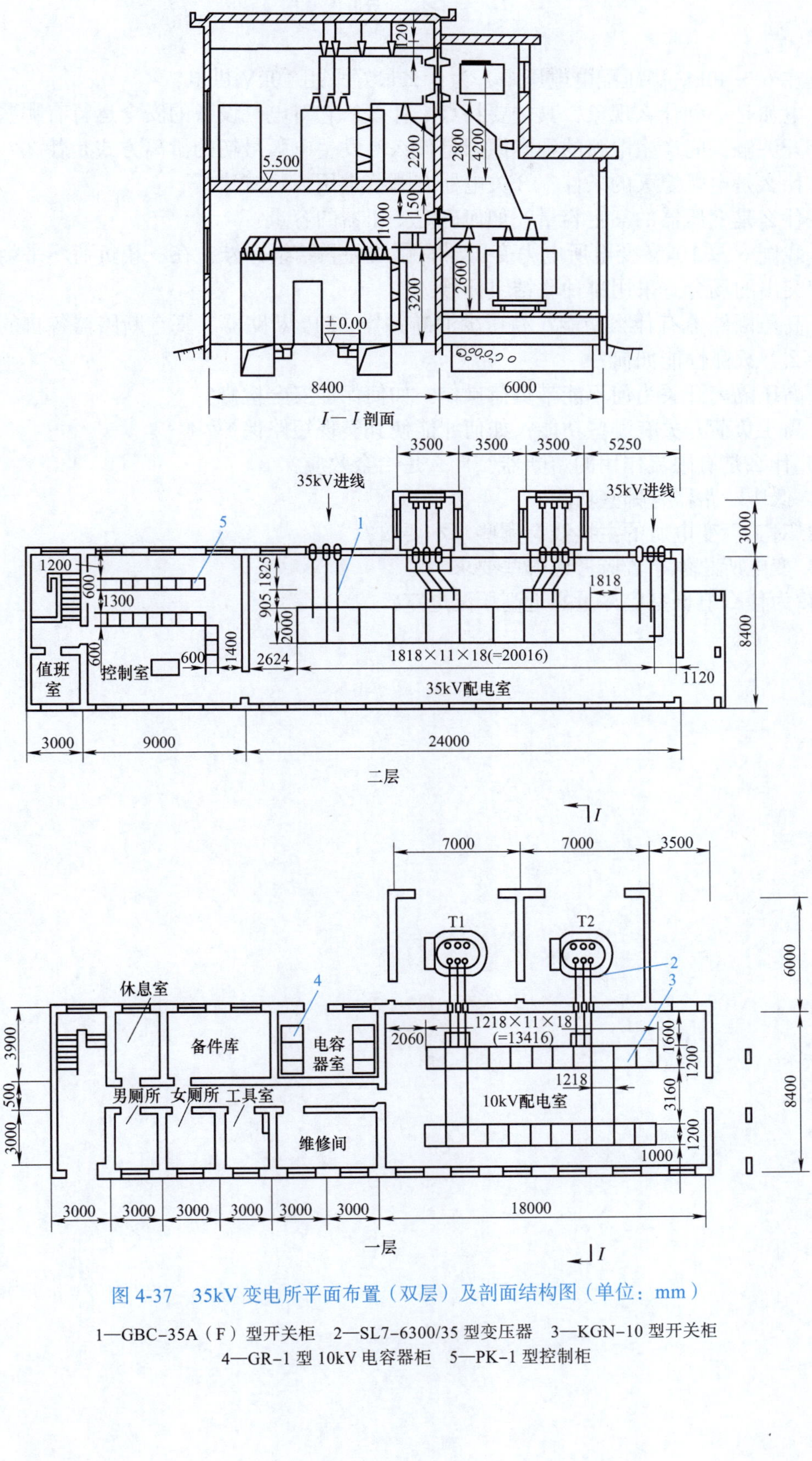

图 4-37　35kV 变电所平面布置（双层）及剖面结构图（单位：mm）

1—GBC-35A（F）型开关柜　2—SL7-6300/35 型变压器　3—KGN-10 型开关柜
4—GR-1 型 10kV 电容器柜　5—PK-1 型控制柜

习题

1. 在 6 ~ l0kV 高压配电电压中，为什么最好采用 10kV 供电？

2. 电弧是一种什么现象？其主要特点是什么？它对电气设备的安全运行有哪些影响？

3. 开关触头间产生电弧的根本原因是什么？发生电弧最初的游离方式是什么？

4. 什么是电弧熄灭的条件？开关电器有哪些常用灭弧方法？

5. 什么是变压器的额定容量？如何确定变压器的容量？

6. 我国 6 ~ 10kV 变电所电力变压器有哪两种联结组标号？在三相负荷不平衡或谐波电流较突出的场合宜采用哪种联结组标号？

7. 高压断路器有什么功能？高压少油断路器、SF_6 断路器、真空断路器各自的灭弧介质是什么？灭弧性能如何？

8. 高压隔离开关为何不能带负荷操作？如何保证安全检修？

9. 高压负荷开关有哪些功能？如何才能使其实现短路保护？

10. 什么是有限流作用的熔断器？什么是冶金效应？

11. 低压断路器有哪些功能？

12. 对工厂变电所的主接线有哪些基本要求？

13. 变电所总体布置应考虑哪些要求？

14. 为什么值班室应尽量靠近高压配电室？

第 5 章 继电保护装置及二次系统

本章着重介绍工厂供电系统中常用的继电保护装置，包括对继电保护的基本要求，常用继电器类型和结构原理，过电流继电保护的接线方案及其整定等。此外，本章还将简要介绍断路器的控制电路和信号系统、绝缘监察装置和测量仪表以及二次回路接线图绘制的基本知识。

5.1 继电保护装置的任务和要求

一、继电保护装置的任务

在供电系统中，由于各种原因难免发生各种故障和不正常运行状态，其中最常见的就是短路。供电系统发生短路时，必须迅速切除故障部分，恢复其他无故障部分的正常运行。前面所讲的熔断器保护和低压断路器保护，就是实现短路故障保护的两种保护装置。熔断器保护简单经济，但灵敏度低，熔体熔断后更换熔体需一定时间，从而影响供电可靠性。低压断路器灵敏度高，而且在故障消除后可很快合闸恢复供电，因此供电可靠性大大提高。但以上两种保护一般只适用于低压系统。在高压系统中，一般需要采用继电保护装置，才能确保保护的灵敏度，大大提高供电可靠性。

继电保护装置的任务：一是在供电系统出现短路故障时，作用于前方最近的断路器或其他控制保护装置使之迅速跳闸，切除故障部分，恢复系统其他部分的正常运行，同时发出信号，提醒运行值班人员及时处理事故；二是在供电系统出现不正常工作状态，如过负荷或故障苗头时，发出报警信号，提醒运行值班人员注意并及时处理，以免发展为故障。

二、继电保护装置的基本要求

供电系统对继电保护装置有以下基本要求。

（1）选择性

当供电系统发生故障时，仅由离故障点最近的继电保护装置动作，切除故障，而供电系统的其他非故障部分仍能正常运行。满足这一要求的动作，称为选择性动作。如果供电系统发生故障时，靠近故障点的保护装置不动作（拒动），而离故障点远的前级保护装置越级动作，则称为失去选择性动作。

（2）速动性

为了防止事故扩大，减轻短路电流对设备的危害程度，提高电力系统运行的稳定性，当供电系统发生故障时，继电保护装置应迅速动作切除故障。

（3）可靠性

可靠性是指保护装置该动作时就动作（不拒动），不该动作时不误动。前者为信赖性，后者为安全性，即可靠性包括信赖性和安全性。继电保护装置的可靠性与保护装置的接线方式、元器件的质量及安装、整定和运行维护等很多因素有关。

（4）灵敏性

灵敏性指保护装置在其保护范围内对故障或不正常运行状态的反应能力。继电保护装置对其保护区内的所有故障都应该正确反应。灵敏性通常用灵敏系数 S_p 来衡量，S_p 越大，灵敏性越强，越能反应轻微故障。对反应过量的继电保护装置，灵敏系数为

$$S_p=\frac{I_{k\cdot min}}{I_{op\cdot 1}} \tag{5-1}$$

式中，$I_{k\cdot min}$ 为继电保护装置保护区内在电力系统最小运行方式下的最小短路电流；$I_{op\cdot 1}$ 为继电保护装置动作电流换算到一次电路的值，称为其一次动作电流；S_p 为灵敏系数。

注意：式（5-1）是针对过量继电器而言，欠量继电器的灵敏系数的定义则不同，请读者自行思考。

以上 4 项要求对熔断器保护和低压断路器保护也是适用的。但这 4 项要求对于一个具体的继电保护装置不一定都是同等重要的，应根据所保护的对象而有所侧重。如对电力变压器，一般要求灵敏性和速动性较好，有时宁可牺牲选择性也要确保快速切除故障；而对一般配电线路，其保护装置往往侧重选择性，对灵敏性的要求则可以低一些。

GB/T 50062—2008《电力装置的继电保护和自动装置设计规范》中 2.0.4 节列出了各种保护继电器的最小灵敏系数。

5.2 常用保护继电器

一、概述

继电器是组成继电保护装置的基本元件。继电器的分类方式很多，按其应用分，有控制继电器和保护继电器两大类。机床控制电路应用的继电器多属于控制继电器，供电系统中应用的继电器多属于保护继电器。保护继电器按其组成元件分，有机电型和晶体管型两大类。机电型按其结构原理分，又可分为电磁式和感应式等。由于机电型继电器具有简单可靠、便于维护等优点，我国工厂供电系统中仍普遍应用。保护继电器按其反应物理量分，有电流继电器、电压继电器、功率继电器、气体继电器等；保护继电器按反应数量变化分，有过量继电器和欠量继电器，如过电流继电器和欠电压继电器等；保护继电器按其在保护装置中的功能分，有起动继电器、时间继电器、信号继电器和中间继电器（或出口继电器）等。

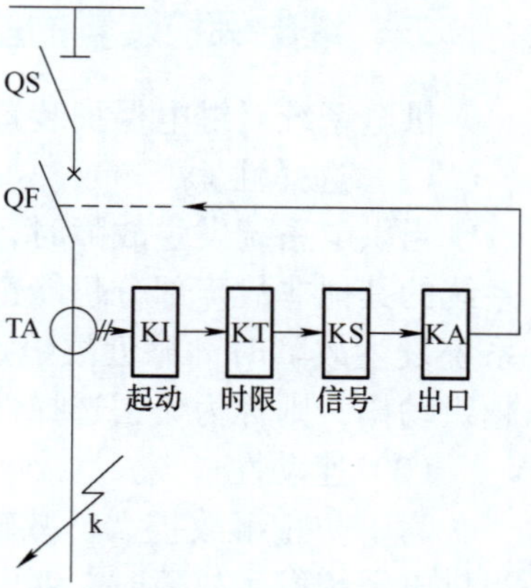

图 5-1 过电流保护框图

图 5-1 所示为过电流保护框图。当线路发生短路时，起动用的电流继电器 KI 瞬时动作，使时间继电器 KT 起动，KT 经整定的一定时限后，接通信号继电器 KS 和中间继电器 KA。KA 接通断路器 QF 的跳闸回路，使断路器

QF 跳闸。

保护继电器按其与一次电路的联系分为一次式继电器和二次式继电器。一次式继电器的线圈是与一次电路直接相连的，如低压断路器的过电流脱扣器和失电压脱扣器，实际上都是一次式继电器。二次式继电器的线圈都是连接在电流互感器或电压互感器二次侧的，通过互感器与一次电路相联系。高压系统应用的保护继电器都属于二次式继电器。

下面分别介绍工厂供电系统中常用的几种机电型保护继电器。

二、电磁式电流继电器

电磁式电流继电器在继电保护装置中通常用作起动元件，因此又称为起动继电器。

工厂供电系统中常用的 DL–10 系列电磁式电流继电器的基本结构如图 5-2 所示，其内部接线和图形符号如图 5-3 所示。

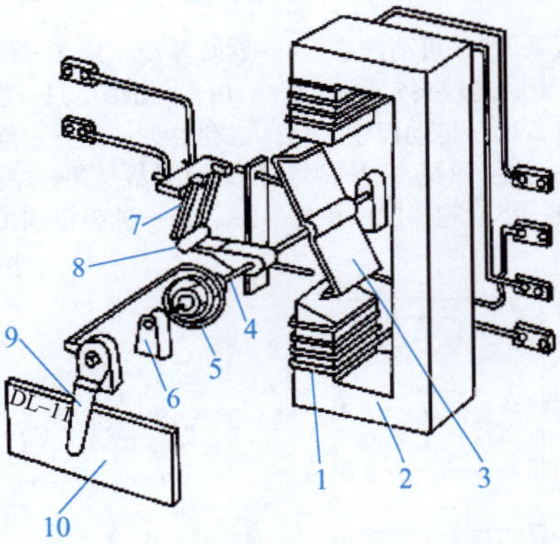

图 5-2　DL–10 系列电磁式电流继电器的基本结构

1—线圈　2—电磁铁　3—钢舌簧片　4—轴　5—弹簧　6—轴承　7—静触头　8—动触头　9—起动电流调节转杆　10—标度盘（铭牌）

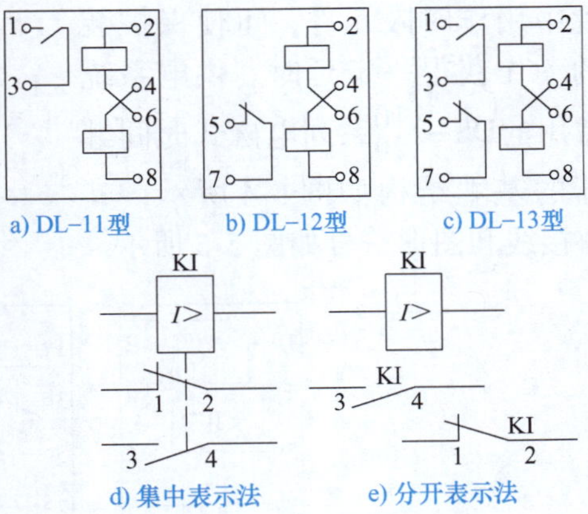

图 5-3　DL–10 系列电磁式电流继电器的内部接线和图形符号

KI1–2　常闭（动断）触点

KI3–4　常开（动合）触点

在图 5-2 中，当继电器线圈 1 通过电流时，电磁铁 2 中产生磁通，力图使 Z 形钢舌簧片 3 向凸出磁极偏转。与此同时，轴 4 上的弹簧 5 又力图阻止钢舌簧片偏转。当继电器线圈中的电流增大到使钢舌簧片所受到的转矩大于弹簧的反作用力矩时，钢舌簧片便被吸近磁极，使常开触头闭合、常闭触头断开，称之为继电器的动作或起动。

能使过电流继电器动作（触头闭合）的最小电流称为继电器的动作电流，用 I_{op} 表示。

过电流继电器动作后，减小通入继电器线圈的电流到一定值时，钢舌簧片在弹簧的作用下返回起始位置（触头断开）。使继电器由动作状态返回到起始位置的最大电流，称为继电器的返回电流，用 I_{re} 表示。

继电器返回电流与动作电流的比值，称为继电器的返回系数，用 K_{re} 表示，即

$$K_{re}=\frac{I_{re}}{I_{op}} \tag{5-2}$$

对于过量继电器，返回系数总是小于 1（欠量继电器则大于 1），返回系数越接近 1，说明继电器越灵敏，如果返回系数过低，则可能使保护装置误动作。DL–10 系列继电器的返回系数一般不小于 0.8。

电磁式电流继电器的动作极为迅速，可认为是瞬时动作，因此这种继电器也称为瞬时继电器。

电磁式电流继电器的动作电流调节有两种方法：一种是平滑调节，即拨动起动电流调节转杆 9（见图 5-2）来改变弹簧 5 的反作用力矩；另一种是级进调节，即改变线圈连接方式，当线圈并联时，动作电流将比线圈串联时增大一倍。请读者对照图 5-2 和图 5-3 自行体会。

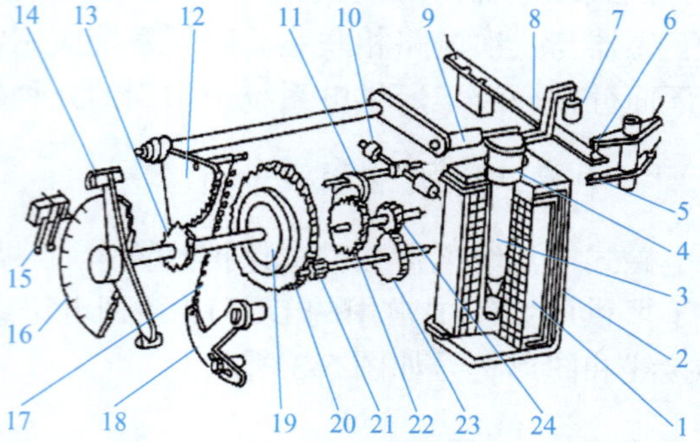

图 5-4　$DS-\frac{110}{120}$ 系列电磁式时间继电器的基本结构

1—线圈　2—电磁铁　3—可动铁心　4—返回弹簧　5、6—瞬时静触头　7—绝缘杆　8—瞬时动触头　9—压杆　10—平衡锤　11—摆动卡板　12—扇形齿轮　13—传动齿轮　14—主动触头　15—主静触头　16—标度盘　17—拉引弹簧　18—弹簧拉力调节器　19—摩擦离合器　20—主齿轮　21—小齿轮　22—掣轮　23、24—钟表机构传动齿轮

三、电磁式时间继电器

电磁式时间继电器在继电保护装置中用作时限元件，可使保护装置的动作获得一定延时。供电系统中常用的 $DS-\frac{110}{120}$ 系列电磁式时间继电器的基本结构如图 5-4 所示，其内部接线和图形符号如图 5-5 所示。

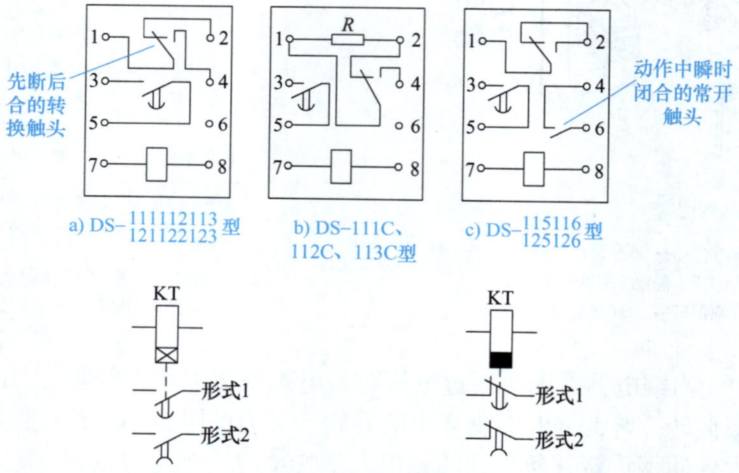

a) $DS-\frac{111\ 112\ 113}{121\ 122\ 123}$ 型　b) DS-111C、112C、113C型　c) $DS-\frac{115\ 116}{125\ 126}$ 型

d) 带延时闭合触头的时间继电器　e) 带延时断开触头的时间继电器

图 5-5　$DS-\frac{110}{120}$ 系列时间继电器的内部接线和图形符号

在图 5-4 中，当继电器的线圈通电时，铁心被吸入，压杆失去支持，使被卡住的一套钟表机构起动，同时切换瞬时触头。在拉引弹簧的作用下，经过整定延时，使主触头闭合。继电器的延时是用改变主静触头的位置（即它与主动触头的相对位置）来调整的。调整的时间范围在标度盘上标出。当线圈失电后，继电器在拉引弹簧的作用下返回起始位置。DS-100 型时间继电器有两种，一种为 DS-110 型，另一种为 DS-120 型。前者为直流，后者为交流。

为了缩小继电器的尺寸和节约材料，有的时间继电器线圈不是按长期通电设计的。因此，对于需长期接电压的时间继电器，如图 5-5 DS-111C 型等，应在继电器起动后，利用其瞬时转换触头使线圈串入电阻，以限制线圈电流。

四、电磁式信号继电器

电磁式信号继电器在继电保护装置中用作信号元件，指示保护装置已经动作。工厂供电系统中常用的 DX–11 型电磁式信号继电器有电流型和电压型两种，两者线圈阻抗和反应参量不同。电流型可串联在二次回路中而不影响其他二次元件的动作。电压型因线圈阻抗大，必须并联在二次回路中。

DX–11 型电磁式信号继电器的基本结构如图 5-6 所示。信号继电器在正常状态时，其信号牌是被衔铁支撑住的。当继电器线圈通电时，衔铁被吸向铁心而使信号牌掉下，显示其动作信号（可由窗孔观察），同时带动转轴旋转 90°，使固定在转轴上的导电条（动触头）与静触头接通，从而接通信号回路，发出音响或灯光信号。要使信号停止，可旋动外壳上的复位旋钮，断开信号回路，同时使信号牌复位。

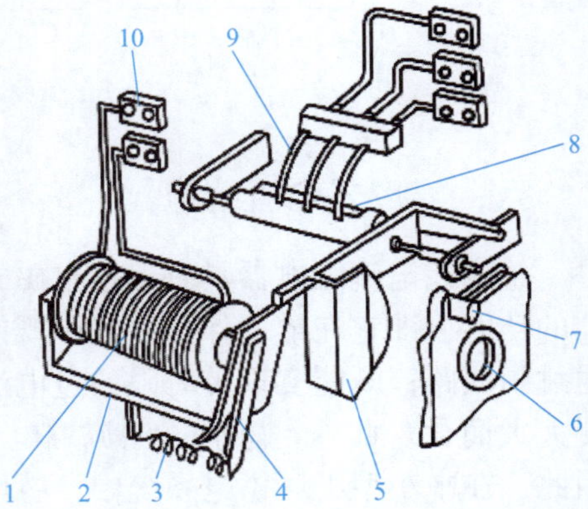

图 5-6　DX–11 型电磁式信号继电器的基本结构

1—线圈　2—电磁铁　3—弹簧　4—衔铁　5—信号牌　6—玻璃窗孔　7—复位旋钮　8—动触头　9—静触头　10—接线端子

DX–11 型电磁式信号继电器的内部接线和图形符号如图 5-7 所示。其中，线圈符号为 GB 4728.7—2022《电气简图用图形符号　第 7 部分：开关、控制和保护器件》规定的机械保持继电器线圈，其触头上附加符号“⌄”表示定位或非自动复位。

五、电磁式中间继电器

电磁式中间继电器主要用于各种保护和自动装置中，以增加保护和控制电路的触头数量和触头容量。它通常用在保护装置的出口回路中，用来接通断路器的跳闸回路，故又称为出口继电器。

工厂供电系统中常用的 DZ–10 系列中间继电器的基本结构如图 5-8 所示，它一般采用吸引衔铁式结构。当线圈通电时，衔铁被快速吸合，常闭触头断开，常开触头闭合。当线圈断电时，衔铁被快速释放，触头全部返回起始位置。其内部接线和图形符号如图 5-9 所示，其中线圈符号为规定的快吸和快放线圈。

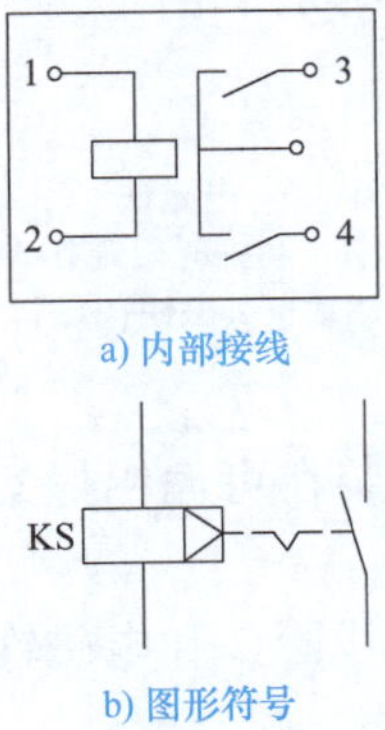

图 5-7　DX–11 型电磁式信号继电器的内部接线和图形符号

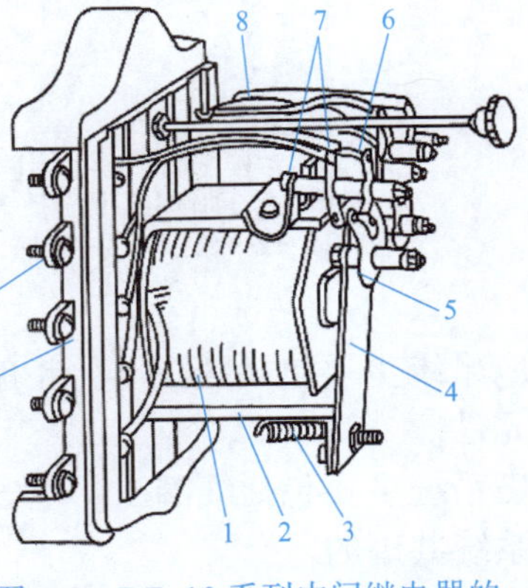

图 5-8　DZ–10 系列中间继电器的基本结构

1—线圈　2—电磁铁　3—弹簧　4—衔铁　5—动触头　6、7—静触头　8—连接线　9—接线端子　10—底座

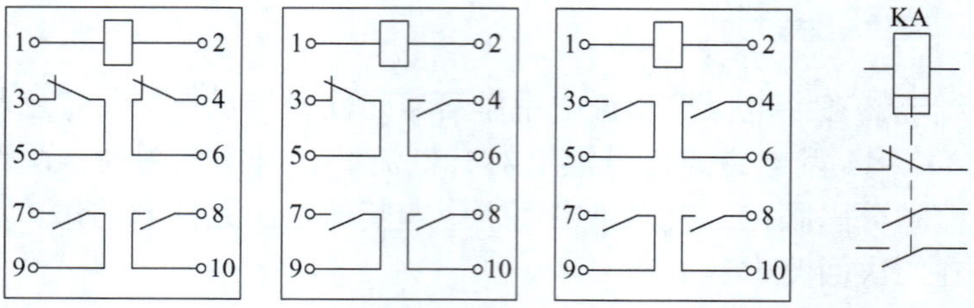

a) DZ–15型　b) DZ–16型　c) DZ–17型　d) 图形符号

图 5-9　DZ–10 系列中间继电器的内部接线和图形符号

六、感应式电流继电器

感应式电流继电器具有上述电磁式电流继电器、时间继电器、信号继电器和中间继电器的功能，即它在继电保护装置中既能作为起动元件，又能实现延时、给出信号和直接接通跳闸回路；既能实现带时限的过电流保护，又能同时实现电流速断保护，从而使保护装置大大简化。此外，感应式电流继电器采用交流操作电源，可减少投资，简化二次接线。因此，在中小型工厂供电系统中，感应式电流继电器应用比较普遍。

工厂供电系统中常用的GL$-\frac{10}{20}$系列感应式电流继电器的基本结构如图 5-10 所示。这种继电器由感应系统和电磁系统两大部分组成。

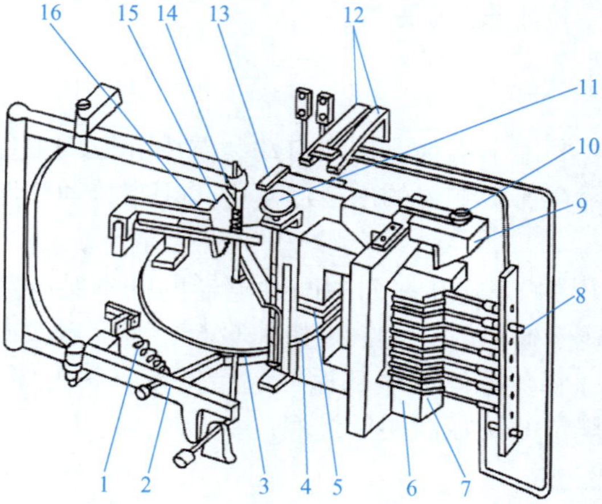

图 5-10　GL$-\frac{10}{20}$系列感应式电流继电器的基本结构

1—调节弹簧　2—铝框架　3—钢片　4—铝盘　5—短路环　6—电磁铁
7—线圈　8—动作电流调节插销　9—衔铁　10—速断电流调节螺杆　11—时限调节螺杆
12—触头　13—扁杆　14—蜗杆　15—扇形齿轮　16—制动永久磁铁

感应系统主要包括线圈 7、带有短路环 5 的电磁铁 6 及装在可偏铝框架 2 上的转动铝盘 4 等元件。

电磁系统主要包括线圈 7 、电磁铁 6 和衔铁 9 等元件。线圈 7 和电磁铁 6 是感应系统和电磁系统共用的。

感应系统的工作原理：当线圈 7 有电流 I_{KI} 通过时，电磁铁 6 在短路环 5 的作用下，产生在时间和空间位置上不相同的两个磁通 Φ_1 和 Φ_2，且 Φ_1 超前于 Φ_2。这两个磁通均穿过铝盘 4，根据电磁感应原理，这两个磁通在铝盘上产生一个始终由超前磁通 Φ_1 向落后

磁通 Φ_2 方向的转动力矩 M_1。根据电能表的工作原理可知，此时作用于铝盘上的转动力矩为

$$M_1 \propto \Phi_1 \Phi_2 \sin\varphi \tag{5-3}$$

式中，φ 为 Φ_1 与 Φ_2 间的相位差，此值为一常数。由于 $\Phi_1 \propto I_{KI}$、$\Phi_2 \propto I_{KI}$ 且也为常数，因此有

$$M_1 \propto I^2_{KI} \tag{5-4}$$

另外，在对应于电磁铁的另一侧装有一个产生制动力矩的制动永久磁铁 16，铝盘 4 在转动力矩 M_1 的作用下转动后，切割永久磁铁的磁通，在铝盘上产生涡流，涡流又与永久磁铁的磁通作用，产生一个与 M_1 反向的制动力矩 M_2。由电能表工作原理可知，M_2 与铝盘的转速 n 成正比，即

$$M_2 \propto n \tag{5-5}$$

这个制动力矩在某一转速下，与电磁铁产生的转动力矩相平衡，因而在一定的电流下保持铝盘匀速旋转。在上述 M_1 和 M_2 的作用下，铝盘受力虽有使铝框架 2 和铝盘 4 向外推出的趋势，但由于受到调节弹簧 1 的拉力，仍保持在初始位置，如图 5-11 所示。

当继电器线圈的电流增大到继电器的动作电流时，由电磁铁产生的转动力矩亦增大，并使铝盘转速随之增大，永久磁铁产生的制动力矩也随之增大。这两个力克服弹簧的反作用力而将铝框架及铝盘推出来（见图 5-10），使蜗杆 14 与扇形齿轮 15 啮合，称为继电器动作。由于铝盘的转动，扇形齿轮沿着蜗杆上升，最后使继电器触头 12 切换，同时使信号牌（图 5-10 未画出）掉下，从观察孔内可直接看到红色的信号指示，表示继电器已经动作。

继电器线圈中的电流越大，铝盘转得越快，扇形齿轮沿蜗杆上升的速度也越快，因此动作时间越短。这说明继电器的感应元件具有反时限动作特性，如图 5-12 所示曲线 *abc*。

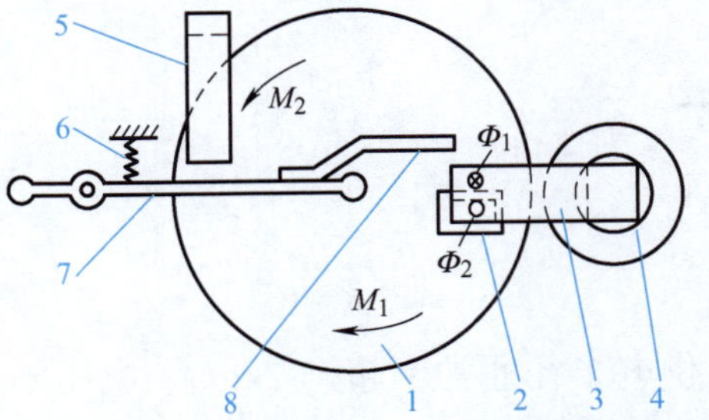

图 5-11　感应式电流继电器的转动力矩 M_1 和制动力矩 M_2

1—铝盘　2—短路环　3—电磁铁　4—线圈
5—制动永久磁铁　6—调节弹簧　7—铝框架　8—钢片

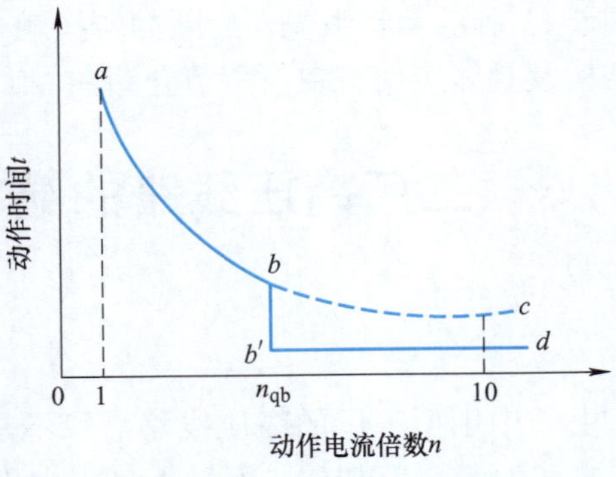

图 5-12　感应式电流继电器的动作特性曲线

电磁系统的工作原理：当继电器线圈中的电流增大到继电器整定的速断电流值时，电磁铁瞬时将衔铁 9 吸下，使继电器触头 12 切换，同时信号牌掉下，给出动作信号指示。这说明继电器的电磁系统具有速断动作特性，如图 5-12 所示直线 $b'd$。因此，电磁系统的元件也称为速断元件。动作曲线上对应于开始速断时间的动作电流倍数，称为速断电流倍数，即

$$n_{qb}=\frac{I_{qb}}{I_{op}} \tag{5-6}$$

式中，I_{op} 为感应式电流继电器的动作电流（A）；I_{qb} 为感应式继电器的速断电流（A），即继电器线圈中使速断元件动作的最小电流。

实际的GL－$\frac{10}{20}$系列感应式电流继电器的电流速断倍数 n_{qb}=2 ～ 8，n_{qb} 是利用图 5-10 中的速断电流调节螺杆 10 来调节，实际是调节电磁铁 6 与衔铁 9 之间的气隙距离。而继电器的动作电流 I_{op} 则利用动作电流调节插销 8 来选择插孔位置进行调节，实际是改变线圈 7 的匝数，GL－$\frac{10}{20}$系列继电器的 I_{op} 最大只有 10A，而且只能是整数的级进调节。

感应式电流继电器的动作时间是利用时限调节螺杆 11 来调节的，也就是调节扇形齿轮顶杆行程的起点，从而使动作特性曲线上下移动。应当注意的是，继电器时限调节螺杆的标度尺是以 10 倍动作电流的动作时间来刻度的，即标度尺上标出的动作时间是继电器线圈通过的电流为 10 倍动作电流时的动作时间，而继电器实际的动作时间与通过继电器线圈的电流大小有关，须从相应的动作特性曲线上去查得。

附录表 A-16、图 A-2 为GL－$\frac{11}{21}\frac{15}{25}$型感应式电流继电器的主要技术数据及动作特性曲线，供参考。GL－$\frac{11}{21}\frac{15}{25}$型感应式电流继电器的内部接线和图形符号如图 5-13 所示，其中先合后断的转换触头结构及具体应用将在下一节介绍。

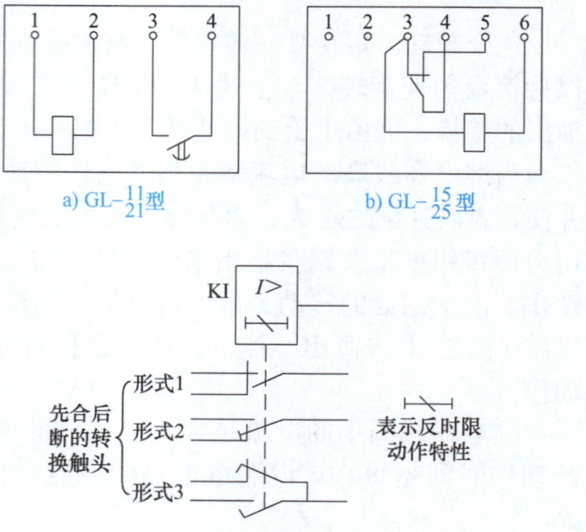

a) GL－$\frac{11}{21}$型　b) GL－$\frac{15}{25}$型　c) 图形符号

图 5-13　GL－$\frac{11}{21}\frac{15}{25}$型感应式电流继电器的内部接线和图形符号

5.3　工厂高压线路的继电保护

一、概述

由于中小型工厂的高压线路一般不是很长（供电半径通常不超过 2km）、电压不是很高（通常为 6 ～ 10kV）、容量不是很大（总容量一般不超过 5000kV·A），因此中小型工厂供电系统的高压线路继电保护装置一般比较简单。

工厂高压线路的相间短路保护通常采用带时限的过电流保护和电流速断保护。在线路上发生各种形式的相间短路时，继电保护装置作用于高压断路器的跳闸机构，使断路器跳闸，切除短路故障。

由于 6 ～ 10kV 线路属于小接地电流系统，当线路上发生单相接地故障时，只有接地电容电流，并不影响三相系统的正常运行，但须及时给出信号，以便提醒运行人员处理，预防进一步发展为两相接地短路，因此须装设绝缘监察装置或单相接地保护。

二、保护装置的接线方式和操作电源

1. 保护装置的接线方式

保护装置的接线方式是指起动继电器与电流互感器之间的连接方式。6 ～ 10kV 高压线路的过电流保护装置通常采用两相两继电器式和两相一继电器式两种。

（1）两相两继电器式接线

如图 5-14 所示，采用这种接线时，如果一次电路发生三相短路或任意两相短路，至少有一个继电器动作，且流入继电器的电流 I_{KI} 就是电流互感器的二次电流 I_2。为了表征继电器电流 I_{KI} 与电流互感器二次电流 I_2 之间的关系，特引入一个接线系数 K_w，即

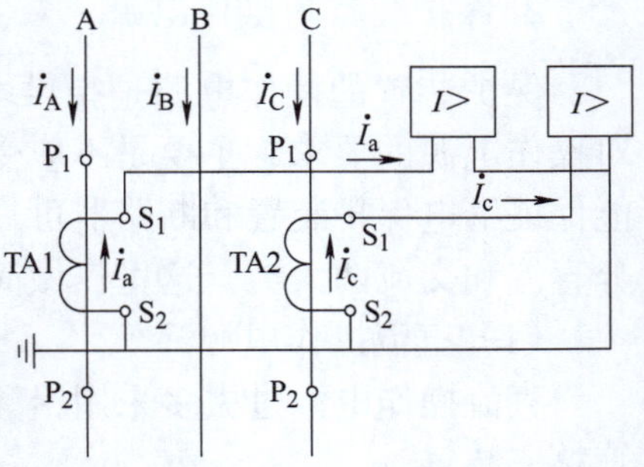

图 5-14　两相两继电器式接线图

$$K_w = \frac{I_{KI}}{I_2} \tag{5-7}$$

两相两继电器式接线属于相电流接线，在一次电路发生任何形式的相间短路时，K_w=1，即保护灵敏度都相同。

（2）两相一继电器式接线

如图 5-15 所示，这种接线又称为两相电流差接线或两相交叉接线。正常工作和三相短路时，流入继电器的电流 I_{KI} 为 A 相和 C 相两相电流互感器二次电流的相量差，即 $\dot{I}_{KI} = \dot{I}_a - \dot{I}_c$ 而量值上 $I_{KI}=\sqrt{3}I_2$，如图 5-16a 所示；在 A、C 两相短路时，流入继电器的电流为电流互感器二次电流的 2 倍，如图 5-16b 所示；在 A、B 或 B、C 两相短路时，流进电流继电器的电流等于电流互感器的二次电流，如图 5-16c 所示。

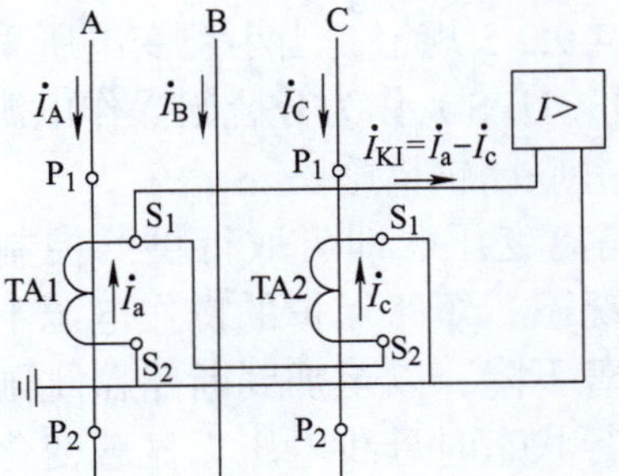

图 5-15　两相一继电器式接线图

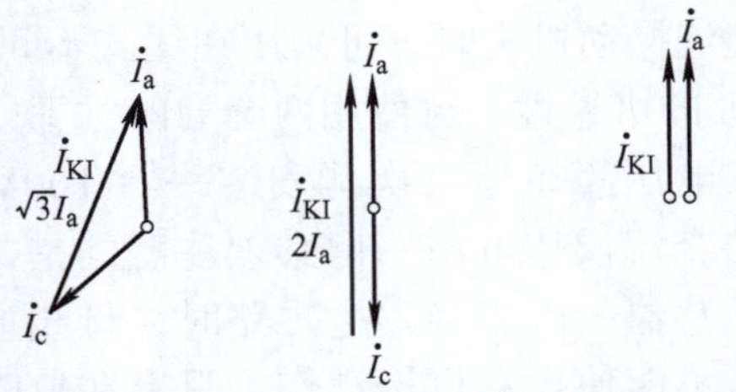

a) 三相短路　　b) A、C相短路　　c) A、B相短路

图 5-16　两相电流差接线在不同短路形式下电流相量图

可见，两相电流差接线的接线系数与一次电路发生短路的形式有关，不同的短路形式，接线系数 K_w 的值不同。其中，三相短路时，$K_w=\sqrt{3}$；A、C 两相短路时，K_w=2；A、B 两相或 B、C 两相短路时，K_w=1。

因为两相电流差接线在短路形式不同时接线系数不同，故在发生不同形式的故障情况

下，保护装置的灵敏度也不同。有的甚至相差一倍，这是不够理想的。然而这种接线所用设备较少，较为简单经济，因此在工厂高压线路、小容量高压电动机和车间变压器的保护中仍有所采用。

2. 保护装置的操作电源

保护装置的操作电源是指供电给继电保护装置及其所作用的断路器操动机构的电源。对操作电源的要求，主要是不应受供电系统运行情况的影响，在供电系统发生故障时，它能保证继电保护装置和断路器可靠地动作，并且当断路器合闸时有足够的功率。操作电源分直流和交流两大类。这里仅做简单介绍。

（1）直流操作电源

直流操作电源过去多采用铅酸蓄电池组，现多采用镉镍蓄电池组或带电容储能的晶闸管整流装置。

1）铅酸蓄电池组。优点是它与交流供电系统无直接联系，不受供电系统运行情况的影响，工作可靠。缺点是设备投资大，须设置专门的蓄电池室，且有较强的腐蚀性，运行维护烦琐。现在一般工厂变配电所已很少采用铅酸蓄电池组。

2）镉镍蓄电池组。其优点是除不受供电系统运行情况影响、工作可靠外，还有它的大电流、放电性能好、比功率大、使用寿命长、腐蚀性小，而且它装在专用屏内，无须设蓄电池室，降低了投资，运行维护也比较简便。现在大中型工厂变配电所中广泛应用镉镍蓄电池组。

3）电容储能的晶闸管整流装置。优点是设备投资更少，并能减少运行维护工作量。缺点是电容器有漏电问题，且易损坏，因此其工作可靠性不如镉镍蓄电池。

根据 GB 51348—2019《民用建筑电气设计标准》4.9.2.1 规定：35kV、20kV 或 10kV 变电所的直流操作电源，宜采用免维护阀控式密封铅酸蓄电池组。

（2）交流操作电源

由于交流操作电源直接利用交流供电系统的电源，可以取自电压互感器、电流互感器或变电所的所用变压器，因此投资少、运行维护方便，而且二次电路简单可靠。因此在中小型工厂变配电所中广泛应用。

按 GB 51348—2019《民用建筑电气设计标准》4.9.2.5 规定：当小型变电所采用弹簧储能交流操动机构时，可采用在线式不间断电源装置（UPS）作为分合闸操作电源。为增加 UPS 的可靠性，可使用两套 UPS 并联，并应采用并联闭锁措施。

在电压互感器二次侧安装一台 100V/220V 的隔离变压器即可取得供给控制和信号电路的交流操作电源。但必须注意的是，在某些情况下，短路保护的操作电源不能取自电压互感器。因为当发生短路时，母线上的电压显著下降，以至加到断路器跳闸线圈上的电压不能使操动机构动作，只有在故障或异常运行状态时母线电压无显著变化的情况下，保护装置的操作电源才可以由电压互感器供给，如中性点不接地系统的单相接地保护。

对于短路保护的保护装置，其交流操作电源可取自电流互感器，短路时，短路电流本身可用来使断路器跳闸。

下面介绍两种常用的交流操作方式。

1）去分流跳闸方式。如图 5-17 所示，在正常情况下，继电器 KI 的常闭触头将跳闸线圈 YR 短接（分流），YR 不通电，断路器 QF 不会跳闸。当一次电路发生相间短路时，继电器动作，其常闭触头断开，使 YR 的短接分流支路被去掉（即去分流），从而使电流互感器的二次电流完全流入跳闸线圈 YR，使断路器跳闸。这种接线方式简单、经济，而且灵敏度较高。但继电器触头的容量要足够大，因为要用它来断开反应到电流互感器二次侧的短路电流。现在生产的 GL-$\frac{1516}{2526}$型过电流继电器，其触头的短时分断电流可达 150A，完全可以满足去分流跳闸的要求。这种去分流跳闸的交流操作方式在工厂供电系统中应用相当广泛。但此接线尚不够完善，实际接线方案将在后面详细介绍。

2）直接动作式。如图 5-18 所示，利用高压断路器手动机构内的过电流脱扣器（跳闸线圈）YR 作为过电流继电器 KI（直动式），接成两相一继电器式或两相两继电器形式。正常情况下，YR 通过正常的二次电流，远小于 YR 的动作电流，不动作；而在一次电路发生相间短路时，短路电流反应到互感器的二次侧，流过 YR，达到或超过 YR 的动作电流，从而使断路器跳闸。这种交流操作方式简单经济，但受脱扣器型号的限制，没有时限，且动作准确性差，保护灵敏度低，在实际工程中已很少应用。

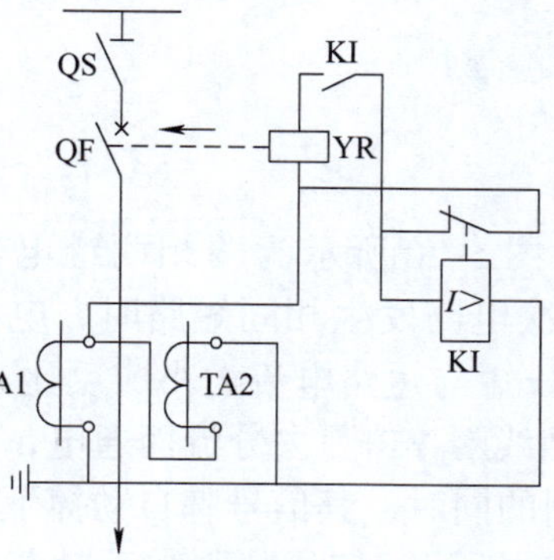

图 5-17　利用电流继电器的常闭触头去分流跳闸的过电流保护电路

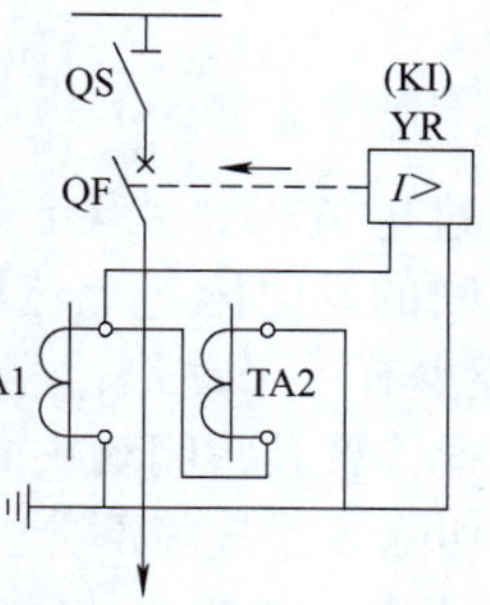

图 5-18　直接动作式过电流保护电路

三、带时限的过电流保护

带时限的过电流保护，按其动作时间特性分，有定时限过电流保护和反时限过电流保护两种。定时限，就是保护装置的动作时间是固定的，与短路电流的大小无关。反时限，就是保护装置的动作时间与反映到继电器中的短路电流的大小成反比关系，短路电流越大，动作时间越短，所以反时限特性也称为反比延时特性或反延时特性。

1. 定时限过电流保护装置的组成和动作原理

定时限过电流保护的原理电路如图 5-19 所示。它由起动元件（电磁式电流继电器）、时限元件（电磁式时间继电器）、信号元件（电磁式信号继电器）和出口元件（电磁式中间继电器）4 部分组成。其中，YR 为断路器的跳闸线圈，QF 为断路器操动机构的辅助触头，TA1 和 TA2 为装于 A 相和 C 相上的电流互感器。

保护装置的动作原理：当一次电路发生相间短路时，电流继电器 KI1、KI2 中至少有一个瞬时动作，闭合其动合触头，使时间继电器 KT 起动。KT 经过整定时限后，其延时触头闭合，使串联的信号继电器（电流型）KS 和中间继电器 KA 动作。KA 动作后，其触头接通断路器跳闸线圈 YR 的回路，使断路器 QF 跳闸，切除短路故障。与此同时，KS 动作，其信号指示牌掉下，并接通信号回路，给出灯光和音响信号。在断路器跳闸时，QF 的辅助触头随之断开跳闸回路，以减轻中间继电器触头的工作，在短路故障被切除后，继电保护装置中除 KS 外的其他所有继电器均自动返回起始状态，而 KS 可手动复位。

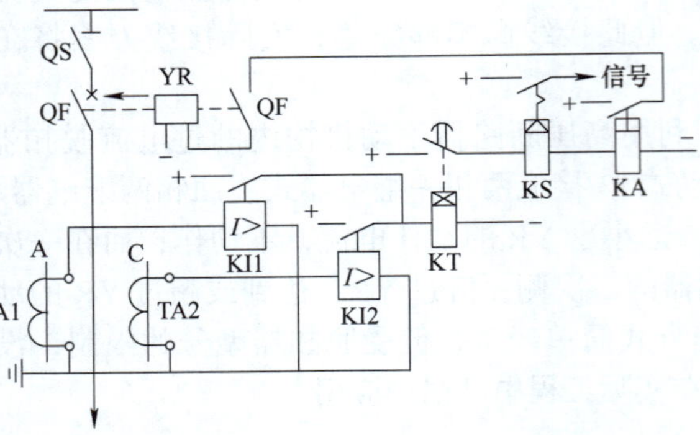

a) 按集中表示法绘制

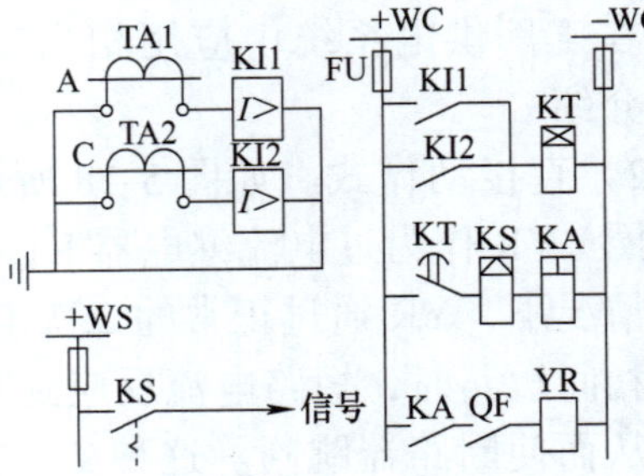

b) 按分开表示法绘制

图 5-19 定时限过电流保护的原理电路

2. 反时限过电流保护的组成和原理

反时限过电流保护由 GL 型电流继电器组成。图 5-20 所示为两相两继电器式接线的去分流跳闸的反时限过电流保护原理电路。当一次电路发生相间短路时，电流继电器 KI1、KI2 至少有一个动作，经过一定时限后（时限长短与短路电流大小成反比），其常开触头闭合，紧接着其常闭触头断开，这时断路器跳闸线圈 YR 因去分流而通电，从而使断路器跳闸，切除短路故障部分。在继电器去分流跳闸的同时，其信号牌自动掉下，指示保护装置已经动作。在短路故障被切除后，继电器自动返回，信号牌则需手动复位。比较图 5-20 与图 5-17 可知，图 5-20 所示的电流继电器增加了一对常开触头。与跳闸线圈 YR 串联，其目的是用来防止继电器常闭触头在一次电路正常时由于外界振动等偶然因素使之意外断开而导致断路器误跳闸的事故。增加这对常开触头后，即使常闭触头偶然断开，也不会造成断路器误跳闸。

图 5-20 所示电流继电器的常开、常闭触头的动作时间先后顺序必须是常开触头先闭合、常闭触头后断开，如图 5-21 所示。而一般转换触头的动作顺序都是常闭触头先断开、常开触头再闭合，这里采用具有特殊结构的先合后断的转换触头，不仅保证了继电器的可靠动作，而且保证了在继电器触头转换时电流互感器二次侧不会带负荷开路。

3. 过电流保护的动作电流整定

带时限过电流保护（包括定时限和反时限）的动作电流 I_{op} 是指继电器动作的最小电流。过电流保护的动作电流整定必须满足下面两个条件。

1）应该躲过线路的最大负荷电流（包括正常过负荷电流和尖峰电流）$I_{L\cdot max}$，以免在最大负荷通过时保护装置误动作。

2）保护装置的返回电流 I_{re} 也应该躲过线路的最大负荷电流 $I_{L\cdot max}$，以保证保护装置在外部故障切除后能可靠地返回到原始位置，避免发生误动作。下面以图 5-22 为例来说明。

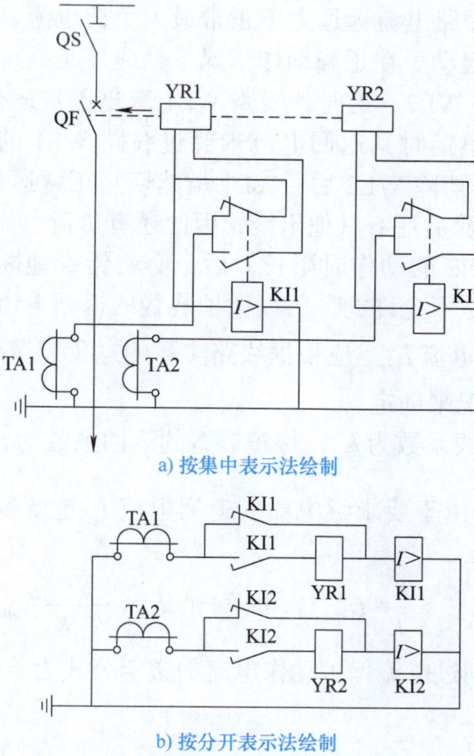

图 5-20　反时限过电流保护的原理电路

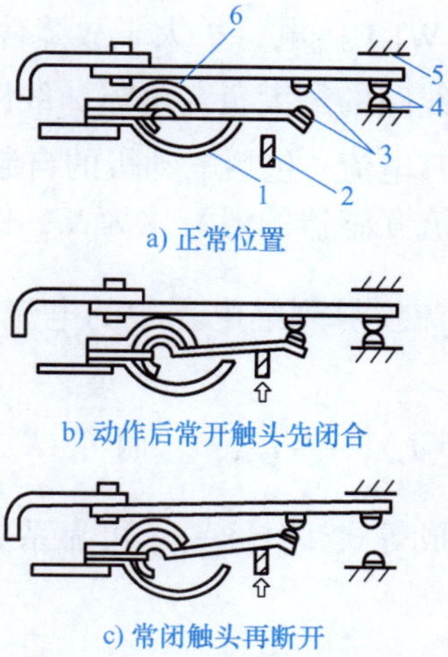

图 5-21　先合后断转换触头的结构及动作说明

1—下止挡　2—衔铁杠杆　3—常开触头
4—常闭触头　5—上止挡　6—簧片

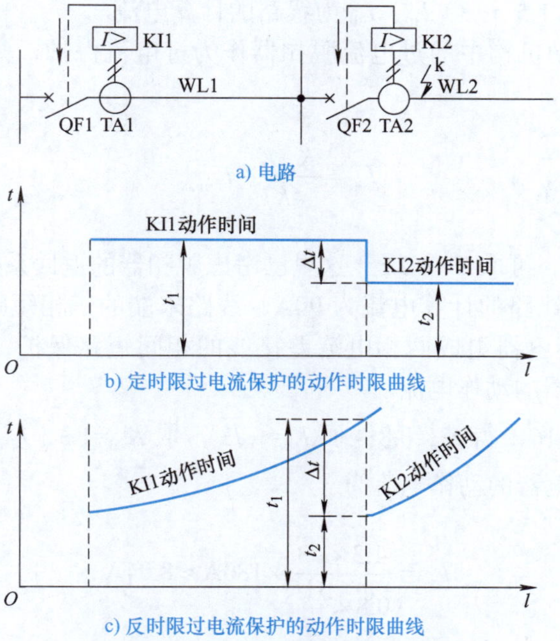

图 5-22　线路过电流保护整定说明

当线路 WL2 的首端 k 点发生短路时，由于短路电流远远大于正常最大负荷电流，所以沿线路的过电流保护装置如 KI1、KI2 等都要起动。在正确动作情况下，应该是靠近故障点 k 的保护装置 KI2 断开 QF2，切除故障线路 WL2。这时，线路 WL1 恢复正常运行，其保护装置 KI1 应该返回起始位置。若 KI1 在整定时其返回电流未躲过线路 WL1 的最大负荷电流，即 KI1 的返回系数过低时，则 KI2 切除 WL2 后，WL1 虽然恢复正常运行，但 KI1 继续保持起动状态（由于 WL1 在 WL2 切除后还有其他出线，因此还有负荷电流），从而达到它所整定的时限（KI1 的动作时限比 KI2 的动作时限长）后，必将错误地断开 QF1 造成 WL1 停电，扩大了故障停电范围，这是不允许的。所以保护装置的返回电流也必须躲过线路的最大负荷电流。线路的最大负荷电流 $I_{L\cdot max}$ 应根据线路实际的过负荷情况，特别是尖峰电流（包括电动机的自起动电流）情况来确定。

设电流互感器的电流比为 K_i，保护装置的接线系数为 K_w，保护装置的返回系数为 K_{re}，则负荷电流换算到继电器中的电流为 $\dfrac{K_w}{K_i}I_{L\cdot max}$。由于要求继电器的返回电流 I_{re} 也要躲过 $I_{L\cdot max}$，即 $I_{re} > \dfrac{K_w}{K_i}I_{L\cdot max}$；而 $I_{re}=K_{re}I_{op}$，因此 $K_{re}I_{op} > \dfrac{K_w}{K_i}I_{L\cdot max}$，也就是 $I_{op} > \dfrac{K_w}{K_{re}K_i}I_{L\cdot max}$。将此式写成等式，计入一个可靠系数 K_{rel}，可得到过电流保护动作电流的整定公式为

$$I_{op} = \frac{K_{rel}K_w}{K_{re}K_i}I_{L\cdot max} \tag{5-8}$$

式中，K_{rel} 为保护装置的可靠系数，对 DL 型继电器可取 1.2，对 GL 型继电器可取 1.3；K_w 为保护装置的接线系数，按三相短路来考虑，对两相两继电器接线（相电流接线）为 1，对两相一继电器接线（两相电流差接线）为 $\sqrt{3}$；$I_{L\cdot max}$ 为线路的最大负荷电流（含尖峰电流）（A），可取为（1.5 ～ 3）I_{30}，I_{30} 为线路的计算电流。

如果用断路器手动机构中的过电流脱扣器作为过电流保护，则脱扣器动作电流应整定为

$$I_{op} = \frac{K_{rel}K_w}{K_i}I_{L\cdot max} \tag{5-9}$$

式中，K_{rel} 为可靠系数，可取 2 ～ 2.5，这里已考虑脱扣器的返回系数。

【例 5-1】某高压线路的计算电流为 90A，线路末端的三相短路电流为 1300A。现采用 GL–15/10 型电流继电器组成两相电流差接线的相间短路保护，电流互感器电流比为 315/5。试整定此继电器的动作电流。

解：查附录表 A-16，得 K_{re}=0.8；而 $K_w=\sqrt{3}$。取 K_{rel}=1.3，$I_{L\cdot max}=2I_{30}=2\times 90\text{A}=180\text{A}$。故由式（5-8）得此继电器的动作电流为

$$I_{op} = \frac{1.3\times\sqrt{3}}{0.8\times\dfrac{315}{5}}\times 180\text{A} \approx 8.04\text{A}$$

取整数为 8A。

4. 过电流保护的动作时间整定

为了保证前后级保护装置动作时间的选择性，过电流保护装置的动作时间，也称动作时限，应按阶梯原则进行整定，就是在后一级保护装置所保护的线路首端（如图 5-22a 中的 k 点）发生三相短路时，前一级保护的动作时间 t_1 应比后一级保护中最长的动作时间 t_2 都要大一个时间差 Δt，如图 5-22b、c 所示，即

$$t_1 \geqslant t_2 + \Delta t \tag{5-10}$$

这一时间级差 Δt，应考虑到前一级保护动作时间 t_1 可能发生负偏差，即可能提前动作一个时间 Δt_1；而后一级保护动作时间 t_2 又可能发生正偏差，即可能延后动作一个时间 Δt_2。此外，应考虑到保护的动作（特别是采用 GL 型电流继电器时）还有一定的惯性误差 Δt_3。为了确保前后级保护的动作选择性，还应再加上一个保险时间 Δt_4（一般取 0.1 ～ 0.15s）。因此有

$$\Delta t = \Delta t_1 + \Delta t_2 + \Delta t_3 + \Delta t_4 = 0.5 \sim 0.7\text{s} \tag{5-11}$$

对于定时限过电流保护，可取 Δt=0.5s；对于反时限过电流保护，可取 Δt=0.7s。定时限过电流保护的动作时间利用时间继电器来整定。反时限过电流保护的动作时间，由于 GL 型继电器的时限调节机构是按 10 倍动作电流的动作时间来标度的，而实际通过继电器的电流一般不会恰恰为动作电流的 10 倍，因此必须根据继电器的动作特性曲线（如附录图 A-2）来整定。

假设图 5-22a 线路中前一级保护 KI1 的 10 倍动作电流动作时间已经整定为 t_1，要求整定后一级保护 KI2 的 10 倍动作电流的动作时间 t_2。

如图 5-23 所示，整定计算的步骤如下：

1）计算 WL2 首端（WL1 末端）三相短路电流 I_k 反应到 KA1 中的电流值：

$$I'_{k(1)} = \frac{K_{w(1)}}{K_{i(1)}} I_k \tag{5-12}$$

式中，$K_{w(1)}$ 为 KI1 与 TA1 的接线系数；$K_{i(1)}$ 为 TA1 的电流比。

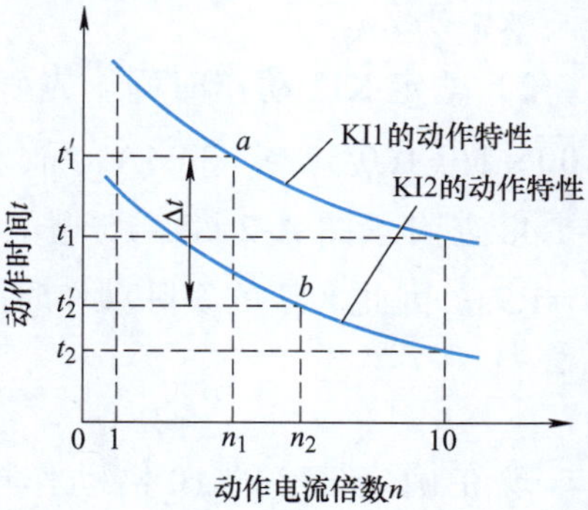

图 5-23　反时限过电流保护的动作时间整定

2）计算 $I'_{k(1)}$ 对 KI1 的动作电流倍数为

$$n_1 = \frac{I'_{k(1)}}{I_{op(1)}} \tag{5-13}$$

式中，$I_{op(1)}$ 为 KI1 的动作电流（已整定）（A）。

3）根据 n_1 从 KI1 整定的 10 倍动作电流动作时间 t_1 的曲线上找到 a 点，则其纵坐标 t'_1 即为 KI1 的实际动作时间。

4）计算 KI2 的实际动作时间为 $t'_2 = t'_1 - \Delta t = t'_1 - 0.7$s。

5）计算 WL2 首端三相短路电流 I_k 反映到 KI2 中的电流值为

$$I'_{k(2)} = \frac{K_{w(2)}}{K_{i(2)}} I_k \tag{5-14}$$

式中，$K_{w(2)}$ 为 KI2 与 TA2 的接线系数；$K_{i(2)}$ 为 TA2 的电流比。

6）计算 $I'_{k(2)}$ 对 KI2 的动作电流倍数为

$$n_2 = \frac{I'_{k(2)}}{I_{op(2)}} \tag{5-15}$$

式中，$I_{op(2)}$ 为 KI2 的动作电流（已整定）（A）。

7）根据 n_2 与 KI2 的实际动作时间 t'_2 从 KI2 的动作特性曲线的坐标图上找到其坐标点 b 点，则 b 点所在曲线的 10 倍动作电流的动作时间 t_2 即为所求。如果 b 点在两条曲线之间，则只能从上下两条曲线粗略地估算其 10 倍动作电流的动作时间。

【例 5-2】 在图 5-22a 所示高压线路中，已知 TA1 的 $K_{i(1)}$=160/5，TA2 的 $K_{i(2)}$=100/5。WL1 和 WL2 的过电流保护均采用两相两继电器式接线，继电器均为 GL–15/10 型。KI1 已经整定，$I_{op(1)}$=8A，10 倍动作电流动作时间 t_1=1.4s。WL2 的 $I_{L\cdot max}$ =75A，WL2 首端的 $I_k^{(3)}$ =1100A，末端的 $I_k^{(3)}$ =400A。试整定 KI2 的动作电流和动作时间。

解：

1）整定 KI2 的动作电流。取 K_{rel}=1.3，而 K_w=1，K_{re}=0.8，故

$$I_{op(2)} = \frac{K_{rel}K_w}{K_{re}K_i} I_{L\cdot max} = \frac{1.3\times 1}{0.8\times(100/5)}\times 75\text{A} \approx 6.09\text{A}$$

整定为 6A。

2）整定 KI2 动作时间。先确定 KI1 的动作时间。由于 I_k 反应到 KI1 的电流 $I'_{k(1)}$=1100×1/（160/5）A≈34.4A，故 $I'_{k(1)}$ 的动作电流倍数 n_1=34.4/8=4.3。利用 n_1=4.3 和 t_1=1.4s 查附录图 A-2 GL–15 型电流继电器的动作特性曲线，可得 KI1 的实际动作时间 t'_1 =1.9s。因此 KI2 的实际动作时间应为

$$t'_2 = t'_1 - \Delta t = (1.9-0.7)\text{ s} = 1.2\text{s}$$

现在确定 KI2 的 10 倍动作电流的动作时间。由于 I_k 反应到 KI2 中的电流 $I'_{k(2)}$ = 1100×1/（100/5）A=55A，故 $I'_{k(2)}$ 对 KI2 的动作电流倍数 n_2=55/6≈9.17。利用 n_2=9.17 和 KI2 的实际动作时间 t'_2 =1.2s，查附录图 A-2 GL–15 型电流继电器的动作特性曲线，可得 KI2 的 10 倍动作电流的动作时间即整定时间为 t_2≈1.2s。

5. 过电流保护的灵敏度及提高灵敏度的措施——低电压闭锁保护

（1）过电流保护的灵敏度

根据式（5-1），灵敏系数 $S_p = I_{k\cdot min} / I_{op\cdot 1}$。对于线路过电流保护，$I_{k\cdot min}$ 应取被保护线路末端在系统最小运行方式下的两相短路电流 $I_{k\cdot min}^{(2)}$。而 $I_{op\cdot 1}$ =（K_i/K_w）I_{op}。因此，按规定过电流保护的灵敏系数必须满足的条件为

$$S_p = \frac{K_w I_{k\cdot min}^{(2)}}{K_i I_{op}} \geqslant 1.5 \tag{5-16}$$

当过电流保护作为后备保护时，如满足式（5-16）有困难，可以取 $S_p \geqslant 1.2$。

当过电流保护灵敏系数达不到上述要求时，可采用低电压闭锁保护来提高灵敏度。

（2）低电压闭锁的过电流保护

如图 5-24 所示，低电压继电器 KV 通过电压互感器 TV 接于母线上，而 KV 的常闭触头则串入电流继电器 KI 的常开触头与中间继电器 KA 的线圈回路中。

供电系统正常运行时，母线电压接近额定电压，因此 KV 的常闭触头是断开的。由于 KV 的常闭触头与 KI 的常开触头串联，所以即使由于线路过负荷而动作，因 KI 常开触头闭合，也不致造成断路器误跳闸。

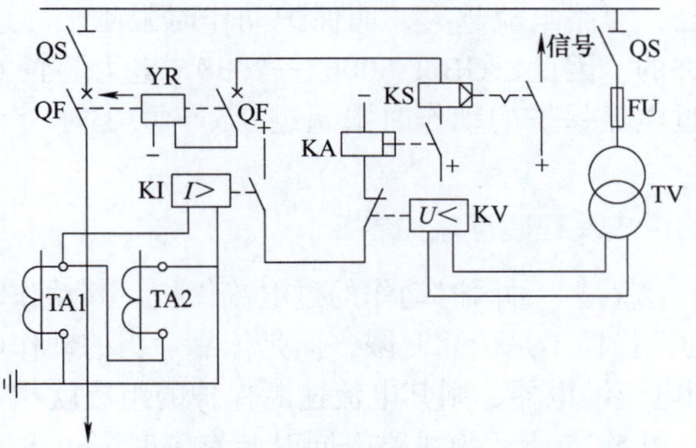

图 5-24　低电压闭锁的过电流保护电路

正因为如此，凡有低电压闭锁的过电流保护装置的动作电流就不必按躲过线路最大负荷电流 $I_{L\cdot max}$ 来整定，而只需按躲过线路的计算电流 I_{30} 来整定，当然，保护装置的返回电流也应躲过计算电流 I_{30}。故此时过电流保护的动作电流整定计算公式为

$$I_{op(2)}=\frac{K_{rel}K_w}{K_{re}K_i}I_{30} \tag{5-17}$$

其中，各系数的取值与式（5-8）相同。由于其 I_{op} 减小，由式（5-16）可知，能提高保护的灵敏系数 S_p。上述低电压继电器的动作电压按躲过母线正常最低工作电压 U_{min} 整定，当然，其返回电压也应躲过 U_{min}，也就是说，低电压继电器低于 U_{min} 时不动作，只有在母线电压低于 U_{min} 时才动作。因此，低电压继电器动作电压的整定计算公式为

$$U_{op}=\frac{U_{min}}{K_{rel}K_{re}K_u}\approx(0.57\sim0.63)\frac{U_N}{K_u} \tag{5-18}$$

式中，U_{min} 为母线最低工作电压（V），取（0.85 ～ 0.95）U_N；U_N 为线路额定电压（V）；K_{rel} 为保护装置的可靠系数，可取 1.2；K_{re} 为低电压继电器的返回系数，可取 1.25；K_u 为电压互感器的电压比。

6. 定时限与反时限过电流保护的比较

定时限过电流保护的优点：动作时间较为准确、容易整定、误差小。缺点：所用继电器的数目比较多，因此接线较为复杂，继电器触头容量较小，需直流操作电源，投资较大。此外，靠近电源处保护动作时间较长，而此时的短路电流又较大，故对设备的危害较大。

反时限过电流保护的优点：继电器的数量大为减少，故其接线简单，只用一套 GL 系列继电器即可实现不带时限的电流速断保护和带时限的过电流保护。由于 GL 系列继电器

触头容量大，因此可直接接通断路器的跳闸线圈，而且适于交流操作。缺点：动作时间的整定和配合比较烦琐，而且误差较大，尤其是瞬动部分，难以进行配合；且当短路电流较小时，其动作时间可能很长，延长了故障持续时间。由以上比较可知，反时限过电流保护装置具有继电器数目少、接线简单、可直接采用交流操作跳闸等优点，所以被中小型工业企业 6 ～ 10kV 供电系统广泛采用。

四、电流速断保护

上述带时限的过电流保护，为了保证动作的选择性，其整定时限必须逐级增加一个 Δt，因而越靠近电源处，短路电流越大，而保护动作时限越长。这种情况对于切除靠近电源处的故障是不允许的。因此，GB/T 50062—2008《电力装置的继电保护和自动装置设计规范》规定，当过电流保护的动作时限超过 0.5 ～ 0.7s 时，一般应该装设电流速断保护。

1. 电流速断保护的组成及速断电流的整定

电流速断保护实际上就是一种瞬时动作的过电流保护。其动作时限仅仅为继电器本身的固有动作时间，它的选择性不是依靠时限，而是依靠适当的动作电流来实现。

如果采用 DL 系列电流继电器，则其电流速断保护的组成就相当于将定时限过电流保护中除去时间继电器。图 5-25 所示为线路上同时装有定时限过电流保护和电流速断保护的电路。其中，KI1、KI2、KT、KS1 与 KA 组成定时限过电流保护，KI3、KI4、KS2 与 KA 组成电流速断保护。通过比较可知，电流速断保护装置只是比定时限过电流保护装置少了时间继电器。

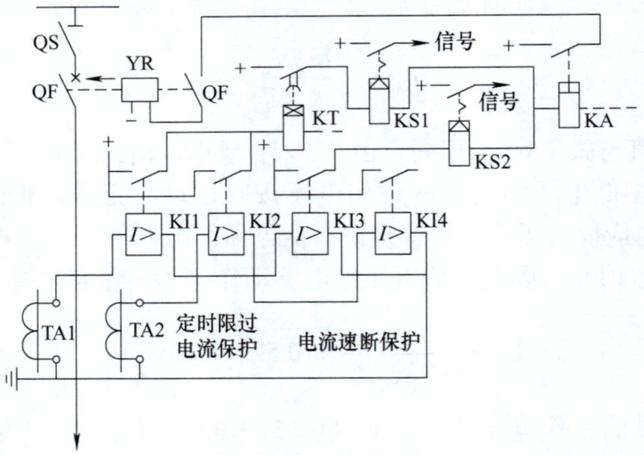

图 5-25 线路的定时限过电流保护和电流速断保护电路

如果采用 GL 系列电流继电器，则直接利用继电器的电磁元件来实现电流速断保护，其感应元件作为反时限过电流保护，因此不用额外增加设备，非常简单经济。

电流速断保护的动作电流（即速断电流）I_{qb} 应按躲过它所保护线路末端的最大短路电流（即三相短路电流）$I_{k\cdot min}^{(3)}$ 来整定。只有这样，才能避免在后一级速断保护所保护线路的首端发生三相短路时，其可能的误跳闸。如图 5-26 所示，WL1 末端 k–1 点的三相短路电流实际上与其后一段 WL2 首端 k–2 点的三相短路电流近似相等，因为这两点间的距离很近，阻抗很小。

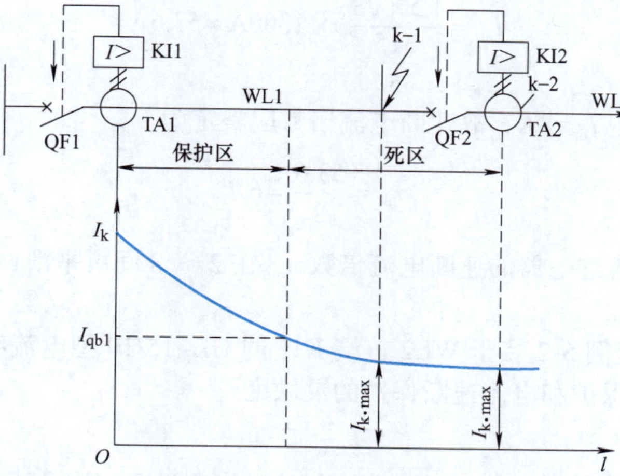

图 5-26 线路电流速断保护的保护区和死区

因此，可得电流速断保护动作电流（速断电流）的整定计算公式为

$$I_{qb}=\frac{K_{rel}K_w}{K_i}I_{k\cdot max} \tag{5-19}$$

式中，K_{rel} 为可靠系数，对 DL 系列电流继电器，取 1.2 ～ 1.3；对 GL 系列电流继电器，取 1.4 ～ 1.5；对脱扣器，取 1.8 ～ 2。

2. 电流速断保护的死区及其弥补

由于电流速断保护的动作电流是按躲过线路末端的最大短路电流来整定的，因此，当在靠近线路末端的一段线路上发生的不一定是最大短路电流（如两相短路电流）时，电流速断保护装置就不可能动作，也就是说，电流速断保护实际上不能保护线路的全长，这种保护装置不能保护的区域，称为死区，如图 5-26 所示。

为了弥补速断保护存在死区的缺陷，一般规定，凡装设电流速断保护的线路，都必须装设带时限的过电流保护，且过电流保护的动作时间比电流速断保护至少长一个时间级差 Δt=0.5 ～ 0.7s，而且前后级过电流保护的动作时间符合前面所说的阶梯原则，以保证选择性。在速断保护区内，速断保护作为主保护，过电流保护作为后备保护；而在速断保护的死区内，过电流保护为基本保护。

3. 电流速断保护的灵敏度

电流速断保护的灵敏度应按其保护装置安装处（即线路首端）的最小短路电流（可用两相短路电流来代替）来校验。因此，电流速断保护的灵敏度必须满足的条件为

$$S_p=\frac{I_k^{(2)}K_w}{K_iI_{qb}}\geqslant 1.5 \sim 2 \tag{5-20}$$

式中，$I_k^{(2)}$ 为线路首端在系统最小运行方式下的两相短路电流（A）。

【例 5-3】试整定例 5-1 中 GL-15/10 型电流继电器的速断电流倍数。

解：已知线路末端 $I_k^{(3)}$ =1300A，且 $K_w=\sqrt{3}$，K_i=315/5，取 K_{rel}=1.5，故由式（5-19）可得

$$I_{qb}=\frac{1.5\times\sqrt{3}}{\frac{315}{5}}\times1300\text{A}\approx53.6\text{A}$$

而例 5-1 已经整定 I_{op}=8A，故速断电流倍数应整定为

$$n_{qb}=\frac{53.6}{8}=6.7$$

由于 GL 系列电流继电器的速断电流倍数 n_{qb} 在 2 ～ 8 间可平滑调节，因此 n_{qb} 不必修约为整数。

【例 5-4】试整定例 5-2 装于 WL2 首端 KI2 的 GL-15/10 型电流继电器的速断电流倍数，并校验其过电流保护和电流速断保护的灵敏度。

解：

1）整定速断电流倍数。取 K_{rel}=1.5，K_w=1，K_i=100/5，WL2 末端 $I_k^{(3)}$ =400A，故由式（5-19）可得

$$I_{qb}=\frac{1.5\times1}{\frac{100}{5}}\times400\text{A}=30\text{A}$$

而例 5-2 已经整定 I_{op}=6A，故速断电流倍数应整定为

$$n_{qb}=\frac{30}{6}=5$$

2）过电流保护的灵敏度校验。由三相短路和两相短路可知，$I_k^{(2)}=\dfrac{U_{ab}}{2R}$，$I_k^{(3)}=\dfrac{U_a}{R}$，因此 $I_k^{(2)}=\dfrac{\sqrt{3}}{2}I_k^{(3)}=0.866I_k^{(3)}$，根据式（5-16），其中 $I_{k\cdot\min}^{(2)}=0.866I_k^{(3)}=0.866\times400\text{A}\approx346\text{A}$，故其保护灵敏系数为

$$S_p=\frac{1\times346}{\frac{100}{5}\times6}\approx2.88>1.5$$

由此可见，KI2 整定的动作电流（6A）满足灵敏度要求。

3）电流速断保护的灵敏度校验。根据式（5-20），其中 $I_k^{(2)}$ =0.866 × 1100A ≈ 953A，故其保护灵敏系数为

$$S_p=\frac{1\times953}{\frac{100}{5}\times6}\approx7.94>1.5$$

由此可见，KI2 整定的动作电流（倍数）也满足灵敏度要求。

五、单相接地保护

工业企业 6 ～ 10kV 电网为小接地电流系统。由第 1 章 1.3 节可知，在这种系统中，当发生单相接地故障时，只有很小的接地电容电流，而相间电压不变，因此可暂时继续运

行。但由于非故障相的电压要升高为原对地电压的$\sqrt{3}$倍，所以增加了对线路绝缘的威胁，如果长此下去，可能引起非故障相对地绝缘击穿而导致两相接地短路，这时将引起线路开关跳闸，造成停电。为此，在6～10kV供电系统中一般应装设单相接地保护装置或绝缘监察装置，用它来发出信号，通知值班人员及时发现并处理。下面介绍单相接地保护，绝缘监察装置将在5.6节中介绍。

1. 单相接地保护的原理和组成

单相接地保护是一种利用零序电流互感器使继电器动作来指示接地故障线路的保护装置。这种保护装置要求在6～10kV的每路出线上都装设零序电流互感器TAN，它利用单相接地故障所产生的零序电流使保护装置动作，发出报警信号。

图5-27所示为电缆线路用零序电流互感器进行单相接地保护的结构和接线。当电力系统正常运行及三相对称短路时，因在零序电流互感器二次侧由三相电流产生的三相磁通相量之和为零，即在零序电流互感器中不会感应出零序电流，继电器不动作。当发生单相接地时，就有接地电容电流通过，此电流在二次侧感应出零序电流，使继电器动作并发出信号。

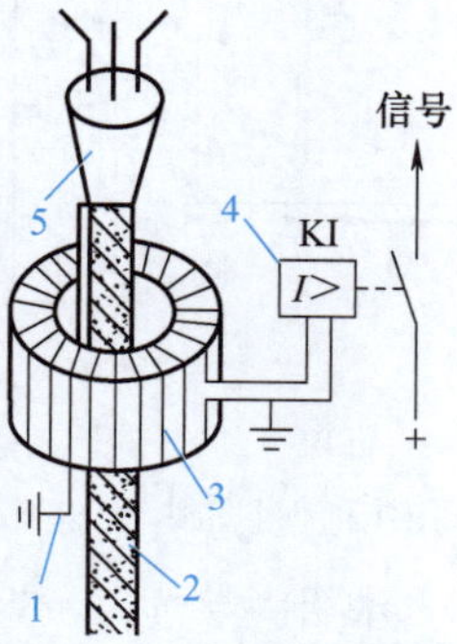

图5-27 单相接地保护的零序电流互感器结构和接线

1—接地线 2—电缆 3—零序电流互感器（其环形铁心上绕二次绕组，环氧浇注）
4—电流继电器（KI） 5—电缆头

这种单相接地保护装置能够较灵敏地监察小接地电流系统的对地绝缘，而且从各条线路的接地保护信号可以准确判断发生单相接地故障的线路，因此它适用于高压出线较多的大中型工厂供电系统。

这里必须强调的是，根据小接地电流系统发生单相接地时接地电容电流的分布特点，电缆头的接地线必须穿过零序电流互感器的铁心，否则零序电流（不平衡电流）不穿过零序电流互感器的铁心，保护就不会动作。如图5-28所示变（配）电所母线上接有三路出线WL1、WL2和WL3。每路出线上都装有零序电流互感器TAN。假设WL1的A相发生接地故障，这时整个系统的A相都处于地电位，因此所有的A相均无对地电容电流。其他两相（B相、C相）电容电流$I_1 \sim I_6$的分布和流向如图5-28所示。可以看出，WL1的故障相（A相）流过的所有电容电流$I_1 \sim I_6$恰好与其他两完好相（B相、C相）及电缆外皮流过的电容电流$I_1 \sim I_6$反向，所以它们不可能在零序电流互感器TAN1的铁心中产生磁通。但穿过TAN1的电缆头接地线上流过的电容电流$I_3 \sim I_6$（由其他正常线路WL2、WL3而来的不平衡电流）将在TAN的铁心中产生磁通，从而在其二次侧产生电流，使继电器KI动作，发出信号。

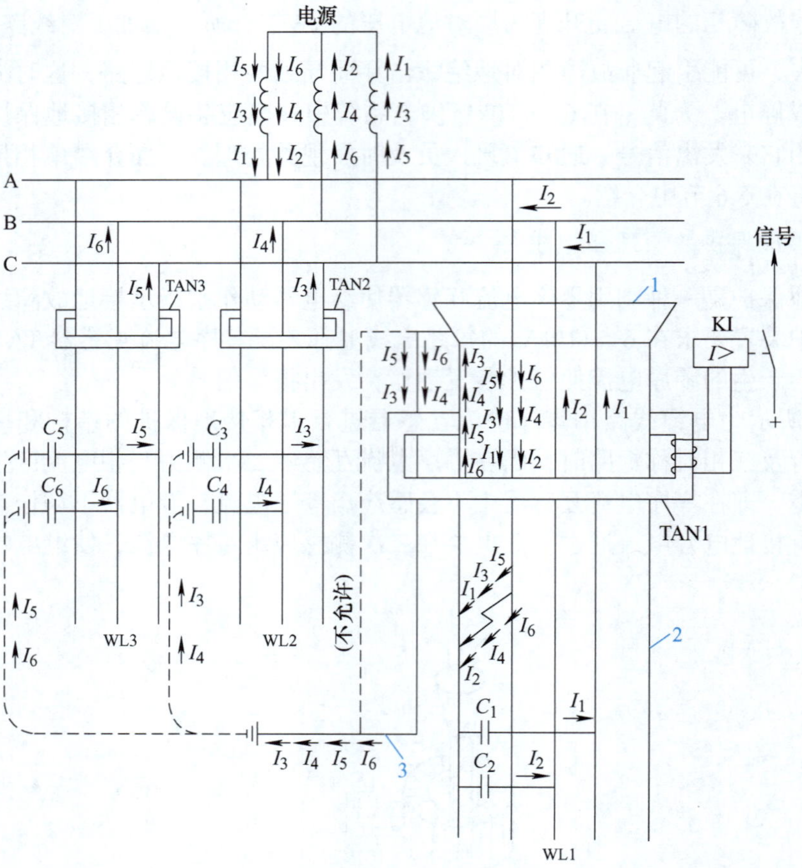

图 5-28 单相接地保护时接地电容电流的分布

1—电缆头 2—电缆金属外壳 3—电缆头接地线
TAN—零序电流互感器 KI—电流继电器
$I_1 \sim I_6$—通过线路对地分布电容 $C_1 \sim C_6$ 的接地电容电流

架空线路的单相接地保护一般采用由三个电流互感器同极性并联所组成的零序电流过滤器。但一般工厂的高压线路不长，很少采用。

2. 单相接地保护动作电流的整定

由图 5-28 可知，当供电系统中的某一线路发生单相接地时（如 WL1），其他线路（如 WL2、WL3）上也会出现不平衡的电容电流。但这些线路（如 WL2、WL3）本身是正常的，因此其保护装置不应动作。所以单相接地保护的动作电流 $I_{op(E)}$ 应该躲过被保护线路外部发生单相接地时而在本线路上引起的电容电流。即

$$I_{op(E)}=\frac{K_{rel}}{K_i}I_C \tag{5-21}$$

式中，K_i 为零序电流互感器的电流比；K_{rel} 为可靠系数；I_C 为其他线路发生单相接地时在整定保护的线路上产生的电容电流（A），其计算公式为

$$I_C=\frac{U_N(l_{oh}+35l_{cab})}{350} \tag{5-22}$$

式中，U_N 为系统的额定电压（kV）；l_{oh} 为同一电压 U_N 的具有电联系的架空线路总长度

（km）；l_{cab} 为同一电压 U_N 的具有电联系的电缆线路总长度（km）。保护装置不带时限时，取 4 ～ 5，以躲过本身线路发生两相短路时所出现的不平衡电流；保护装置带时限时，取 1.5 ～ 2，这时接地保护的动作时间应比相间短路的过电流保护动作时间长 Δt，以及保证选择性。需要注意的是，线路的长度 l_{oh}、l_{cab} 应采用本身线路的长度。

3. 单相接地保护的灵敏度

单相接地保护的灵敏度应按被保护线路末端发生单相接地故障时流过电缆头接地线的不平衡电容电流来检验，而这一电容电流为与被保护线路有电联系的总电网电容电流 $I_{C\cdot\Sigma}$ 与该线路本身的电容电流 I_C 之差。$I_{C\cdot\Sigma}$ 和 I_C 均按式（5-22）计算，其中，l_{oh} 和 l_{cab} 对 $I_{C\cdot\Sigma}$ 取与被保护线路有电联系的所有架空线路和电缆线路的总长度，而计算 I_C 只取本身线路的长度。因此，单相接地保护的灵敏度必须满足的条件为

$$S_p = \frac{I_{C\cdot\Sigma} - I_C}{K_i I_{op(E)}} \geqslant 1.2 \tag{5-23}$$

式中，K_i 为零序电流互感器的电流比。

5.4 电力变压器的继电保护

一、概述

变压器是工厂供电系统的重要设备，一旦发生故障，会给整个工厂或车间的供电带来严重影响，因此必须根据变压器的容量和重要程度装设其保护装置。

高压侧为 6 ～ 10kV 的车间变电所及小型工厂变电所的主变压器通常装设带时限的过电流保护和电流速断保护。如果过电流保护的动作时间范围为 0.5 ～ 0.7s，也可不装设电流速断保护。容量在 800kV·A 及以上的油浸式变压器（如安装在车间内部，则容量在 400kV·A 及以上时），还须装设气体保护。如两台并列运行的变压器容量（单台）在 400kV·A 及以上，以及虽为单台运行但又作为备用电源用的变压器有可能过负荷时，还须装设过负荷保护，但过负荷保护只动作于信号，而其他保护一般动作于跳闸。

高压侧为 35kV 及以上的工厂总降压变电所主变压器一般应装设过电流保护、电流速断保护和气体保护。当有过负荷可能时，也装设过负荷保护。但如果单台运行的变压器容量在 10000kV·A 及以上、两台并列运行的变压器容量（单台）在 6300kV·A 及以上时，则要求装设纵联差动保护来取代电流速断保护。

本节只介绍中小型工厂常用的 6 ～ 10kV 配电变压器的继电保护，包括过电流保护、电流速断保护和过负荷保护，着重介绍变压器的气体保护。

二、保护装置的接线方式及低压侧单相短路保护

1. 保护装置的接线方式

对 6 ～ 10kV/0.4kV、采用 Yyn0 联结组的降压变压器，其保护装置的接线方式有两相两继电器式和两相一继电器式两种。

（1）两相两继电器式接线

如图 5-29 所示，这种接线适用于作为相间短路保护和过负荷保护，而且它属于相电流接线，接线系数为 1，因此无论采用哪种相间短路，保护装置的灵敏系数都是相同的。但若变压器低压侧发生单相短路，情况则不同。

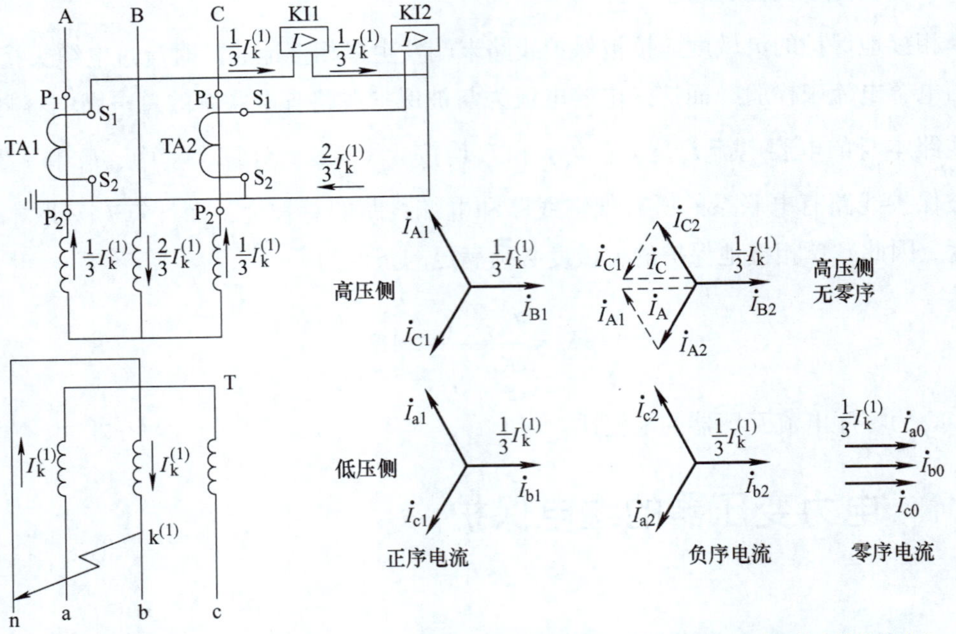

a) 电流分布　　b) 电流相量分解(设变压器的电压比和互感器的电流比均为1)

图 5-29　Yyn0 联结的变压器，高压侧采用两相两继电器式过电流保护（在低压侧发生单相短路时）

如果是装设有电流互感器的那一相（A 相或 C 相）所对应的低压侧发生单相短路，继电器中的电流反应的是整个单相短路电流，这当然是符合要求的。但如果是未装设电流互感器的那一相（B 相）所对应的低压侧（b 相）发生单相短路，经过分析可知，继电器的电流仅仅为单相短路电流的 1/3，达不到保护灵敏度的要求，因此这种接线不适于作为低压侧单相短路保护。

图 5-29a 所示为未装电流互感器的 B 相所对应的低压侧 b 相发生单相短路时短路电流的分布情况。根据不对称三相电路的对称分量分析法，可将低压侧 b 相的单相短路电流分解为正序 $\dot{I}_{b1} = \dot{I}_b/3$、负序 $\dot{I}_{b2} = \dot{I}_b/3$ 和零序 $\dot{I}_{b0} = \dot{I}_b/3$。由此可画出变压器低压侧各相电流的正序、负序和零序相量图，如图 5-29b 所示。

低压侧的正序电流和负序电流通过三相三心柱变压器都要感应到高压侧，但低压侧的零序电流 $\dot{I}_{a0}$、$\dot{I}_{b0}$、$\dot{I}_{c0}$ 都是同相的，其零序磁通在三相三心柱变压器铁心内不可能闭合，因而也不可能与高压绕组相交链，变压器高压侧则无零序分量。所以高压侧各相电流就只有正序和负序分量的叠加，如图 5-29b 所示。

由以上分析可知，当低压侧 b 相发生单相短路时，在变压器高压侧两相两继电器式接线的继电器中只反应 1/3 的单相短路电流，因此灵敏度过低，所以这种接线方式不适合作为低压侧单相短路保护。

（2）两相一继电器式接线

如图 5-30 所示，这种接线也适合作为相间短路保护和过负荷保护，但对不同相间短路保护灵敏度不同，这是不够理想的。然而由于这种接线只采用一个继电器，比较经济，因此小容量变压器也有采用这种接线的。值得注意的是，采用这种接线时，如果未装电流互感器的那一相对应的低压相发生单相短路，由图 5-30 可知，继电器中根本无电流通过，因此这种接线也不能作为低压侧的单相短路保护。

2. 变压器低压侧的单相短路保护

为了弥补上述变压器过电流保护的两种接线方式不适于低压侧单相短路保护的缺点，可采取以下措施。

（1）低压侧装设三相均带过电流脱扣器的低压断路器

这种低压断路器既可作为低压侧的主开关，又可用来保护低压侧的相间短路和单相短路。其操作方便、便于自动投入、提高供电可靠性，在工厂和车间变电所中得到了广泛的应用。DW16 型低压断路器还具有所谓第四段保护，专门用作单相接地保护（仅对 TN 系统的单相金属性接地有效）。目前生产的具有三段保护功能的低压断路器（如 DWX15、ME、KFW2 等型号）均具有此功能。

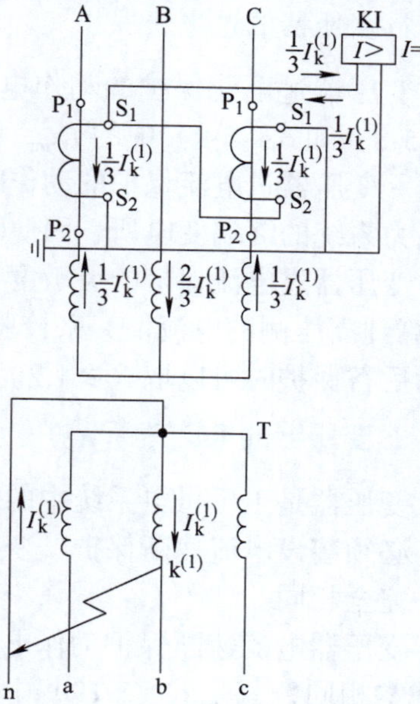

图 5-30　Yyn0 联结的变压器，高压侧采用两相一继电器式过电流保护，在低压侧发生单相短路时的电流分布

（2）低压侧三相装设熔断器保护

这种措施既可以保护变压器低压侧的相间短路，也可以保护单相短路，但由于熔断器熔断后更换熔体需要一定的时间，所以它主要适用于不太重要负荷的小容量变压器。

（3）在变压器中性点引出线上装设零序过电流保护

如图 5-31 所示，这种零序过电流保护的动作电流按躲过变压器低压侧最大不平衡电流来整定，其整定计算公式为

$$I_{op(0)} = \frac{K_{rel} K_{dsq}}{K_i} I_{2N \cdot T} \tag{5-24}$$

式中，$I_{2N \cdot T}$ 为变压器的额定二次电流（A）；K_{dsq} 为不平衡系数，一般取 0.25；K_{rel} 为可靠系数，一般取 1.2 ~ 1.3；K_i 为零序电流互感器的电流比。

零序过电流保护的动作时间一般取 0.5 ~ 0.7s。零序过电流保护的灵敏度按低压干线末端发生单相短路校验。对架空线路，$S_p \geqslant 1.5$，对电缆线路，$S_p \geqslant 1.2$，这一措施保护灵敏度较高，但不经济。一般工厂较少采用。

（4）改两相两继电器式为两相三继电器式

如图 5-29a 所示接线，由于公共线上所接继电器的电流比其他两继电器的电流增大了一倍，因此原来两相两继电器接线对低压单相短路保护的灵敏

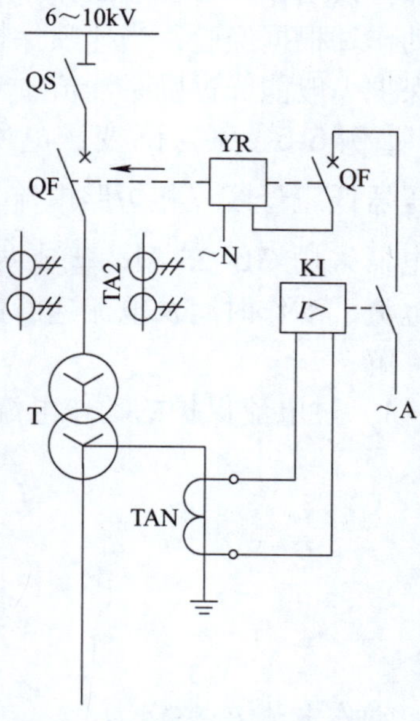

图 5-31　变压器的零序过电流保护

度也提高了一倍。

三、变压器的过电流保护、电流速断保护和过负荷保护

1. 变压器的过电流保护

变压器过电流保护的动作电流整定计算公式与电力线路过电流保护基本相同，只是式（5-8）和式（5-9）中的 $I_{L\cdot max}$ 应取为（1.5 ～ 3）$I_{1N\cdot T}$，这里的 $I_{1N\cdot T}$ 为变压器的额定一次电流。变压器过电流保护的动作时间也按阶梯原则整定。但对车间变电所来说，由于其属于电力系统的终端变电所，因此动作时间可整定为最小值 0.5s。

变压器过电流保护的灵敏度按变压器低压侧母线在系统最小运行方式时发生两相短路（换算到高压侧的电流值）来校验，其灵敏度要求与线路过电流保护相同，即 $S_p \geqslant 1.5$，当作为后备保护时可以取 $S_p \geqslant 1.2$。

2. 变压器的电流速断保护

变压器是工厂供电系统中的重要设备。因此当变压器的过电流保护动作时限大于 0.5s 时，必须装设电流速断保护。变压器电流速断保护的组成、原理也与电力线路的电流速断保护完全相同。

变压器电流速断保护动作电流（速断电流）的整定计算公式与电力线路的电流速断保护基本相同，只是式（5-19）中的 $I_{k\cdot max}$ 应取低压母线三相短路电流周期分量有效值换算到高压侧的电流值，即变压器电流速断保护的动作电流按躲过低压母线三相短路电流来整定。变压器速断保护的灵敏度按变压器高压侧在系统最小运行方式时发生两相短路的短路电流 $I_k^{(2)}$ 来校验，要求 $S_p \geqslant 1.5$。

变压器的电流速断保护与电力线路的电流速断保护一样，也有死区（不能保护变压器的全部绕组）。弥补死区的措施，也是配备带时限的过电流保护。

考虑到变压器在空载投入或突然恢复电压时将出现一个冲击性的励磁涌流，为避免速断保护误动作，可在速断保护整定后，将变压器空载试投若干次，以检验速断保护是否会误动作。根据经验，当速断保护的一次动作电流比变压器额定一次电流大 2 ～ 3 倍时，速断保护一般能躲过励磁涌流，不会误动作。

【例 5-5】 某厂降变压电所装有一台 10kV/0.4kV、1000kV・A 的电力变压器。已知变压器低压母线三相短路电流 $I_k^{(3)}$ =13kA，高压侧继电保护用电流互感器电流比为 100/5，继电器采用 GL-25 型，接成两相两继电器式。试整定该继电器的反时限过电流保护的动作电流、动作时间及电流速断保护的速断电流倍数。

解：

1）过电流保护的动作电流整定。取 K_{rel}=1.3，而 K_w=1，K_{re}=0.8，K_i=100/5=20，则有

$$I_{L\cdot max} = 2I_{1N\cdot T} = \frac{2\times1000}{\sqrt{3}\times10}\text{A} = 115.5\text{A}$$

$$I_{op} = \frac{1.3\times1}{0.8\times20}\times115.5\text{A} = 9.38\text{A}$$

动作电流 I_{op} 整定为 9A。

2）过电流保护动作时间的整定。考虑此为终端变电所的过电流保护，故其 10 倍动作

电流的动作时间整定为最小值 0.5s。

3）电流速断保护速断电流的整定。取 $K_{rel}=1.5$，而 $I_{k\cdot max}=13\times\dfrac{0.4}{10}\text{kA}=520\text{A}$，则有

$$I_{qb}=\frac{1.5\times1}{20}\times520\text{A}=39\text{A}$$

因此速断电流倍数整定为

$$n_{qb}=\frac{39}{9}\approx4.3$$

3. 变压器的过负荷保护

变压器的过负荷保护是用来反映变压器正常运行时出现的过负荷情况，只在变压器确有过负荷可能的情况下才予以装设，一般动作于信号。

变压器的过负荷在大多数情况下都是三相对称的，因此过负荷保护只需要在一相上装一台电流继电器。在过负荷时，电流继电器动作，再经过时间继电器给予一定延时，最后接通信号继电器发出报警信号。

过负荷保护的动作电流按躲过变压器额定一次电流 $I_{1N\cdot T}$ 来整定，其计算公式为

$$I_{op(OL)}=\frac{(1.2\sim1.25)I_{1N\cdot T}}{K_i} \tag{5-25}$$

式中，K_i 为电流互感器的电流比。动作时间一般取 10 ～ 15s。

图 5-32 为变压器的定时限过电流保护、电流速断保护和过负荷保护综合电路，全部继电器均为电磁式。

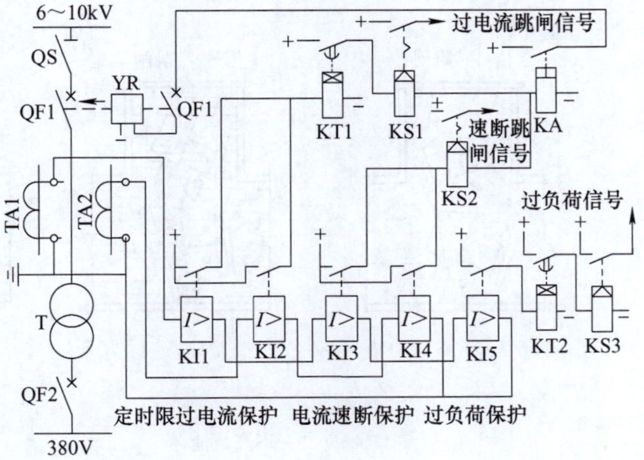

图 5-32 变压器的定时限过电流保护、电流速断保护和过负荷保护综合电路

四、变压器的气体保护

变压器的气体保护是保护油浸变压器内部故障的一种基本保护。气体继电器装在变压器油箱和储油柜之间的连通管上，在油浸式变压器内部发生短路故障时，由于绝缘油和其他绝缘材料受热分解而产生气体，因此可利用这种气体的变化情况使继电器动作作为变压器内部故障的保护。

1. 气体继电器的结构和工作原理

气体继电器主要有浮筒式和开口杯式两种结构。现在一般采用开口杯式，图 5-33 所示为 FJ-80 型开口杯式气体继电器的结构示意图。

为了保证油箱内产生的气体能够顺畅地通过气体继电器排向储油柜，除了连通管对变压器油箱顶盖已有 2% ~ 4% 的倾斜度外，在安装时，变压器对地平面应取 1% ~ 1.5% 的倾斜度，如图 5-34 所示。

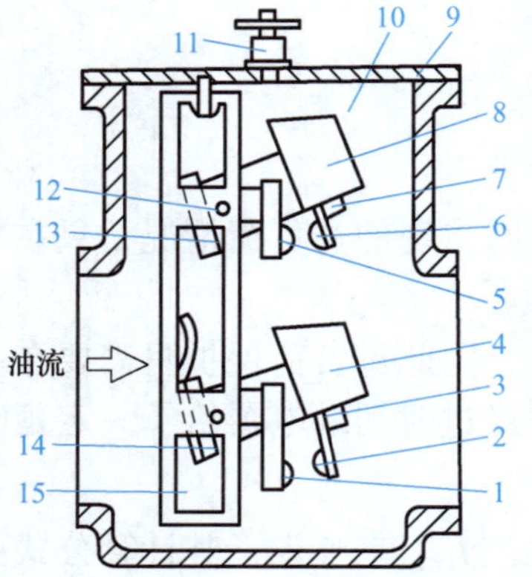

图 5-33 FJ-80 型开口杯式气体继电器的结构示意图

1—下静触头 2—下动触头 3、7—永久磁铁 4—下油杯 5—上静触头 6—上动触头 8—上油杯 9—盖板 10—容器 11—放气阀 12—上油杯转轴 13—上油杯平衡锤 14—下油杯平衡锤 15—支架

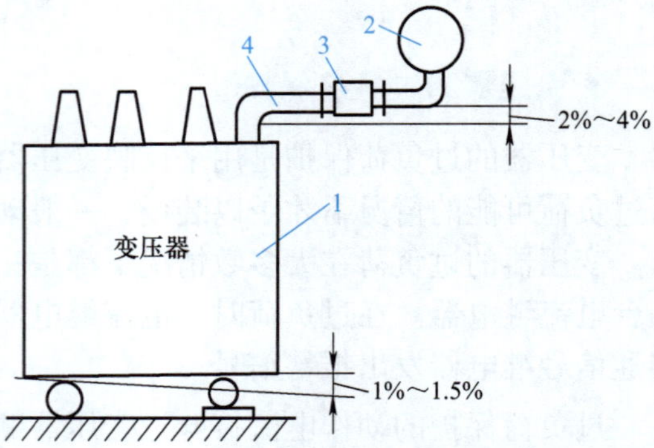

图 5-34 气体继电器在变压器上的安装示意图

1—变压器油箱 2—储油柜 3—气体继电器 4—连通管

当变压器正常工作时，气体继电器内的上、下油杯都是充满油的，油杯因其平衡锤的作用而升高，如图 5-35a 所示，它的上、下两对触头都是断开的。

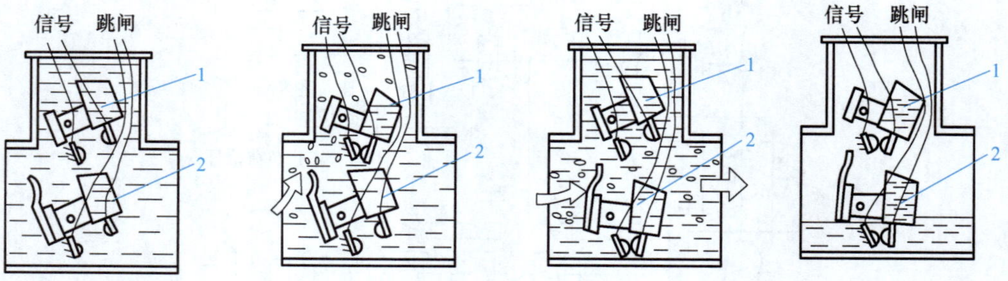

图 5-35 气体继电器动作示意图

1—上开口油杯 2—下开口油杯

当变压器内发生轻微故障时，由故障引起的少量气体慢慢升起，沿着连通管进入并积聚于气体继电器内，当气体积聚到一定程度时，由于气体的压力而使油面下降，上油杯因其中盛有残余的油而使其力矩大于另一端平衡锤的力矩而降落，如图 5-35b 所示，从而使上触头接通变电所控制室的信号回路，发出轻微故障信号（轻瓦斯动作）。

当变压器内部发生严重故障时，被分解的变压器油和其他有机物将产生大量气体，使得变压器内部压力剧增，迫使大量气体带动油流迅猛地从连通管通过气体继电器进入储油柜。在油流的冲击下，继电器下部的挡板被掀起，使下油杯降落，如图 5-35c

所示，从而使下触头接通跳闸回路，同时通过信号继电器发出灯光和音响信号（重瓦斯动作）。

如果变压器的油箱漏油，使得气体继电器内的油慢慢流尽，如图 5-35d 所示，先是上油杯降落，发出报警信号，然后下油杯降落，使断路器跳闸，切除变压器。

2. 变压器气体保护的接线

图 5-36 为变压器气体保护的原理电路。当变压器内部发生轻微故障时，气体继电器 KG 的上触头 1–2 闭合，作用于报警信号。当变压器内部发生严重故障时，KG 的下触头 3–4 闭合，经中间继电器 KA 作用于断路器 QF 的跳闸线圈 YR，使断路器跳闸，同时 KS 发出跳闸信号。KG 的下触头 3–4 闭合时，也可以用连接片 XB 切换位置，串接限流电阻 *R*，只给出报警信号。

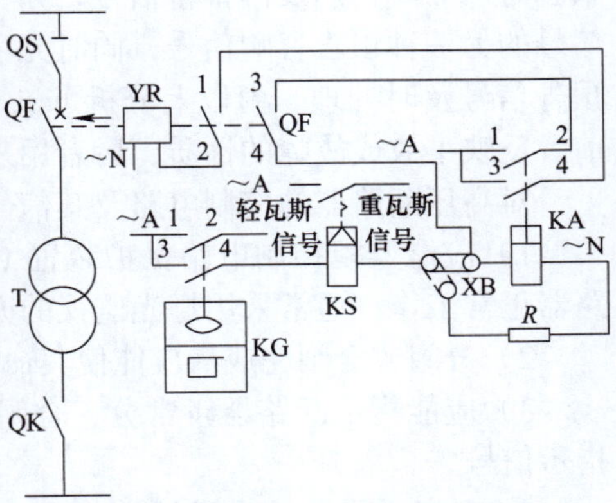

图 5-36 变压器气体保护原理电路

由于气体继电器 KG 的下触头 3–4 在发生严重故障时可能有抖动（接触不稳定）现象，因此，为使断路器可靠跳闸，特利用中间继电器 KA 的触头 1–2 作为自保持（自锁）触头。只要 KG 的下触头 3–4 闭合，KA 就动作，并借其上触头 1–2 的闭合而使其处于自保持状态，KG 的下触头 3–4 闭合后使断路器 QF 跳闸，断路器 QF 跳闸后，其辅助触头 QF1–2 断开跳闸回路，QF3–4 则断开中间继电器 KA 的自保持（自锁）回路，使中间继电器返回。

3. 变压器气体保护动作后的故障分析

变压器气体保护装置动作后，可由蓄积于气体继电器内气体的物理化学性质来分析和判断故障的原因及处理要求，见表 5-1。

表 5-1 气体继电器动作后的气体分析和处理要求

气体的性质	故障原因	处理要求
无色，无臭，不可燃	油箱内含有空气	允许继续运行
灰白色，有剧臭，可燃	纸质绝缘烧毁	应立即停电检修
黄色，难燃	木质绝缘烧毁	应立即停电检修
深灰或黑色，易燃	油内闪络，油质碳化	应分析油样，必要时停电检修

5.5 断路器的控制电路和信号系统

一、概述

断路器的控制电路就是控制（操作）断路器分、合闸的电路。它与所采用断路器操动机构的形式和操作电源的类别密切相关。高压断路器的操动机构有手动式、电磁式和弹簧式等形式；操作电源有直流和交流两类。电磁式操动机构只能采用直流操作电源，手动式操动机构和弹簧式操动机构一般采用交流操作电源。

信号系统是用来指示一次设备运行状态的二次系统，按用途分为断路器位置信号、事故信号和预告信号。断路器的位置信号用来显示断路器正常工作时的位置状态。一般用红灯亮表示断路器在合闸位置；用绿灯亮表示断路器在分闸位置。事故信号用来显示断路器在事故情况下的工作状态；一般用红灯闪光表示断路器自动合闸；用绿灯闪光表示断路器自动跳闸。此外，还有事故音响信号和光字牌等。预告信号是在一次设备出现不正常工作状态时或故障初期发出报警信号，如变压器过负荷或轻瓦斯动作时就发出区别于事故音响信号的另一种预告音响信号，同时光字牌亮，指示出故障的性质和地点，值班人员可根据预告信号及时处理。由以上分析可见，信号系统一般由灯光信号和音响信号两部分组成；前者反映事故或故障的性质，后者用来引起值班人员注意。

对高压断路器的控制电路及其信号系统有下列主要要求。

1）应能监视控制电路保护装置（如熔断器）及其分、合闸回路的完好性，以保证断路器正常工作，通常采用灯光监视的方式。

2）分闸或合闸完成后应能使其命令脉冲解除，即能切断分闸或合闸的电源。

3）应能指示断路器正常分、合闸的位置状态，并在自动合闸和自动跳闸时有明显的指示信号。

4）各断路器应有事故跳闸信号。事故跳闸信号回路应按不对应原理接线。当断路器采用手动式操动机构时，利用手动式操动机构的辅助触头与断路器的辅助触头构成不对应关系，即操动机构（手柄）在合闸位置而断路器已跳闸时，发出事故跳闸信号。当断路器采用电磁式操动机构或弹簧式操动机构时，则利用控制开关的触头与断路器的辅助触头构成不对应关系，即控制开关的触头在合闸位置而断路器已自动跳闸时，发出事故跳闸信号。

5）对有可能出现不正常工作状态的设备应装设预告信号，预告信号应能使控制室或值班室的中央信号装置发出音响或灯光信号，并能指示故障地点和性质。一般预告音响信号用电铃，而事故音响信号用电笛，以示区别。

二、采用手动式操动机构的断路器控制电路及其信号系统

图 5-37 所示为采用手动式操动机构的控制电路及其信号系统。合闸时，推上手动式操动机构的操作手柄使断路器合闸。这时断路器的辅助触头 QF3–4 闭合，红灯 HLR 亮，指示断路器在合闸位置（注意：YR 虽通电，但由于 HLR 和 R_2 的限流，不会动作）、红灯 HLR 亮还表明跳闸线圈 YR 回路及控制电路的熔断器 FU1、FU2 完好，即红灯 HLR 同时起着监视跳闸回路完好性的作用。合闸同时，辅助触头 QF1–2 断开，绿灯 HLG 灭。分闸时，扳下操作手柄使断路器跳闸。断路器辅助触头 QF3–4 断开，红灯 HLR 灭，并切除跳闸电源，同时辅助触头 QF1–2 闭合，绿灯 HLG 亮，指示断路器在分闸位置。绿灯 HLG 亮还表明控制电路的熔断器 FU1、FU2 是完好的，即绿灯 HLG 也同时起着监视本电路完好性的作用。

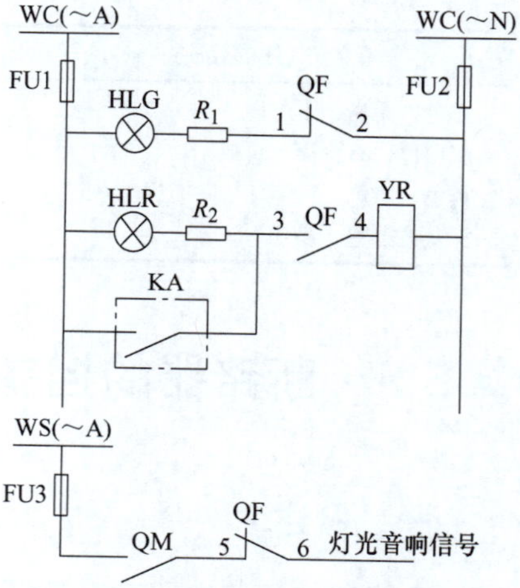

图 5-37　采用手动式操动机构的断路器控制电路及其信号系统

当断路器正常操作分、合闸时，由于手动式操动机构辅助触头 QM 与断路器辅助触头 QF5–6 总是同时切换，因此事故信号回路总是不通，不会错误地发出事故信号。

当一次电路发生短路故障时，继电保护装置动作，其出口继电器 KA 闭合，接通跳闸线圈 YR 的回路（QF3–4 原已闭合），使断路器跳闸。随后 QF3–4 断开，使红灯 HLR 灭，并切断跳闸电源，同时 QF1–2 闭合，使绿灯 HLG 亮。这时操动机构的手柄虽然还在合闸位置，但跳闸指示牌掉下，表示断路器自动跳闸。同时，事故跳闸信号回路接通，此事故信号回路是按不对应原理接线的。由于操作机构仍在合闸位置，其辅助触头 QM 闭合，而断路器实际已跳闸，其辅助触头 QF5–6 也闭合，因此事故信号回路接通，发出音响和灯光信号。在值班员得知事故信号后，可将操作手柄板向分闸位置。这时，跳闸信号牌返回，事故信号也立即消除。控制电路中的电阻 R_1、R_2 是限流电阻，用来防止红、绿指示灯的灯座短路造成断路器误跳闸，或引起控制电路短路。

三、采用电磁式操动机构的断路器控制电路及其信号系统

图 5-38 所示为采用电磁式操动机构的断路器控制电路及其信号系统，其操作电源采用硅整流器带电容储能的直流系统。该控制电路采用双向自复式并具有保持触头的 LW5 型万能转换开关，其手柄正常时为垂直位置（0°）。顺时针扳转 45°，为合闸（ON）操作，手松开即自动返回，但仍保持合闸状态。逆时针扳转 45°，为分闸（OFF）操作，手松开也自动返回，但仍保持分闸状态。图中虚线上标示“·”的触头表示在此位置时触头接通；在虚线上标示“→”则表示控制开关手柄自动返回的方向。

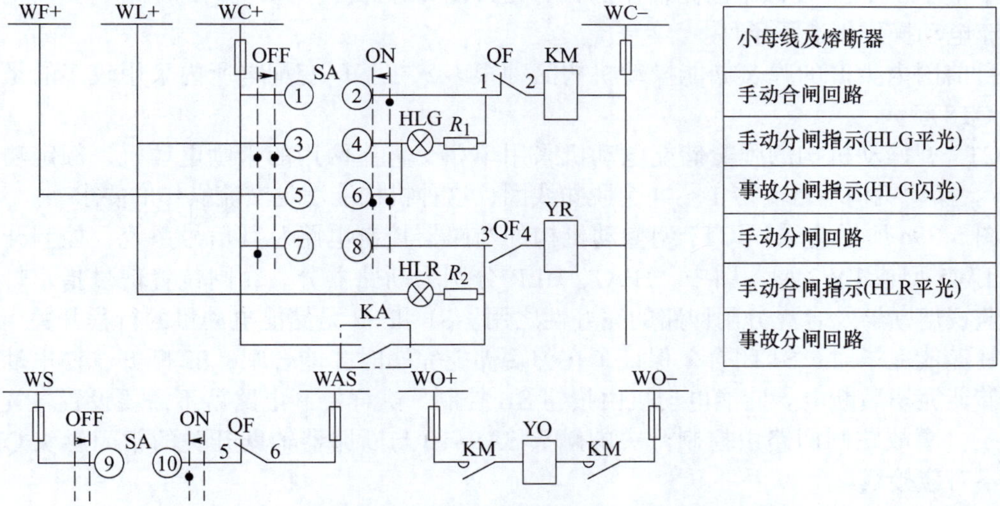

图 5-38　采用电磁操动机构的断路器控制电路及其信号系统

WC—控制小母线　WL—灯光指示小母线　WF—闪光信号小母线
WS—信号小母线　WAS—事故信号小母线　WO—合闸小母线

合闸时，将控制开关 SA 手柄顺时针扳转 45°，这时其触头 1–2 接通，合闸接触器 KM 通电（其中 QF1–2 原已闭合），其主触头闭合，使电磁合闸线圈 YO 通电，断路器合闸。合闸完成后，控制开关 SA 自动返回，其触头 1–2 断开，断路器辅助触头 QF1–2 也断开，绿灯 HLG 灭，并切断合闸电源；同时 QF3–4 闭合，红灯 HLR 亮，指示断路器在合闸后位置，并监视跳闸回路的完好性。

分闸时，将控制开关 SA 手柄逆时针扳转 45°，这时其触头 7–8 接通，跳闸线圈 YR 通电（其中 QF3–4 原已闭合），使断路器跳闸。跳闸完成后，控制开关 SA 自动返回，其触头 7–8 断开，断路器辅助触头 QF3–4 也断开，红灯 HLR 灭，并切断跳闸电源；同时

SA 的触头 3-4 闭合，QF1-2 也闭合，绿灯 HLG 亮，指示断路器在分闸后位置，并监视合闸回路的完好性。

由于红、绿指示灯兼起监视分、合闸回路完好性的作用，长期投入工作，耗电较多，为了减少储能电容器能量的消耗并使电路安全可靠，这种回路设有灯光指示小母线 WL+，专用来接入红绿指示灯。

当一次电路发生短路故障时，保护装置动作，其出口继电器触头 KA 闭合，接通跳闸线圈 YR 回路（其中 QF3-4 原已闭合），使断路器跳闸。随后 QF3-4 断开，红灯 HLR 灭，并切断跳闸电源；同时 QF1-2 闭合，SA 在合闸后位置，其触头 5-6 也闭合，接通闪光信号小母线 WF+，使绿灯 HLG 闪光，表示断路器已自动跳闸。由于 SA 仍在合闸后位置，其触头 9-10 闭合，而断路器已跳闸，其触头 QF5-6 也闭合，因此事故音响信号回路接通，发出事故跳闸的音响信号。值班人员得此信号后，可将控制开关 SA 的手柄扳向分闸位置（逆时针旋转 45° 后松开让它返回），使 SA 的触头与 QF 的辅助触头恢复对应关系，全部事故信号立即解除。

四、采用弹簧式操动机构的断路器控制电路及其信号系统

弹簧储能操动机构是一种比较新型的操动机构。它利用预先储能的合闸弹簧释放能量，使断路器合闸。合闸弹簧由电动机带动（也可手动储能），多为交直流两用电动机，且功率很小（10kV 及以下断路器用的只有几百瓦），弹簧式操动机构的出现，为变电所采用交流电动操作创造了条件。

目前国内生产的弹簧储能操动机构品种很多，在工厂变配电所内采用较多的是 CT7 型和 CT8 型。

CT7 型操动机构的弹簧储能电动机采用单相交直流两用的串励电动机，额定功率为 369W。操动机构中可安装 1 ～ 4 个脱扣线圈，这种机构能满足交流操作的要求。

图 5-39a 所示为采用 CT7 型操动机构的断路器控制电路及其信号系统，控制开关可采用 LW5 型或 LW2 型。图中，HLG、HLR 分别为断路器分、合闸位置信号指示灯，并兼作监视熔断器及合、分闸回路的完好性之用。S1 和 S2 是储能电动机的行程开关。在合闸弹簧储能完毕时，S1 闭合，保证了在弹簧储能完毕时才能合闸，S2 断开，使电动机在弹簧储能完毕后断电。储能电动机由按钮 SB 控制，这样控制电路就不需要设置电气防跳装置了。事故跳闸回路由控制开关的触头 SA9-10 与断路器辅助开关的常闭触头 QF5-6 构成不对应接线。

合闸时，首先按下 SB，储能电动机 M 通电（S2 原已闭合），使合闸弹簧储能，储能完毕后，S2 自动断开，切断电动机回路，同时 S1 常开触头闭合，为合闸做好准备。

将控制开关 SA 的手柄扳向合闸位置（ON 方向），这时其触头 3-4 接通，合闸线圈 YO 通电，弹簧释放，通过如图 5-39b 所示传动机构，使断路器合闸。合闸后，断路器辅助触头 QF1-2 断开，绿灯 HLG 灭，并切断合闸电源；同时 QF3-4 闭合，红灯 HLR 亮，指示断路器在合闸位置，并监视跳闸回路的完好性。

分闸时，将控制开关 SA 的手柄扳向分闸位置（OFF 方向），这时其触头 1-2 接通，跳闸线圈 YR 通电（其中 QF3-4 原已闭合），使断路器跳闸。跳闸后，QF3-4 断开，红灯 HLR 灭，并切断跳闸电源；同时 QF1-2 闭合，绿灯 HLG 亮，指示断路器在分闸位置，并监视合闸回路的完好性。

当一次电路发生故障时，保护装置动作，继电器 KA 触头闭合，接通跳闸线圈 YR 回路（其中 QF3-4 原已闭合），使断路器跳闸，随后 QF3-4 断开，使红灯 HLR 灭，并切断

跳闸电源；同时，由于断路器是自动跳闸，SA 仍在合闸后位置，其触头 9–10 闭合，而断路器已跳闸，QF5–6 也闭合，因此事故音响回路接通，发出事故跳闸音响信号。值班人员获知此信号后，可将控制开关扳回跳闸位置，使 SA 触头与 QF 触头恢复对应关系，解除事故跳闸信号。

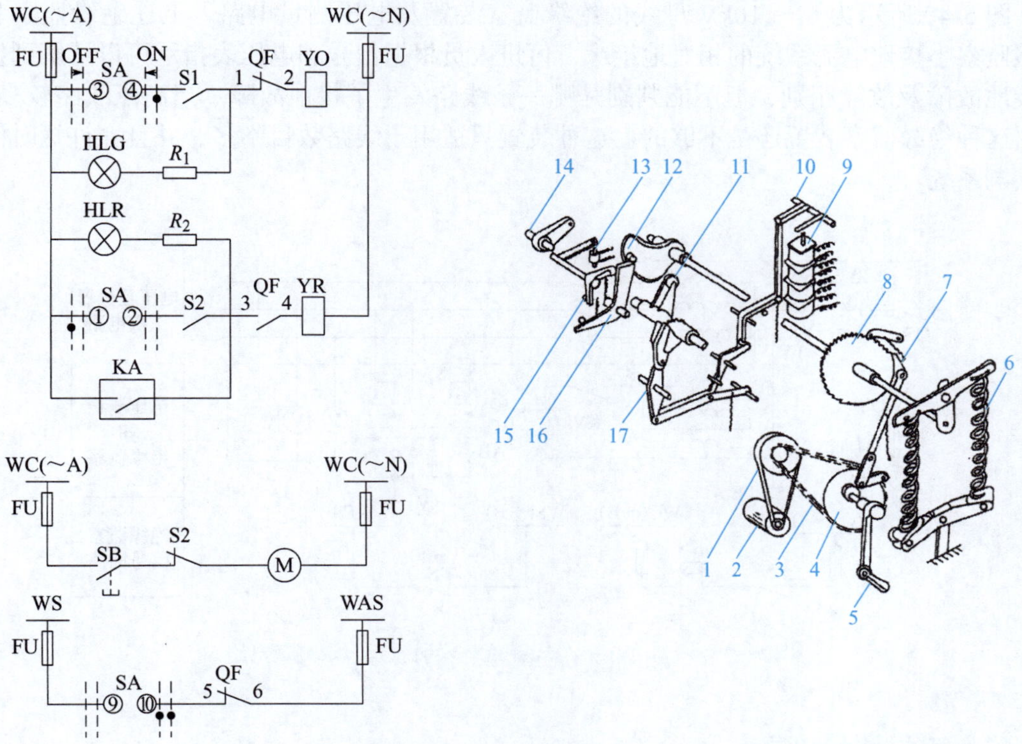

a) 控制信号　　b) 弹簧机构

图 5-39　采用弹簧式操动机构的断路器控制电路及其信号系统

1—带　2—储能电动机　3—链条　4—偏心轮　5—操作手柄
6—合闸弹簧　7—棘爪　8—棘轮　9—脱扣器　10、17—连杆　11—拐臂
12—偏心凸轮　13—合闸电磁铁　14—输出轴　15—掣子　16—杠杆

读者阅读图 5-37 ～图 5-39 时，可对应本节概述中对高压断路器的控制电路及其信号系统的 5 条主要要求进行详细分析。

5.6　绝缘监察装置和测量仪表

一、绝缘监察装置

绝缘监察装置主要用来监视小接地电流系统相对地的绝缘状况。绝缘监察装置可采用三台单相电压互感器和三只电压表接成图 2-36c 所示电路，也可采用三台单相三绕组电压互感器或一台三相五心柱三绕组电压互感器接成图 2-36d 所示电路。这类电压互感器二次侧有两组线圈，一组为星形联结，在它的引出线上接三只电压表，系统正常运行时，反映各个相电压；在系统发生一相接地时，则对应相的电压表指零，而另两只电压表读数升高至线电压。另一组接成开口三角形（也称辅助二次绕组），构成零序电压过滤器，在开口处接一个过电压继电器。系统正常运行时，三相电压对称，开口三角形两端电压接近零，继电器不动作，在系统发生一相接地时，接地相电压为零，另两个互差 120° 的相电压叠加，则使开口处出现近 100V 的零序电压，使电压继电器动作，发出报警的灯光和音响信号。

图 5-40 所示为 6 ～ 10kV 母线的绝缘监察装置及电压测量电路。上述绝缘监察装置能够监察小接地电流系统的相对地绝缘，值班人员根据信号和电压表指示可以了解到发生了接地故障及故障相别，但不能判别是哪一条线路发生了接地故障。当高压线路较多时，采用这种绝缘监察装置还是不够的。这种装置只适用于线路数目不多，并且允许短时停电的供电系统。

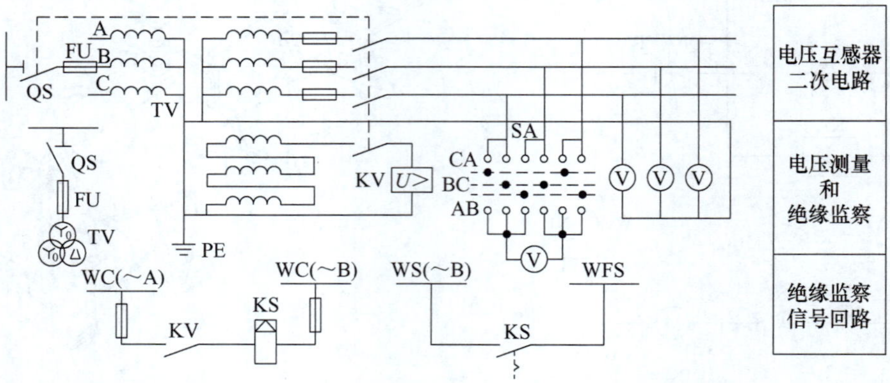

图 5-40　6 ～ 10kV 母线的绝缘监察装置及电压测量电路

二、电气测量仪表

电气测量仪表是保证变配电所电气设备安全经济运行的重要设备。值班人员可以通过它监视各种电气设备的运行情况，了解运行参数（如电压、电流、功率等），及时察觉各种异常现象。同时，在电气设备发生事故的情况下，还可以测量和记录事故范围和事故性质等。此外，运行值班人员还可以通过各种记录仪表的指示数据进行电力负荷的统计、积累技术资料和分析生产技术指标，以便指导运行工作。

为了监视一次设备的运行状况和计量一次系统消耗的电能，保证系统安全可靠和优质、经济、合理地运行，在工厂供电系统的变配电装置中必须装设一定数量的电工测量仪表。

电工仪表的类型很多，根据各种仪表的结构、特点及在供电系统的配置和用途，通常分为电气指示仪表和电能计量仪表。各种仪表的配置、选择应当符合 GB/T 50063—2017《电力装置电测量仪表装置设计规范》的规定。

1. 对电气指示仪表的要求

电气指示仪表是指固定安装在变配电所仪表屏、控制屏或配电屏（柜）上的反映电力设备运行情况、监视系统绝缘状况以及在事故情况下测量和记录事故范围和事故性质的电工测量仪表。除了要求其测量范围和准确度等级能够满足变配电装置运行监测的要求外，应力求外形美观、便于观测、经久耐用。具体要求如下：

1）交流电路的仪表，其准确度等级不低于 2.5 级；直流电路的仪表，其准确度等级不低于 1.5 级。

2）1.5 级和 0.5 级的仪表，应配用准确度等级不低于 1.0 级的互感器。

3）仪表的测量范围和电流互感器电流比的选择，宜满足电力装置回路以额定条件运行时，仪表的指示在标度尺的 70% ～ 100% 处。对有可能过负荷运行的电力装置回路，仪表的测量范围宜留有适当的过负荷裕度；对重载起动的电动机和运行中有可能出现短时冲击电流的电力装置回路，宜采用具有过负荷标度尺的电流表；对有可能双向运行的电力装置回路，应采用具有双向标度尺的仪表。

2. 对电能计量仪表的要求

电能计量仪表主要是指计费用有功电能表和用于技术分析的有功、无功电能表，按照国家标准，应符合考核技术经济指标和按电价分类合理计费的要求。

1）月平均用电量在 1×10^6kW・h 及以上电力用户的电能计量点应采用 0.5 级的有功电能表；月平均用电量小于 1×10^6kW・h、容量在 315kV・A 及以上变压器高压侧计量电力用户的电能计量点应采用 1.0 级有功电能表；容量在 315kV・A 及以下变压器低压侧计量电力用户的电能计量点、75kW 及以上的电动机及仅作为内部技术经济考核而不计费的线路和电力装置回路均采用 2.0 级有功电能表。

2）315kV・A 及以上变压器高压侧计费电力用户的电能计费点和并联电力电容器组应采用 2.0 级的无功电能表；在 315kV・A 以下的变压器低压侧计费电力用户的电能计量点及仅作为内部技术经济考核而不计费的线路和电力装置回路均采用 3.0 级无功电能表。

3）0.5 级的有功电能表应配用 0.2 级的互感器；1.0 级的有功电能表、2.0 级计费用的有功电能表及 2.0 级的无功电能表应配用不低于 0.5 级的互感器；仅作为内部技术经济考核而不计费的有功和无功电能表均宜配用 1.0 级的互感器。

3. 变配电装置中各部分仪表的配置

根据 GB/T 50063—2017《电力装置电测量仪表装置设计规范》的规定，仪表配置要求如下：

1）在工厂的电源进线上，必须装设计费用的有功电能表和无功电能表，而且宜采用全国统一标准的电能计量柜，配用专用的互感器，连接计费用电能表的互感器，不得接用其他仪表和继电器。

2）每段母线上都必须装设电压表测量电压，并装设绝缘监察装置（对小电流接地系统，见图 5-40）。

3）降压变压器的两侧，均应装设电流表以了解负荷情况；低压侧如为三相四线制，应各相都装设电流表。高压侧还应装设有功电能表和无功电能表。

4）6 ～ 10kV 高压配电线路，应装设 1 台电流表，了解其负荷情况。如需计量电能，还需装设有功电能表和无功电能表，如图 5-41 所示。

5）低压配电线路（三相四线制），一般应装设 3 台电流表或 1 台电流表加转换开关，以测量各相电流，特别是照明线路。如为三相负荷平衡的动力线路，可只装 1 台电流表。如需计量电能，一般应装设三相四线制有功电能表。对负荷平衡线路，可只装 1 台单相有功电能表，实际电能为其计数的 3 倍。

6）并联电力电容器电路，应装设 3 台电流表，以检查三相负荷是否平衡。如需计量无功电能，则需装设无功电能表。

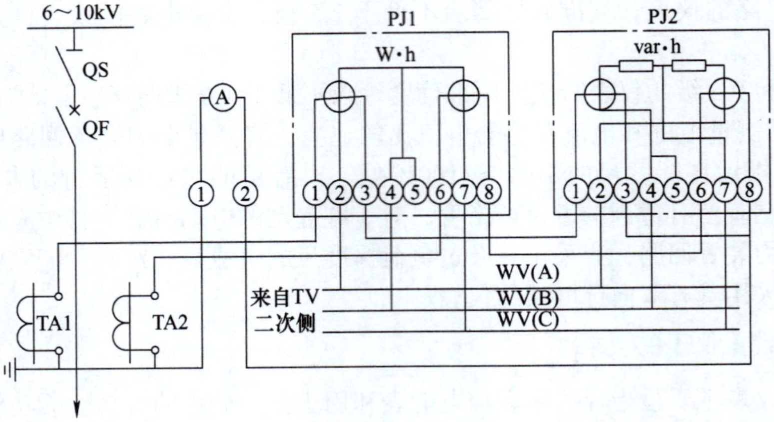

a) 电路图

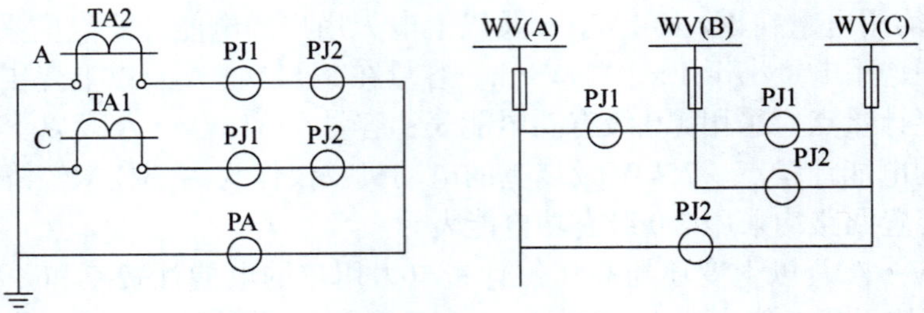

b) 展开图

图 5-41　6 ～ 10kV 高压线路电工仪表原理电路

5.7　工厂供电系统二次回路接线图

一、概述

接线图是用来表示成套装置或设备中各元器件之间连接关系的一种图样。供电系统二次回路的接线图主要用于二次回路的安装接线、线路检查、线路维修等。在实际应用中，接线图通常需要与电路图、位置图一起使用。接线图有时也和接线表配合使用。

接线图的绘制，应遵照 GB/T 6988.1—2008《电气技术用文件的编制 第 1 部分：规则》的有关规定。

二、二次回路接线图的基本绘制方法

1. 二次回路接线图的特点

1）接线图上各二次设备的尺寸和位置可以不严格按照比例，但应和实际安装位置相同。由于二次设备都安装在屏的正面而接线图都表示屏的后面，所以接线图又称为屏的背视图。

2）接线图上设备的外形都应与实际形状相符。对于复杂的二次设备（如继电器、功率表、电能表等），可画出其内部接线，简单设备（如电流表、电压表等）则不必画出，但必须画出接线柱及其编号。对背视图看得见的设备轮廓用实线表示，看不见的轮廓线用虚线表示。

2. 二次设备的表示方法

由于二次设备都是从属于一次设备或线路的，而其一次设备或线路又从属于某一成套电气装置，因此所有二次设备都必须按 GB 5094.3—2005《工业系统、装置与设备以及工业产品结构原则与参照代号　第 3 部分：应用指南》的规定，在接线图上标明其项目、种类、代号。

项目是指电气技术文件中出现的各种实物，如开关柜、控制盘、电动机等。项目代号是用来识别项目种类及其层次关系和实际位置的一种代码。它可将不同技术文件上的项目与实际设备中该项目对应起来以便查找。一个完整的项目代号包括 4 个代号段，每个代号段之前还有一个前缀符号作为代号段的特征标记，见表 5-2。

表 5-2　项目代号的形式及符号

段别	名称	前缀符号	示例
第一段	高层代号	=	=A4
第二段	位置代号	+	+W5
第三段	种类代号	–	–P2
第四段	端子代号	：	：8

图 5-41 所示 6 ～ 10kV 高压线路中的测量仪表本身种类代号为 P，因此有功电能表、无功电能表和电流表的代号分别为 P1、P2、P3，或按 GB 5094.3—2005 规定分别标为 PJ1、PJ2 和 PA。而这些仪表又从属于某一线路，而线路的种类代号为 W。假设无功电能表 P2 属于线路 W5，则此项目种类代号应标为“+W5–P2”。假设线路 W5 又是 4 号开关柜内的线路，而开关柜的种类代号规定为 A，这时无功电能表的项目种类全称为“=A4+W5–P2”。假设要找无功电能表的端子⑧，则其项目种类全称为“=A4+W5–P2：8”。可以看出，项目代号是以成套装置或设备连续分解为依据的，后面的代号段从属于前面的代号段。按规定，电气图上的每一个图形符号旁都要标注项目代号。为了避免图面不必要的拥挤，在不致引起混淆的前提下，实际中标注项目代号时应尽量简化；代号段的前缀符号也可以省略；总之，以必须、够用为度。如为表明项目之间的层次和功能关系，可由第一段和第三段组成项目代号即可，如“=A4–P2”；如果图上所有项目都属于同一层次（同一设备），则高层代号可在图样的空白处或标题栏内一次性标注；如为了表示某项目的实际位置，可用第二段和第三段组成项目代号即可，如“+W5–P2”；对于高压开关柜二次回路的接线图，由于柜内一般只有一条线路，因此无功电能表的项目种类代号可以只标为“–P2”或“P2”；对其端子⑧，则可只标为“P2：8”。由上可见，第三段种类代号是项目代号的核心，当电路较简单时，一般可只用第三段作为项目代号。

3. 接线端子的表示方法

屏内的二次设备与屏外二次回路连接，同一屏上各安装单位之间的连接必须通过端子排。端子排由专门的接线端子板组合而成。接线端子板分为普通端子板、连接端子板、试验端子板和终端端子板等形式。接线端子板有横向连接片，可与邻近端子板相连，用来连接有分支的导线。

试验端子板用来在不断开二次回路的情况下对仪表、继电器进行试验。如图 5-42 所示，两个试验端子板将工作电流表 PA1 与电流互感器 TA 连接起来。当需要换下工作电流表 PA1 进行试验时，可用另一备用电流表 PA2 分别接在试验端子的接线端子的螺钉 2 和

7 上，如图 5-42 中虚线所示。然后拧松螺钉 3 和 8，将工作电流表拆离，即可进行试验。PA1 校验完毕后，再拧入螺钉 3 和 8，就接入 PA1 了。最后拆下备用电流表 PA2，整个电路又恢复原状运行。在以上整个过程中，电流互感器的二次侧都没有出现开路的情况。终端端子板是用来固定或分隔不同安装项目的端子排。

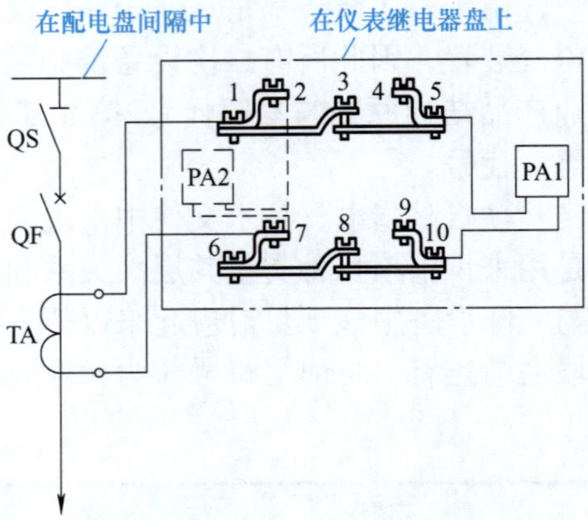

图 5-42 试验端子板的结构及其应用

在接线图中，端子排中各种形式端子板的符号标志如图 5-43 所示，端子板的文字代号为 X，端子的前缀符号为“：”。

4. 连接导线的表示方法

接线图中端子之间的导线连接有以下两种表示方法。

1）连续线表示法：端子之间的连接导线用连续线表示，如图 5-44a 所示。

2）中断线表示法：端子之间的连接不连线条，而只在需相连的两端子处标注对面端子的代号，即表示两端子之间需相互连接，故又称对面标号法或相对标号法，如图 5-44b 所示。

在接线图中，屏内设备之间及设备与互感器或小母线之间的导线连接如果用连续线来表示，当连线比较多时就会使接线图相当复杂、不易辨认。所以，目前二次接线图中的导线连接方法较多采用对面标号法。

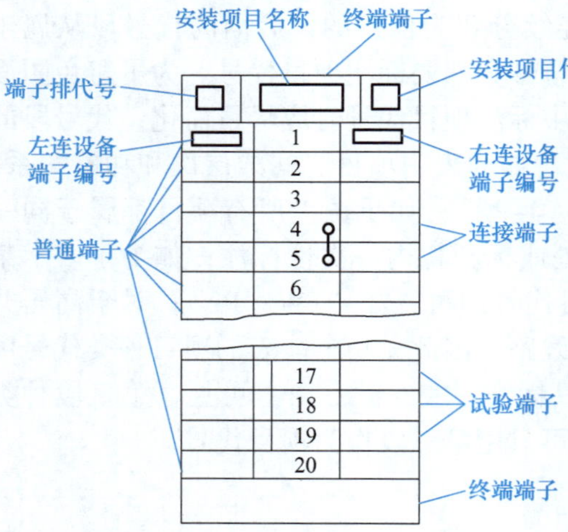

图 5-43 端子排标志图例

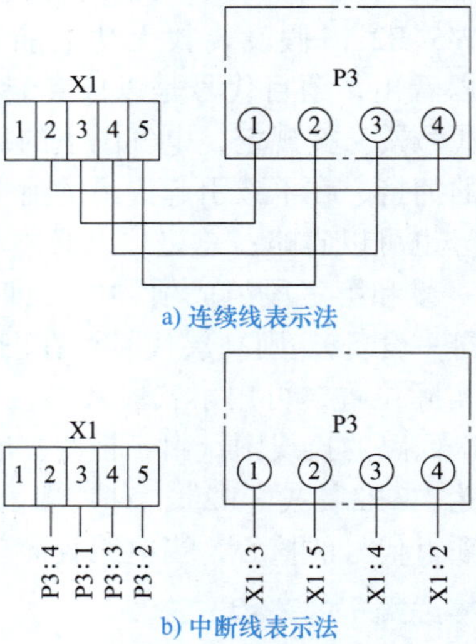

图 5-44 连接导线的表示方法

三、二次回路接线图示例

图 5-45 所示为用中断线表示法来表示连接导线的一条高压配电线路二次回路接线图。图 5-46 为其对应的二次回路展开图，读者可仔细对照阅读以上两图，并从中学习由展开图画出接线图的方法，应特别注意端子排的画法。

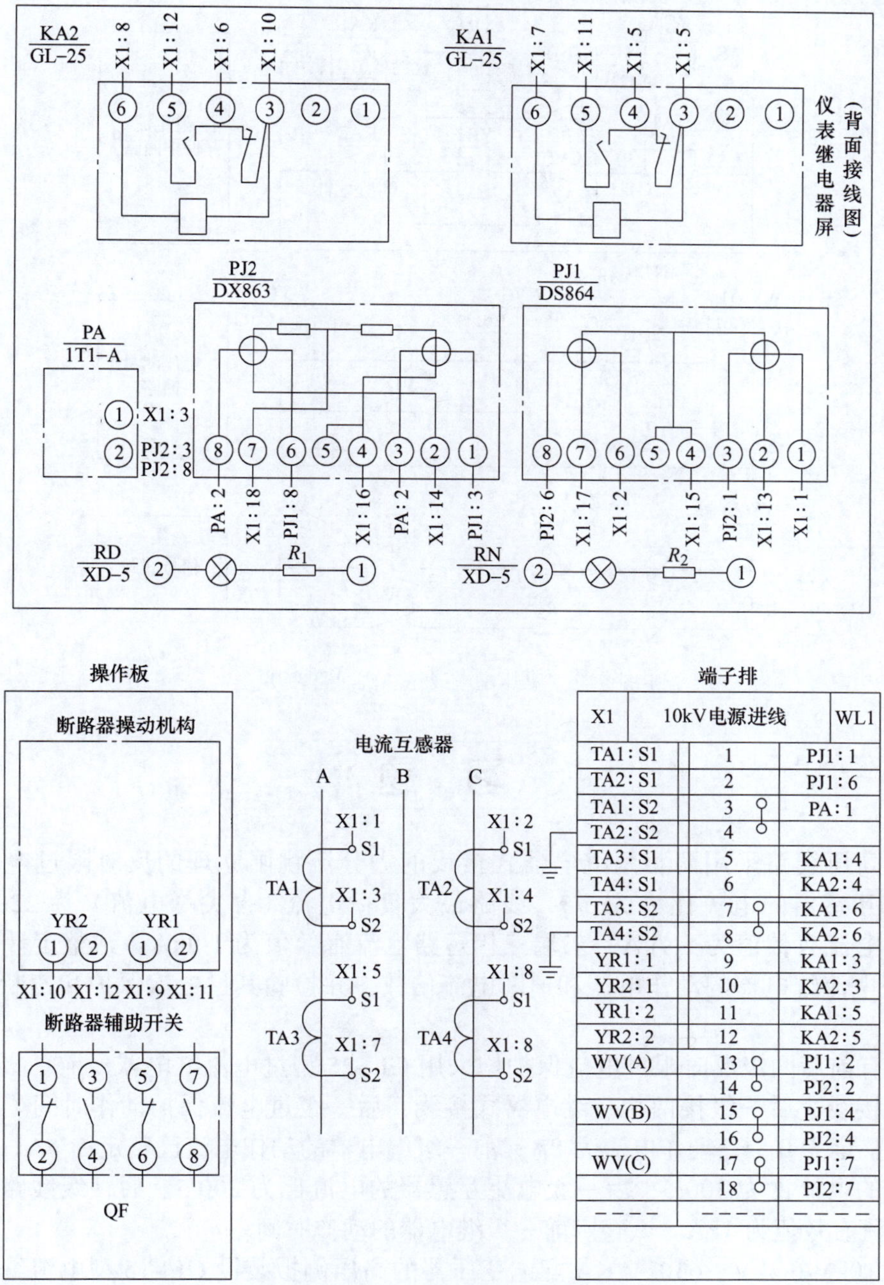

图 5-45　高压配电线路二次回路接线图

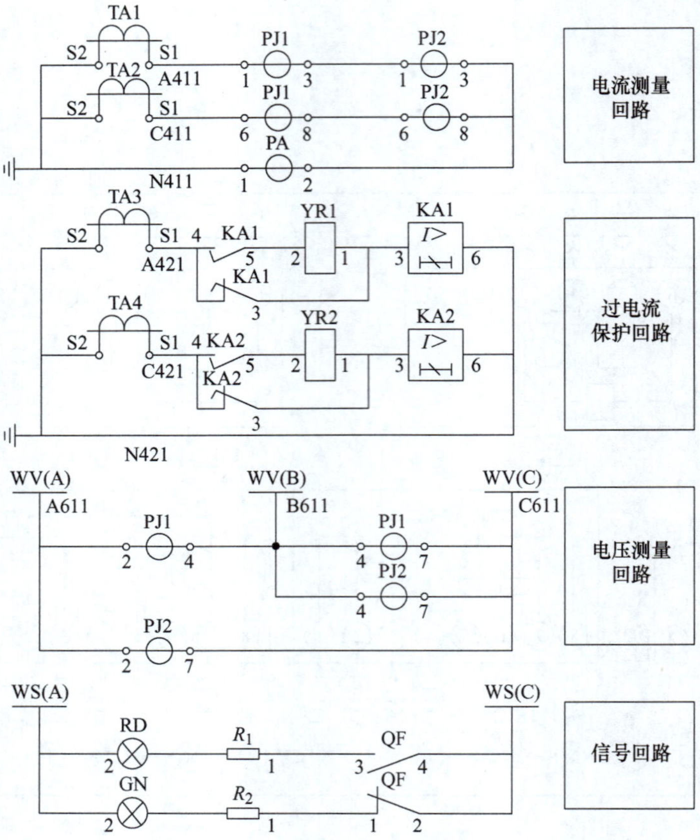

图 5-46 高压配电线路二次回路展开图

习 题

1. 某高压线路采用两相两继电器式接线的去分流跳闸原理的反时限过电流保护装置，电流互感器的电流比为 250/5，线路最大负荷电流（含尖峰电流）为 220A，首端三相短路电流有效值为 5.1kA，末端三相短路电流有效值为 1.9kA。试整定计算其采用 GL-15 型电流继电器的动作电流和速断电流倍数，并检验其过电流保护和速断保护的灵敏度。

2. 现有前后两级反时限过电流保护均采用 GL-25 型过电流继电器，前一级按两相两继电器式接线，后一级按两相一继电器式接线，后一级过电流保护动作时间（10 倍动作电流）已整定为 0.5s，动作电流为 8A，前一级继电器的动作电流已整定为 4A，前一级电流互感器的电流比为 300/5，后一级电流互感器的电流比为 200/5。后一级线路首端的三相短路电流有效值为 1kA。试整定前一级继电器的动作时间。

3. 某 10kV/0.4kV、630kV·A 配电变压器的高压侧拟装设 GL-15 型电流继电器组成的两相一继电器式反时限过电流保护，已知变压器高压侧短路电流 $I_{k-1}^{(3)}$ =1.7kA，低压侧短路电流 $I_{k-2}^{(3)}$ =13kA，高压侧电流互感器电流比为 200/5，试整定此继电器的动作电流、速断电流倍数及动作时间，并检验其灵敏度（变压器的最大负荷电流建议取为变压器额定一次电流的 2 倍）。

4. 某供电给高压电容器组的线路上装有一只三相无功电能表和一只电流表，如图 5-47a 所示，试用相对标号法（对面标号法）对图 5-47b 有关端子进行标注。

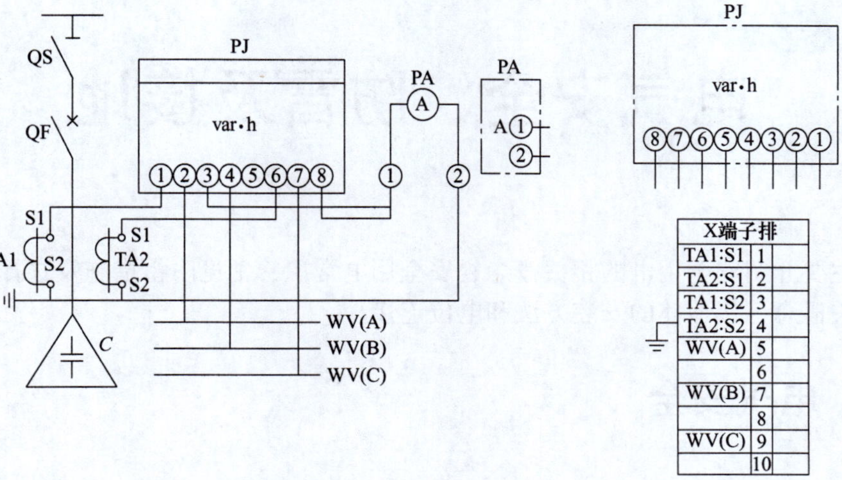

a) 原理电路　　b) 接线图(待标注)

图 5-47　习题 4 的原理电路和接线图

第 6 章 电气安全、防雷及接地

本章主要介绍安全用电的相关概念、安全用电常识、常见防雷措施及选择方法，以及接地的相关概念、接地体的安装方法和电位连接。

6.1 电气安全

随着人类对电能的重视与不断应用，电力设施与设备已与人们的日常工作和生活密不可分，电力甚至已成为现代各行各业发展的前提。电能在带给人们工作与生活便利的同时，由电气设备产生的问题也给人们的生产与生活带来不少烦恼与损失，有时甚至是灾难性的。因此，电气安全不仅成为各国电气操作与维护人员消除安全生产隐患、防止伤亡事故、保障职工健康及顺利完成各项任务的重要工作内容，也是电气专业工作者首要面临并着力解决的课题。

一、电气安全的含义和重要性

电气安全包括人身安全和设备安全两个方面。人身安全是指电气从业人员或其他人员的安全；设备安全是指包括电气设备及其所拖动的机械设备的安全。一般电气安全多针对人身安全。当电流通过人体时，人体内部组织会产生复杂的反应。触电分两种情况：一种是高压触电和雷击，较大量级的电流会使人体遭受电灼伤、组织坏死等永久性伤害，个别场合中，人触及高压后，不能自主地脱离电源，将迅速导致死亡；另一种是低压触电，几十到几百毫安的电流会使人体产生病理反应，有针刺痛感、痉挛、血压升高、心律不齐以致昏迷等暂时性的功能失常、呼吸停止、心脏骤停、心室纤维性颤动，严重的会危及生命。

1. 安全电流

安全电流是人体触电后的最大摆脱电流。各国对安全电流值的规定并不完全一致。我国一般取 30mA（50Hz 交流）为安全电流，但是触电时间规定不超过 ls，因此这一安全电流也称为 30mA·s。一般情况下，通过人体的电流不超过 30mA·s 时，对人体不会有损伤，不致引起心室纤维性颤动和器质性损伤。当达到 50mA·s 时，对人体就有致命危险；而当达到 100mA·s 时，可能会致人死亡，所以 100mA 称为致命电流。

安全电流主要与下列因素有关。

1）触电时间。触电时间超过 0.2s 时，致颤电流值将急剧降低。

2）电流性质。经试验证明，直流、交流和高频电压通过人体时对人体的危害程度是不一样的，通常以 50 ～ 60Hz 的工频电流对人体的危害最为严重。

3）电流路径。电流对人体的伤害程度主要取决于心脏受损的程度。不同路径的电流对心脏有不同程度的损害，而以电流从手到脚，特别是从一手到另一手的路径对人体最为危险。

4）体重和健康状况。健康的心脏和衰弱病人的心脏对电流损害的抵抗能力大不一样。人的心理状态、情绪好坏及人的体重也使电流对人的危害程度有所差异。

2. 安全电压

安全电压是指不使人直接致死或致残的电压。我国 GB/T 3805—2008《特低电压（ELV）限值》规定的安全电压等级见表 6-1。

表 6-1　稳态电压值

环境状况③	电压限值 /V					
	正常（无故障）		单故障		双故障	
	交流	直流	交流	直流	交流	直流
1	0	0	0	0	16	35
2	16	35	33	70		
3	33①	70②	55①	140②		
4	特殊应用					

① 对接触面积小于 $1cm^2$ 的不可握紧部件，电压限值分别为 66V 和 80V。
② 在电池充电时，电压限值分别为 75V 和 150V。
③ 环境状况是根据皮肤阻抗和对地电阻的大小不同来确定。

从安全电流的角度分析，安全电压与人体电阻有关。人体电阻由体内电阻和皮肤电阻两部分组成，体内电阻约为 500Ω，与接触电压无关，皮肤电阻随皮肤表面的干湿、洁污状况、接触面积及紧密程度而变。从人身安全的角度考虑，人体电阻一般取 1700 ～ 2000Ω。由于安全电流取 30mA，而人体电阻取 1700Ω，因此人体允许持续接触的安全电压为

$$U_{saf}=0.03\times1700V\approx50V \tag{6-1}$$

50V（50Hz 交流有效值）称为一般正常环境条件下允许持续接触的安全特低电压。

3. 触电防护

根据人体触电的情况将触电防护分为直接触电防护和间接触电防护两种。

直接触电防护也称为直接接触防护，是指人直接接触正常带电部分的防护，如对带电导体加隔离栅或加保护罩等，属于基本防护。

间接触电防护也称为间接接触防护，是指人和故障时可能带危险电压，而正常时不带电的外露可导电部分接触的防护，如将正常时不带电的设备金属外架和框架接地，并装设漏电保护等防护措施。

二、电气安全措施

供配电工程中必须特别注意电气安全，如果稍有麻痹或疏忽，就可能造成严重的人身触电事故，甚至致人死亡，或者导致系统断电、起火或爆炸，给国家和人民将带来极大的损失。

1）加强电气安全教育，树立“安全第一”的观念。

① 供配电系统一旦发生事故，不仅影响自身，而且影响各行各业、千家万户，甚至

涉及政治、经济和社会治安等重大问题。

② 供配电要做到安全、可靠。

③ 无论动力、照明、还是生活用电，必须做到安全用电。

2）严格执行安全操作规程。电气工作人员必须经医师鉴定，无妨碍工作的病症（体格检查约两年一次）；应具备必要的电气知识，且按其职务和工作性质熟悉《国家电网公司电力安全工作规程》的有关部分，经考试合格方可上岗；应学会紧急救护法，特别要学会触电急救；还必须会使用各种电气安全用具和电气消防器材。

3）对电气工作人员的基本要求如下。

① 树立事业心和责任心。事故源于麻痹，安全来自警惕。

② 严格遵守国家关于电业安全的工作规程和本单位实践证明行之有效的安全规章制度。做到有章必循、执章必严、违章必究。

a）安全基本制度：有岗位责任制、安全教育制、安全检查制、事故分析报告制、安全操作制。

b）发生安全事故要做到“三不放过”，即原因不查清不放过、事故责任者和相关人员未受到教育不放过、防范措施未制定不放过。

③ 严格保证工作人员与带电体的安全距离。

进行带电作业时，工作人员与带电体的安全距离见表 6-2。

表 6-2 工作人员与带电体的安全距离

电压等级 /kV	10	35	66	110	220	330
安全距离 /m	0.4	0.6	0.7	1.0	1.8	2.6

④ 在高压设备上工作时，必须遵守以下各项要求。

a）填写工作票或口头、电话命令。

b）至少两人在一起工作。

c）保证安全的组织措施，即工作票制、工作许可证制、工作监护制、工作间断、转移和终结制等。

d）保证安全的技术措施，即停电、验电、装设接地线、悬挂标牌和装设遮拦等规定。

4）严格遵循设计、安装规范。电气设备和线路的设计、安装规范应严格遵循相关的国家标准，做到精心设计、按图施工、确保质量、不留隐患。

5）加强供电设备及用电设备的运行维护和检修试验工作。加强供电设备及用电设备的运行维护和检修试验工作对系统的安全运行十分重要。应定期测量电气设备的绝缘电阻及接地装置的接地电阻，确保处于合格状态。对安全用具、避雷器、保护电器，也应定期检查。

6）采用安全电压及符合安全要求的相应电器。对于容易触电及有触电危险的场所采用相应的安全电压值。对于在有爆炸和火灾危险的环境中使用的电气设备和导线电缆应采用符合安全要求的相应设备和导线电缆。

7）按规定采用电气安全用具。电气安全用具分基本和辅助两大类。

① 基本安全用具。这类用具的绝缘足以承受电气设备的工作电压，操作人员必须使用它，才允许操作带电设备。如操作高压隔离开关和跌落式熔断器的绝缘棒（俗称令克棒）和用来拆装低压熔断器管的绝缘操作手柄等。

② 辅助安全用具。这类用具的绝缘不足以完全承受电气设备的工作电压，但工作人员使用它，可使人身安全得到进一步的保障。如绝缘手套、绝缘靴、绝缘地毯、绝缘垫台、高压验电器、低压试电笔、临时接地线及“禁止合闸，线路有人工作”“禁止攀登，高压危险！”等标示牌。

8）普及安全用电常识。

① 不得私拉电线，以免发生短路和触电事故。装拆导线及电气设备应由专业电工进行。

② 不得超负荷用电，以免出现过负荷。

③ 不得随意加大熔体规格、更换熔体材质，如用铜丝代替原有的铅锡合金熔体。

④ 不得用湿手或湿布安装或卸下灯泡，不可用医用胶布代替电工用黑胶布。

⑤ 不可将牲畜拴在电杆或其他供配电设施上。

⑥ 不得在架空线路和室外配电装置附近放风筝，以免造成短路或接地故障。

⑦ 导线上不得晾挂衣物，以防导线绝缘破损，漏电伤人。

⑧ 不可用弹弓或鸟枪打电线杆上的鸟或绝缘子，不可向架空线路抛掷物件。

⑨ 非电气工作人员不得攀登电杆和变配电装置的机构。

⑩ 当导线断落在地上时，不可手拉，不可走近，应离开落地点 8 ～ 10m 以上，划定禁止通行区，并通知电工或相关部门处理。如有人触电，应立即设法断开电源，并正确进行紧急救护，不得直接用手触及触电者。

⑪ 不可在浴室里使用电吹风、电卷发器等。浴室里安装的开关或插座必须采用防潮、密闭型的。浴室中的灯具须采用防潮、密闭型灯具。电热水器一定要可靠接地。

⑫ 所有可触及的设备外露可导电部分都必须可靠接地，或接 PE 线、PEN 线。移动电器的插座一般应采用带保护接地（PE）线插孔的插座。在使用单相三孔插座的电器时，必须保证插座的保护线连接可靠。在幼儿园或家里有幼儿时，除告诫外，要把电器插座安装在幼儿不可触及处。

三、电气防火和防爆

火灾和爆炸往往造成人身伤亡和设备损坏，电气火灾和爆炸事故还会引起大规模或长时间停电，造成极大损失。在所有火灾和爆炸事故中，电气火灾和爆炸的占比非常高。

1. 电气火灾和爆炸的原因

电气火灾和爆炸的发生一般有以下几种原因。

1）线路短路。如三相、两相相间短路，相线与中性线或设备外露可导电部分的碰接，架空线路的倒杆、断线、绝缘损坏，施工、安装、检修过程中违反安全技术规程的误接，接地线未及时拆除等，都可能引起线路短路。由于短路时电流突然增大，其瞬间的发热量也很大，大大超过了线路正常工作时的发热量，并在短路点易产生强烈的火花和电弧，不仅能使绝缘层迅速燃烧，而且能使金属熔化，引起附近的易燃可燃物燃烧，造成火灾或爆炸。

2）导线及电气设备的过负荷发热。当导线或电气设备过负荷时，加快了导线和设备的绝缘层老化变质。当发生严重过负荷时，温度会不断升高，甚至会引起导线和设备的绝缘发生燃烧，并可能引燃导线附近的可燃物，从而造成火灾或爆炸。

3）电气设备爆炸。如电缆头制作不良，电力变压器内部短路而继电保护装置失灵，油断路器中的油位过低或过高等引起爆炸。

4）静电放电。静电放电包括介电体摩擦产生的静电和容器内液体流动引起的静电，电荷的积聚可使电位达到数百伏甚至数千伏以上而击穿空气绝缘产生放电。

5）漏电。当发生漏电时，漏泄的电流在流入大地途中，当遇到电阻较大的部位时，会产生局部高温，致使附近的可燃物着火，从而引起火灾。此外，在漏电点产生的漏电火花也会引起火灾。

除以上原因外，如低压开关的拉合，熔断器熔体熔断，白炽灯、荧光灯、电热器使用不当等，都可能产生电火花而引起火灾或爆炸事故。

2. 电气火灾的特点

1）失火的电气设备可能带电，灭火时要防止触电，先尽快切断失火设备的电源。

2）失火的电气设备充有大量的可燃油时，要防止喷油甚至爆炸事故，避免扩大火灾范围。

3. 带电灭火的措施和注意事项

发生电气火灾后应首先切断电源，但有时为了争取时间，来不及断电或因生产需要等原因不允许断电时，对10kV及以下线路的设备采用带电灭火。

1）应选择适当的灭火器，如二氧化碳（CO_2）灭火器、二氟一氯溴甲烷灭火器（俗称1211）或干粉灭火器，这些灭火器的灭火剂均不导电，可用于带电灭火。使用二氧化碳（干冰）灭火器时，要防止冻伤和窒息，应打开门窗，离火区2～3m喷射，勿使干冰沾着皮肤，以防冻伤。因四氯化碳与氧气在热作用下会起化学反应，生成有毒气体，因此在使用四氯化碳灭火器灭火时要防止中毒，应打开门窗，有条件的最好戴上防毒面具。

2）不能使用一般的泡沫灭火器，因泡沫灭火剂为水溶液，具有一定的导电性，而且对电气设备具有腐蚀作用；也不能用水灭火，因为水中含有导电杂质，用水进行带电灭火，易发生触电事故，一般人员不能用水来灭电气火灾。

3）小范围火灾可使用干砂覆盖带电灭火。

4）专业灭火人员用水枪灭火时，宜采用喷雾水枪。这种水枪通过水柱的泄漏电流较小，带电灭火比较安全。用普通直射水枪灭火时，为防止泄漏电流流过人体，可将水枪喷嘴接地，也可让灭火人员穿戴绝缘手套、绝缘靴或穿戴均压服后进行灭火。

四、触电的急救

1. 脱离电源

首先要使触电者迅速脱离电源。因为电流作用的时间越长，伤害越严重。在脱离电源过程中，救护人员既要救人，也要注意保护自己。触电者未脱离电源前，救护人员不可直接用手触及触电者。

触电者触及低压带电设备时，救护人员应设法迅速切断电源，如断开电源开关或刀开关，拔除电源插头等；或使用绝缘工具、干燥的木棒、木板、绳索等不导电的物体使触电者脱离电源；也可戴绝缘手套或将手用干燥衣物包起后使触电者脱离电源，切记要避免碰到金属物体和触电者的裸露身躯。使触电者与导电体脱离时，最好单手进行，以防触电。

触电者触及高压带电设备时，救护人员应迅速切断电源，或用适合该电压等级的绝缘工具（戴绝缘手套、穿绝缘靴并用绝缘棒）使触电者脱离电源。救护人员在抢救过程中应注意保持自身与周围带电部分必要的安全距离。

2. 急救处理

当触电者脱离电源后，应立即根据具体情况对症救治，同时通知医生前来抢救。如果触电者神志尚清醒，则使之就地躺平，严密观察，暂时不要让他站立或走动。如果触电者已神志不清，则使之就地躺平，且确保气道畅通，并用5s时间呼叫伤员或轻拍其肩部，以判断其是否丧失意识。禁止摇动伤员头部呼叫伤员。如果触电者失去知觉，停止呼吸，但心脏有跳动（可用两指去试伤员喉结旁凹陷处的颈动脉有无搏动），应在通畅其气道后立即施行口对口或口对鼻人工呼吸。如果触电者受伤相当严重，心脏和呼吸均已停止，完全失去知觉，则在通畅其气道后，立即同时进行口对口（鼻）人工呼吸和胸外心脏按压的循环急救。如果现场仅有一人抢救时，可交替进行人工呼吸和胸外心脏按压，先胸外按压心脏15次，然后口对口（鼻）吹气2～3次，再按压心脏15次，接着口对口（鼻）吹气2～3次，如此循环反复进行。在急救过程中，人工呼吸和胸外心脏按压必须坚持进行。在医务人员未来接替救治前，不应放弃现场抢救，更不能只根据没有呼吸和脉搏就擅自判断伤员死亡，放弃抢救。

6.2 过电压和防雷

一、过电压及雷电概述

过电压是指在电气线路或电气设备上出现的超过正常工作要求的电压。按电压产生原因的不同，过电压分为内部过电压和雷电过电压两大类。

1. 内部过电压

内部过电压是由于电力系统内部运行方式发生改变而引起的过电压，包括暂态过电压、操作过电压和谐振过电压。

暂态过电压是由于断路器操作或发生短路故障，使电力系统经历过渡过程后重新达到某种暂时稳定的情况下所出现的过电压，又称为工频电压升高。

操作过电压是由于系统开关操作、负荷剧变或发生突然短路而引起的衰减较快、持续时间较短的过电压，常见的有空负荷线路合闸和重合闸过电压、切除空负荷线路过电压、切断空负荷变压器过电压、弧光接地过电压。

谐振过电压是电力系统中电感、电容等储能元件在某些接线方式下与电源频率发生谐振所引起的过电压，一般按起因分为线性谐振过电压、铁磁谐振过电压、参量谐振过电压。

试验证明，内部过电压一般不超过系统正常运行时相电压的3～4倍，因此对电力线路和电气设备绝缘的威胁不是很大。

限制内部过电压的措施：采用灭弧能力强的快速高压断路器；装设磁吹或氧化锌避雷器；对地电容电流大的线路采用中性点经消弧线圈接地，以限制电弧接地电压；增加母线对地感抗，避免因系统扰动而产生的母线铁磁谐振过电压。

2. 雷电过电压

雷电过电压又称为外部过电压或大气过电压，是由于电力系统设备或建筑物遭受来自大气中的雷击或雷电感应而引起的过电压。

（1）雷电的形成

雷电是带有电荷的雷云之间或雷云与大地或物体之间产生急剧放电的一种自然现象。

关于雷云形成的理论比较普遍的看法：在闷热的天气里，地面的水汽蒸发上升，在高空低温影响下，水汽凝结成冰晶。冰晶受到上升气流的冲击而破碎分裂，气流夹带部分带正电的小冰晶上升，形成正雷云，而另一部分带负电的较大冰晶则下降，形成负雷云。由于高空气流的流动，所以正、负雷云均在空中飘浮不定。据观测，在地面上产生雷击的雷云多为负雷云。雷云放电的电流即雷电流，可达几十万安，电压可达几百万伏，温度可达 2×10^4℃，在几微秒时间内，周围的空气通道烧成白热而猛烈膨胀，并出现耀眼的光亮和巨响，这就是通常所说的闪电和打雷。

（2）雷电的类型

1）直击雷。雷云与大地之间直接通过建筑物或构筑物、电气设备或树木等放电称为直击雷。强大的雷电流通过被击物时产生大量的热量，而在短时间内又不易散发出来，所以，凡雷电流流过的物体，金属被熔化，树木被烧焦，建筑物被炸裂。尤其是雷电流流过易燃易爆物体时，会引起火灾或爆炸，造成建筑物倒塌、设备毁坏及人身伤害等重大事故。直击雷的破坏十分严重。直击雷示意图如图 6-1 所示。

2）感应雷。感应雷是由静电感应与电磁感应引起的。前者是当建筑物或电气设备上空有雷云时，这些物体上就会感应出与雷云数量等量的异性束缚电荷。当雷云放电后，放电通道中的电荷迅速中和，而残留的电荷就会形成很高的对地电位，这就是静电感应引起的过电压。而后者是发生雷击后，雷电流在周围空间迅速形成强大而变化的电磁场，处在这个电磁场中的物体就会感应出较大的电动势和电流，这就是电磁感应引起的过电压。无论静电感应还是电磁感应引起的过电压，都可能引起火花放电，造成火灾或爆炸，并危及人身安全，如图 6-2 所示。

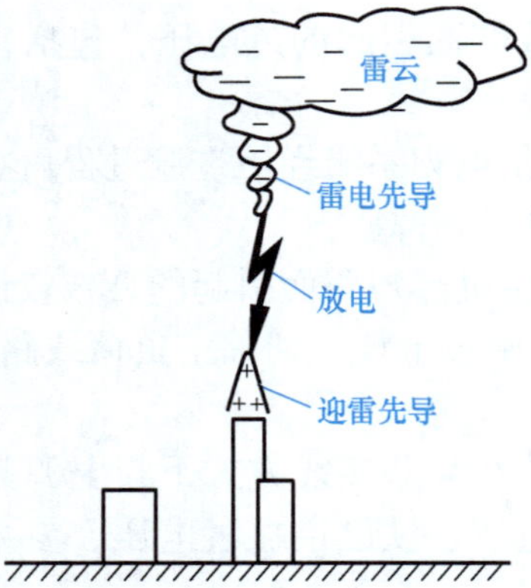

图 6-1　直击雷示意图

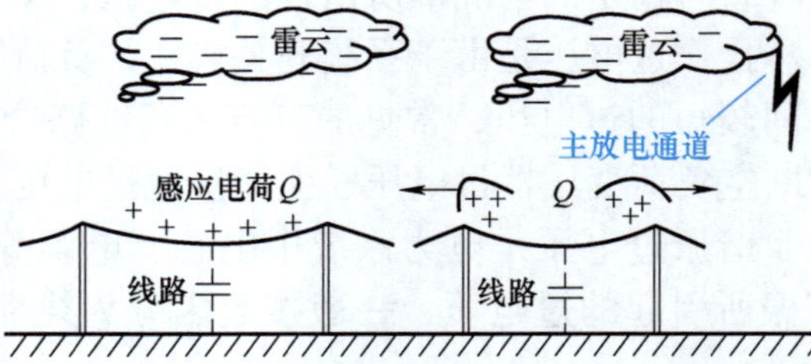

图 6-2　感应雷示意图

3）雷电波侵入。当雷云出现在架空线路上方时，在线路上就会因静电感应而聚集大量异性等量的束缚电荷，当雷云向其他地方放电后，线路上的束缚电荷被释放便成为自由电荷向线路两端行进，形成很高的过电压，在高压线路可达几十万伏，在低压线路也可达几万伏。这个高电压沿着架空线金属管道引入室内，这种现象称为雷电波侵入。

雷电波侵入可由线路上遭受直击雷或发生感应雷所引起。据调查统计，供电系统中由于雷电波侵入而造成的雷电事故在整个雷害事故中占 50% ～ 70%，因此对雷电波侵入的防护应予以足够的重视。

二、防雷设备

建筑物的防雷装置一般由接闪器或避雷器、引下线和接地体三部分组成。其作用原理是将雷电引向自身并安全导入地下，从而使被保护的建筑物免遭雷击。

1. 接闪器

接闪器是指专门用来接受直接雷击（雷电闪击）的金属物体。接闪的金属杆称为避雷针。接闪的金属线称为避雷线，又称为架空地线。接闪的金属带称为避雷带。接闪的金属网称为避雷网。

（1）避雷针

避雷针是安装在建筑物突出部位或独立装设的针形导体。它能对雷电场产生一个附加电场（由雷云对避雷针产生的静电感应引起），使雷电场畸变，从而将雷云的放电通路吸引到避雷针本身，由它及与它相连的引下线和接地体将雷电流安全导入大地，从而保护了附近的建筑物和设备免受雷击。

避雷针通常采用镀锌圆钢或镀锌钢管制成，上部制成针尖形状。所采用的圆钢或钢管的直径不小于以下数值：当针长为 1m 以下时，圆钢为 12mm，钢管为 20mm；当针长为 1～2m 时，圆钢为 16mm，钢管为 25mm；烟囱顶上的避雷针，圆钢为 20mm。

避雷针的保护范围通常用 IEC 推荐的滚球法来确定。单支避雷针的保护范围确定方法如图 6-3 所示。

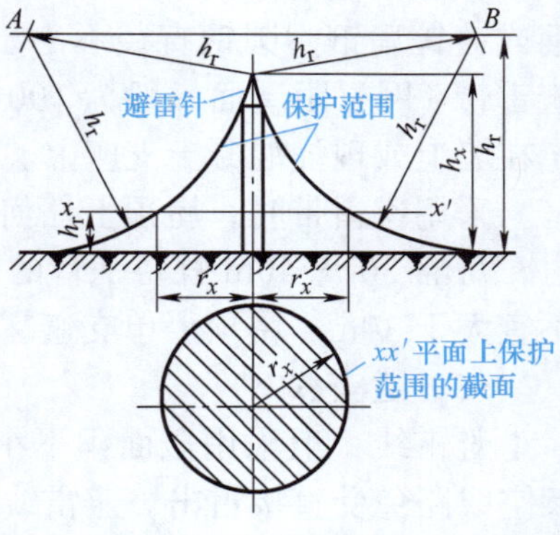

图 6-3　单支避雷针的保护范围确定方法

当避雷针高度 $h \leqslant h_r$ 时，距地面 h 处画一平行于地面的平行线，以避雷针的针尖为圆心，h_r 为半径，画弧线交与平行线的 A、B 两点；再以 A、B 为圆心，h_r 为半径画弧线，该弧线与针尖相交，并与地面相切，从该弧线起到地面上的整个锥形空间，就是避雷针的保护范围。避雷针在保护物高度 h_x 的 xx' 平面上的保护半径计算公式为

$$r_x = \sqrt{h(2h_r - h)} - \sqrt{h_x(2h_r - h_x)} \tag{6-2}$$

式中，h_r 为滚球半径，按表 6-3 确定。当避雷针高度 $h > h_r$ 时，在避雷针上取高度 h_r 的一点代替避雷针的针尖作为圆心，余下做法同上。

表 6-3　防雷建筑的滚球半径及避雷网的尺寸

建筑物的防雷类别	避雷网尺寸	滚球半径 /m
第一类防雷	≤5m × 5m 或 6m × 4m	30
第二类防雷	≤10m × 10m 或 12m × 8m	45
第三类防雷	≤20m × 20m 或 24m × 16m	60

避雷针一般安装在支柱（电杆）上或其他构架、建筑物上。避雷针下端必须可靠地经引下线与接地体连接，可靠接地，接地电阻不大于 10Ω（详见有关规范）。装设避雷针的构架上不得架设低压线或通信线。

避雷针及其接地装置不能装设在人、畜经常通行的地方，应距道路 3m 以上，否则须采取保护措施。与其他接地装置和配电装置之间要保持规定距离：地面上不小于 5m，地下不小于 3m。

（2）避雷带和避雷网

避雷带就是将小截面圆钢或扁钢装于建筑物易遭雷击的部位，如屋脊、屋檐、屋角、女儿墙和山墙等从而形成的条形长带。避雷网相当于纵横交错的避雷带叠加在一起，形成多个网孔。它既是接闪器，又是防感应雷的装置，因此是接近全部保护的方法，一般用于重要的建筑物。

避雷带、避雷网普遍用来保护建筑物免受直击雷和感应雷。避雷带是沿建筑物易受雷击部位（如屋脊、屋檐、屋角等处）装设的带形导体。避雷网是屋面上纵横敷设的避雷带组成的网络，网格大小按有关规范确定，对于防雷等级不同的建筑物，其要求不同。

避雷带一般采用镀锌圆钢或镀锌扁钢制成，其尺寸不小于下列数值：圆钢直径为 8mm；扁钢截面积为 48mm^2，厚度为 4mm。装设在烟囱顶端的避雷环，一般采用镀锌圆钢或镀锌扁钢，圆钢直径不小于 12mm；扁钢截面积不小于 100mm^2，厚度不小于 4mm。避雷带（网）距屋面一般为 100 ～ 150mm，支持支架间隔距离一般为 1 ～ 1.5m。支架固定在墙上或现浇混凝土支座上。

采用避雷带时，屋顶上任何一点距离避雷带不应大于 10m。当有 3m 及以上平行避雷时，每隔 30 ～ 40m 宜将平行的避雷带连接起来。屋顶上装设多支避雷针时，两针间距离不宜大于 30m。屋顶上单支避雷针的保护范围可按 60° 保护角确定。

（3）避雷线

避雷线一般采用截面积不小于 35mm^2 的镀锌钢绞线，架设在架空线路之上，以保护架空线路免受直接雷击。避雷线的作用原理与避雷针相同，只是保护范围要小一些。避雷线既是架空线又是接地线，因此也称为架空地线。

2. 避雷器

避雷器是用来防止雷电产生的过电压波沿线路侵入变配电所或其他建筑物内，以免危及被保护电气设备的绝缘。避雷器应与被保护设备并联，装在被保护设备的电源侧，如图 6-4 所示。当线路上出现危及设备绝缘的雷电过电压时，避雷器的火花间隙被击穿，或由高阻变为低阻，使过电压对大地泄放，从而保护了设备的绝缘。

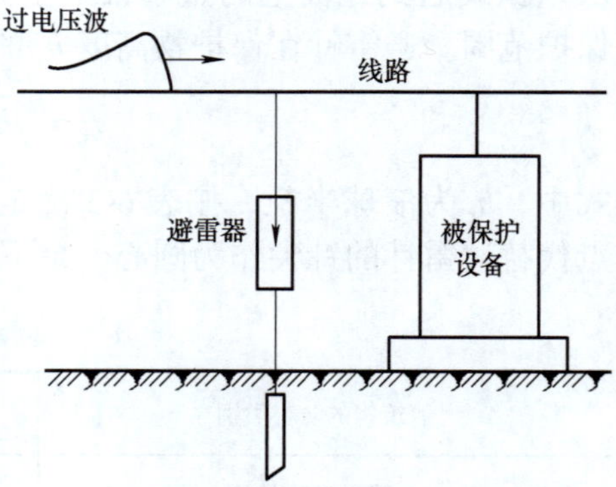

图 6-4 避雷器的连接

避雷器按结构形式分，有阀型避雷器、管型避雷器、金属氧化物避雷器和保护间隙等。

（1）阀型避雷器

阀型（阀式）避雷器主要由火花间隙和阀片组成，装在密封的瓷套管内。火花间隙用铜片冲制而成。每对间隙用厚为 0.5 ～ 1mm 的云母垫圈隔开。正常情况下，火花间隙阻断工频电流通过；但在雷电过电压作用下，火花间隙被击穿放电。阀片用陶料粘固的电工用金刚砂（碳化硅）颗粒制成，如图 6-5 所示。这种阀片具有非线性电阻特性，正常电压时，阀片电阻很大，过电压时，阀片电阻变得很小。因此，阀型避雷器在线路上出现雷电过电压时，其火花间隙被击穿，阀片电阻变得很小，能使雷电流顺畅地向大地泄放。当雷电过电压消失、线路上恢复工频电压时，阀片电阻又变得很大，使火花间隙的电弧熄灭，切断工频续流，从而恢复线路的正常运行。

阀型避雷器中火花间隙和阀片的多少与其工作电压高低成比例。高压阀型避雷器串联的火花间隙多，目的是将长弧分割为多段短弧，以加速电弧的熄灭，而阀电阻的限流作用是加速灭弧的主要因素。

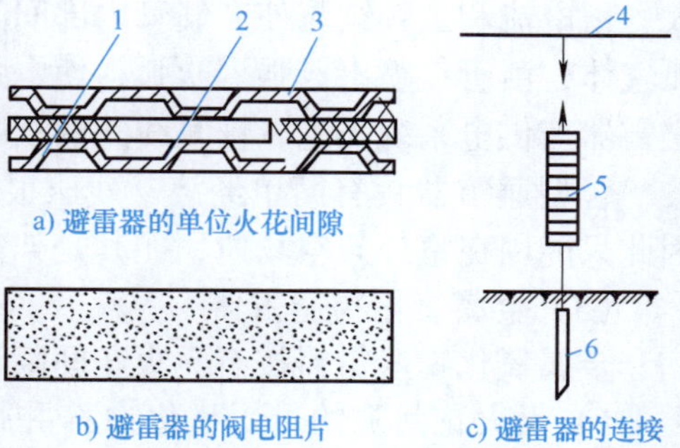

a) 避雷器的单位火花间隙　b) 避雷器的阀电阻片　c) 避雷器的连接

图 6-5　阀型避雷器

1—云母　2—间隙　3—电板　4—线路
5—避雷器　6—接地装置

普通阀型避雷器除FS型外，还有一种FZ型。FZ型避雷器内的火花间隙旁并联一串分流电阻。这些并联电阻主要起均压作用，使与之并联的火花间隙上的电压均匀分布。在未并联电阻时，由于各火花间隙对地和对高压端都存在着不同的杂散电容，从而造成各火花间隙的电压分布不均匀，这就使得某些电压较高的火花间隙容易击穿重燃，导致其他火花间隙也相继重燃而难以灭弧，使工频放电电压降低。火花间隙并联电阻后，相当于增加了一条分流支路。在工频电压作用下，通过并联电阻的电导电流远大于通过火花间隙的电容电流，这时火花间隙上的电压分布主要取决于并联电阻上的电压分布。由于各火花间隙的并联电阻相等，因此各火花间隙上的电压分布也相应地比较均匀，从而大大改善了阀型避雷器的保护性能。FS型阀型避雷器主要用于中小变配电所，所以称为所用阀型避雷器。FZ型阀型避雷器则用于发电厂和大型变配电站，通常称为站用阀型避雷器。阀型避雷器除上述两种普通类型外，还有一种磁吹型，即磁吹阀型避雷器，它内部附有磁吹装置来加速火花间隙中电弧的熄灭，从而进一步改善其保护性能，降低残压，专用来保护重要的而绝缘又较薄弱的旋转电动机等。10kV及以下变电所和其他电气设备常用FS型阀型避雷器作为保护装置。一般多将阀型避雷器安装在进户杆上或进户支架近旁的墙壁上。阀型避雷器装设在进户杆上时，应采用铁横担悬挂安装方式，并且要求将避雷器装设在高压跌落式熔断器之后。阀型避雷器装设在进户支架近旁的墙壁上时，应采用金属支架悬挂。在安装避雷器前，应按横担或金属支架的设计尺寸要求进行下料制作，再按所要求的安装埋设位置进行安装固定（距地面应大于4m），然后再进行避雷器的安装。三相避雷器应相互平行且垂直地面安装，安装固定应牢固可靠。

避雷器的高压接线端子用镀锌螺栓和导线连接到进户线上，接地端子则通过接地导线连接到接地极（网）上。接地线可选用$\phi8\sim\phi10$镀锌圆钢或12mm×4mm镀锌扁钢明、暗敷设，明敷时，地面以上2m应用钢管保护，以免受到机械损伤。

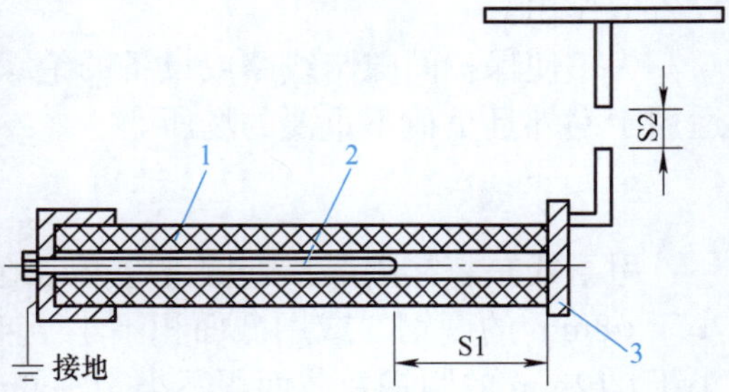

图 6-6　管型避雷器

1—产气管　2—内部电极　3—外部电极
S1—内部间隙　S2—外部间隙

（2）管型避雷器

管型避雷器又称为排气式避雷器，由产气管、内部间隙和外部间隙三部分组成，如图6-6所示。产气管由纤维、有机玻璃或塑料制成。内部间隙装在产气管内，其一个电极为棒形通过接地线接地，另一个电极为环形。外部间隙在产气管外部，其一个电极与产气管端部的环形电极相连，另一个电极则与线路相连。

当雷电过电压波沿线路袭来时，管型避雷器的内、外间隙被击穿，强大的雷电流通过接地线泄放入地。由于这种避雷器放电时内阻接近于零，所以残压极小，但工频续流极大。雷电流和工频续流使产气管内部间隙发生强烈电弧，使管内壁材料烧灼而产生大量灭弧气体，由管口喷出，强烈吹弧，使电弧迅速熄灭。这时，外部间隙的空气恢复绝缘，使避雷器与供电系统隔绝，恢复线路的正常运行。

管型避雷器具有简单经济、残压很小的优点，但它动作时有电弧和气体从管中喷出，因此只能用在室外架空场所，尤其是架空线路上。

（3）金属氧化物避雷器

金属氧化物避雷器按有无火花间隙分为以下两种类型。

1）无火花间隙的金属氧化物避雷器。阀电阻片是由氧化锌等金属氧化物烧结而成的多晶半导体陶瓷元件，具有理想的阀电阻特性，在雷电过电压作用下，其电阻变得很小，能顺畅地对地泄放雷电流。而在随后的工频电压下，其电阻又变得很大，从而能迅速有效地阻断工频续流。

2）有火花间隙的金属氧化物避雷器。其结构与上述普通阀型避雷器（FS 型）类似，只是普通阀型避雷器采用的是碳化硅阀电阻片，而这种金属氧化物避雷器采用的是氧化锌阀电阻片，其非线性特性更优异，因此这种有火花间隙的金属氧化物避雷器有取代普通碳化硅阀型避雷器的趋向。

（4）保护间隙

保护间隙又称为角形避雷器，其结构如图 6-7 所示。它是由两个金属电极构成的一种简单的防雷保护装置。其中一个电极固定在绝缘子上，与带电导线相接，另一个电极通过辅助间隙与接地装置相接，两个电极之间保持规定的间隙距离。保护间隙构造简单，维护方便，但其自行灭弧能力较差。由于保护间隙的间隙距离较小（8～25mm），易被昆虫、鸟类或其他外物偶然碰触而引起短路，因此常在接地引下线上串接一个小角形辅助间隙。正常情况下，保护间隙对地是绝缘的，并且绝缘强度低于所保护线路的绝缘水平。因此，当线路遭到雷击时，保护间隙首先因过电压而被击穿，将大量雷电流泄入大地，使过电压大幅度下降，从而起到保护线路和电气设备的作用。

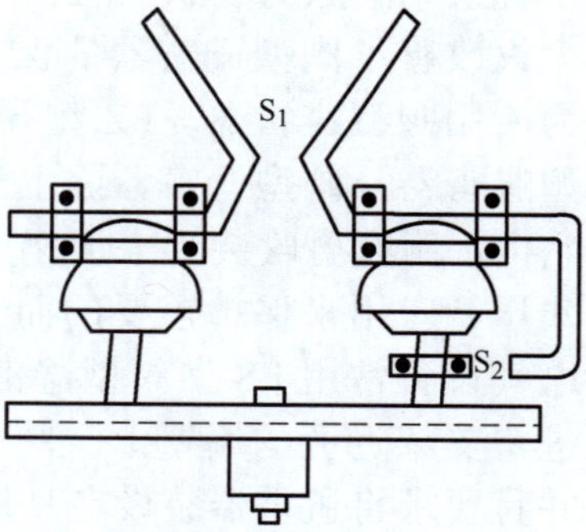

图 6-7 保护间隙

S_1—保护间隙 S_2—辅助间隙

为了使保护间隙与线路或设备的绝缘水平相配合，间隙距离应符合规定。保护间隙只适用于室外且负荷不重要的场所。

3. 引下线

引下线是将接闪器接到的雷电可靠地引到接地体泄放电流到大地的通道，通常采用不小于 ϕ8mm 的圆钢，或用截面积不小于 48mm^2、厚度不小于 4mm 的扁钢（烟囱则增为不小于 ϕ12mm 的圆钢及截面积不小于 100mm^2 的扁钢）；常用做法是利用建筑物钢筋混凝土中的钢筋，要求为 ϕ16mm 及以上钢筋，两根（绑扎或焊接）为一组，采用 ϕ10mm 钢筋时则要 4 根。

4. 接地体

接地体是指将引来的雷电流安全无害地泄放到大地的部分，优先利用建筑物钢筋混凝土内的钢筋基础内的钢筋。有地梁时，应将地梁连成环形接地装置。无地梁时，可在建筑物周边内无钢筋的闭合条形混凝土基础内用 40mm × 4mm 镀锌扁钢直接敷设在槽坑外沿，形成环形接地。规范要求地阻达不到时，在其四周地下焊出散流体以增强泄流能力，工程上多按屋面网格的大小用均压带连成网格。尽可能利用建筑物的钢筋混凝土屋面板、梁、柱和基础钢筋作为接闪器、引下线和接地装置，既经济又可靠。

三、防雷保护

1. 建筑物防雷等级的划分

对建筑物或构筑物采取相应的防雷措施是十分必要的，但并不是要求所有建筑物或构筑物都应采取相同的防雷措施，根据 GB 50057—2010《建筑物防雷设计规范》规定，建筑物根据其重要性、使用性质、发生雷电事故的可能性和后果，按防雷要求分为以下三类。

（1）第一类防雷建筑物

1）凡制造、使用或贮存火炸药及其制品的危险建筑物，因电火花而引起爆炸、爆轰，会造成巨大破坏和人身伤亡者。

2）具有 0 区或 20 区爆炸危险场所的建筑物。

3）具有 1 区或 21 区爆炸危险场所的建筑物，因电火花而引起爆炸，会造成巨大破坏和人身伤亡者。

（2）第二类防雷建筑物

1）国家级重点文物保护的建筑物。

2）国家级的会堂、办公建筑物、大型展览和博览建筑物、大型火车站和飞机场、国宾馆，国家级档案馆、大型城市的重要给水水泵房等特别重要的建筑物。

3）国家级计算中心、国际通信枢纽等对国民经济有重要意义的建筑物。

4）国家特级和甲级大型体育馆。

5）制造、使用或贮存火炸药及其制品的危险建筑物，且电火花不易引起爆炸或不致造成巨大破坏和人身伤亡者。

6）具有 1 区或 21 区爆炸危险场所的建筑物，且电火花不易引起爆炸或不致造成巨大破坏和人身伤亡者。

7）具有 2 区或 22 区爆炸危险场所的建筑物。

8）有爆炸危险的露天钢质封闭气罐。

9）预计雷击次数大于 0.05 次 /a 的部、省级办公建筑物和其他重要或人员密集的公共建筑物以及火灾危险场所。

10）预计雷击次数大于 0.25 次 /a 的住宅、办公楼等一般性民用建筑物或一般性工业建筑物。

（3）第三类防雷建筑物

1）省级重点文物保护的建筑物及省级档案馆。

2）预计雷击次数大于或等于 0.01 次 /a，且小于或等于 0.05 次 /a 的部、省级办公建筑物和其他重要或人员密集的公共建筑物，以及火灾危险场所。

3）预计雷击次数大于或等于 0.05 次 /a，且小于或等于 0.25 次 /a 的住宅、办公楼等一般性民用建筑物或一般性工业建筑物。

4）在平均雷暴日大于 15d/a（即 15 天 / 年）的地区，高度在 15m 及以上的烟囱、水塔等孤立的高耸建筑物；在平均雷暴日数小于或等于 15d/a 的地区，高度在 20m 及以上的烟囱、水塔等孤立的高耸建筑物。

由上述分类可见，该规范基本上是按爆炸危险的建筑、国家级的重点建筑、省级的重点建筑来划分的。而按 GB 51348—2019《民用建筑电气设计标准（第二册）》的规定，将建筑物防雷等级划分成 3 类。这 3 类为按国家级的重点建筑及高度超过 100m 的建筑物、省级的重点建筑及高度超过 50m 的建筑物和通过调查确认需要防雷的建筑物。两个标准可参考执行。

2. 建筑物的防雷要求

防直击雷采取的措施是引导雷云对避雷装置放电，使雷电流迅速流入大地，从而保护建筑物或构筑物免受雷击。第一类防雷建筑物防直击雷的措施主要有装设独立避雷针或架空避雷网、避雷线，使被保护的建筑物及风帽、放散管等突出屋面的物体均处于接闪器的保护范围内。第二类和第三类防雷建筑物防直击雷的措施主要有采用装设在建筑物上的避雷网、避雷带或避雷针，或由其混合组成接闪器。

防止由于雷电感应在建筑物上聚集电荷的方法是在建筑物上设置收集并泄放电荷的装置（如避雷网、避雷带）。防止建筑物内金属物上雷电感应的方法是将金属设备、管道等金属物通过接地装置与大地进行可靠的连接，以便将雷电感应电荷迅速引入大地，避免雷害。

防止雷电波沿供电线路侵入建筑物行之有效的方法是安装避雷器，将雷电波引入大地，以免危及电气设备。但对于有易燃易爆危险的建筑物，当避雷器放电时，线路上仍有较高的残压要进入建筑物，还是不安全。对这种建筑物可采用地下电缆供电方式，从根本上避免了过电压雷电波侵入的可能性。但这种供电方式费用较高。对于部分建筑物可采用一段金属铠装电缆进线的保护方式，这种方式不能完全避免雷电波的侵入，但通过一段电缆后可以将雷电波的过电压限制在安全范围之内。

3. 架空线路的防雷措施

（1）架设避雷线

架设避雷线是线路防雷的最有效措施之一，但成本很高，所以只在 66kV 及以上线路才全线装设。35kV 的架空线路只在进出变配电所的一段线路上装设。10kV 及以下的架空线路不装设避雷线。

（2）提高线路本身的绝缘水平

在线路上采用瓷横担或木横担代替铁横担，改用高绝缘等级的绝缘子都可以提高线路的防雷水平，这是 10kV 及以下架空线路的基本防雷措施。

（3）利用三角形排列的顶线兼做防雷保护线

3 ～ 10kV 线路一般是中性点不接地系统，在三角形排列的顶线绝缘子上装设保护间隙。雷击时，顶线承受雷击，保护间隙被击穿，通过引下线对地泄放雷电流，保护下面两根导线，一般不会引起线路断路器跳闸。

（4）加强对绝缘薄弱点的保护

线路上特别高的个别电杆、电缆头、开关等是全线路的绝缘薄弱点，须装设管型避雷器或保护间隙加以保护。

（5）采用自动重合闸装置（ARD）

遭雷击时，线路可能发生因雷击放电产生的短路。在断路器跳闸后，电弧自行熄灭，经 0.5s 左右自动重合闸恢复供电，电弧通常不会复燃，对一般用户的影响不大。

4. 变配电所的防雷措施

在有室外配电装置的变配电所，一般装设避雷针以保护整个变配电所建（构）筑物免遭直击雷。如无室外配电装置，可在变配电所屋顶装设避雷针、避雷带或避雷网。当雷击避雷针时，强大的雷电流通过引下线和接地装置泄入大地，避雷针及引下线上的高电位可能对附近的建筑物和变、配电设备发生反击闪络。为防反击，避雷针与被保护物的接地装置应保持一定距离。

处于峡谷地区的变配电所，可利用避雷线来防护直接雷击。35kV 电力线路一般不用全线路装设避雷线防直击雷。但为防止附近线路受雷击，雷电压沿线路侵入，在进线 1 ～ 2km 段内装设避雷线，可使该段线路免遭直接雷击。

为防止雷电波侵入变配电所电气设备特别是主变压器，在高压架空线路的终端杆装设阀型避雷器，如果进线是由一段电缆引入的架空线路，则架空线路终端装设的避雷器应与电缆头处的金属外皮连接并接地。每组高压母线上也应装设阀型避雷器。35kV/0.4kV 配电变压器的高低压侧均应装设阀型避雷器，变压器两侧的避雷器应与变压器的中性点和外壳一同接地。

6.3　电气装置的接地

一、接地概述

电气设备的某部分和大地之间做良好的电气连接称为接地。埋入地中直接和大地接触的金属导体称为接地体或接地极。电气设备、装置的接地部分与接地体相连接的金属导体称为接地线。接地线和接地体合称为接地装置。由若干接地体在大地中相互用接地线连接起来的整体称为接地网。

1. 接地电流

当电气设备发生接地故障时，电流就通过接地体向大地呈半球状散开，这一电流称为接地电流。实验证明，电位分布的范围只要考虑距单根接地体或接地故障点 20m 左右的半球范围。呈半球状的球面已经很大，距接地点 20m 的电位与无穷远的电位几乎相等，实际上已没有什么电位梯度存在。这表明，当接地电流在大地中散逸时，在各点有不同的电位梯度和电位。电位梯度或电位为零的地方称为电气上的地或大地。

2. 对地电压

电气设备从接地外壳及接地体与 20m 以外的零电位之间的电位差称为接地时的对地电压。表示接地体及其周围各点对地电压的曲线称为对地电压曲线。单根接地体有电流流过时的对地电压曲线如图 6-8 所示。接地电阻越小，则对地电压越小。

3. 接触电压和跨步电压

当人站在发生接地故障的电气设备旁边，手触及设备的外露可导电部分，则人所接触的两点（如手和脚）之间所呈现的电位差称为接触电压。人在接地故障点周围行走，两脚之间所呈现的电位差，称为跨步电压，如图 6-9 所示。显然，跨步电压与跨距大小有关，步距越大，跨步电压越大。计算跨步电压时，人的跨距一般取 0.8m。由此可见，距接地体越近，跨步电压越大，离开接地体 20m 以外时，跨步电压为零。

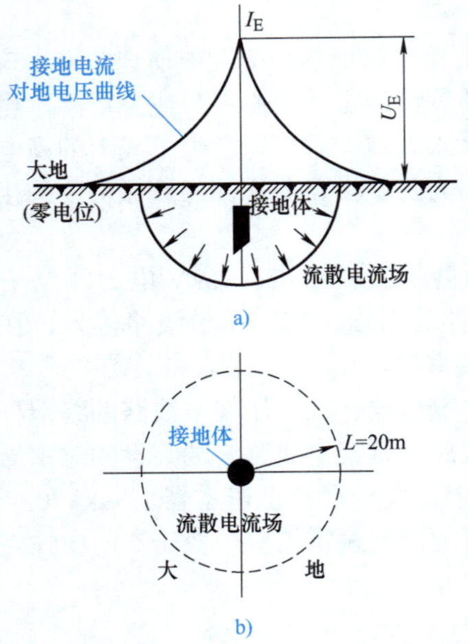

图 6-8 接地电流及对地电压曲线

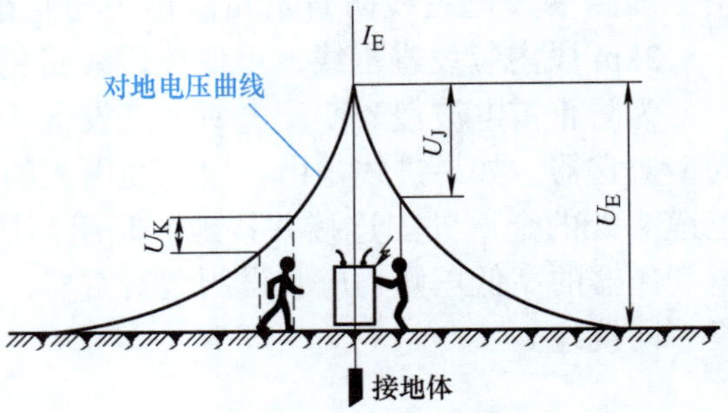

图 6-9 接触电压和跨步电压

4. 接地的类型

为保障人身设备安全和电力系统正常工作，要求采取接地措施。电力系统和电气设备按其作用和功能不同分为工作接地、保护接地、保护接零、重复接地、放静电接地、防腐接地等。

（1）工作接地

为了保证电气设备正常运行和安全的需要，人为将电力系统的中性点及电气设备的一部分直接或经消弧线圈等与地做金属连接，称为工作接地，如电力系统中性点直接或经阻抗（消弧线圈）的接地、防雷装置的接地等。系统中性点直接接地后，能维持相线对地电压不变（除单相接地时故障相对地电压为零外）；而系统中性点经消弧线圈接地后，能在单相接地时消除接地电弧，避免出现谐振过电压，但单相接地时，故障相对地电压为零，另两相对地电压要升高到线电压。防雷装置的接地是为了泄放雷电流，否则无法实现其防雷的功能。

（2）保护接地与保护接零

为了在系统故障情况下保障人身安全，防止触电事故，将电气设备的金属外壳或构架等外露可导电部分用在正常情况下不载流的导体与大地做金属连接称为保护接地。保护接零是指为了达到保护接地要求而采取的将电气设备外露可导电部分经 PEN 线（通称零线）或 PE 线（保护线，或称地线）接地的方式。在接零系统中，发生一相碰壳短路，即形成单相短路故障，电流很大，能使线路上的保护装置动作，切除故障，恢复系统其他部分正常运行。如照明配电箱、灯具、冰箱、洗衣机、空调及风机盘管等电气设备的金属外壳可采取保护接地或保护接零，以防在电气绝缘损坏时，金属外壳带电而危及人身安全。

如果电动机外壳未接地，如图 6-10a 所示，则在电动机发生一相碰壳故障时，其外壳将带有相电压，如人体触及外壳，全部接地电容电流将通过人体，非常危险。如果电动机外壳进行了保护接地，如图 6-10b 所示，则由于人体电阻远远大于保护接地电阻，人体触及外壳也无多大危险，因为接地电容电流主要由保护接地装置分担，流经人体的电流会很小。

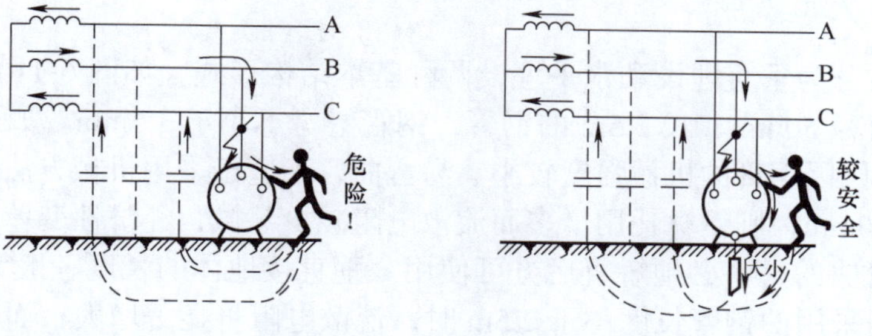

a) 没有保护接地的电动机在一相碰壳时　b) 没有保护接地的电动机在一相碰壳时

图 6-10　保护接地作用的说明

必须注意，在同一系统中只能采取一种保护方式，或者全部采取接地保护，或者采取接零保护，而不应对一部分设备外壳采取接地，对另一部分设备外壳又采取接零。根据 IEC 标准的有关规定，我国低压供配电系统按其中电气设备的外露可导电部分保护接地形式的不同，分为 TN 系统、TT 系统和 IT 系统。我国低压供配电系统中多采用 TN 系统。

（3）重复接地

在 TN 系统中，为确保 PEN 线或 PE 线安全可靠，除在系统中性点进行工作接地外，还必须在 PEN 线或 PE 线的线路上进行多点接地，称为重复接地。规范规定应在以下地点重复接地：在低压架空线路的干线、分支线等的末端及沿线每隔 1km 处；电缆线路和架空线等引入大型建筑物或车间的进户处。如果不重复接地，则在 PEN 线或 PE 线断线且有设备发生一相碰壳时，接在断线后面的所有设备外壳上将呈现接近于相电压的对地电压，这将是非常危险的。如果进行了重复接地，则在发生同样故障时，断线后面的设备外壳对地电压很小，危险程度大大降低。

（4）放静电接地

放静电接地是将绝缘的带电体可能积累的静电荷泄放，以防止静电高电位击穿空气产生火花导致火灾的接地。

（5）防腐接地

防腐接地是将埋设相应电极电位的金属体替代被保护物承受电化学腐蚀，以保证埋地的管线、设施不受电化学腐蚀。

二、接地装置

通常将专门为接地而装设的接地体称为人工接地体。兼作接地体用的直接与大地接触的各种金属构件、金属管道及建筑物的钢筋混凝土基础称为自然接地体。在接地设计中，首先应充分利用自然接地体，当自然接地体满足不了接地要求时，则装设人工接地体。

1. 自然接地体的利用

当实地测量所利用的自然接地体接地电阻满足要求，而且这些自然接地体又满足热稳定条件时，除变配电所外，可不必另设人工接地装置。可作为自然接地体的有：与大地有可靠接触的金属结构和钢筋混凝土基础、水工构筑物及其他类似构筑物；埋设在地下的金属管道，但不包括可燃和有爆炸物质的管道；直接埋地敷设的不少于两根的电缆金属、外皮等。利用自然接地体，一定要保证良好的电气连接。在建筑物结构的结合处，除已焊接者外，凡用螺栓连接或其他连接的，都要采用跨接焊接，而且跨接线尺寸不得小于规定要求。

2. 人工接地体的装设

人工接地体分为垂直埋设和水平埋设两种基本结构形式，如图 6-11 所示。最常用的垂直接地体为直径 50mm、长 2.5m 的钢管，钢管壁厚不小于 3.5mm。如果采用的钢管直径小于 50mm，则因钢管的机械强度较小、易弯曲，不适于采用机械方法打入土中。如果钢管直径大于 50mm，则钢材耗用增多而流散电阻减少甚微，经济性变差。所有材料不应有严重锈蚀，弯曲的材料必须矫直后方可使用。垂直接地体的长度一般为 2.5m，其下端加工呈尖形，当采用的钢管长度小于 2.5m 时，流散电阻将显著增大；而当钢管长度大于 2.5m 时，则难以打入土中，且流散电阻减小也不显著。

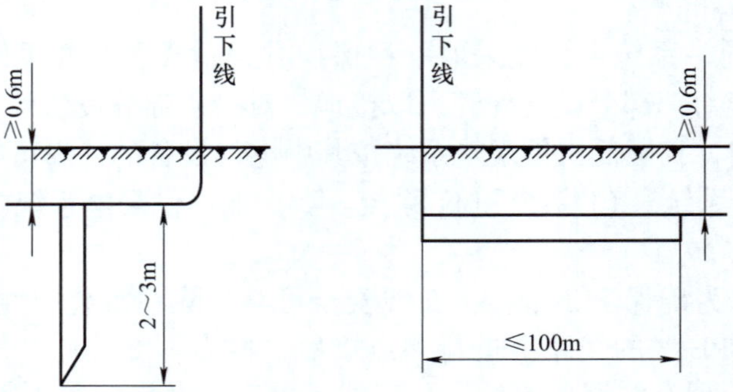

a) 垂直埋设的棒形接地体　　b) 水平埋设的带形接地体

图 6-11　人工接地体的形式

装设接地体前，必须沿接地体的线路先挖沟，以便打入接地体和敷设连接这些接地体的扁钢。接地装置必须埋入地表层以下，一般接地体顶部距地面不应小于 0.6m。一般挖沟深度为 0.8 ～ 1m，沟的上部宽为 0.6m，底部宽为 0.4m，沟要挖的平直，深浅一致，且要求沟底平整，如有石子应清除。挖沟时，如附近有建筑物或构筑物，沟的中心线与建筑物或构筑物的距离不宜小于 2m。

水平接地体常采用 ϕ16mm 的镀锌圆钢或 40mm × 4mm 的镀锌扁钢。埋设深度一般在为 0.6 ～ 1m 之间，不能小于 0.6m。带形接地体多为几根水平安装的圆钢或扁钢并联而成，埋设深度不小于 0.6m，其根数及每根长度按要求设计。环形接地体用圆钢或扁钢焊接而成，水平埋设于地下 0.7m 以上，其直径大小按要求设计。放射形接地体的放射根数一般为 3 根或 4 根，埋设深度不小于 0.7m，每根长度按要求设计。

3. 接地线的敷设

接地线分人工接地线和自然接地线，一般采用圆钢或扁钢。只有移动式电气设备和采用钢质导线在安装上有困难的电气设备，才采用有色金属作为人工接地线，但禁止使用裸铝导线作为接地线。接地干线采用扁钢时，截面积不小于 4mm × 12mm，采用圆钢时，直径不小于 6mm。接地线的安装包括接地体连接用的扁钢及接地干线和接地支线的安装。接地网中各接地体间的连接干线一般用扁钢宽面垂直安装，连接处应尽可能采用焊接并加镶块，以增大焊接面积。从接地干线敷设到用电设备的接地支路的距离越短越好。当接地线与电缆或其他导线交叉时，其间距至少要维持 25mm。在接地线与管道、公路、铁路等交叉处及其他可能使接地线遭受机械损伤的地方，应套钢管或角钢保护。

4. 接地体的安装

沟挖好后应尽快敷设接地体，接地体长度一般为 2.5m，按设计位置将接地体打入地下，当打到接地体露出沟底的长度约为 150 ～ 200mm（沟深 0.8 ～ 1m）时，停止打入。然后再打入相邻一根接地体，垂直接地体的间距不宜小于接地体长度的 2 倍，水平接地体的间距一般不宜小于 5m。为了减小建筑物的接触电压，接地体与建筑物的基础间距应不小于 1.5m 的水平距离，通常取 2 ～ 3m。接地体应与地面垂直。接地体间连接一般用镀锌扁钢，扁钢规格和数量及敷设位置应按设计图规定，扁钢与接地体通过焊接连接（搭接焊，焊接长度符合规定）。扁钢应立放，这样既便于焊接，也可减小接地流散电阻。接地体连接好后，经过检查确认接地体的埋设深度、焊接质量等均已符合要求后，即可将沟填平。填沟时，应注意回填土中不应夹有石块、建筑碎料及垃圾，回填土应分层夯实，使土与接地体紧密接触。

5. 接地干线与接地支线的安装

接地干线与接地支线的敷设分为室外和室内两种。室外的接地干线和支线供室外电气设备接地使用，室内的则供室内的电气设备使用。安装接地干线时，应水平或垂直敷设，在直线段不应有弯曲现象，安装位置应便于检修，并且不妨碍电气设备的拆卸与检修。

接地干线与建筑物或墙壁间应有 15 ～ 20mm 的间隙。水平安装时，离地面距离应具体参照设计图，一般为 200 ～ 600mm。接地线支持卡子之间的距离，在水平部分为 1 ～ 1.5m，在垂直部分为 0.5 ～ 2m，在转角部分为 0.3 ～ 0.5m。在接地干线上应按设计图做好接线端子，以便连接接地支线。当接地线由建筑物内引出时，可由室内地坪下引出，也可由室内地坪上引出，其做法如图 6-12 所示。

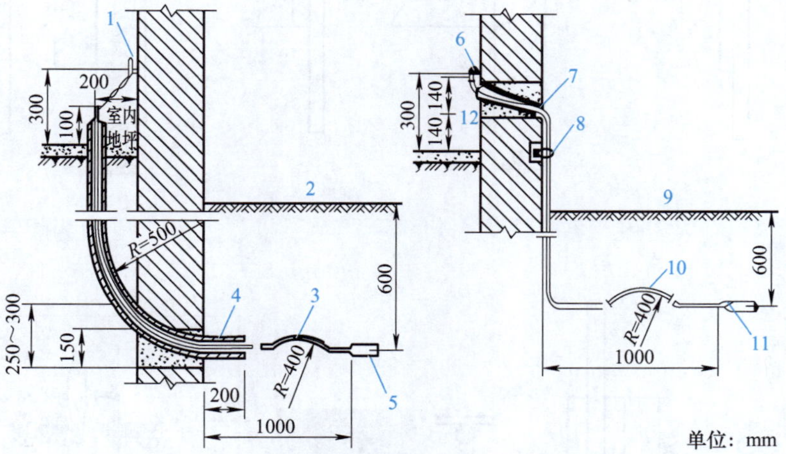

a) 接地线由室内地坪下引出安装　　b) 接地线由室内地坪上引出安装

图 6-12　接地线由建筑物内引出安装

1，6—接地干线　2，9—室外地坪　3，10—接地连接线　4—ϕ15 钢管　5，11—至接地装置
7—ϕ40 钢管　8—支板　12—室内地坪

接地线穿过墙壁或楼板，必须预先在需要穿越处装设钢管，接地线在钢管内穿过，钢

管伸出墙壁至少为 10mm，在楼板上至少要伸出 30mm，在楼板下至少要伸出 10mm，接地线穿过后，钢管两端要做好密封，如图 6-13 所示。

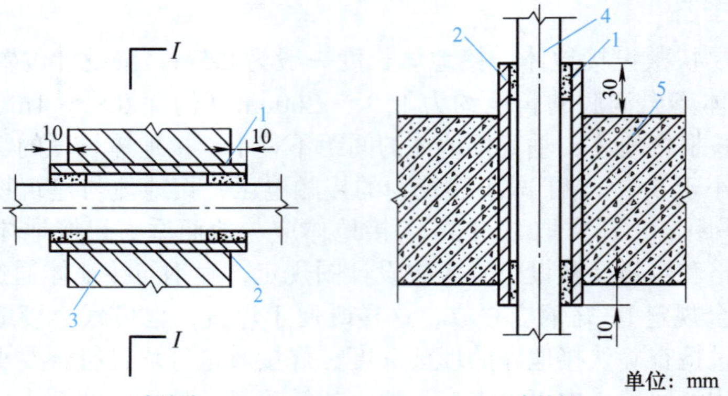

a) 穿墙壁　b) 穿楼板

图 6-13　接地线穿过墙壁、楼板的安装

1—沥青棉纱　2—ϕ40 钢管　3—砖管　4—接地线　5—楼板

采用圆钢或扁钢作为接地干线时，其连接必须采用焊接（搭接焊），采用两扁钢搭接时，焊缝长度为扁钢宽度的 2 倍，如图 6-14a ～ c 所示；采用圆钢搭接时，焊缝长度至少为圆钢直径的 6 倍，如图 6-14d、e 所示。当采用多股绞线连接时，应采用接线端子，如图 6-14f 所示。

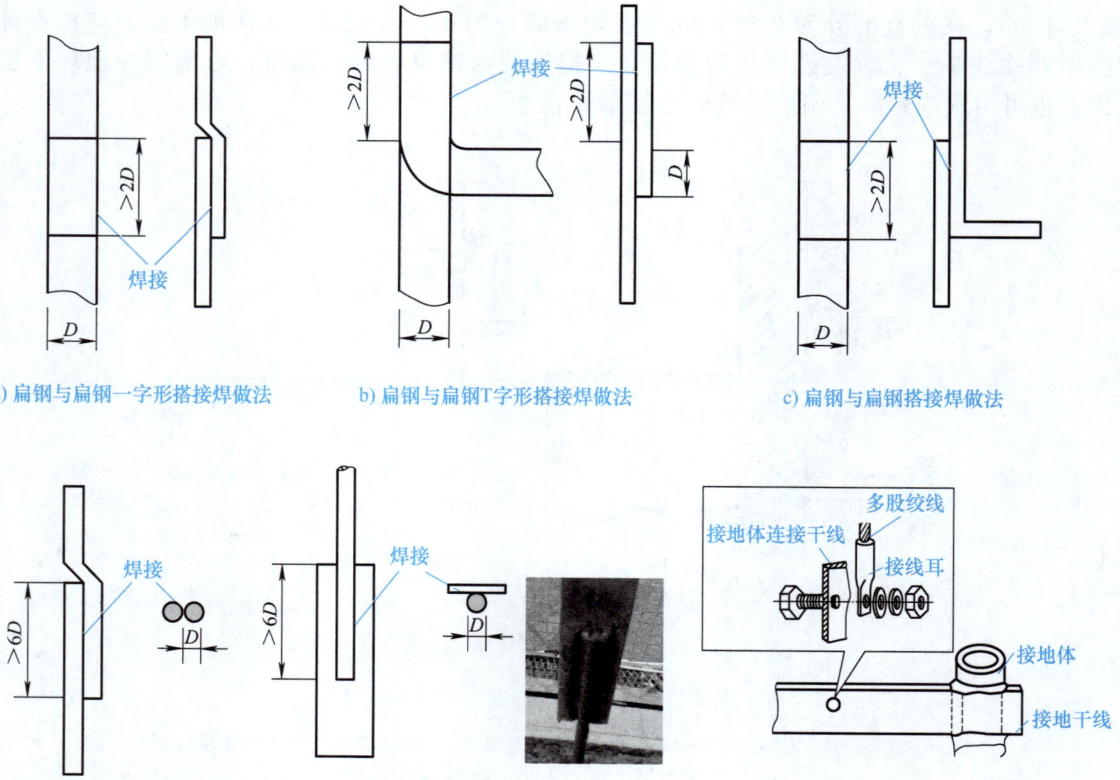

a) 扁钢与扁钢一字形搭接焊做法　b) 扁钢与扁钢T字形搭接焊做法　c) 扁钢与扁钢搭接焊做法

d) 圆钢与圆钢搭接焊做法　e) 扁钢与圆钢搭接焊做法　f) 扁钢与钢绞线的连接

图 6-14　接地干线的连接

当接地干线与电缆或其他导线交叉时，其间距应不小于 25mm；与管道交叉，应加保护钢管；跨越建筑物伸缩缝时，应有弯曲，以便留有伸缩余地，防止断裂。

接地支线安装时应注意，多个设备与接地干线相连接，须每个设备用一根接地支线，不允许几个设备合用一根接地支线，也不允许几根接地支线并接在接地干线的一个连接点上。接地支线与电气设备金属外壳、金属构架连接时，接地支线的两头焊接接线端子并用镀锌螺钉压接。明设的接地支线在穿越墙壁或楼板时应穿管保护；固定敷设的接地支线需要加长时，连接必须牢固，用于移动设备的接地支线不允许中间有接头；接地支线的每一个连接处都应置于明显处，以便于检修。

三、接地电阻

1. 接地电阻的概念及影响接地电阻的因素

接地电阻是接地体的散流电阻与接地线和接地体电阻的总和，主要由以下三部分组成：接地线的电阻和接地体自身的电阻；接地体的表面与其所接触的土壤之间的接触电阻；接地体周围土壤所具有的电阻。

工频接地电流流经接地装置所呈现的接地电阻称为工频接地电阻，雷电流流经接地装置所呈现的接地电阻称为冲击接地电阻。接地电阻的大小主要取决于接地装置的结构和土壤的导电能力，故其主要与土壤电阻、接地线、接地体等因素有关。

2. 降低接地电阻的措施

接地体的散流电阻与土壤的电阻有直接关系，在电阻率较高的土壤，如在砂质、岩石及长期冰冻的土壤中装设人工接地体，要达到设计所要求的接地电阻很困难，这时就需要采取适当的措施以达到接地电阻设计值，常用的方法如下。

（1）使用化学降阻剂

在接地体周围土壤中适当混入一些木炭粉、炭黑等，以提高土壤的电导率，或用食盐溶液浸渍接地体周围的土壤，对降低接地电阻也有明显效果。近年来，还有采用木质素等长效化学降阻剂，效果也十分显著。

（2）置换电阻率较低的土壤

当在接地体附近有电阻率较低的土壤时，常采用黏土、黑土或砂质黏土等电阻率较低的土壤代替原有电阻率较高的土壤。置换范围是在接地体周围 0.5m 以内和接地体上部的 1/3 处。

（3）增加接地体埋设深度

当地层深处土壤电阻率较低时，用人工深埋接地体往往非常困难，必须采用振动器等机械方法才能达到深埋的目的。因此，在确定采用深埋接地体方法时，除应先实测深层土壤的电阻率是否符合要求外，还要考虑有无机械设备，是否适宜采用机械化施工，否则无法进行深埋工作。

（4）外引式接地

当接地处土壤电阻率很大，而在距接地处不太远的地方有导电良好的土壤或有不冰冻的湖泊、河流时，可将接地体引至该低电阻率地带，然后按规定做好接地。

3. 接地电阻的测量

无论是工作接地还是保护接地，其接地电阻必须满足规定要求，否则就不能安全可靠地起到接地作用。接地装置除必要的外观检验外，还应测量其接地电阻。接地电阻是指接地体电阻、接地线电阻和土壤的散流电阻三部分之和。其中主要是土壤的散流电阻。接地电阻的数值等于接地装置对地电压与通过接地体流入地中电流的比值。测量接地电阻的方法很多，目前较多采用接地电阻测量仪、接地绝缘电阻表测量。

目前，我国生产的接地电阻测量仪有 ZC–8 型、ZC20–1 型、ZC34–1 型等。ZC–8 型接地电阻测量仪外形及测量接线如图 6-15 所示。测量方法：首先，将辅助电位接地极、辅助电流接地极与被测接地极按直线要求打入地下，与被测接地极的距离分别为 20m、40m，即要求辅助电流接地极与接地网之间的距离不得小于接地网最大对角线的 5 倍，但最小不低于 40m；再用导线将被测接地极、辅助电位接地极、电流接地极分别连接到接地电阻测量仪的对应端钮 E、P、C；然后将仪表水平放置，调节零位调整器，使检流计的指针指在零位上，再将倍率标度转换开关的指针置于合适的倍率挡上，缓慢转动发电机的手柄，同时转动测量标度盘，使检流计的指针接近平衡点的位置，当检流计接近平衡时，转动手柄使转速达到 120r/min 以上，再转动测量标度盘，以使检流计的指针处于平衡点位置。当测量标度盘的读数小于 10 时，应将“倍率标度”转换开关置于较小的倍率挡上，并重新转动测量标度盘，以得到正确的读数；最后，以被测接地极为圆心，以与辅助电流接地极、辅助电位接地极三者构成的直线为半径，旋转 ±30° 左右，按同样方法再测量两次接地电阻值，取三次测量接地电阻的平均值。在测量重度接地装置的接地电阻时，应注意先将断接卡子从接地线上卸掉。

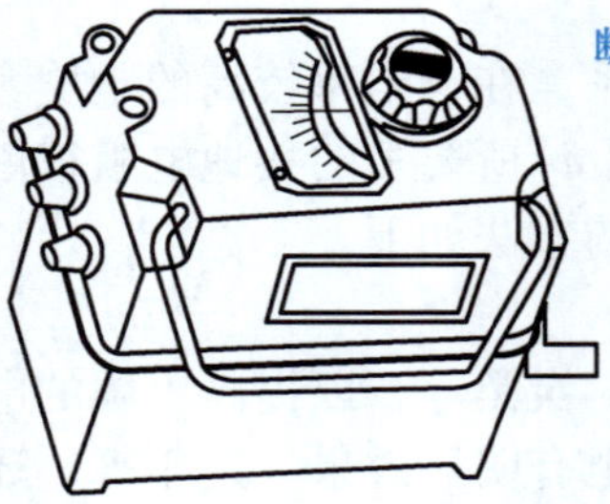

a) 外形

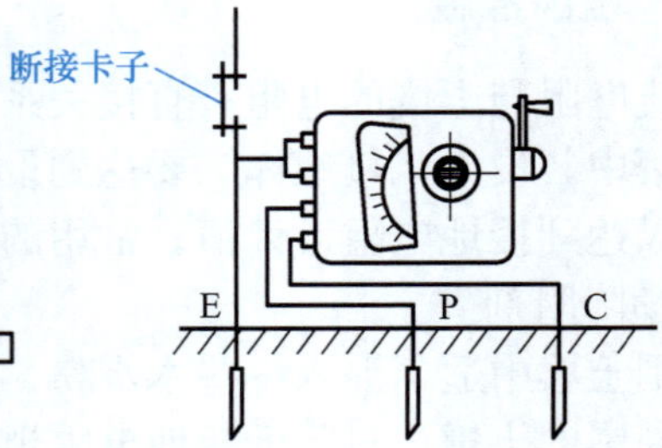

b) 测量接线

图 6-15　ZC–8 型接地电阻测量仪

四、低压配电系统的等电位连接

等电位连接是使电气装置外露可导电部分和装置外可导电部分电位基本相等的一种电气连接。电位差是造成人身电击、电气火灾、电气及电子设备损伤的重要原因。将电气装置各外露可导电部分、装置外可导电部分及可能带电的金属体做电气连接，即可降低甚至消除电位差，保证人身、设备安全。虽然这种连接仅在发生故障时才通过部分故障电流，平时不流通电流，但电气连接的可靠性要高。

1. 总等电位连接

总等电位连接（Main Equipotential Bonding，MEB）是在建筑物电源进线处将 PE 或 PEN 干线与电气装置的接地干线、建筑物金属构件及各种金属管道（如水管、暖通空调管道、燃气管道等）相互连接，使彼此电位相等的电气连接。此接线端子排往往孤立于进线配电箱，另设一处或另装一个箱内，如图 6-16 所示。

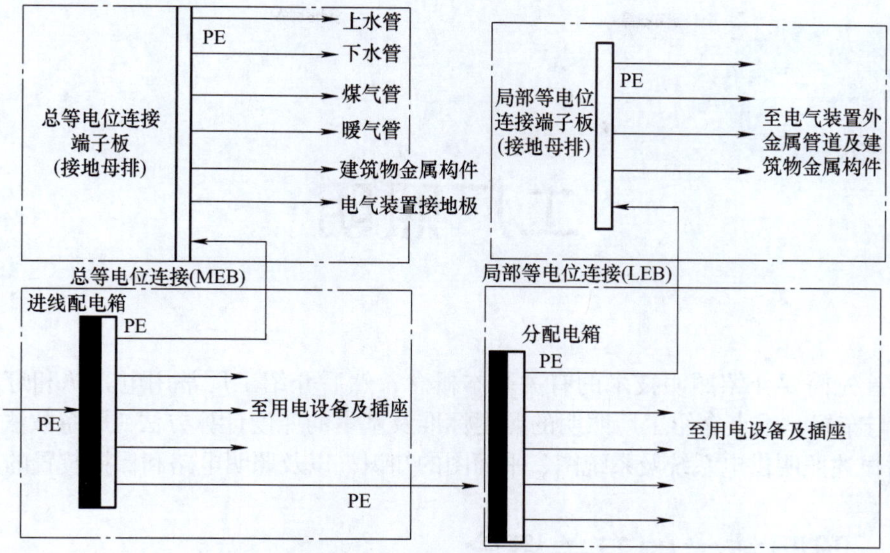

图 6-16　总等电位连接和局部等电位连接

2. 局部等电位连接

局部等电位连接（Local Equipotential Bonding，LEB）又称为辅助等电位连接，是在远离总等电位连接处、非常潮湿、触电危险高的局部区域（如浴室、手术室等）所做的辅助补充总等电位连接的连接。局部等电位端子排有的设于分配电箱内，也有的单独另外设置，如图 6-16 所示。

习　题

1. 什么是内部过电压？什么是雷电过电压？分别是如何引起的？
2. 什么是直接雷击？什么是感应雷击？什么是雷电波侵入？
3. 常用的防雷技术措施有哪些？
4. 避雷针的组成和在防雷中所起的作用是什么？单支避雷针保护范围是如何计算的？
5. 什么是接地？什么是接地体和接地装置？
6. 跨步电压与接触电压的区别是什么？
7. 在 TN 系统中，按中性线与保护线的组合方式分为哪几种情况？

第 7 章

工厂照明

本章首先简要介绍照明技术的有关基本概念，然后介绍工厂常用电光源和灯具的类型及其选择与布置，重点介绍工厂照明的照度标准及基本的照度计算方法（用系数法和比功率法），最后概述照明供电系统及系统图、平面图的知识，以及照明电路和保护装置的选择。

7.1 照明技术的有关概念

一、概述

电气照明是工厂供电中不可缺少的组成部分。合理的电气照明是保证安全生产、提高劳动生产率、保护工作人员视力健康的必要条件。照明设计的主要任务就是根据生产与生活的需要，结合技术性和经济性要求，正确选择光源和灯具，提供合理的照明方案。电气照明的合理设计对工业生产具有十分重要的作用。

二、光和光谱

光是物质的一种形态，是一种电磁辐射能，它在空间以电磁波的形式传播。可见光是能引起视觉的辐射能。在电磁波极为宽广的波长范围内，可见光的光波只占很小一部分（波长在 380 ～ 780nm 之间的电磁辐射能为可见光），它作用于人的眼睛使之产生视觉。在可见光的区域内，不同波长呈现出不同的颜色，把光线中不同强度的单色光按波长长短依次排列，称为光源的光谱。

可见光的波长由 780 ～ 380nm 依次变化时所呈现单光色如下：红，波长 780 ～ 640nm；橙，波长 640 ～ 600nm；黄，波长 600 ～ 570nm；绿，波长 570 ～ 490nm；青，波长 490 ～ 450nm；蓝，波长 450 ～ 430nm；紫，波长 430 ～ 380nm。

人眼对各种波长的可见光具有不同的敏感性。测试表明，正常人眼对波长为 555nm 的黄绿色光最为敏感，即这种黄绿色光能引起人眼的最大视觉。

三、光通量和发光强度

1. 光通量（光通）

光通量是在单位时间内光源向周围空间辐射出的能使人眼产生光感的能量，符号为 Φ，单位为 lm（流明）。

2. 发光强度（光强）

发光强度是光源在周围空间给定方向上辐射的光通量，符号为 I，单位为 cd（坎德拉)。发光强度是国际单位制的 7 个基本单位之一。

发光强度表征了光源发光的强弱。对于各个方向均匀辐射光通量的光源，在各个方向的光强均相等，其值为

$$I=\frac{\Phi}{\Omega} \tag{7-1}$$

式中，Φ为光源在立体角内所辐射的总光通量（lm）；Ω为光源辐射光通量Φ的空间立体角（sr），$\Omega=\frac{A}{r^2}$，其中r为球半径，A为与Ω相对应的半径为r的球表面积。

四、照度和亮度

1. 照度

照度是指受照物体单位面积上所投射的光通量，符号为E，单位为 lx（勒克司）。如果光通量Φ（lm）均匀地投射在面积为A（m^2）的表面上，则该表面的照度值E（lx）为

$$E=\frac{\Phi}{A} \tag{7-2}$$

2. 亮度

人眼对明暗的感觉不是直接取决于受照物体（间接发光体）的照度，而是取决于物体在眼睛视网膜上成像的照度，所以亮度的物理意义可理解为发光体在视线方向单位投影面上的发光强度。符号为L，单位为 cd/m^2。

如图 7-1 所示，设发光体表面法线方向的光强为I，而人眼视线与发光体表面法线呈α角，因此视线方向的光强为$I_\alpha=I\cos\alpha$。而视线方向发光体的投影$A_\alpha=A\cos\alpha$，其中A为发光体面积。因此，发光体在视线方向的亮度定义为

$$L=\frac{I_\alpha}{A_\alpha}=\frac{I\cos\alpha}{A\cos\alpha}=\frac{I}{A} \tag{7-3}$$

式（7-3）表明，发光体的亮度值实际上与人眼的视线方向无关。

五、物体的光照性能和光源的显色性及色温

1. 物体的光照性能

当光照射到物体上时，如图 7-2 所示，分为三部分，即反射光通（Φ_ρ）、吸收光通（Φ_α）和透射光通（Φ_τ）。

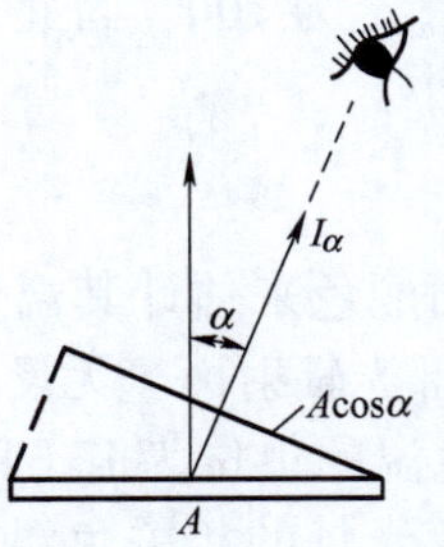

图 7-1　亮度概念的说明

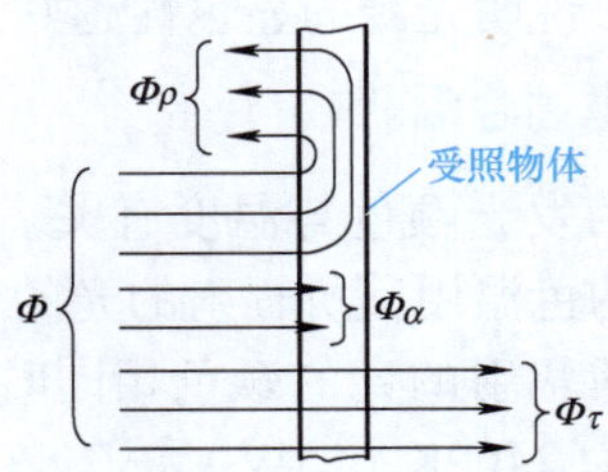

图 7-2　光照射到物体上的情形

为了表征物体的光照性能，引入以下三个参数，即

反射系数（或反射率）

$$\rho=\Phi_\rho/\Phi \tag{7-4}$$

吸收系数（或吸收率）

$$\alpha=\Phi_\alpha/\Phi \tag{7-5}$$

透射系数（或透射率）

$$\tau=\Phi_\tau/\Phi \tag{7-6}$$

且

$$\rho+\alpha+\tau=1 \tag{7-7}$$

从照明的角度来说，反射系数 ρ 的应用最广，因为它与工作面上的照度密切相关。表 7-1 为各种情况下墙壁、顶棚和地面的反射系数近似值。显然，浅色的墙壁、顶棚和地面等，反射率比较高。

表 7-1 墙壁、顶棚和地面的反射系数近似值

反射物体表面情况	反射系数 ρ（%）
刷白的墙壁、顶棚、白色窗帘	70
刷白的墙壁，但窗子未挂窗帘，或挂深色窗帘；刷白的顶棚，但房间潮湿；虽未刷白，但墙壁和顶棚干净光亮	50
有窗子的水泥墙壁、水泥顶棚；木墙壁、木顶棚；糊有浅色纸的墙壁；顶棚；水泥地面	30
有大量深色灰尘的墙壁、顶棚；无窗帘遮蔽的玻璃窗；未刷白的砖墙；糊有深色纸的墙壁、顶棚；较脏污的水泥地面；广漆、沥青等地面	10

2. 光源的显色性

物体在具有不同光谱的光源照射下能显现出不同的颜色。光源对被照物体颜色显现的性质，称为光源的显色性。物体的颜色以日光（或与日光相当的参考光源）照射下的颜色为准。为了表征光源的显色性，特引入光源的显色指数 R_α。

光源的显色指数是指某光源照射下物体的颜色与日光照射下该物体颜色相符合的程度，并将日光（或与日光相当的参考光源）的显色指数 R_α 定为 100。因此，光源的显色指数越高，说明光源的显色性越好，物体颜色的失真度越小。

3. 光源的色温

光源的发光颜色与温度有关。色温就是以发光体表面颜色来估计其温度的一个物理量。光源的色温用其所辐射的光的颜色与黑体（能吸收全部光辐射而毫无反射和透射的理想物体）所辐射的光的颜色相同时的黑体温度来度量。色温的单位为 K（开尔文）。白炽灯的色温为 2400K（15W）～ 2920K（1000W），日光色荧光灯的相关色温（对气体放电光源而言）为 6500K。色温对拍照和摄像的质量有较大的影响。

7.2 常用电光源和灯具

一、常用电光源的类型、特性及选择

1. 常用电光源的类型

电光源按其发光原理可分为热辐射光源、气体放电光源及冷光源三大类。

（1）热辐射光源

热辐射光源是利用物体加热到白炽状态时辐射发光的原理制成的光源，如白炽灯、卤钨灯等，如图 7-3 所示。

a) 白炽灯

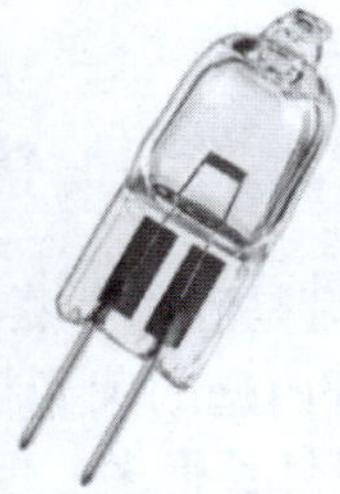

b) 小功率卤钨灯

图 7-3 热辐射光源

1）白炽灯是靠钨质灯丝通电加热到白炽状态时辐射发光的原理制成的光源。其特点是结构简单、价格低廉、启动迅速、无频闪效应且显色性好，因此使用较为广泛。但白炽灯发光效率较低，使用寿命较短且不耐振动。

2）卤钨灯是在白炽灯泡中充入微量的含有卤素（溴、碘等）或卤化物的气体，利用卤钨循环原理来提高光效和使用寿命的一种光源。这种光源可以达到既提高光效又延长使用寿命的目的，而且在使用上与白炽灯一样方便。最常用的卤钨灯是灯内充有微量碘的碘钨灯。图 7-4 所示为碘钨灯结构图。其工作原理：碘钨灯两端加电压后，钨质灯丝通电加热到白炽状态发光，而且蒸发出钨分子，使之向灯管内壁移动。钨分子在管壁与碘化合，生成气态的碘化钨。碘化钨由管壁向灯丝扩散迁移。当碘化钨进入灯丝的高温区后，分解为钨分子和碘分子，钨分子沉积在钨质灯丝上，当钨分子沉积的数量与灯丝蒸发的钨分子数量相等时，形成了相对平衡状态，这就是所谓的卤钨循环。这实际上是通过卤素（如碘）作为媒介，将由灯丝蒸发的附在灯管内壁的钨迁回灯丝的过程。这样一方面防止了灯管发黑，提高了发光效率，另一方面延长了灯管的使用寿命。

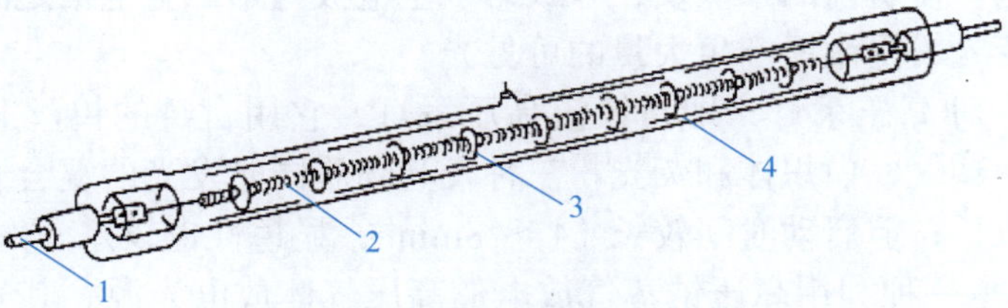

图 7-4 碘钨灯结构图

1—电极 2—灯丝 3—支架 4—石英玻璃（充微量碘）

卤钨灯在使用时应注意：灯管必须水平放置，其倾斜角不得大于4°，而且不允许采用人工冷却措施（如用风扇冷却等）。由于工作时管壁温度很高（可达600°C），故不能与易燃物接近。卤钨灯的耐振性能较差，因此不适用于有振动的场所。

（2）气体放电光源

气体放电光源是利用气体放电时发光的原理所制成的光源，如荧光灯、高压汞灯、高压钠灯、金属卤化物灯、氙灯等，如图 7-5 所示。

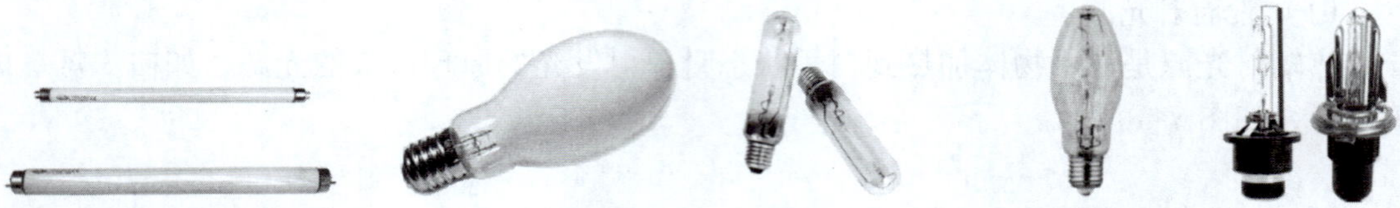

a) 荧光灯　b) 高压汞灯　c) 高压钠灯　d) 金属卤化物灯　e) 氙灯

图 7-5　气体放电光源

1）荧光灯是利用汞蒸气在外加电压作用下产生弧光放电时发出可见光和紫外线，紫外线又激励管内壁的荧光粉发出大量可见光的光源。荧光灯发光效率比白炽灯高，使用寿命也比白炽灯长得多。但荧光灯的显色性较差（其中日光色显色性较好），有频闪效应，不适用于有旋转机械的车间。另外，荧光灯属于低气压放电灯，工作在弧光放电区，此时灯管具有负的伏安特性，要求外加电压比较稳定。

荧光灯的附属设备有辉光启动器和镇流器，其工作原理电路如图 7-6 所示。辉光启动器 S 内有两个电极，其中一个弯成 U 字形的电极是双金属片，当荧光灯接上电压后，辉光启动器首先产生辉光放电，致使双金属片受热伸开，造成两极短接，从而使电流通过灯丝。灯丝发热后发射电子，并使管内少量汞得以汽化。图中 L 为镇流器，实质是带铁心的电感线圈。当辉光启动器两极短接使灯丝加热后，辉光启动器辉光放电停止，双金属片冷却收缩，从而突然断开灯丝回路，使串联在灯丝回路中的镇流器两端感应出很高的电动势，连同电源电压加在灯管两端，使充满汞蒸气的灯管击穿，产生弧光放电。由于灯管起辉后，管内电压降很小，因此须借助镇流器产生很大一部分电压降来维持灯管一定的电流。C 为用来提高功率因数的并联电容。荧光灯在未并联电容 C 时，功率因数只有 0.5 左右；并联 C 后，功率因数得到提高。

2）高压汞灯是一种高气压（压强可达 105Pa 以上）的汞蒸气放电光源。该灯的外玻璃壳内壁涂有荧光粉，它能将壳内的石英玻璃汞蒸气放电管辐射的紫外线转变为可见光以改变光色，提高光效。高压汞灯不需要辉光启动器来预热灯丝，但它必须与相应功率的镇流器 L 配合使用，其工作电路如图 7-7 所示。工作时，第一主电极与辅助电极（触发极）之间首先击穿放电，使管内的汞蒸发，导致第一主电极与第二主电极之间击穿，发生弧光放电，使管内的荧光粉受激而产生大量的可见光。

另外，还有一种高压汞灯，即自镇流高压汞灯，它用自身的钨丝兼作镇流器。高压汞灯是利用高压汞蒸气、白炽体和荧光粉三种发光物质同时发光的复合光源，所以光效较高，使用寿命也较长；但启动时间较长（4 ～ 8min），显色性也较差。

3）高压钠灯是一种利用高压钠蒸气放电的高压气体放电光源。其光色呈黄色，光效比高压汞灯高一倍左右，使用寿命也比较长，但显色性较差，且启动时间长。其接线类似于高压汞灯，也要与镇流器配合使用。

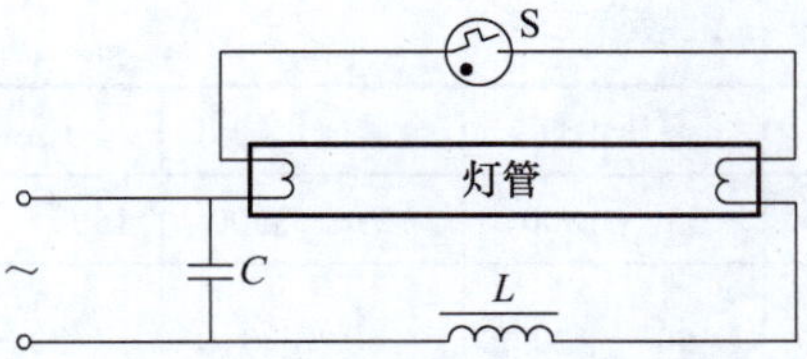

图 7-6 荧光灯的原理电路

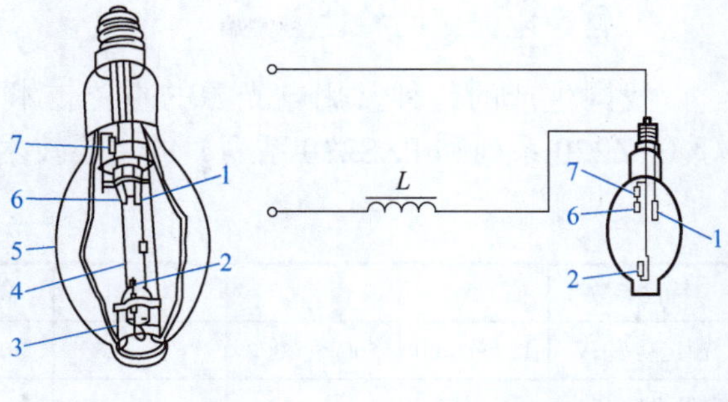

a) 结构　　b) 原理电路

图 7-7 高压汞灯

1—第一主电极 2—第二主电极 3—金属支架
4—内层石英玻璃壳（内充适量汞和氩）
5—外层硬玻璃壳（内涂荧光粉，内外玻璃壳间充氮）
6—辅助电极（触发极） 7—限流电阻

4）其他气体放电光源。金属卤化物灯是在高压汞灯的基础上为改善光色而发展起来的新型电光源，不仅光色好，而且光效高。它的发光原理：在高压汞灯内添加某些金属卤化物，靠金属卤化物的循环作用不断向电弧提供相应的金属蒸气，在弧光放电的激励下辐射出该金属的特征光谱线。选择适当的金属卤化物并控制它们的比例，可制成不同光色的金属卤化物灯。如充有钠、铊、铟碘化物的钠铊铟灯；充有钪、钠碘化物的钪钠灯等。长弧氙灯是一种充有高压氙气的高功率（可达 100kW）气体放电光源，俗称“小太阳”。高压氙灯放电时能产生很强的白光，与太阳光十分相似。这种灯特别适用于大面积场所的照明。

（3）冷光源

发光二极管（LED）是一种将电能直接转换为光能的固体器件，它利用半导体材料的 PN 结发光，由于 PN 结发光时不产生热量，因此属于冷光源。LED 无论在结构上还是在发光原理上都与传统的白炽灯有着本质的不同。LED 是由数层很薄的掺杂半导体材料制成，一层带过量的电子，另一层因缺乏电子而形成带正电的空穴，当有电流通过时，电子和空穴相互结合并释放出能量，从而辐射出光。由于掺杂材料的不同，LED 可以发出红色光、绿色光、蓝色光。将红、绿、蓝三种光通过控制电路混合后，就产生出白光，简称 MCLED（Multi-Chip LED）；还可以利用蓝光技术与荧光粉配合形成白光，称为 PCLED（Phosphor Converted LED），此外，还有能直接生长多有源区的白光 LED 技术——MOCVA。

LED 具有体积小、功耗小、寿命长、可靠性高等优点，能在低电压下工作，且便于控制。随着 LED 光效的不断提高和功率的增大，LED 目前已成为最主要的照明光源，并且衍生出众多产品。图 7-8 所示为常见 LED 光源。

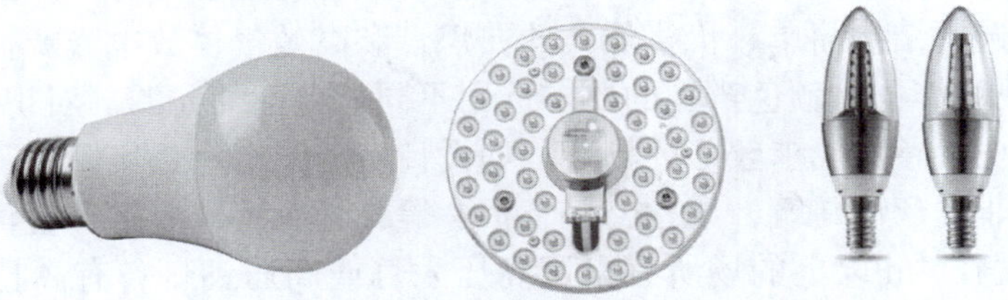

图 7-8 常见 LED 光源

2. 常用电光源的特性

我国生产的各种常用电光源的主要技术数据见表 7-2，附录表 A-17 列出了普通白炽灯（PZ220 系列和 PZS220 系列）的主要技术数据，供参考。

表 7-2　常用电光源的主要技术数据

特性参数	白炽灯	卤钨灯	荧光灯	高压汞灯	高压钠灯	金属卤化物灯	长弧氙灯
额定功率 /W	15 ~ 1000	500 ~ 2000	6 ~ 125	50 ~ 1000	35 ~ 1000	125 ~ 3500	1500 ~ 100000
发光功率 / $lm \cdot W^{-1}$	10 ~ 20	20 ~ 25	40 ~ 90	40 ~ 70	90 ~ 120	60 ~ 90	20 ~ 40
使用寿命 /h	1000	1000 ~ 1500	3000 ~ 5000	3500 ~ 6000	6000 ~ 12000	1000 ~ 2000	1000
显色指数 R_a（%）	97 ~ 99	95 ~ 99	75 ~ 90	30 ~ 50	20 ~ 25	65 ~ 90	95 ~ 97
启动稳定时间	瞬时	瞬时	1 ~ 4s	4 ~ 8min	4 ~ 8min	4 ~ 8min	瞬时
再启动时间	瞬时	瞬时	1 ~ 4s	5 ~ 10min	10 ~ 15min	10 ~ 15min	瞬时
功率因数	1	1	0.33 ~ 0.7	0.41 ~ 0.67	0.44	0.4 ~ 0.6	0.4 ~ 0.9
频闪效应	无	无	有	有	有	有	有
表面亮度	大	大	小	较大	较大	大	大
电压变化对光通的影响	大	大	较大	较大	大	较大	较大
环境温度对光通的影响	小	小	大	较小	较小	较小	小
耐振性能	较差	差	较好	好	较好	好	好
所需附件	无	无	镇流器 辉光启动器	镇流器	镇流器	镇流器 触发器	镇流器 触发器

3. 常用电光源类型的选择

电光源类型的选择应依据照明要求和使用场所特点而定，应尽量选择高效、长寿的光源。绿色照明是人类可持续发展战略在照明技术中的具体体现。我国早已提出绿色照明的概念，即在不降低照明质量的前提下，节约照明用电，提高资源的利用率，从而减少因发电而产生的“三废”，达到保护环境的目的。如采用高效节能灯和推广照明工程中的电子节能技术等。

1）在开关频繁、需要及时点亮、调光或者不能有频闪效应及须防止电磁波干扰的场所，宜采用白炽灯。当要求高照度时，亦可采用卤钨灯等。

2）一般生产车间、辅助车间、仓库、站房及非生产性建筑物、办公楼、宿舍、厂区道路等，应优先选用结构简单、价格低廉的白炽灯和高效气体放电光源。

3）应根据视觉作业对颜色辨别的要求选用不同显色性的光源。对识别颜色要求较高、照度要求较高、视看条件要求较好的场所，如设计室、图书室、实验室、印染车间和印刷车间及其他一些非生产性建筑，如办公室、宿舍等，若无特殊要求，宜优先采用荧光灯。

4）悬挂高度在 4m 以上的场所宜采用高压汞灯或高压钠灯；有高挂条件并须大面积照明的场所应采用金属卤化物灯或氙灯。

5）悬挂高度在 4m 以下的一般工作场所，考虑到电能的节约，宜优先采用荧光灯。

6）在同一场所，当采用一种光源的光色较差时，可考虑采用两种或多种光源混合照明，以改善光色。

二、常用灯具的类型及其选择与布置

灯具的主要作用是固定和保护电光源，并使之与电源安全可靠地连接，以及合理地分配光的输出、装饰和美化环境。

1. 常用灯具的类型

（1）按灯具的配光曲线分类

按灯具配光特性的不同，有两种分类方法：一种是国际照明委员会（CIE）推荐的分类法，另一种是传统分类法。

1）CIE 分类法。根据灯具向下和向上投射光通量的百分比，可将灯具分为以下 5 种类型。

① 直接照明型。灯具向下投射的光通量占总光通量的 90% ～ 100%，而向上投射的光通量极少。

② 半直接照明型。灯具向下投射的光通量占总光通量的 60% ～ 90%，向上投射的光通量只有 10% ～ 40%。

③ 均匀漫射型。灯具向下投射的光通量与向上投射的光通量差不多相等，各为 40% ～ 60%。

④ 半间接照明型。灯具向上投射的光通量占总光通量的 60% ～ 90%，向下投射的光通量只有 10% ～ 40%。

⑤ 间接照明型。灯具向上投射的光通量占总光通量的 90% ～ 100%，而向下投射的光通量极少。

2）传统分类法。传统分类法就是按灯具的配光曲线形状来分类的方法。

裸露的白炽灯所发出的光线是射向四周的，为了充分利用光能，加装灯罩后可使光线重新分配，称为配光。灯具的配光曲线就是在通过其光源（采用 1000lm 光通量的假想光源）对称轴的平面上绘出的光强分布曲线。配光曲线一般用极坐标形式绘出，如图 7-9 所示。

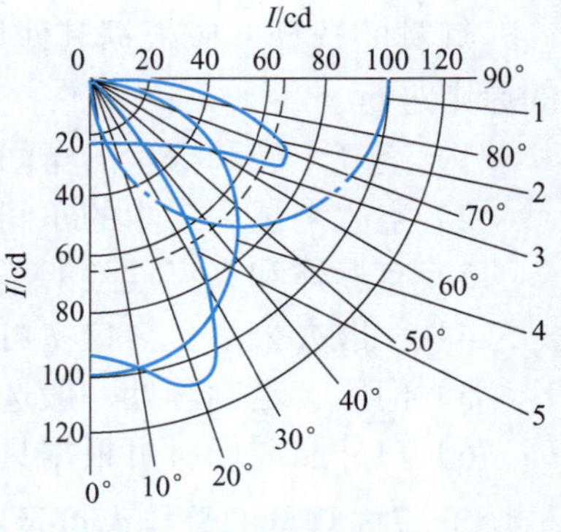

图 7-9 灯具的配光曲线分类

按灯具配光曲线的形状，灯具可分为以下 5 种类型。

① 正弦分布型。如图 7-9 中曲线 1 所示，光强按正弦函数 $\sin\theta$ 分布，在 $\theta=90°$ 时光强最大。

② 广照型。如图 7-9 中曲线 2 所示，最大光强分布在较大的角度上，可在较广的地面上形成比较均匀的照度。

③ 漫射型。如图 7-9 中曲线 3 所示，各个角度的光强基本一致。

④ 配照型。如图 7-9 中曲线 4 所示，光强按余弦函数 $\cos\theta$ 分布，在 $\theta=0°$ 时光强最大。

⑤ 深照型。如图 7-9 中曲线 5 所示，光通量和最大光强值集中在 0° ～ 30° 的狭小立体角内。

（2）按灯具的结构特点分类

按灯具的结构特点来分类，可分为以下 5 种类型。

1）开启型。其光源与外界空气相通，如一般的配照型灯、广照型灯和深照型灯等。

2）闭合型。其光源被透明灯罩包合，但内外空气相通，如圆球灯、双罩灯和吸顶灯等。

3）密闭型。其光源被透明灯罩密封，内外空气不能对流，如防潮灯、防水防尘灯等。

4）增安型。其光源被高强度透明灯罩密封，且灯具能承受足够的压力，能安全地使用在某些有爆炸危险介质的场所。

5）隔爆型。其光源被高强度透明灯罩封闭，但不是靠密封性来防爆，而是在灯座的法兰与灯罩的法兰之间有一隔爆间隙。当气体在灯罩内部爆炸时，高温气体经过隔爆间隙被充分冷却，从而不致引起外部爆炸性混合性气体爆炸。因此隔爆灯具也能安全地使用于某些有爆炸危险介质的场所。

图 7-10 所示为工厂常用的几种灯具的外形和图形符号。

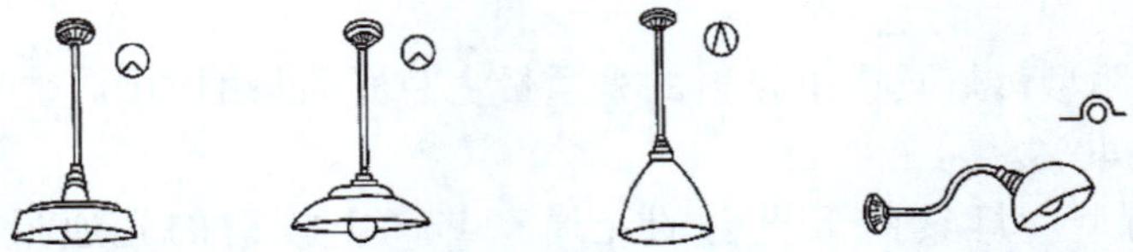

a) 配照型工厂灯　b) 广照型工厂灯　c) 深照型工厂灯　d) 斜照型工厂灯

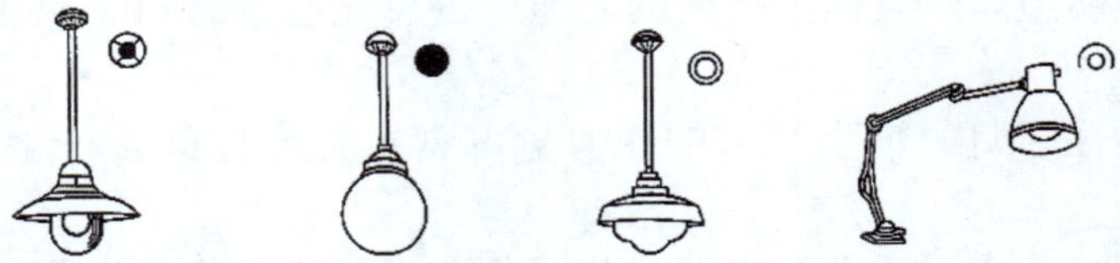

e) 广照型防水防尘灯　f) 圆球形工厂灯　g) 双罩型(又称万能型)工厂灯　h) 机床工作灯

图 7-10　工厂常用的几种灯具的外形和图形符号

2. 常用灯具类型的选择

灯具的选择，应根据其使用场所的特点和照明的要求，遵循“配光合理、高效节能”的原则进行。

1）空气干燥和少尘的车间可选用开启型灯具。

2）空气潮湿和多尘的车间可采用防水、防尘的密闭型灯具。

3）有爆炸和火灾危险的车间应选用防爆型灯具，如增安型和隔爆型。

4）一般办公室、会议室可选用开启型或闭合型灯具。

5）门厅、走廊等处一般选用闭合型吊灯或吸顶灯。

6）户外照明场所可根据具体要求确定。

3. 室内灯具的悬挂高度及布置方案

（1）室内灯具的悬挂高度

室内灯具的悬挂高度主要应从保证照度的均匀性，尽量减少眩光、阴影，维护方便，安全经济，与建筑空间协调等方面考虑。

眩光就是视野内极高的亮度或强烈的亮度对比造成人的视觉降低和人眼不适甚至难受

的一种现象。根据限制眩光要求，室内一般照明灯具对地面的悬挂高度，按 GB 50034—2024《建筑照明设计标准》规定，应不低于附录表 A-18 所列的数值。表中所列灯具的保护角含义如图 7-11 所示。灯具的保护角又称为遮光角，用来衡量灯具保护人眼不受光源直射眩光耀眼的程度。保护角越大，眩光作用越小，但保护角太大会使照明器的光效降低，所以灯具的保护角一般为 15° ～ 30°。

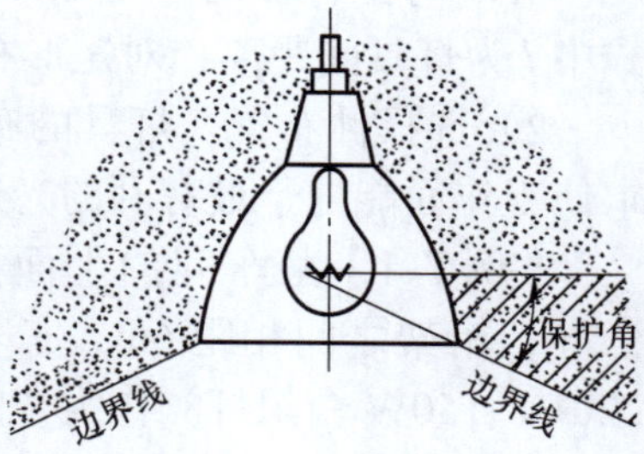

图 7-11　灯具的保护角

（2）室内灯具的布置方案

室内灯具的布置与房间的结构、照明的要求、光源和灯具的选择等很多因素有关。布置时，既要考虑到照明技术上的合理性，又要尽可能协调、美观。一般室内灯具采用以下两种布置方案。

1）均匀布置。均匀布置就是灯具在整个房间内均匀分布，灯具位于有规律的对称行列上，与室内具体工作面的位置无关，如图 7-12a 所示。

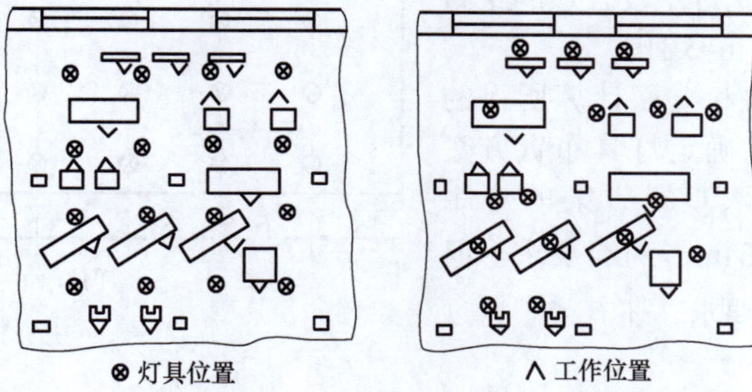

a) 均匀布置　　b) 选择性布置

图 7-12　一般照明灯具的布置

均匀布置一般可将灯具排列成正方形或矩形，如图 7-13a 所示。矩形布置时，也应尽量做到使灯距 l 与 l' 接近。等边三角形的菱形布置，其照度最为均匀，其 $l'=\sqrt{3}l$。

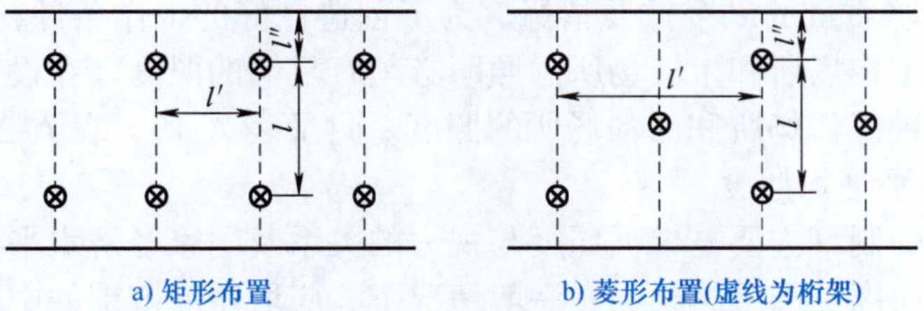

a) 矩形布置　　b) 菱形布置(虚线为桁架)

图 7-13　均匀布置的灯具

为了使工作面上获得均匀的照度，除了保证合理的灯具布置、均匀的灯间距离外，根据灯具的类型，还必须确定合理的灯具悬挂高度。各种灯具的技术参数中都给出了最大距高比（灯间距离 l 与灯在工作面上的悬挂高度 h 之比），在确定灯具的悬挂高度时，一般不要超过规定的最大距高比。如 GC1 $-\dfrac{\text{A}}{\text{D}}-$ 1 型配照灯的最大允许距高比为 1.25（见附录表 A-21）。

为使照度均匀，考虑灯具的布置方案时，最边缘一列灯具离墙的距离应根据工作位置与墙的相对位置确定，如图 7-13 所示。

靠墙有工作面时，可取 $l''=(0.25\sim0.3)\,l$；靠墙为通道时，可取 $l''=(0.4\sim0.5)\,l$；式中 l 为灯具间距离；对矩形布置，可取其纵横两方向灯距的方均根值。

2）选择性布置。灯具的布置与生产设备的位置有关，大多是按工作面对称布置，力求使工作面能处于最有利的光通量方向和消除阴影，如图 7-12b 所示。

【例 7-1】某车间的平面面积为 18m×42m，桁架的跨度为 18m，离地面的高度为 5.5m，桁架之间相距 6m，工作面离地面 0.75m。拟采用 GC1–A–1 型配照型工厂灯（装 220V、150W 白炽灯）作为车间的一般照明。试初步确定灯具的布置方案。

解：根据车间的结构，灯具宜悬挂在桁架上。如灯具下吊 0.5m，则灯具离地面为（5.5–0.5）m=5m。这一高度符合附录表 A-18 中规定的最低悬挂高度要求。

由于工作面离地面 0.75m，故灯具在工作面上的悬挂高度 h=（5–0.75）m=4.25m。而由附录表 A-21 可知，这种灯具的最大允许距高比为 1.25，因此灯距较合理的距离为 $l \leqslant 1.25h = 1.25\times4.25\text{m} = 5.31\text{m}$

根据车间的结构和上面计算所得的较合理的灯距，初步确定灯具布置方案为如图 7-14 所示，该布置方案的灯距 $l=\sqrt{4.5\times6}\text{m}=5.2<5.31\text{m}$，符合要求。但此方案能否满足照明要求，还有待于通过照度计算来校验。

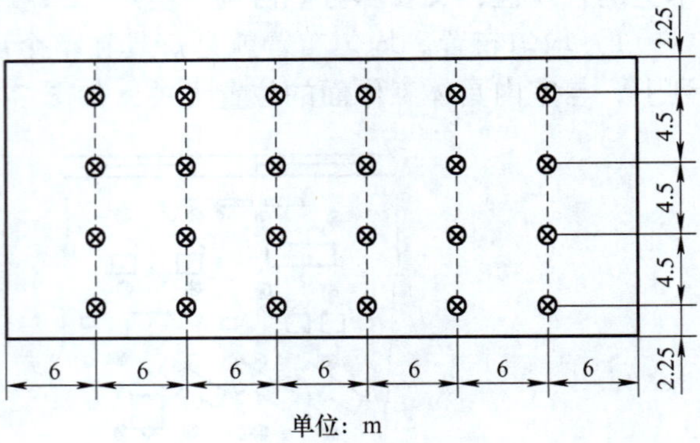

图 7-14　例 7-1 的灯具布置方案

7.3 照度标准及照度计算

一、电气照明的照度标准

照度是评价照明质量的一个重要指标。为了创造良好的工作条件，提高劳动生产率，保护职工的健康，工作场所和生活场所的照明必须有足够的照度。在设计中，必须根据国家最新标准确定各种工作场所和活动场所的照度。附录表 A-19、表 A-20 给出了生产车间视觉 工作分级和水平平均照度。

一般照度标准的制订主要是根据照度与视力的关系及国家经济水平和供电能力等因素综合考虑，各国的照度标准不尽相同。一般情况下，应取照度范围的中间值作为设计工作面上的标准照度值。

符合以下条件之一时，应取照度范围的高值。

1）Ⅰ～Ⅴ等级的视觉工作，当人眼至识别对象的距离超过 0.5m 时。

2）连续长时间紧张的视觉工作，对人眼有不良影响时。

3）识别对象在活动面上，识别时间短促而辨别有困难时。

4）工作需要特别注意安全时。

5）识别对象的反射系数很低或与背景的对比很低时。

6）当作业精度要求很高时。

符合下列条件之一时，应取照度范围的低值。

1）只需短时间进行工作时。

2）当精度或速度无关紧要时。

3）识别对象的反射系数很高或与背景的对比很强时。

GB 50034—2024《建筑照明设计标准》大幅度提高了照度水平，照明质量标准水平已基本与国际标准接轨；对各种房间或场所的眩光限制和显色性已定量化；并增加了办公、居住、医院、学校、商业、旅馆和工业等7类建筑的照明功率密度（LPD）的最大允许值。LPD是指单位面积上的照明功率值（W/m^2）。

二、照度的计算

照度计算的目的是根据所需要的照度值及其他已知条件决定灯的容量和数量；或在灯具的形式、布置及光源容量、数量都已确定的情况下校验工作面上的照度是否符合照度标准。照度的计算方法很多，限于篇幅，这里只介绍常用的利用系数法和比功率法。

1. 利用系数法

（1）利用系数的概念

照明光源的利用系数（Utilization Coefficient）是表征照明光源的光通量有效利用程度的一个参数，它用灯具投射到工作面上的光通量（包括直射光和多方反射到工作面上的光通量）与全部光源发出的总光通量之比来表示，即

$$u=\frac{\Phi_{e}}{n\Phi} \tag{7-8}$$

式中，Φ_e为投射到工作面上的有效光通量（lm）；Φ为每盏灯发出的光通量（lm）；n为灯的盏数。

利用系数u与以下因素有关。

1）与灯具的形式、光效和配光曲线有关。灯具的光效越高，光通量越集中，利用系数也越高。

2）与灯具的悬挂高度有关。悬挂越高，反射光通越多，利用系数也越高。

3）与房间的面积及形状有关。房间面积越大、越接近正方形，则由于直射光通量越多，利用系数也越高。

4）与墙壁、顶棚及地面的颜色和洁污情况有关。颜色越浅、表面越洁净，反射光通越多，则利用系数也越高。

（2）利用系数的确定

如图7-15所示，室空间比（RCR）的计算公式为

$$RCR=\frac{5h_{RC}(l+b)}{lb} \tag{7-9}$$

式中，h_{RC}为室空间高度（m）；l为房间的长度（m）；b为房间的宽度（m）。

根据墙壁、顶棚的反射系数及室空间比RCR就可以从附录表A-22中查出其利用系数。

（3）维护系数的确定

照明设备使用一段时间后由于光源光通量的衰减、灯具材料老化、灯具和室内各表面被污染而引起反射系数下降等因素，使工作面上的照度下降。为了维持一定的照度水平，在计算照度时，应计入一个小于1的维护系数（K）来补偿这些因素的影响，见表7-3。

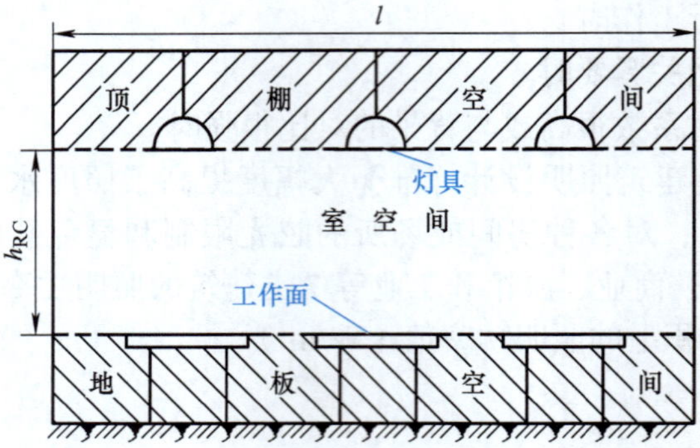

图 7-15 计算室空间比的说明图

表 7-3 维护系数参考值

环境特征	生产车间和工作场所示例	维护系数	灯具擦洗次数 / 次·年$^{-1}$
清洁	各种仪表、电子器件的装配车间，实验室、设计室、办公室等	0.8	2
一般	机械加工、机械装配车间，织布车间	0.7	2
污染严重	锻工、铸造车间，碳化车间、水泥厂球磨车间	0.6	3
室外	道路、广场	0.7	2

（4）按利用系数法计算工作面上的照度

在灯具形式和光源已经选定的情况下，工作面上的平均照度和根据要求的照度计算灯的盏数的公式为

$$E_{av}=\frac{uKn\Phi}{A} \tag{7-10}$$

$$n=\frac{E_{av}A}{uK\Phi} \tag{7-11}$$

式中，u 为利用系数；K 为维护系数；n 为灯的盏数；Φ 为每盏灯发出的光通量（lm）；A 为受照房间面积（m^2）。

【例 7-2】试计算例 7-1 所初步确定的灯具布置方案（见图 7-14）在工作面上的平均照度。

解：该车间的室空间比为

$$RCR=\frac{5\times4.25\times(42+18)}{42\times18}=1.69$$

假设该车间的顶棚反射系数 ρ_c=50%，墙壁的反射系数 ρ_w=50%，查附录表 A-22，并运用插入法，计算利用系数为

$$\frac{2-1}{0.70-0.82}=\frac{1.69-1}{u-0.82}$$

解得 u=0.737。

由表 7-3 取维护系数 K=0.7。再由附录表 A-17 查得灯具所装 150W 白炽灯的光通量 Φ=2090lm，而由图 7-14 可知 n=24。

按式（7-10）即可求得该车间水平工作面上的平均照度为

$$E_{av}=\frac{0.737\times0.7\times24\times2090}{42\times18}\text{lx}=34.23\text{lx}$$

2. 比功率法（单位容量法）

（1）比功率的概念

比功率就是单位面积上照明光源的安装功率，用每单位被照水平面上所需光源的安装功率来表示，即

$$P_0=\frac{P_\Sigma}{A}=\frac{nP_L}{A} \tag{7-12}$$

式中，P_Σ为受照房间总的安装功率（W）；P_L为每盏灯的功率（W）；n为受照房间灯的盏数；A为受照房间的水平面积（m^2）。

附录表 A-23 列出了采用工厂配照灯的一般照明比功率参考值，供参考。

（2）按比功率法估算照明灯具的安装功率

如果查得所计算车间的比功率 P_0，则该车间一般照明的总的安装功率为

$$P_\Sigma=P_0A \tag{7-13}$$

因此，每盏灯具的功率为

$$P_L=\frac{P_\Sigma}{n}=\frac{P_0}{n}A \tag{7-14}$$

比功率法计算方便，但精度较差，一般用于估算照明容量及对照度计算要求不高的场所。用比功率法计算照度的结果一般偏大。

【例 7-3】试用比功率法计算例 7-1 车间一般照明中装有 150W 白炽灯的 GC–A–1 型工厂配照灯的灯数，设平均照度 E_{av}=30lx。

解：由 h=4.25m、E_{av}=30lx 及 A=18m × 42m=756m²，查附录表 A-23 得 P_0=6W/m²。因此该车间一般照明总的安装功率为

$$P=6\times756\text{W}=4536\text{W}$$

因此，采用装有 150W 白炽灯的 GC–A–1 型工厂配照灯的灯数应为

$$n=4536/150\approx30$$

按图 7-14 的布置方式，每个桁架应布置 5 盏灯；沿桁架的灯间距离可取为 3.5m，边上的灯与墙的距离可取为 2m。

7.4　照明供电系统及其选择

一、照明供电系统及其平面布线图

1. 照明供电系统

正确合理的照明供电系统是保证照明质量的必要条件。在照度、灯具及其布置方案确定之后，即可考虑照明供电系统的设计。照明供电系统设计的要求与工厂供电系统的基本要求是类似的，主要包括供电电压的选择、工作照明和应急照明供电方式的确定等。

（1）照明供电电压

照明灯的供电电压一般采用220V额定电压，通常由220V/380V系统供电；在触电危险性较大的场所中使用的局部照明和手提式照明应采用36V及以下的安全电压；个别特殊工作场所和地点（如在锅炉或金属容器里面和金属平台上）的手提灯照明应采用12V电压。为了保证工作面上的照度，照明设备允许电压偏差不得超过规定值（见第1章1.2节）。

（2）照明供电方式

为了保证照明设备供电的可靠性和照明质量，通常工厂和车间的动力与照明采取分开线路、分别控制的接线方式；对应急照明，应接在独立电源上，一般可由与工作照明分别接在不同母线段上的变压器供电；如果与工作照明由同一段母线供电，则应急照明必须有备用电源，如图7-16所示，以便在母线故障停电时可手动或自动投入备用电源。

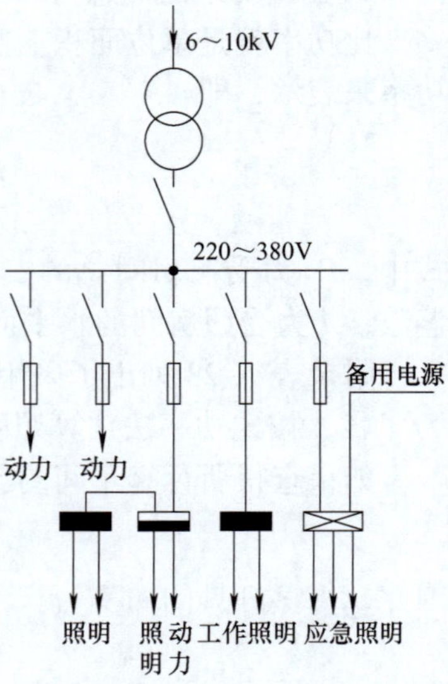

图7-16　应急照明由一台变压器供电的照明系统

图7-17所示为由两台变压器供电的设有应急照明的供电系统。这里的应急照明均采用由邻近变电所的低压母线供电方式，以提高应急照明的可靠性。图7-18所示为利用接触器组成的备用电源自动投入装置（APD），以实现应急照明电源自动切换的控制电路。当工作电源停电时，接触器KM1因失电而跳开，同时其常闭触头KM1（1–2）闭合，时间继电器KT动作（KM2的常闭触头KM2（1–2）原已闭合），其延时闭合触头KT（1–2）经0.5s闭合，使接触器线圈KM2接通，其主触头闭合，从而投入备用电源。KM2的常开触头KM2（3–4）同时闭合，保持KM2通电；且其常闭触头KM2（1–2）断开，切断KT回路，KT（1–2）断开，同时KM2常闭触头KM2（5–6）断开，切断KM1回路。

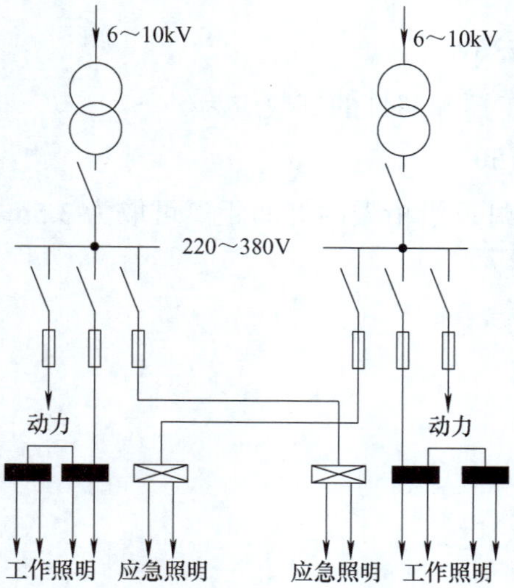

图7-17　应急照明由两台变压器交叉供电的照明系统

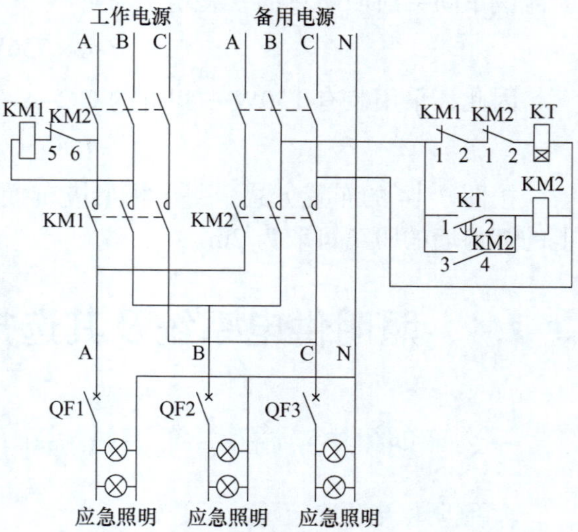

图7-18　应急照明的APD控制电路

现在已有成套的应急照明灯具，正常时，由交流220V供电，当电网故障时，可自动切换到灯具内的蓄电池组供电，提供一定时间的照明。采用这种应急照明灯具后，对应急照明电源可靠性的要求可大大降低。

2. 照明平面布线图

照明平面布线图是照明施工图样的重要组成部分。它主要表示照明导线、控制保护设备及灯具等的平面相对位置，是照明施工、竣工验收和维护检修的重要技术资料。图7-19所示为某高压配电所及其附设车间变电所照明平面布线图。

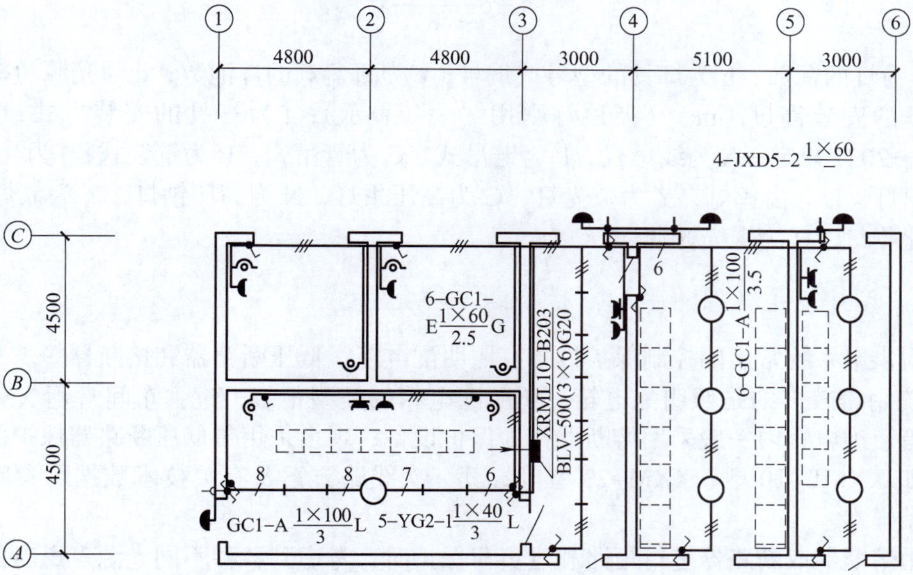

图 7-19　某高压配电所及其附设车间变电所照明平面布线图

图 7-19 所示变配电所结构较完整，根据照明设计规范的有关要求确定该变配电所的照明设计方案如下。

变压器室采用 GC1-E 型弯杆灯，每盏灯装 60W 白炽灯泡一个，分别安装在两室的两对角位置的墙上，安装高度距地面 2.5m，用单极开关控制。

高压配电室和高压电容室均采用 GC1-A 型配照型工厂灯，每盏灯装 100W 白炽灯泡一个，管吊式，安装在顶棚上。因 GG-1A 型高压开关柜高 3.1m，考虑灯具安装高度为距地面 3.5m。两边有门，采用两地控制方式。

低压配电屏前采用两盏 YG2-1 型荧光灯和一盏 GC1-A 型配照型工厂灯进行混光照明，分别装 40W 细管节能型荧光灯和 100W 白炽灯，链吊式，安装在顶棚上，距地面 3m。荧光灯和白炽灯分别控制，也采用两地控制方式。为方便维修，采用两盏 GC1-E 型弯杆灯，每盏灯装 60W 白炽灯泡一个，安装在墙上，距地面 2.5m，用单极开关控制。

值班室采用三盏 YG2-1 型荧光灯，链吊式，安装在顶棚上，距地面 3m，也采用两地控制方式。另外，在变配电所房门外的雨篷下装 JXD5-2 型吸顶灯，每盏灯装 60W 白炽灯泡一个，采用防雨拉线开关控制。为便于维修等用电，在各房间适当位置设暗装插座。

变配电所的照明电源由低压配电屏获得。

图 7-19 中导线的根数可用受控线的概念来确定。一般将装有开关的相线称为受控线。一般导线上不标示者为两根，三根及以上则在线上打相应根数的短斜线或标以数字。如变压器室中靠门一侧为三根线：一根为 N 线，一根为不受开关控制的相线（还要送到插座），还有一根为受开关控制的相线，即受控线（通到墙上的 GC1-E 型灯具）。

图 7-19 中的安装高度：室内开关距地面 1.4m，室外防雨拉线开关距地面 2.5m，插座距地面 0.3m，配电箱中心距地面 1.5m。

在电气平面图上，除用统一规定的图形符号表示各照明设备的相对位置外，还必须用统一规定的文字符号和标注格式标示出导线、配电箱、灯具等的型号和灯数、灯的位置、光源功率及灯具的安装高度和安装方式等。按 GB/T 4728.11—2022《电气简图用图形符号 第 11 部分：建筑安装平面布置图》规定，照明灯具标注的格式为

$$a-b\frac{c\times d\times l}{e}f \tag{7-15}$$

式中，a 为灯的盏数；b 为灯具的型号或编号；c 为每盏灯的灯泡数；d 为光源功率（W）；e 为灯具的安装高度（m）（吸顶灯则用“—”表示）；f 为灯具的安装方式，按 GB/T 4728.11—2022 规定，X 为线吊式，L 为链吊式，G 为管吊式，B 为壁装式；l 为光源种类：B 为白炽灯，L 为卤钨灯，Y 为荧光灯，G 为高压汞灯，N 为高压钠灯，X 为氙灯，JL 为金属卤化物灯，H 为混光光源。

二、照明供电系统的控制保护设备及其选择

照明供电系统常用的控制保护设备有照明配电箱、低压断路器和熔断器等。车间照明供电系统用得较多的是照明配电箱。照明配电箱的类型很多，过去车间常用 XM-7 型照明配电箱，配电箱内一般采用熔断器作为保护设备；现多采用带低压断路器保护的照明配电箱，如 XXML-10 型、XXM-23 型等，其一次线路方案及有关技术数据可参阅有关手册及产品样本。

采用熔断器或断路器进行短路和过负荷保护时，考虑到各种不同光源点燃时的起动电流不同，因此不同光源的保护装置额定电流也有所区别，见表 7-4。

表 7-4 照明线路保护装置的选择

保护装置类别	保护装置额定电流 / 照明线路计算电流		
	白炽灯、卤钨灯、荧光灯、金属卤化物灯	高压汞灯	高压钠灯
RL1 型熔断器	1	1.3 ~ 1.7	1.5
RC1 型熔断器	1	1.0 ~ 1.5	1.1
带热脱扣器的低压断路器	1	1.1	1
带瞬时脱扣器的低压断路器	6	6	6

注：保护装置的额定电流，对熔断器是指其熔体额定电流，对低压断路器是指其脱扣电流。

必须注意的是，用熔断器或低压断路器的脱扣器作为照明线路的短路保护时，其熔断器或脱扣器应装设在线路不接地的各相上。N 线或 PE 线上一般不装熔断器或低压断路器。如果需要断开中性线时，则应装设能同时切断相线和中性线的保护电器。

三、照明负荷计算及导线截面的选择

1. 照明负荷计算

照明负荷一般采用需要系数法进行计算，即

$$P_{30}=K_{d}P_{e} \tag{7-16}$$

式中，P_{30} 为计算负荷（W）；K_d 为需要系数，计算照明支线时可取为 1，照明干线的需要系数见表 7-5；P_e 为总安装容量（W），应包括镇流器、触发器等附件消耗的功率。如三相负荷不平衡，应取最大一相负荷容量的 3 倍。

表 7-5　计算照明干线时采用的需要系数

类别	K_d	类别	K_d
生产厂房	0.8 ～ 1.0	仓库	0.5 ～ 0.7
办公室、实验室	0.7 ～ 0.8	道路照明、事故照明	1
生活区、宿舍	0.6 ～ 0.8		

三相线路计算电流为

$$I_{30}=\frac{P_{30}}{\sqrt{3}U_N\cos\varphi} \tag{7-17}$$

单相线路计算电流为

$$I_{30\cdot\phi}=\frac{P_{30\cdot\phi}}{U_\phi\cos\varphi} \tag{7-18}$$

式中，U_N 为额定线电压（V）；U_ϕ 为额定相电压（V）；P_{30}，$P_{30\cdot\phi}$ 分别为三相及单相计算负荷（W）；$\cos\varphi$ 为光源的功率因数，见表 7-2。

2. 导线截面积的选择

由于电压偏移对照明质量影响比较显著，加之照明负荷往往比较小，因此在确定照明电路导线截面积时，通常应进行以下各项计算和校验。

1）根据允许电压损失的要求选择导线截面积，一般用功率矩法选择导线截面，导线截面积计算公式为

$$A=\frac{\sum_M}{C\Delta U_{al}\%} \tag{7-19}$$

式中，$\sum_M$ 为导线的所有功率矩之和（kW・m），$\sum_M=\sum_{(Pl)}$；C 为计算常数，查表 3-10（kW・mm・m^{-2}）；$\Delta U_{al}\%$ 为从线路首端（通常为低压母线）到线路末端允许电压损耗（即电压降）的百分值，一般为 3% 左右。

2）按发热条件校验导线截面积，该计算负荷电流应小于导线允许载流量。

3）导线截面长期允许电流应不小于保护设备（熔断器的熔体、低压断路器的热元件等）的额定电流值。

4）导线机械强度校验，即所选照明线路导线截面积应不小于机械强度允许的最小导线截面积，见附录表 A-24、表 A-25。

导线截面积的详细选择计算方法可参见本书第 3 章或有关设计手册。

习　题

1. 某大件装配车间的面积为 10m × 30m，顶棚离地面高度为 5m，工作面离地面 0.75m，拟采用 GC1-A-1 型配照灯（装 220V、150W 白炽灯）作为车间照明，灯从顶棚

吊下 0.5m，房间反射系数为 ρ_c=50%，ρ_w=30%，维护系数为 0.7，试用利用系数法确定灯的盏数，并进行合理的布置。

2. 试用比功率法重做习题 1（只求灯的盏数）。

3. 试确定图 7-20 所示额定电压为 220V 的照明线路 BLV 型铝芯塑料线的截面积。已知全线截面积一致，明敷，线路长度和负荷如图中所示。假设全线允许电压降为 3%，当地环境温度为 30℃。

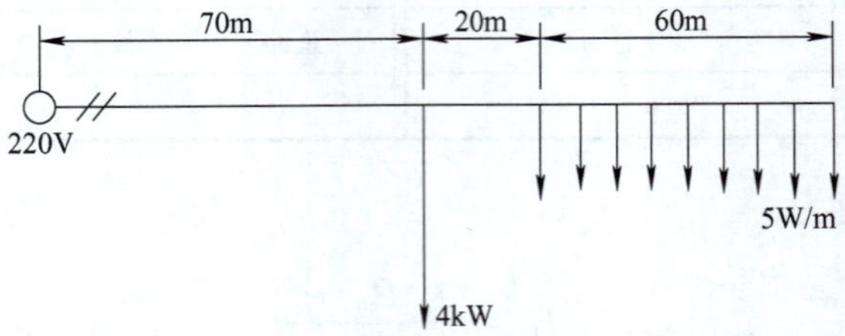

图 7-20　习题 3 的照明线路

4. 可见光的波长范围是多少？哪种波长的什么颜色光可引起人们最灵敏的视觉？

5. 什么是光通、光强和照度？它们的单位各是什么？

6. 什么是反射系数、吸收系数和透射系数？哪一种系数对照度计算的影响较大？

7. 什么是光源的显色指数？白炽灯与荧光灯相比较，哪一种光源显色性好？

8. 什么是热辐射光源和气体放电光源？试以白炽灯和荧光灯为例说明各自的发光原理和性能。

9. 照明光源的选择通常应考虑哪些情况？

10. 什么是混光照明？采用混光照明有什么优越性？车间照明设计中为什么一般都采用混光照明？

11. 按灯具的结构特点来分，灯具可分为哪几类？选择灯具时应考虑哪些因素？

12. 室内照明灯具应如何布置？什么是最大距高比？距高比不合理时会出现什么问题？

13. 什么是照明光源的利用系数？它与哪些因素有关？什么是维护系数？哪些情况下取其最低值？

14. 什么是光源的比功率？用比功率法进行照度计算通常适用于什么情况？

15. 照明供电系统为什么要分为工作照明和应急照明两种供电方式？对其供电电源有什么要求？

第 8 章 节约用电

本章首先简述工厂电能节约的重要意义，然后介绍工厂供电系统实现电能节约的一些基本措施，接着分别介绍电力变压器、电动机、电焊机、电热设备及电气照明等节约电能的具体措施，最后介绍无功功率的人工补偿。

8.1 电能节约的意义

能源一般分为两大类：天然能源和人工能源。

自然界本来存在的能源称为天然能源或一次能源。如太阳能、煤、石油、天然气、水力、风力、地热、原子能、潮汐能、生物能等，都是天然能源。

天然能源经过加工转化而形成的新能源称为人工能源或二次能源。电能是应用最广泛的二次能源。此外，汽油、煤气、沼气、液化气、焦炭及各种余热等也都是二次能源。

能源是发展国民经济的重要物质基础，也是制约国民经济发展的一个重要因素。历史上，国家之间因争夺能源而引发战争，而战争又往往是以能源为武器的较量。因此，在加强能源开发的同时，必须大力降低能源消耗，提高能源的有效利用程度。节能的科学含义即是提高能源的利用率。

节约能源是我国经济建设中的一项重大政策。电能是一种高价的二次能源，它只利用了一次能源的 30% 左右。因此，节约电能又是节约能源工作中的一个重要方面。由于工业用电在全国电能消耗量中大约占 70% 以上，所以工厂的电能节约具有特别重要的意义。

节约电能就是通过采取技术上可行、经济上合理和有利于环境保护的措施用以消除供用电过程中的电能浪费现象，提高电能的利用率。

随着工农业生产的迅速发展，机械化、自动化程度及人民生活水平的不断提高，电能生产与消费之间的矛盾日趋尖锐。因此，节约电能显得十分必要，它是缓和电力供需矛盾的一项重要举措。

节约电能既可减少工厂的电费开支，降低单位产品的电能消耗，又能在一定条件下提高劳动生产率和产品质量。电能可以创造比其本身价值高几十倍甚至上百倍的工业产值。因此，节约电能被视为加强企业经营管理、提高经济效益的一条重要途径。我国目前的能源利用率较低，致使很多产品的单位产量所耗能源（产品单耗）远高于一些技术先进的国家；从另一方面来看，这也说明我国在节能方面大有潜力。

在我国，要得到 1kW 的电力，建火电厂约需 4000 ～ 6000 元；建水电厂约需 8000 ～ 10000 元；建核电站约需 12000 ～ 15000 元。而通过节约电能达到这一目的则只需约 1000 元，还可以减少环境污染。充分利用在生产、输送、使用过程中被无谓损耗和浪费掉的电能，是一项意义重大并且效益显著的工作。

总之，节约电能是一项不投资或少投资就能取得很大经济效益的工作，对于促进国民经济的发展具有十分重要的意义。

8.2 工厂电能节约的一般措施

要搞好工厂的节电工作，就应大力宣传节电的重要意义，提高人们的节电意识，努力提高工厂供用电水平。这需要从工厂供用电系统的科学管理和技术改造两方面采取措施。

一、加强工厂供用电系统的科学管理

1. 加强能源管理，建立管理机构和制度

厂矿企业都要建立专门的能源管理机构，对各种能源（包括电能）进行统一管理，需要有专人负责本单位的日常节能工作。电能管理是能源管理的一部分，基础工作是搞好耗电定额管理。通过充分调查研究，制定工厂各部门及各生产环节合理而先进的耗电定额。国家规定的几种高耗电产品的电耗最高限额指标见附录表 A-26。对于电能要认真计量，严格考核，并切实做到节电受奖、浪费受罚。

2. 实行计划供用电，提高电能的利用率

实行计划供用电，必须把电能的供应、分配和使用纳入计划。对于地区电网来说，各个工厂用电要按地区电网下达的指标实行计划用电，并采取必要的限电措施，对工厂内部供电系统来说，厂内各车间也要按计划用电。各车间的用电计划要落实到各个班组，这就需要各级加强用电管理，并通过计量严格考核。

对于工厂的非生产用电也要加强管理，防止浪费。同时，要研究工厂各种能源的合理利用。在可以直接利用一次能源的地方尽量不用一次能源转换而来的电能，因为煤炭等一次能源转换为电能的效率只有 30% 左右，用电相当于浪费了 70% 左右的能源，很不经济。

3. 实行负荷调整，削峰填谷，提高供电能力

所谓负荷调整，就是根据供电系统的电能供应情况及各类用户不同的用电规律，合理、有计划地安排和组织各类用户的用电时间，以降低负荷高峰，填补负荷低谷，充分发挥发、变电设备的潜力，提高系统的供电能力，以满足电力负荷日益增长的需要。负荷调整是一项全局性工作，电力系统要做全局性调整负荷（简称调荷）。由于工业用电在整个电力系统中占的比重最大，因此电力系统调荷的主要对象是工业用户。同一地区各工厂的厂休日错开，就是电力系统调整负荷的措施之一。工厂内部也要调整负荷，主要方法有：①错开各车间的上下班时间，使各车间的高峰负荷分散；②调整大容量用电设备的用电时间，使之避开高峰负荷时间用电，这样就降低了负荷高峰，填补了负荷低谷，做到均衡用电，从而提高了变压器的负荷系数和功率因数，减少了电能损耗。因此，调整负荷不仅提高了供电能力，也是节约电能的一项有效措施。抽水蓄能电站就是用于负荷调整的。

实行分时电价制可以有效促使用户削峰填谷。如上海规定生活用电的价格：峰时（6 ～ 22 时）0.61 元 /kW • h，谷时（22 ～ 6 时）0.30 元 /kW • h。谷时电价不到峰时电价的 50%。

4. 实行经济运行方式，降低电力系统的能耗

所谓经济运行方式，是一种能使整个电力系统电能损耗减少、经济效益提高的运行方式，如两台并列运行的变压器可在低负荷时切除一台；又如长期处于轻载运行的电动机可更换较小容量的电动机。

5. 加强运行维护，提高设备的检修质量

搞好供用电系统的运行维护和用电设备的检修，可减少电能损耗、节约电能。如检修电动机时要保证质量，重绕的绕组匝数、导线截面都不应改变；气隙要均匀；轴承磨损严重的应更换轴承，减少转子的转动摩擦；这些都能减少电能的损耗。又如导线接头处接触不良，发热严重，应及时维修，这样既保证了安全供电，又减少了电能损耗。对于其他动力设施也要加强维修和保养，减少水、气、热等能源的跑、冒、滴、漏，这样也能直接节约电能。

二、搞好工厂供用电系统的技术改造

1. 逐步淘汰现有低效率的供用电设备

以高效节能的用电设备替换低效率的用电设备，节能效果十分显著。以电力变压器为例，应采用冷轧硅钢片的节能型（如 SL7、S9、S11 系列）变压器，其空载损耗比老型号的热轧硅钢片变压器低 50% 左右，同是 1000kV · A（高压侧 10kV）的变压器，采用冷轧硅钢片的 S9 系列节能变压器，其空载损耗为 1.7kW，而热轧硅钢片 SJL 系列变压器，其空载损耗为 3.9kW。如果用 S9 系列替代 SJL 系列，则一年仅空载损耗（铁耗）方面就节电 $(3.9-1.7)\times 8760\text{kW}\cdot\text{h}=19272\text{kW}\cdot\text{h}$，十分可观。又如电动机，新型 Y 系列电动机与 JO2 系列电动机相比，效率又提高了 0.413%。如果全国按年产量 20×10^6kW、年工作时间 4000h 计，则全国一年可因此节电 $20\times10^6\times4000\times0.413/100\text{kW}\cdot\text{h}\approx3.3\times10^8\text{kW}\cdot\text{h}$。若采用高效节能电动机，效率还可提高 8% ～ 9%。对于照明设备，应采用高效率的新光源和照明自动控制装置。如我国新生产的采用稀土元素的节能灯，其 9W 灯的光通量即相当于 60W 普通白炽灯。采用 LED 灯的节能效果更为显著。另外，采用大功率的硅整流和晶闸管整流装置取代电动机 - 发电机组和汞弧整流器，也可以取得比较显著的节电效果。国家有关部门经常分批公布若干淘汰的机电产品，使用单位必须按规定的淘汰期限执行。

2. 改造现有的工厂供配电系统，降低线路损耗

对现有的不尽合理的供配电系统应进行技术改造，降低线路损耗，节约电能。如将迂回的配电线路改为直配线路；将截面偏小的导线更换为较大截面的导线；在技术经济指标合理的条件下将配电系统升压运行；或者改变变电所的位置及分散安装变压器，使之更加靠近负荷中心等，这些都能有效地降低线损，节约电能。

3. 合理选择供用电设备容量，或进行技术改造，提高设备的负荷率

合理选择设备容量，发挥设备潜力，提高设备的负荷率和使用率，这是节电的基本措施之一。如电力变压器、电动机等供用电设备在低负荷运行时，其效率低，功率因数也低，很不经济。对于长期处于低负荷运行的供用电设备，从节电的观点，应更换较小容量的设备。关于供用电设备进行技术改造，如长期轻负荷运行的电动机改造、电焊机加装无载自停装置等。

4. 改革落后工艺，改进操作

生产工艺不仅对产品的质量、数量有着决定性的影响，而且也关系到产品用电量的多少。如在机床加工中采用以铣代刨的工艺能使零件加工耗电量下降 30% ～ 40%；在铸造工艺中，用精密铸造工艺取代目前的铸造方法，可使生产铸件的耗电量减少 50% 左右。

改进操作方法也是节约电能的一条有效途径。如在电加热生产中，电炉连续作业比间歇作业消耗的电能少。

5. 提高功率因数

功率因数是衡量工厂供电系统电能利用程度及电气设备使用状况的一个具有代表性的重要指标，提高功率因数可以降低电能损耗。

首先应考虑提高自然功率因数，即在不添置任何补偿设备的前提下，采取适当技术措施，以达到提高功率因数的目的。从一定意义上讲，这就是向运行管理要经济效益，靠挖潜来节约电能。

工厂的无功功率主要消耗在感应电动机和变压器中，因此提高自然功率因数的主要措施有：①合理选择感应电动机和电力变压器的容量，避免低负荷运行；②改变感应电动机绕组的接线（如由△联结改为 Y 联结）；③绕线转子感应电动机同步化运行；④在条件允许时，用同等容量的同步电动机替代感应电动机等。

在尽量提高自然功率因数的情况下，工厂的功率因数如果仍达不到供电部门的要求时，则应该考虑无功功率的人工补偿。

8.3 工厂供用电设备的电能节约

电能一般都是被转换为其他形式的能量来使用的。如电能通过电动机转换为机械能，通过电灯转换为光能，通过电热设备转换为热能等。使一定的电能发挥更大的作用，这是节约电能的关键问题。本节主要介绍电力变压器和电气照明等的节电问题。

一、电力变压器的电能节约

电力变压器在供用电设备中是效率最高的设备之一。它通常长期连续运行，因此，虽然其功率损耗较小，但是长年累积起来，其电能损耗十分可观，必须引起足够的重视。电力变压器的电能节约主要可从以下几方面考虑：选用新型低损耗（即节能型）电力变压器；合理选择电力变压器的容量；实行电力变压器的经济运行，避免变压器低负荷运行。关于电力变压器形式和容量的选择问题，已在本书第 2 章和第 4 章详述，这里主要介绍电力变压器的经济运行问题。

1. 经济运行与无功功率经济当量的概念

经济运行是指能使整个电力系统的有功损耗最小，能获得最佳经济效益的设备运行方式。电力系统的有功损耗不仅与设备的有功损耗有关，而且与设备的无功损耗有关，因为设备消耗的无功功率也是由电力系统供给的。由于无功功率的存在，使得系统中的电流增大，从而使电力系统的有功损耗增加。

为了计算设备的无功损耗在电力系统中引起的有功损耗增加量，引入一个换算系数，即无功功率经济当量 K_q，它表示电力系统多发送 1kvar 无功功率时，将在电力系统中增加的有功功率损耗 kW 数，其单位为 kW/kvar。K_q 值与电力系统的容量、结构及计算点距发电厂的远近等多种因素有关。对于由发电机电压直接配电的工厂，可取 K_q=0.02 ～ 0.04；对经两级变压的工厂，可取 K_q=0.05 ～ 0.08；对经三级及以上变压的工厂，可取 K_q=0.1 ～ 0.15。一般情况下，可概略地取 K_q=0.1。

2. 一台变压器运行的经济负荷计算

变压器的损耗包括有功损耗和无功损耗两部分，而无功损耗对电力系统来说也可相当于按 K_q 换算的有功损耗。因此，变压器的有功损耗加上无功损耗所换算的等效有功损耗就称为变压器的有功损耗换算值。

一台变压器在负荷为 S 时的有功损耗换算值为

$$\begin{aligned}\Delta P &\approx \Delta P_{\mathrm{T}} + K_q\Delta Q_{\mathrm{T}} \approx \Delta P_0 + \Delta P_k\left(\frac{S}{S_{\mathrm{N}}}\right)^2 + K_q\Delta Q_0 + K_q\Delta Q_{\mathrm{N}}\left(\frac{S}{S_{\mathrm{N}}}\right)^2 \\ &\approx \Delta P_0 + K_q\Delta Q_0 + (\Delta P_k + K_q\Delta Q_{\mathrm{N}})\left(\frac{S}{S_{\mathrm{N}}}\right)^2\end{aligned} \tag{8-1}$$

式中，ΔP_{T} 为变压器的有功损耗（kW）；ΔQ_{T} 为变压器的无功损耗（kvar）；ΔP_0 为变压器的空载有功损耗（kW）；ΔP_k 为变压器的短路有功损耗（kW）；ΔQ_0 为变压器的空载无功损耗（kvar）；ΔQ_{N} 为变压器额定负荷时的无功损耗（kvar）；S_{N} 为变压器的额定容量（kV・A）。

变压器的空载有功损耗 ΔP_0 和短路有功损耗 ΔP_k 可由产品样本查得，S9 系列变压器的 ΔP_0、ΔP_k 可查附录表 A-4。

变压器的空载无功损耗 ΔQ_0 的近似计算公式为

$$\Delta Q_0 \approx \frac{I_0\%}{100}S_{\mathrm{N}} \tag{8-2}$$

式中，$I_0\%$ 为变压器空载电流占额定电流的百分比值。S9 系列变压器的 $I_0\%$ 可查附录表 A-4。

变压器额定负荷时的无功损耗 ΔQ_{N} 的近似计算公式为

$$\Delta Q_{\mathrm{N}} = \frac{U_k\%}{100}S_{\mathrm{N}} \tag{8-3}$$

式中，$U_k\%$ 为变压器的阻抗电压占额定电压的百分值。S9 系列变压器的 $U_k\%$ 可查附录表 A-4。

要使变压器运行在经济负荷 $S_{\mathrm{ec\cdot T}}$ 下，就必须满足变压器单位容量的有功损耗换算值 $\Delta P/S$ 为最小值的条件。因此，令 d（$\Delta P/S$）/dS=0，可得变压器的经济负荷为

$$S_{\mathrm{ec\cdot T}} = S_{\mathrm{N}}\sqrt{\frac{\Delta P_0 + K_q\Delta Q_0}{\Delta P_k + K_q\Delta Q_{\mathrm{N}}}} \tag{8-4}$$

变压器经济负荷与变压器额定容量之比，称为变压器的经济负荷系数或经济负荷率，用 $K_{\mathrm{ec\cdot T}}$ 表示，即

$$K_{ec\cdot T}=\sqrt{\frac{\Delta P_0+K_q\Delta Q_0}{\Delta P_k+K_q\Delta Q_N}}=\frac{S_{ec\cdot T}}{S_N} \tag{8-5}$$

一般电力变压器的经济负荷率为 50% 左右。

对于新型节能变压器，其经济负荷率比老型号的低。若按此原则选择变压器的容量，则初始投资将增大，基本电费也将增加，因此选择变压器的容量要综合考虑各方面因素，负荷率为 70% 左右比较符合我国现状。

【例 8-1】试计算 S9-500/10 型变压器 Yyn0 联结时的经济负荷及经济负荷率。

解：查附录表 A-4 得 S9-500/10 型变压器 Yyn0 联结时的有关数据：ΔP_0=0.96kW，ΔP_k=5.1kW，I_0%=1.0，U_k%=4。

由式（8-2）可得

$$\Delta Q_0\approx 0.01\times 500\text{kV}\cdot\text{A}=5\text{kvar}$$

由式（8-3）可得

$$\Delta Q_N\approx 0.04\times 500\text{kV}\cdot\text{A}=20\text{kvar}$$

取 K_q=0.1，由式（8-5）可得此变压器的经济负荷率为

$$K_{ec\cdot T}=\sqrt{\frac{\Delta P_0+K_q\Delta Q_0}{\Delta P_k+K_q\Delta Q_N}}=\sqrt{\frac{0.96+0.1\times 5}{5.1+0.1\times 20}}=0.45$$

因此变压器的经济负荷为

$$S_{ec\cdot T}=K_{ec\cdot T}\ S_N=0.45\times 500\text{kV}\cdot\text{A}=225\text{kV}\cdot\text{A}$$

3. 两台变压器经济运行的临界负荷计算

假设变电所有两台同型号同容量（S_w）的变压器，变电所的总负荷为 S。

一台变压器单独运行时，它承担总负荷 S，因此由式（8-1）可求得其有功损耗换算值为

$$\Delta P_{\text{I}}\approx\Delta P_0+K_q\Delta Q_0+(\Delta P_k+K_q\Delta Q_N)\left(\frac{S}{S_N}\right)^2$$

两台变压器并联运行时，每台承担负荷 $S/2$，因此由式（8-1）可求得两台变压器的有功损耗换算值为

$$\Delta P_{\text{II}}\approx 2(\Delta P_0+K_q\Delta Q_0)+2(\Delta P_k+K_q\Delta Q_N)\left(\frac{S}{S_N}\right)^2$$

将以上两式 ΔP 与 S 的函数关系画成图 8-1 所示两条曲线，这两条曲线相交于 a 点，a 点所对应的变压器负荷就是变压器经济运行的临界负荷，用 S_{cr} 表示。

当 $S=S'<S_{cr}$ 时，则因 $\Delta P'_{\text{I}}<\Delta P'_{\text{II}}$，故适合一台变压器运行；当 $S=S''>S_{cr}$ 时，则因 $\Delta P''_{\text{I}}>\Delta P''_{\text{II}}$，故适合两台变压器运行；当 $S=S_{cr}$ 时，则 $\Delta P_{\text{I}}=\Delta P_{\text{II}}$，即

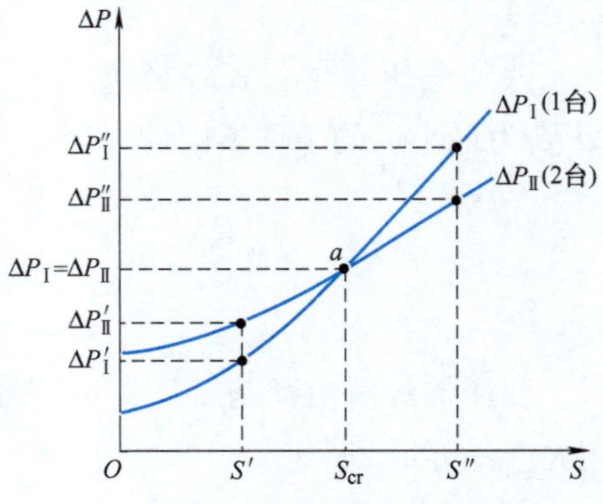

图 8-1 两台变压器经济运行的临界负荷

$$\Delta P_0+K_q\Delta Q_0+(\Delta P_k+K_q\Delta Q_N)\left(\frac{S}{S_N}\right)^2=2(\Delta P_0+K_q\Delta Q_0)+2(\Delta P_k+K_q\Delta Q_N)\left(\frac{S}{2S_N}\right)^2$$

由此可求得判别两台变压器经济运行的临界负荷为

$$S_{cr}=S_N\sqrt{2\times\frac{\Delta P_0+K_q\Delta Q_0}{\Delta P_k+K_q\Delta Q_N}} \tag{8-6}$$

如果是 n 台同型号同容量的变压器，则判别 n 台与 n–1 台经济运行的临界负荷为

$$S_{cr}=S_N\sqrt{(n-1)n\frac{\Delta P_0+K_q\Delta Q_0}{\Delta P_k+K_q\Delta Q_N}} \tag{8-7}$$

【例 8-2】某厂变电所装有两台 SL7–500/10 型变压器，试计算此变电所变压器经济运行的临界负荷值。

解：全部利用例 8-1 的变压器技术数据，代入式（8-6）即得判别此变电所两台变压器经济运行的临界负荷为（取 K_q=0.1）

$$S_{cr}=500\times\sqrt{2\times\frac{1.08+0.1\times10.5}{6.9+0.1\times20}}\text{kV}\cdot\text{A}=346\text{kV}\cdot\text{A}$$

因此，如果负荷 S<346kV · A，则适合一台变压器运行；如果负荷 S>346kV · A，则适合两台变压器运行。

二、电气照明的电能节约

照明用电在生活和生产中是不可缺少的。我国照明用电量约占总用电量的 7% ～ 8%，个别地区高达 15% 以上，因此节约照明用电的潜力相当大。节约照明用电要在保证合理照度的前提下，尽可能提高电能的有效利用率。照明节电的基本措施有以下几项。

1）采用高效电光源，提高光源的效率。如用一盏 13W 节能灯取代 60W 白炽灯，每天照明以 4h 计算，年节电 68.62kW · h，而且寿命是白炽灯的 6 倍，经济效益可观。用 LED 照明也很节能。

2）降低照明电路的损耗。如适当增大照明供电线路的截面积等。

3）提高光通量的利用系数。如选用适当的灯具等。

4）采用节电的照明系统：①采用不同电光源混合照明（混光照明），实践证明，这样既可节电又可提高照明质量；②采用科学的管理系统，对照明进行科学、合理地管理，能够减少电能损耗。如采用日光控制、时间控制、照度控制等。

5）充分利用自然光源。如从建筑设计上优化照明条件，缩短电气照明时间，达到节电的目的。

8.4　无功功率的人工补偿

《全国供用电规则》规定：用户在当地供电局规定的电网高峰负荷时的功率因数应达到下列规定：高压供电的工业用户和高压供电装有带负荷调整电压装置的电力用户，功率因数为 0.90 以上；其他 100kV · A（kW）及以上电力用户和大中型电力排灌站，功率因数为 0.85 以上。功率因数未达到上述规定的应增添无功功率补偿设备。

一、无功功率人工补偿设备

常用的无功功率人工补偿设备主要有同步补偿机（又称为同期调相机）和并联电容器。同步补偿机是一种专门用来改善功率因数的空载运行同步电动机，通过调节其励磁电流可以起到补偿电网无功功率的作用，通常用在大电网中枢调压或地区降压变电所中。并联电容器又称移相电容器，是一种专门用来改善功率因数的电力电容器。并联电容器与同步补偿机相比，无旋转部分，并具有安装简单、运行维护方便、有功损耗小及组装灵活、扩建方便等优点，所以并联电容器在一般工厂供电系统中广泛应用。但它损坏后不便修复，从电网切除后有危险的残余电压存在（残余电压可通过放电消除）。新型 CLMB、CLMD 等干式金属化全膜低压电容器具有自愈性能，不用维护且体积小，便于实现就地补偿，很有发展前途。同步补偿机和并联电容器一般只适用于补偿变化不快的无功功率，即对无功功率进行静态补偿。现代工业中大容量冲击负荷带来了大量冲击性无功功率，而且这种负荷含有大量高次谐波，用同步补偿机和并联电容器是无法补偿的。静止无功补偿装置（SVC，简称静补装置）具有反应速度快、补偿效果好、维护方便等优点，因此应用越来越广泛。静补装置目前主要用于电弧炉、大型轧钢机等冲击性快速变动的无功功率及超高压输电系统的无功功率补偿。SVC 价格较高，故一般中小型机械工厂较少应用，仍以采用并联电容器为主。无功功率应尽可能做到就地补偿，以实现无功功率就地平衡原则，从而减少线路的功率损耗和电压损耗，提高无功补偿的经济效果。下面主要介绍并联电容器的接线、装设、控制、保护及运行维护。

二、并联电容器的接线

并联电容器的接线通常分为△联结和$\curlyvee$联结两种方式，大多数采用△联结。低压电容器多数是三相的，内部为△联结。

电容量为 C 的 3 台电容器采用△联结的容量 Q_C（△）为$\curlyvee$联结容量 Q_C（$\curlyvee$）的 3 倍。因为 $Q_C=\omega CU^2$，而△联结时加在 C 上的电压 $U_\triangle$为$\curlyvee$联结时加在 C 上的电压 $U_\curlyvee$的 $\sqrt{3}$ 倍，所以 Q_C（△）$=3Q_C$（$\curlyvee$）。同时，电容器采用△联结时，若任一电容器断线，三相线路仍得到无功补偿；而采用$\curlyvee$联结时，若某一相电容器断线，将使该相失去补偿，造成三相负荷不平衡。此外，电容器采用△联结时，电容器的额定电压与电网的额定电压相同，这时电容器接线简单，电容器外壳及支架均可接地，安全性也得到提高。由此可见，当电容器的额定电压与电网额定电压相等时，电容器一般宜采用△联结。

电容器采用△联结也存在一定缺点，在一相电容器发生短路故障时，就形成两相直接短路，短路电流很大，有可能引起电容器爆炸，使事故扩大。如果电容器采用$\curlyvee$联结，在一相电容器发生击穿短路时，其短路电流仅为正常工作电流的 3 倍，因此运行就安全得多。所以国家标准 GB 50053—2013《20kV 及以下变电所设计规范》规定，在高压电容器组应采用中性点不接地的星形接线。这时，电容器的额定电压应按电网相电压（即电网额定电压除以 $\sqrt{3}$）来选择。如在 10kV 电网中，电容器为$\curlyvee$联结时，应选用额定电压为 $11/\sqrt{3}$ kV 的电容器；而电容器为△联结时，应选用额定电压为 11kV 的电容器。通常电容器额定电压比电网电压高 10%，以便电网电压正偏差 10% 时电容器也不致损坏。

三、并联电容器的装设位置

并联电容器在工厂供电系统中的装设位置有高压集中补偿、低压集中补偿和单独就地补偿等三种方式，如图 8-2 所示。

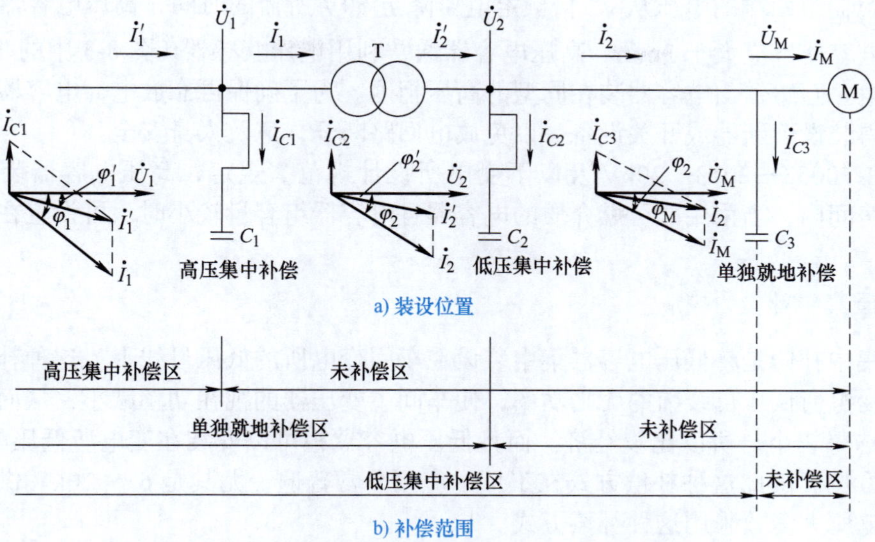

图 8-2 并联电容器在供电系统中的装设位置及补偿效果

1. 高压集中补偿

高压集中补偿是将高压电容器组集中装设在工厂变电所的 6 ～ 10kV 母线上，这种补偿方式只能补偿 6 ～ 10kV 母线前所有线路上的无功功率，而此母线后的厂内线路和变压器没有得到无功补偿，所以这种补偿方式的经济效果比后两种补偿方式差。但这种补偿方式的初投资较少，便于集中运行维护，而且能对工厂高压侧的无功功率进行有效补偿以满足工厂功率因数的要求，所以这种补偿方式在一些大中型工厂中应用比较普遍。图 8-3 所示为接在变配电所 6 ～ 10kV 母线上集中补偿的电容器组电路。其中，电容器接成△，装在高压电容器柜内，为防止电容器击穿时引起相间短路，△各边均接有高压熔断器 FU 作为短路保护。

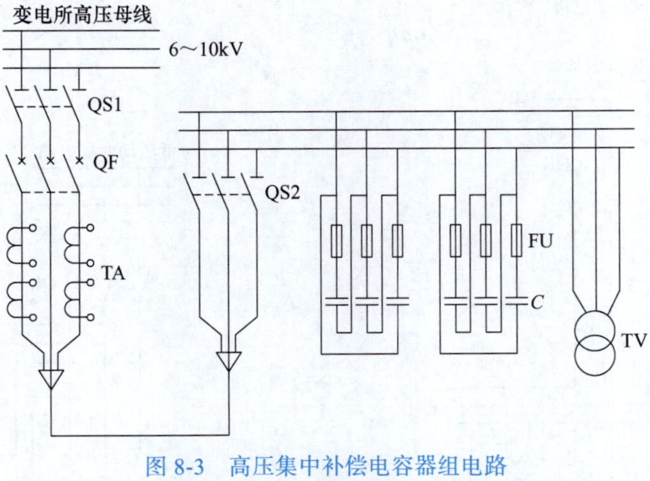

图 8-3 高压集中补偿电容器组电路

由于电容器从电网上切除后仍有残余电压，其值最高可达电网电压峰值，这对人身非常危险，所以 GB 50053—2013《20kV 及以下变电所设计规范》规定：电容器组应装设放电器件，放电线圈的放电容量不应小于与其并联的电容器组容量。放电器件应满足断开电源后电容器组两端的电压从$\sqrt{2}$倍额定电压降至50V所需的时间，高压电容器不应大于5s，低压电容器不应大于3min。高压电容器通常利用电压互感器（图8-3中的TV）的一次绕组放电。互感器与电容器装在同型的高压柜内。为了确保可靠放电，电容器组的放电回路中不得装设熔断器或开关设备，以免放电回路断开，危及人身安全。

按GB 50053—2013《20kV及以下变电所设计规范》规定，高压电容器装置宜设置在单独的房间内，当采用非可燃介质的电容器且电容器组容量较小时，可设置在高压配电室内。

2. 低压集中补偿

低压集中补偿是将低压电容器集中装设在车间变电所的低压母线上。这种补偿方式能补偿车间变电所低压母线前的无功功率，使车间主变压器的视在功率减小，从而可使主变压器容量选得较小，所以比较经济。而且低压电容器柜可以安装在变电所低压配电室内，运行维护方便。因此这种补偿方式在工厂中应用非常普遍，尤其是6～10kV供电的中小型工厂变电所大多数采用这种补偿方式。

图8-4所示为低压集中补偿电容器组电路。这种电容器组一般利用220V、15～25W白炽灯的灯丝电阻放电（也有用专门的放电电阻的），这些白炽灯同时也作为电容器组运行的指示灯。

3. 单独就地补偿

单独就地补偿又称为个别补偿，是将补偿电容器组装设在需要进行无功补偿的各个用电设备附近。这种补偿方式能够补偿安装部位前面所有高低压线路和变压器的无功功率，因此补偿范围最大、补偿效果最好，应予优先采用。但这种补偿方式总的投资较大，且电容器组在用电设备停止工作时，也一并被切除，因此其利用率较低。单独就地补偿方式适用于负荷平稳、经常运转且容量较大的设备，如大型感应电动机、高频炉等；也适用于容量虽小但数量多且长期稳定运行的设备，如荧光灯等。

图8-5所示为感应电动机旁单独就地补偿低压电容器组的电路。这种电容器组通常利用用电设备本身的绕组电阻来放电。

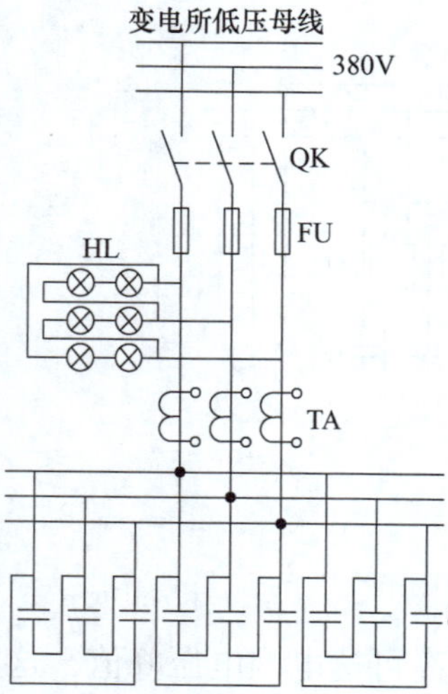

图8-4　低压集中补偿电容器组电路

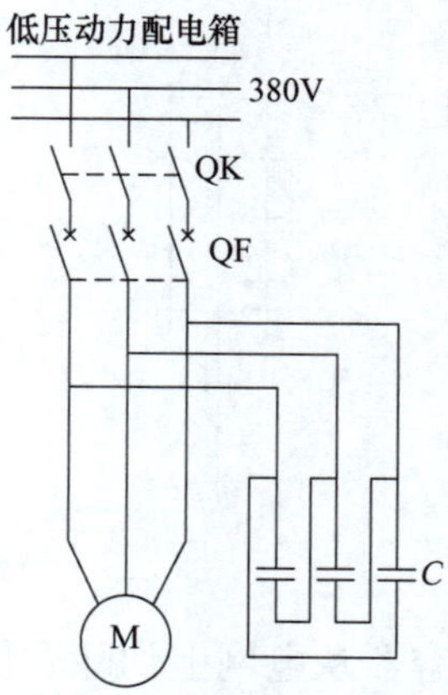

图8-5　感应电动机旁单独就地补偿低压电容器组的电路

对感应电动机进行就地补偿时，其电容器容量的计算应以电动机空载时补偿的功率因数接近 1 为宜，不能按电动机的负荷情况计算补偿容量。若以负荷情况补偿至功率因数等于 1 时，空载时将出现过补偿，在切断电源时因电容器放电而使电动机产生自励磁，致使旋转着的电动机成为感应发电机，使电压超过额定电压，这对电动机和电容器的绝缘都是不利的。因此，对于个别补偿的感应电动机，其补偿容量计算公式为

$$Q_C \leqslant \sqrt{3} U_N I_0$$

式中，Q_C 为电动机所需补偿的容量（kvar）；U_N 为电动机的额定电压（kV）；I_0 为电动机的空载电流（A）。

除上述补偿方式外，还有分组补偿，这种补偿是将电容器组分别安装在各个车间的配电箱处，使配电变压器自变电所至车间的线路都可以得到无功功率补偿。

在工厂供电系统中，实际上多是综合采用上述各种补偿方式，以求经济合理地达到总的补偿要求。

总之，采用并联电容器作为无功补偿装置时，宜就地平衡补偿。低压部分的无功功率宜由低压电容器补偿；高压部分的无功功率宜由高压电容器补偿；负荷平稳且经常使用的用电设备的无功功率宜单独就地补偿。补偿基本无功功率的电容器组宜在变配电所内集中补偿。在正常环境的车间内，低压电容器宜分散补偿。

四、并联电容器的控制

并联电容器有手动投切和自动控制两种方式。

1. 手动投切的并联电容器

采用手动投切的控制方式，要求值班人员根据负荷的变化对补偿功率进行调节，具有简单、经济、便于维护的优点，因此应用十分普遍。

下列情况一般适合采用手动投切并联电容器。

1）补偿低压基本无功功率（即设备正常运行时所需的最小无功功率）的电容器组。

2）补偿常年稳定的无功功率的电容器组。

3）补偿长期投入运行的变压器及变配电所内投切次数较少的高压电动机的电容器组。

对集中补偿的高压电容器组（见图 8-3），利用高压断路器进行手动投切。对集中补偿的低压电容器组，可按补偿容量分组投切。图 8-6 所示为手动投切的低压电容器组。对于无功负荷经常变化的用户，采用手动投切控制方式往往增加值班人员的负担，而且补偿效果欠佳，因此宜采用自动控制的方法。

2. 自动控制的并联电容器

采用自动控制的并联电容器（无功功率自动补偿装置）可以使电容器组能够随着无功负荷的变化而按一定的规则自动地投入或者切除，从而达到较理想的无功功率补偿要求。为了避免由于电网电压波动、电动机起动及其他因素造成的瞬时无功功率波动而使无功功率自动补偿装置的执行机构动作，自动补偿装置必须采取延时投入及延时切除的方式。

高压电容器采用自动补偿时对电容器电路中的切换元件要求较高，因此成本较高，而且我国现有产品尚不稳定，因此 GB 50052—2009《供配电系统设计规范》特别规定：当采用高、低压自动补偿装置效果相同时，宜采用低压自动补偿装置。

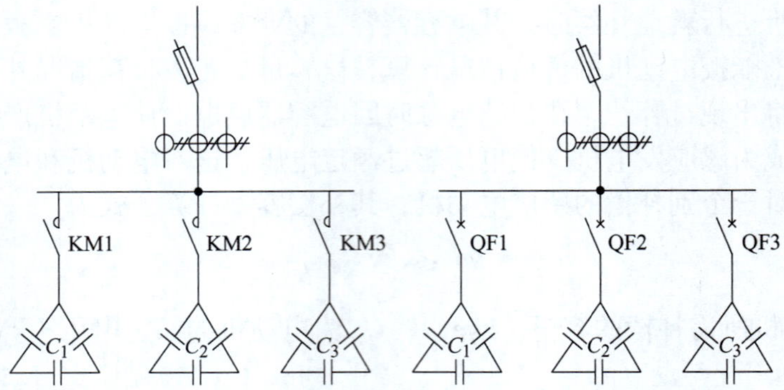

a) 利用接触器进行分组投切　b) 利用低压断路器进行分组投切

图 8-6　手动投切的低压电容器组

低压自动补偿电容器的原理电路如图 8-7 所示。电路中的无功功率自动补偿控制器与电容器成套柜配合使用，构成无功功率自动补偿成套装置，目前广泛应用于工矿企业中。

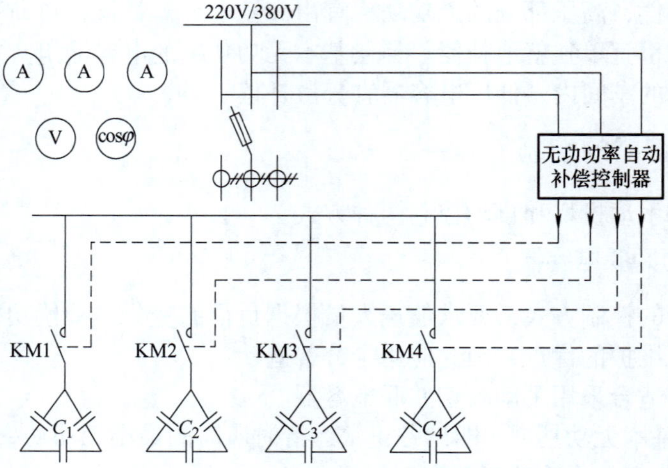

图 8-7　低压自动补偿电容器的原理电路

电容器组的自动投入及自动切除装置目前发展很快，方案很多，如按无功功率控制、按功率因数控制、按母线电压控制、按昼夜时间控制等。下面简要介绍两种无功功率自动补偿控制器。

（1）CMOS 集成电路元件组成的 ZKW-Ⅱ型无功功率自动补偿控制器

ZKW-Ⅱ型无功功率自动补偿控制器具有工作稳定、性能可靠、灵敏度高、抗干扰能力强、体积小、消耗功率小等优点。控制器的输出为 10 路（也可应用于输出 6 路或 8 路的电容器控制屏中），工作方式采用循环投切，可保证接触器、电容器的操作次数相同，延长接触器、电容器的使用寿命。

控制器取两线间的线电压 U_{BC} 与另一相电流 I_A（经电流互感器）作为控制器的输入信号。根据电网无功功率是否达到功率因数整定值来控制电容器的投入与切除，并具有过电压保护功能，当电网电压高于整定值时，电容器退出电网，以保护电容器。

控制器由测量、比较、过电压保护、基准电源、脉冲发生器、循环计数器及电源等部分组成，其框图如图 8-8 所示。图中各部分的作用如下。

1）测量部分。将电网中的无功功率变换成直流电压。

2）比较部分。将测量所得的直流电压与感性或容性整定值电压相比较后，发出相应的滞后或超前信号。

3）时钟脉冲。由比较电路控制，可发出 10 ～ 120s 时间间隔的脉冲并送到循环计数电路中去。

4）循环计数器。由比较部分和时钟脉冲控制，按其要求发出循环投切信号。如当电网中感性无功功率高于整定值时，比较器发出滞后信号，同时起动时钟脉冲，经延时发出一脉冲到循环计数器，通过出口继电器使一组电容器投入，直到电网中感性无功功率值低于整定值为止。同理，当电网中容性无功功率高于整定值时，比较器发出超前信号，脉冲电路起动，经延时发出一脉冲到循环计数器，通过出口继电器将电容器从电网中切除一组，直到电网中容性无功功率低于整定值为止。

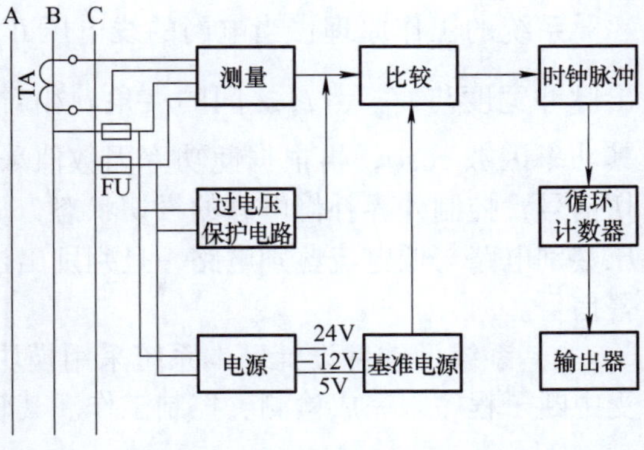

图 8-8　ZKW- Ⅱ型无功功率自动补偿控制器框图

5）过电压保护电路。当电网电压高于整定值时（一般规定电网电压不得超过其额定电压的 10%），发出过电压信号，同时切除即将输入到比较器中的信号，将电容器从电网中退出，以保护电容器。当电压恢复正常时，控制器仍根据无功功率投切电容器。

6）基准电源。由温度补偿、稳压管稳压电路提供，经电位器分压后，作为提供整定值用的基准电源。

7）电源。采用三端固定的稳压集成电路。

（2）单片机构成的无功功率自动补偿控制器

单片微型计算机（简称单片机）具有体积小、功耗低、价格低廉、使用灵活、控制能力强、可靠性高等优点，我国已研制成以单片机为核心构成的新型智能无功功率补偿控制器。这种控制器与常规控制器比较，最突出的优点是具有运算和记忆功能，以判断式选择投切取代了以往试探性依次投切的方法，从而使系统以较少的投切次数迅速进入最佳补偿状态，并避免了临界投切振荡，使控制质量大为提高。

下面以 WGB- Ⅰ型单片机无功补偿控制器为例，简要介绍其工作原理及特点。

1）系统的硬件框图及工作原理。单片机无功补偿控制器硬件框图如图 8-9 所示。

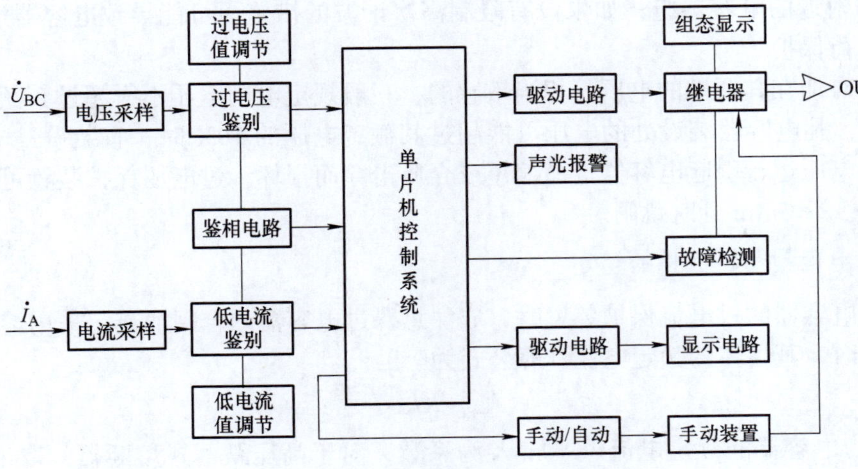

图 8-9　单片机无功补偿控制器硬件框图

系统的工作原理：当电网的线电压 $\dot{U}_{BC}$ 和 A 相相电流 $\dot{I}_A$ 输入鉴相电路后，该电路输出脉冲宽度与 $\dot{U}_{BC}$、$\dot{I}_A$ 之间的夹角 φ 相对应的脉冲信号，送到单片机进行处理，并显示其功率因数 $\cos\varphi$，再根据此功率因数值采用寻优控制，向继电器驱动电路输出相应的投切信号，控制外界补偿电容的投切状态，从而实现无功功率的自动补偿。与此同时，过电压鉴别电路与低电流鉴别电路一旦判别出过电压或低电流时，就申请中断，并给出声光报警信号。

2）系统的软件设计。本系统采用模块设计方法，整个系统通过不断调用子程序和接受中断子程序来完成检测、控制工作。其软件模块示意图如图 8-10 所示。

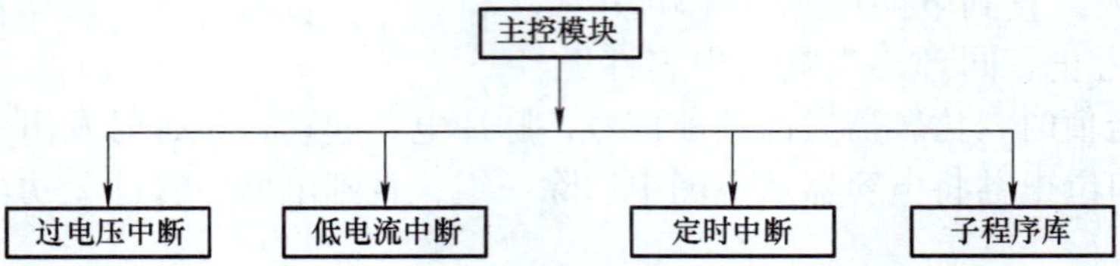

图 8-10 软件模块示意图

3）系统的主要特点。本系统采用单片机和大规模集成电路从硬件、软件两方面提高了可靠性和稳定性，性价比较高。功率因数值采用数字显示，清晰悦目。本系统具有过电压、低电流、过补偿、欠补偿、振荡等非常情况的自动判断与处理能力，并给出明显的声光报警信号。本系统具有手动和自动两种工作方式，整个控制过程由软件实现，增加了灵活性。根据用户设备情况修改部分软硬件就可与计算机、中央监测台或打印机连接。

五、并联电容器的保护

1. 并联电容器保护的一般要求

并联电容器的主要故障形式是短路，它可造成相间短路。对于低压电容器和容量不超过 400kvar 的高压电容器，可装设熔断器作为电容器的相间短路保护；对于容量较大的高压电容器，则需要采用高压断路器控制，装设瞬时或短延时的过电流继电保护作为相间短路保护。高次谐波对电容器的影响很大。含有高次谐波的电压加在电容器两端时，由于电容器对高次谐波的阻抗很小，故电容器很容易发生过负荷现象。安装在大型整流设备和大型电弧炉等附近的电容器组，如果没有限制高次谐波的措施而可能导致电容器过负荷时，宜装设过负荷保护。

电容器对加在其两端的电压是相当敏感的，一般规定电网电压不得超过其额定电压的 10%。因此，凡电容器装设处的电压可能超过其额定电压的 10% 时，宜装设过电压保护，以免长期过电压运行引起电容器寿命缩短或介质击穿而损坏。过电压保护装置可发出报警信号，或经 3 ～ 5min 延时跳闸。

2. 并联电容器短路保护的整定

在整定电容器的过电流保护装置时，应注意躲过电容器的合闸涌流。采用熔断器保护电力电容器时，其熔体的额定电流计算公式为

$$I_{N\cdot FE}=KI_{N\cdot C} \tag{8-8}$$

式中，$I_{N\cdot C}$ 为电容器的额定电流（A）；K 为系数，对于高压跌落式熔断器，取 1.2 ～ 13；对于限流式熔断器，当为一台电容器时，取 1.5 ～ 2.0，当为一组电容器时，取 1.3 ～ 1.8。

采用电流继电器作为相间短路保护时，其动作电流计算公式为

$$I_{op}=\frac{K_{rel}K_{w}}{K_{i}}I_{N\cdot C} \tag{8-9}$$

式中，K_{rel} 为保护装置的可靠系数，取 2 ～ 2.5；K_w 为保护装置的接线系数；K_i 为电流互感器的电流比（考虑到电容器的合闸涌流，互感器一次电流宜选为电容器额定电流的 2 倍左右）。

电容器过电流保护的灵敏度，应按电容器端子上发生两相短路的条件来检验，即

$$S_{p}=\frac{K_{w}I_{k\cdot min}^{(2)}}{K_{i}I_{op}}\geqslant 2 \tag{8-10}$$

式中，$I_{k\cdot min}^{(2)}$ 为系统最小运行方式下电容器的两相短路电流，$I_{k\cdot min}^{(2)}=0.866\ I_{k\cdot min}^{(3)}$。

六、并联电容器的运行维护

并联电容器在供电系统运行时是否投入，主要视供电系统的功率因数或电压是否符合要求而定。如果功率因数过低或者电压过低，则应投入电容器或增加电容器的投入量。并联电容器是否切除或部分切除，主要视系统的功率因数或电压情况而定。如当变配电所母线电压偏高时（如超过电容器额定电压的 1.1 倍），则应将电容器切除。当发生以下任一情况时，应立即切除电容器：

1）电容器爆炸。

2）接头严重过热。

3）套管闪络放电。

4）电容器喷油或燃烧。

5）环境温度超过 40℃。

变电所停电时，电容器也应切除，以免突然来电时，母线电压过高，致使电容器被击穿。在切除电容器前，须从外观（如仪表指示或指示灯）检查放电回路是否完好。电容器从电网切除后，应立即通过放电回路放电。高压电容器放电时间应在 5min 以上，低压电容器放电时间应在 1min 以上。为确保人身安全，人体接触电容器之前，应该用导线将所有电容器两端直接短接放电。

习　题

1. 试计算 SL7–1000/10 型电力变压器的经济负荷系数（K_q 取 0.1）。

2. 某车间变电所有两台 SL7–630/10 型变压器，而负荷只有 500kV · A，从变压器经济运行的角度看来，应采用一台还是采用两台变压器运行（K_q 取 0.1）?

3. 并联电容器采用 BW0.4–14–3 型 6 台，采用 RTO 型熔断器进行短路保护，试选择熔体的额定电流及电流互感器的电流比。

4. 现有 BW6.3–30–1 型并联电容器 18 台，采用高压断路器控制和两相两继电器式接线的过电流保护，试选择电流互感器的电流比，并整定 GL–15 型电流继电器的动作电流。

5. 电能节约在国民经济建设中有什么重大意义?

6. 如何通过加强工厂供用电系统的科学管理来节约电能?

7. 如何通过搞好工厂供用电系统的技术改造来节约电能？

8. 什么是经济运行？对于电力变压器应如何考虑其经济运行？

9. 电动机的电能节约主要从哪些方面考虑？

10. 电气照明的节电措施主要有哪些？

11. 什么是无功功率的人工补偿？无功功率人工补偿的设备主要有哪些？

12. 为什么并联电容器组大多数采用△联结？对于容量较大的高压电容器又为什么宜采用Y联结？

13. 高压集中补偿、低压集中补偿和单独就地补偿各有什么优缺点？各适用于什么情况？各采用什么放电设备？为什么要采用放电设备？高低压电容器的放电时间是如何规定的？

14. 并联电容器在哪些情况下宜采用手动投切？无功功率自动补偿装置有哪些优缺点？

15. 并联电容器有哪些保护？

16. 并联电容器在什么情况下应予以投入？在什么情况下应予以切除？

附　录

表 A-1　RT0 型低压熔断器的主要技术数据

型号	熔管额定电压 /V	额定电流 /A		最大分断电流 /kA
		熔管	熔体	
RT0-100	交流 380 直流 440	100	30，40，50，60，80，100	50
RT0-200		200	（80，100），120，150，200	
RT0-400		400	（150，200），250，300，350，400	
RT0-600		600	（350，400），450，500，550，600	
RT0-1000		1000	700，800，900，1000	

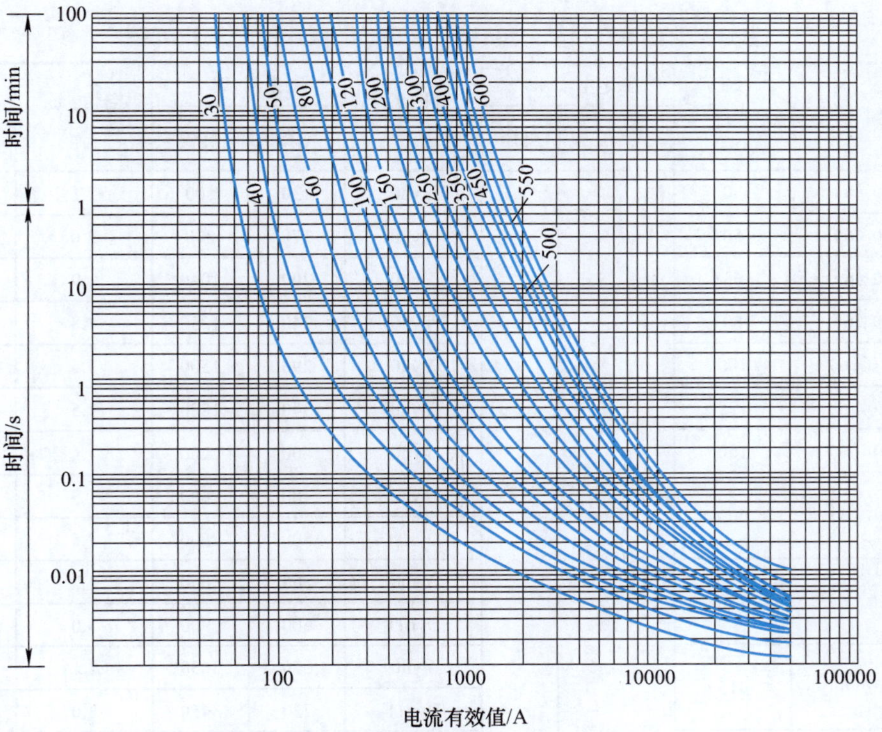

图 A-1　RT0 型低压熔断器的保护特性曲线

表 A-2 DW_{15}^{10} 型低压断路器 380V 时瞬时分断能力

型号	瞬时分断能力		型号	瞬时分断能力	
	电流有效值 /kA	cosφ		电流有效值 /kA	cosφ
DW10-200	10	0.4	DW15-200	20	0.30
DW10-400	15	0.4	DW15-400	25	0.25
DW10-600	15	0.4	DW15-630	30	0.25
DW10-1000	20	0.4	DW15-1000	40	0.25
DW10-1500	20	0.4	DW15-1600	40	0.25
DW10-2500	30	0.4	DW15-2500	60	0.20
DW10-4000	40	0.4	DW15-4000	80	0.20

表 A-3 DW10 型低压断路器过电流脱扣器的额定电流及整定值

型号	过电流脱扣器额定电流 /A	脱扣器整定电流倍数
DW10-200	100，150，200	1～1.5～3
DW10-400	100，150，200，250，300，350，400	
DW10-600	400，500，600	
DW10-1000	400，500，600，800，1000	
DW10-1500	1000，1500	
DW10-2500	1000，1500，2000，2500	
DW10-4000	2000，2500，3000，4000	

表 A-4 S9 系列 6～10kV 级铜绕组配电变压器的主要技术数据

型号	额定容量 /kV·A	额定电压 /kV		联结组标号	损耗 /W		空载电流（%）	阻抗电压（%）
		高压	低压		空载	负载		
S9-30/10（6）	30	10.5，6.3	0.4	Yyn0	130	600	2.1	4
S9-50/10（6）	50			Yyn0	170	870	2.0	4
S9-63/10（6）	63			Yyn0	200	1040	1.9	4
S9-80/10（6）	80			Yyn0	240	1250	1.8	4
S9-100/10（6）	100			Yyn0	290	1500	1.6	4
S9-125/10（6）	125			Yyn0	340	1800	1.5	4
S9-160/10（6）	160			Yyn0	400	2200	1.4	4
S9-200/10（6）	200			Yyn0	480	2600	1.3	4
				Dyn11	500	2500	3.5	4
S9-250/10（6）	250			Yyn0	560	3050	1.2	4
				Dyn11	600	2900	3.0	4
S9-315/10（6）	315			Yyn0	670	3650	1.1	4
				Dyn11	720	3450	3.0	4
S9-400/10（6）	400			Yyn0	800	4300	1.0	4
				Dyn11	870	4200	3.0	4

（续）

型号	额定容量/kV·A	额定电压/kV 高压	额定电压/kV 低压	联结组标号	损耗/W 空载	损耗/W 负载	空载电流（%）	阻抗电压（%）
S9-500/10（6）	500	10.5，6.3	0.4	Yyn0	960	5100	1.0	4
				Dyn11	1030	4950	3.0	4
S9-630/10（6）	630			Yyn0	1200	6200	0.9	4.5
				Dyn11	1300	5800	3.0	5
S9-800/10（6）	800			Yyn0	1400	7500	0.8	4.5
				Dyn11	1400	7500	2.5	5
S9-1000/10（6）	1000			Yyn0	1700	10300	0.7	4.5
				Dyn11	1700	9200	1.7	5
S9-1250/10（6）	1250			Yyn0	1950	12000	0.6	4.5
				Dyn11	2000	11000	2.5	5
S9-1600/10（6）	1600			Yyn0	2400	14500	0.6	4.5
				Dyn11	2400	14000	2.5	6
S9-2000/10（6）	2000			Yyn0	3000	18000	0.8	6
				Dyn11	3000	18000	0.8	6

表 A-5 常用高压断路器的技术数据

类别	型号	额定电压/kV	额定电流/A	开断电流/kA	断流容量/MV·A	极限通过电流峰值/kA	热稳定电流/kA	固有分闸时间/s	合闸时间/s	配用操动机构型号
少油户外	SW2-35/1000	35	1000	16.5	1000	45	16.5（4s）	≤0.06	≤0.4	CT2-XG
	SW2-35/1500		1500	24.8	1500	63.5	24.8（4s）			CT10
少油户内	SN10-35 Ⅰ	35	1000	16	1000	45	16（4s）	≤0.06	≤0.2	CT10
	SN10-35 Ⅱ		1250	20	1000	50	20（4s）		≤0.25	CT10
	SN10-10 Ⅰ	10	630	16	300	40	16（4s）	≤0.06	≤0.15	CT8
			1000	16	300	40	16（4s）		≤0.2	CD10
	SN10-10 Ⅱ		1000	31.5	500	80	31.5（2s）	0.06	0.2	CT10
	SN10-10 Ⅲ		1250	40	750	125	40（2s）	0.07	0.2	CD10

（续）

类别	型号	额定电压/kV	额定电流/A	开断电流/kA	断流容量/MV·A	极限通过电流峰值/kA	热稳定电流/kA	固有分闸时间/s	合闸时间/s	配用操动机构型号
真空户内	ZN5-10/630	10	630	20		50	20（2s）	≤0.05	≤0.1	专用CD型
	ZN5-10/1000		1000	20		50	20（2s）			
	ZN5-10/1250		1250	25		63	25（2s）			
	ZN12-10/630		630	25		63	25（3s）			
	ZN12-10/1250		1250	31.5		80	31.5（4s）			
	ZN12-10/2000		2000							
	ZN12-10/2500		2500	40		100	40（4s）			
	ZN12-10/3150		3150							
SF_6户内	LN-35 Ⅰ	35	1250	16		40	16（4s）	0.06	0.15	CT12
	LN-35 Ⅱ		1250	25		63	25（4s）			
	LN-35 Ⅲ		1600	25		63	25（4s）			
	LN2-10	10	1250	25		63	25（4s）	0.06	0.15	CT8

表 A-6 用电设备组的需要系数及功率因数

序号	用电设备组名称	需要系数 K_d	$\cos\varphi$	$\tan\varphi$
1	小批生产的金属冷加工机床	0.16 ～ 0.2	0.5	1.73
2	大批生产的金属冷加工机床	0.18 ～ 0.25	0.5	1.73
3	小批生产的金属热加工机床	0.25 ～ 0.3	0.6	1.33
4	大批生产的金属热加工机床	0.3 ～ 0.35	0.65	1.17
5	通风机、水泵、空压机及电动发电机组	0.7 ～ 0.8	0.8	0.75
6	非连锁的连续运输机械及铸造车间整砂机械	0.5 ～ 0.6	0.75	0.88
7	连续的运输机械及铸造车间整砂机械	0.65 ～ 0.7	0.75	0.88
8	锅炉房和机加工、机修、装配等类车间的起重机（ε=25%）	0.1 ～ 0.15	0.5	1.73
9	铸造车间的起重机（ε=25%）	0.15 ～ 0.25	0.5	1.73
10	自动连续装料的电阻炉设备	0.75 ～ 0.8	0.95	0.33
11	非自动连续装料的电阻炉设备	0.65 ～ 0.7	0.95	0.33
12	实验室用的小型电热设备（电阻炉、干燥箱等）	0.7	1.0	0
13	高频感应炉（未带无功补偿装置）	0.8	0.6	1.33
14	电弧熔炉	0.9	0.87	0.57
15	电焊机、缝焊机	0.35	0.6	1.33
16	对焊机、铆钉加热机	0.35	0.7	1.02

（续）

序号	用电设备组名称	需要系数 K_d	$\cos\varphi$	$\tan\varphi$
17	自动弧焊变压器	0.5	0.4	2.29
18	单头手动焊变压器	0.35	0.35	2.68
19	多头手动焊变压器	0.4	0.35	2.68
20	生产厂房及办公室、阅览室、实验室照明	0.8 ～ 1		
21	变配电所、仓库照明	0.5 ～ 0.7		
22	宿舍（生活区）照明	0.6 ～ 0.8		
23	室外照明、应急照明	1		

表 A-7　线缆最高允许温度及热稳定系数

导线种类及材料		最高允许温度 /℃		热稳定系数 / $A \cdot s^{\frac{1}{2}} \cdot mm^{-2}$
		正常 θ_L	短路 θ_K	
母线	铜	70	300	171
	敷锡铜	85	200	164
	铝	70	300	87
橡皮绝缘导线和电缆	铜芯	65	150	112
	铝芯	65	150	74
聚氯乙烯绝缘导线和电缆	铜芯	65	130	100
	铝芯	65	130	65
交联聚乙烯绝缘电缆	铜芯	80	230	140
	铝芯	80	200	84

表 A-8　LJ 型铝绞线的电阻、电抗值

额定截面积 /mm²	16	25	35	50	70	95	120	150	185	240
50℃时的电阻 / $\Omega \cdot km^{-1}$	2.07	1.33	0.96	0.66	0.48	0.36	0.28	0.23	0.18	0.14
线间几何均距 /mm	线路电抗 / $\Omega \cdot km^{-1}$									
600	0.36	0.35	0.34	0.33	0.32	0.31	0.30	0.29	0.28	0.28
800	0.38	0.37	0.36	0.35	0.34	0.33	0.32	0.31	0.30	0.30
1000	0.40	0.38	0.37	0.36	0.35	0.34	0.33	0.32	0.31	0.31
1250	0.41	0.40	0.39	0.37	0.36	0.35	0.34	0.34	0.33	0.32
1500	0.42	0.41	0.40	0.38	0.37	0.36	0.35	0.35	0.34	0.33
2000	0.44	0.43	0.41	0.40	0.40	0.38	0.37	0.37	0.36	0.35

表 A-9　LGJ 型铝绞线的电阻、电抗值

额定截面积 /mm²	35	50	70	95	120	150	185	240
50℃时的电阻 / Ω•km⁻¹	0.89	0.68	0.48	0.35	0.29	0.24	0.18	0.15
线间几何均距 /mm	线路电抗 / Ω•km⁻¹							
1500	0.39	0.38	0.37	0.35	0.35	0.34	0.34	0.33
2000	0.40	0.39	0.38	0.37	0.37	0.36	0.35	0.34
2500	0.41	0.41	0.40	0.39	0.38	0.37	0.37	0.36
3000	0.43	0.42	0.41	0.40	0.39	0.39	0.38	0.37
3500	0.44	0.43	0.42	0.41	0.40	0.40	0.39	0.38
4000	0.45	0.44	0.43	0.42	0.41	0.40	0.40	0.39

表 A-10　聚氯乙烯和交联聚乙烯电力电缆的电阻、电抗值

额定截面积 /mm²	电阻 / Ω•km⁻¹								电抗 / Ω•km⁻¹		
	线芯工作温度 /℃								额定电压 /kV		
	铝芯				铜芯						
	55	60	75	80	55	60	75	80	1	6	10
10		3.60	3.78			2.13	2.25		0.078		
16	2.21	2.25	2.36	2.40	1.31	1.33	1.40	1.43	0.082	0.124	0.133
25	1.41	1.44	1.51	1.54	0.84	0.85	0.90	0.91	0.075	0.111	0.120
35	1.01	1.03	1.08	1.10	0.60	0.61	0.64	0.65	0.073	0.105	0.113
50	0.71	0.72	0.76	0.77	0.42	0.43	0.45	0.46	0.071	0.099	0.107
70	0.51	0.52	0.54	0.56	0.30	0.31	0.32	0.33	0.070	0.093	0.101
95	0.37	0.38	0.40	0.41	0.22	0.23	0.24	0.24	0.070	0.089	0.096
120	0.29	0.30	0.31	0.32	0.17	0.18	0.19	0.19	0.070	0.087	0.095
150	0.24	0.24	0.25	0.26	0.14	0.14	0.15	0.15	0.070	0.085	0.093
185	0.20	0.20	0.21	0.21	0.12	0.12	0.12	0.13	0.070	0.082	0.090
240	0.15	0.16	0.16	0.17	0.09	0.09	0.11	0.11	0.070	0.080	0.087

表 A-11　部分规格 LGJ 型铝绞线的持续允许载流量

额定截面积 /mm²		35	50	70	95	120	150	185	240
导线温度 /℃	环境温度 /℃	持续允许载流量 /A							
70（室外架设）	20	179	231	289	352	399	467	541	641
	25	170	220	275	335	380	445	515	610
	30	159	207	259	315	357	418	484	574
	35	149	193	228	295	335	391	453	536
	40	137	178	222	272	307	360	416	494

表 A-12 塑料绝缘导线穿钢管时的持续允许载流量

额定截面积 /mm²	2 根单芯线 环境温度 /℃			管径 /mm		3 根单芯线 环境温度 /℃			管径 /mm		4～5 根单芯线 环境温度 /℃			4 根穿管径 /mm		5 根穿管径 /mm	
	25	30	35	SC	MT	25	30	35	SC	MT	25	30	35	SC	MT	SC	MT
BV 线																	
1.0	14	13	12	15	15	13	12	11	15	15	11	10	9	15	15	15	15
1.5	19	17	16	15	15	17	15	14	15	15	16	14	13	15	15	15	15
2.5	26	24	22	15	15	24	22	20	15	15	22	20	19	15	15	15	20
4.0	35	32	30	15	15	31	28	26	15	15	28	26	24	15	20	20	20
6	47	43	40	15	20	41	38	35	15	20	37	34	32	20	25	25	25
10	65	60	56	20	25	57	53	49	20	25	50	46	43	25	25	25	32
16	82	76	70	25	25	73	68	63	25	32	65	60	56	25	32	32	40
25	107	100	92	25	32	95	88	82	32	32	85	79	73	32	40	32	50
35	133	124	115	32	40	115	107	99	32	40	105	98	90	32		40	
50	165	154	142	32		146	136	126	40		130	121	112	50		50	
70	205	191	177	50		183	171	158	50		165	154	142	50		70	
95	250	233	216	50		225	210	194	50		200	187	173	70		95	
120	290	271	250	50		260	243	224	50		230	215	198	70		80	
150	330	308	285	70		300	280	259	70		265	247	229	70		80	
185	380	355	328	70		340	317	294	70		300	280	259	80		100	
BLV 线																	
2.5	20	18	17	15	15	18	16	15	15	15	15	14	12	15	15	15	15
4	27	25	23	15	15	24	22	20	15	15	22	20	19	15	20	15	15
6	35	32	30	15	20	32	29	27	15	20	28	26	24	20	25	15	20
10	49	45	42	20	25	44	41	38	20	25	38	35	32	25	25	20	20
16	63	58	54	25	25	56	52	48	25	32	50	46	43	25	32	25	25
25	80	74	69	25	32	70	65	60	32	32	65	60	50	32	40	25	32
35	100	93	86	32	40	90	84	77	32	40	80	74	69	32		32	40
50	125	116	108	32		110	102	95	40		100	93	86	50		32	50
70	155	144	134	50		143	133	123	50		127	118	109	50		40	
95	190	177	164	50		170	158	147	50		152	142	131	70		50	
120	220	205	190	50		195	182	168	50		172	160	148	70		70	
150	250	233	216	70		225	210	194	70		200	187	173	70		70	
185	285	266	246	70		255	238	220	70		230	215	198	80		80	

表 A-13 聚乙烯绝缘及护套电力电缆的允许载流量

额定电压 /kV	1（3～4芯）				10（3芯）			
最高允许温度 /℃	90							
敷设方式	15℃地中直埋		25℃空气中敷设		15℃地中直埋		25℃空气中敷设	
芯数 × 截面积 /mm²	铝	铜	铝	铜	铝	铜	铝	铜
3×16	99	128	77	105	102	131	94	121
3×25	128	167	105	140	130	168	123	158
3×35	150	200	125	170	155	200	147	190
3×50	183	239	155	205	188	241	180	231
3×70	222	299	195	260	224	289	218	280
3×95	266	350	235	320	266	341	361	335
3×120	305	400	280	370	302	386	303	388
3×150	344	450	320	430	342	437	347	445
3×180	389	511	370	490	382	490	394	504
3×240	455	588	440	580	440	559	461	587

表 A-14 架空裸导线的最小截面积

线路类别		导线最小截面积 /mm²		
		铝及铝合金绞线	钢芯铝绞线	铜绞线
35kV 及以上线路		35	35	35
3～10kV 线路	居民区	35	35	35
	非居民区	25	16	16
低压线路	一般	16	16	16
	与道路交叉跨越	16	16	16

表 A-15 绝缘导线的最小截面积

线路类别		芯线最小截面积 /mm²		
		铜芯软线	铜线	铝线
照明用灯头引下线	室内	0.5	1.0	2.5
	室外	1.0	1.0	2.5
移动式设备线路	生活用	0.75		
	生产用	1.0		

（续）

线路类别			芯线最小截面积 /mm²		
			铜芯软线	铜线	铝线
敷设在绝缘支持件上的绝缘导线（L 为支持点间距）	室内	L≤2m		1.0	2.5
	室外	L≤2m		1.5	2.5
		2m<L≤6m		2.5	4
		6m<L≤15m		4	6
		15m<L≤25m		6	10
穿管敷设的绝缘导线			1.0	1.0	2.5
沿墙明敷的塑料护套线				1.0	2.5
板孔穿线敷设的绝缘导线				1.0（0.75）	2.5
PE 线和 PEN 线	有机械保护时			1.5	2.5
	无机械保护时	多芯线		2.5	4
		单芯干线		10	16

表 A-16　GL−$\frac{1115}{2125}$型感应式电流继电器的主要技术数据

型号	额定电流 /A	整定值		瞬时电流倍数	返回系数
		动作电流 /A	10 倍动作电流的动作时间 /s		
GL–11/10，–21/10	10	4，5，6，7，8，9，10	0.5 ～ 4	2 ～ 8	0.85
GL–11/5，–21/5	5	2，2.5，3，3.5，4，4.5，5			
GL–15/10，–25/10	10	4，5，6，7，8，9，10			0.8
GL–15/5，–25/5	5	2，2.5，3，3.5，4，4.5，5			
备注	瞬时电流倍数 = 电磁元件动作电流 / 感应元件动作电流				

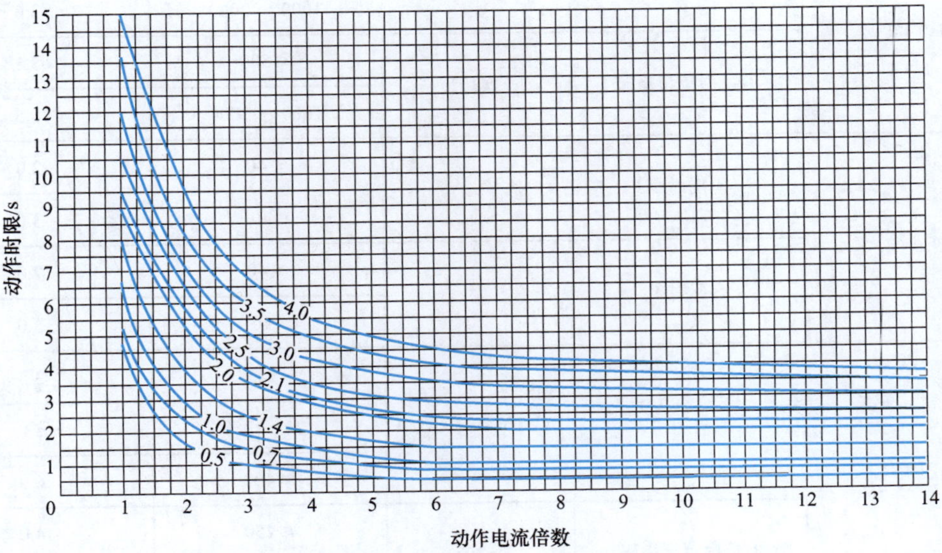

图 A-2　GL−$\frac{1115}{2125}$型感应式电流继电器的动作特性曲线

表 A-17 普通照明白炽灯的主要技术数据

型号	额定功率 /W	额定光通量 /lm	型号	额定功率 /W	额定光通量 /lm
PZ220-15	15	110	PZ220-500	500	8300
PZ220-25	25	220	PZ220-1000	1000	18600
PZ220-40	40	350	PZS220-36	36	350
PZ220-60	60	630	PZS220-40	40	415
PZ220-100	100	1250	PZS220-55	55	630
PZ220-150	150	2090	PZS220-60	60	715
PZ220-200	200	2920	PZS220-94	94	1250
PZ220-300	300	4610	PZS220-100	100	1350

表 A-18 室内一般照明灯具距离地面的最低悬挂高度

光源种类	灯具形式	灯具保护角	光源功率 /W	最低悬挂高度 /m
白炽灯	有反射罩	10° ～ 30°	≤100	2.5
			150 ～ 200	3.0
			300 ～ 500	3.5
	乳白色玻璃漫射罩		≤100	2.5
			150 ～ 200	3.0
			300 ～ 500	3.5
卤钨灯	有反射罩	10° ～ 30°	≤500	6.0
			1000 ～ 2000	7.0
	有反射罩带格栅	≥30°	≤500	5.5
			1000 ～ 2000	6.5
荧光灯	无反射罩		≤40	2.0
			>40	3.0
	有反射罩		≤40	2.0
			>40	3.0
高压汞灯	有反射罩	10° ～ 30°	<125	3.5
			125 ～ 250	5.0
			≥400	6.0
	有反射罩带格栅	≥30°	≤250	4.0
			≥400	5.0

（续）

光源种类	灯具形式	灯具保护角	光源功率 /W	最低悬挂高度 /m
高压钠灯	有反射罩	10° ～ 30°	<250	5.5
			250 ～ 400	6.5
			>400	7.5
	有反射罩带格栅	≥30°	<250	4.5
			250 ～ 400	5.5
			>400	6.5
金属卤化钨灯	有反射罩	10° ～ 30°	<250	5.5
			250 ～ 400	6.5
			>400	7.5
	有反射罩带格栅	≥30°	<250	4.5
			250 ～ 400	5.5
			>400	6.5
混合光源	有反射罩	10° ～ 30°	<250	5.5
			250 ～ 400	6.5
			>400	7.5
	有反射罩带格栅	≥30°	<250	4.5
			250 ～ 400	5.5
			>400	6.5

表 A-19 生产车间的视觉工作分级和水平面的平均照度范围

视觉工作特性	识别对象的最小尺寸 d/mm	视觉工作分级		亮度对比	平均照度范围 /lx	
		等	级		混合照明	一般照明
最精细工作	$d \leqslant 0.15$	Ⅰ	甲	大	1500–2000–3000	
			乙	小	1000–1500–2000	
很精细工作	$0.15 < d \leqslant 0.3$	Ⅱ	甲	大	750–1000–1500	200–300–500
			乙	小	500–750–1000	150–200–300
精细工作	$0.3 < d \leqslant 0.6$	Ⅲ	甲	大	500–750–1000	150–200–300
			乙	小	300–500–750	100–150–200
一般精细工作	$0.6 < d \leqslant 1.0$	Ⅳ	甲	大	300–500–750	100–150–200
			乙	小	200–300–500	75–100–150
低精细工作	$1.0 < d \leqslant 2.0$	Ⅴ			150–200–300	50–75–100
很低精细工作	$2.0 < d \leqslant 5.0$	Ⅵ				30–50–75
粗糙工作	$d > 5.0$	Ⅶ				20–30–50
一般观察生产过程		Ⅷ				10–15–20
大件存储		Ⅸ				5–10–15
有自行发光材料的车间		Ⅹ				30–50–75

表 A-20 部分生产车间工作面上的平均照度值

车间名称及工作内容		视觉工作等级	工作面上的平均照度范围 /lx		
			混合照明	混合照明中的一般照明	单独使用的一般照明
机加车间	粗加工	Ⅲ乙	300–500–750	30–50–75	—
	一般精加工	Ⅱ乙	500–750–1000	50–75–100	—
	精密加工	Ⅰ乙	1000–1500–2000	100–150–200	—
装配车间	大件装配	Ⅴ	—	—	50–75–100
	小件装配	Ⅱ乙	500–750–1000	75–100–150	—
	精密装配	Ⅰ乙	1000–1500–2000	100–150–200	—
焊接车间	手动焊接、切割	Ⅴ	—	—	50–75–100
	自动焊接、一般划线	Ⅳ乙	—	—	75–100–150
	精密划线	Ⅱ甲	750–1000–1500	75–100–150	—
铸造车间	熔化、浇铸	Ⅹ	—	—	30–50–75
	型砂处理	Ⅶ	—	—	20–30–50
	手工造型	Ⅲ乙	300–500–1000	30–50–75	—
木工车间	机床区	Ⅲ乙	300–500–1000	30–50–75	—
	锯木区	Ⅴ	—	—	50–75–100
	木模区	Ⅳ甲	300–500–750	50–75–100	—
电修车间	一般修理	Ⅳ甲	300–500–750	30–50–75	—
	精密修理	Ⅲ甲	500–750–1000	50–75–100	—
	拆卸、清洗场地	Ⅳ			30–50–75

表 A-21 主要规格数据

规格	数据	规格	数据
光源功率	白炽灯 150W	灯具效率	80%
保护角	8.7°	最大距高比	1.25

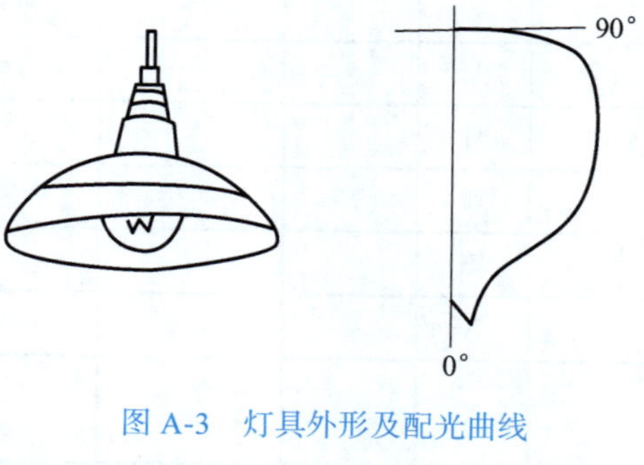

图 A-3 灯具外形及配光曲线

表 A-22　灯具利用系数

顶棚反射系数 ρ_c(%)		70			50			30			0
墙壁反射系数 ρ_w(%)		50	30	10	50	30	10	50	30	10	0
室空间比 *RCR*	1	0.85	0.82	0.78	0.82	0.79	0.76	0.78	0.76	0.74	0.70
	2	0.73	0.68	0.63	0.70	0.66	0.61	0.68	0.63	0.60	0.57
	3	0.64	0.57	0.51	0.61	0.55	0.50	0.59	0.54	0.49	0.46
	4	0.56	0.49	0.43	0.54	0.48	0.43	0.52	0.46	0.42	0.39
	5	0.50	0.42	0.36	0.48	0.41	0.36	0.46	0.4	0.35	0.33
	6	0.44	0.36	0.31	0.43	0.36	0.31	0.41	0.35	0.30	0.28
	7	0.39	0.32	0.26	0.38	0.31	0.26	0.37	0.30	0.26	0.24
	8	0.36	0.28	0.23	0.34	0.28	0.23	0.33	0.27	0.23	0.21
	9	0.32	0.25	0.20	0.31	0.24	0.20	0.30	0.24	0.20	0.18
	10	0.29	0.22	0.17	0.28	0.22	0.17	0.27	0.21	0.17	0.16

表 A-23　配照灯的比功率参考值

灯具在工作面上的高度 /m	被照面积 /m²	白炽灯平均照度 /lx						
		5	10	15	20	30	50	75
3～4	10～15	4.3	7.5	9.6	12.7	17.0	26	36
	15～20	3.7	6.4	8.5	11.0	14.0	22	31
	20～30	3.1	5.5	7.2	9.3	13.0	19	27
	30～50	2.5	4.5	6.0	7.5	10.5	15	22
	50～120	2.1	3.8	5.1	6.3	8.5	13	18
	120～300	1.8	3.3	4.4	5.5	7.5	12	16
	300 以上	1.7	2.9	4.0	5.0	7.0	11	15
4～6	10～17	5.2	8.9	11.0	15	21	33	48
	17～25	4.1	7.0	9.0	12	16	27	37
	25～35	3.4	5.8	7.7	10	14	22	32
	35～50	3.0	5.0	6.8	8.5	12	19	27
	50～80	2.4	4.1	5.6	7.0	10	16	22
	80～150	2.0	3.3	4.6	5.8	8.5	12	17
	150～400	1.7	2.8	3.9	5.0	7.0	11	15
	400 以上	1.5	2.5	3.5	4.0	6.0	10	14

表 A-24 架空裸导线的最小允许截面积

导线种类	最小允许截面积 /mm^2			备注
	35kV	3 ～ 10kV	低压	
铝及铝合金线	35	35	16	与铁路交叉跨越时应为 35mm^2
钢芯铝绞线	35	25	16	

表 A-25 绝缘导线线芯的最小允许截面积

导线用途或敷设方式			芯线最小允许截面积 /mm^2	
			铜芯	铝芯
照明用灯头引下线			1.0	2.5
敷设在绝缘支持件上的绝缘导线（L 为支持点间距）	室内	$L \leqslant 2m$	1.0	2.5
	室外	$L \leqslant 2m$	1.5	2.5
		$2m < L \leqslant 6m$	2.5	4
		$6m < L \leqslant 15m$	4	6
		$15m < L \leqslant 25m$	6	10
穿管敷设，槽板，护套线扎头明敷，线槽			1.0	2.5
PE 线和 PEN 线	有机械保护时		2.5	2.5
	无机械保护时		4（干线 10）	4（干线 10）

表 A-26 几种高耗电产品电耗最高限额指标

产品名称		电耗最高限额 / $kW \cdot h \cdot t^{-1}$		说明
电解铝		大型铝厂	17000	包括供电与整流变损耗
		中小型铝厂	19000	
矽铁（含矽 75%）		重点厂	9000	包括电炉变损耗
		地方厂	9100	
电石		重点厂	3650	包括电炉变损耗
		地方厂	3900	
烧碱	隔膜法	重点厂	2650	按液碱计交流电耗包括变损
		地方厂	2800	
	水银法	重点厂	3600	
		地方厂	3700	

（续）

产品名称	电耗最高限额 / kW·h·t^{-1}		说明
黄磷	地方厂	17500	包括变损
合成氨	地方厂	1850	综合单耗
乙烯	重点厂	2810	综合单耗
水泥	425# 以上	120	综合单耗，窑外分解、立筒预热工艺加 15%，矿渣水泥减 15%
	325# 以下	105	
电炉钢	冶金行业	675	包括电炉变损耗
	机械行业	800	

参考文献

[1] 刘介才．工厂供电 [M]. 6 版．北京：机械工业出版社，2017.
[2] 戴绍基．工厂供配电技术 [M]. 2 版．北京：机械工业出版社，2019.
[3] 杨兴．工厂供配电技术 [M]. 北京：清华大学出版社，2011.
[4] 白明．供配电技术 [M]. 北京：清华大学出版社，2012.
[5] 崔红，高有清．供配电技术 [M]. 2 版．北京：北京邮电大学出版社，2022.
[6] 周乐挺，王俊伟．工厂供配电技术 [M]. 2 版．北京：高等教育出版社，2014.